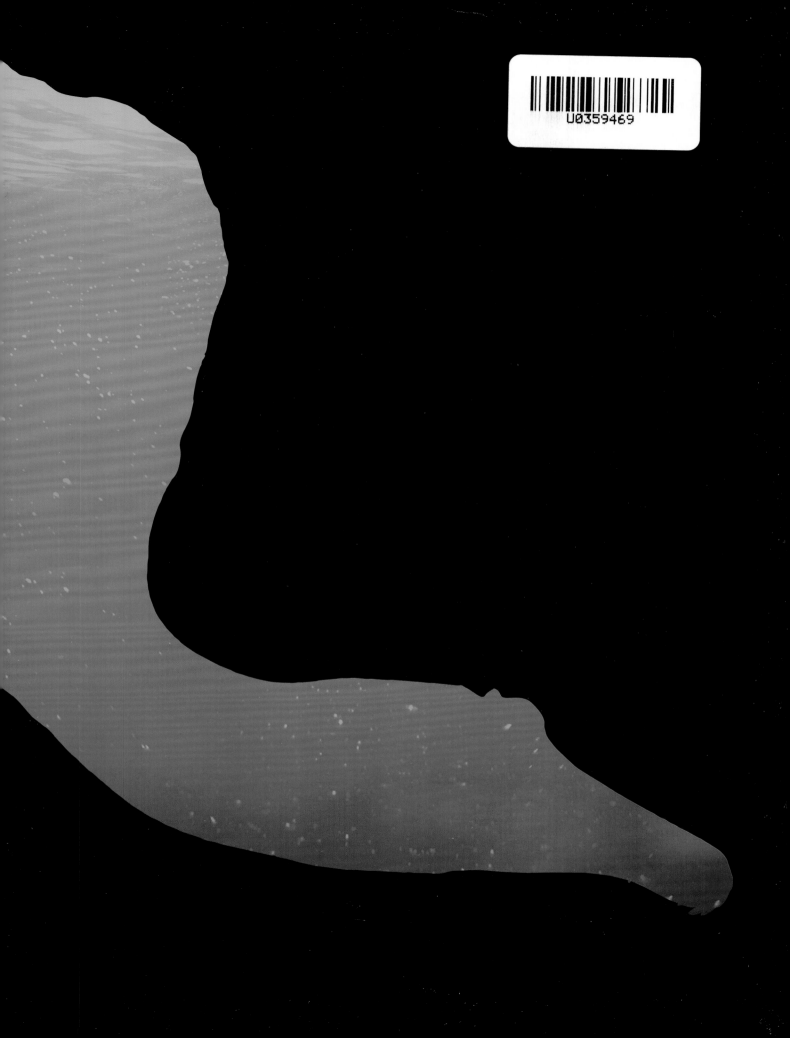

PNSO 儿童恐龙百科

恐龙
是如何生活的

赵闯 _ 绘

杨杨 _ 文

[美] 马克·A·诺瑞尔博士 _ 科学顾问

山东画报出版社

目录

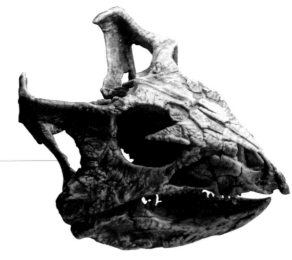

寻找恐龙的生活

恐龙是如何生活的？啊，这真是个很难回答的问题。且不说非鸟类恐龙已经灭绝了，我们根本无法看到它们的生活场景。就算我们能乘坐时间机器穿越到恐龙时代，又该怎么描述一只恐龙的生活呢？生活包含的内容太丰富了，生存、活动、境况、社交、娱乐……总之，一切为了生存和发展所产生的行为，都是生活。那好吧，我们就来看看恐龙丰富多彩的生活吧！可刚刚不是说非鸟类恐龙都灭绝了吗，该怎么去看呢？当然是从化石中寻找证据了。恐龙的模样是化石帮我们描绘的，恐龙的生活当然也只有化石才知道。看来，这次我们要当一回侦探，去寻找恐龙的生活了！

恐龙足迹

在恐龙生活的时代，可没有汽车、火车、飞机这些高级的交通工具，恐龙想要去哪里，基本上全靠走路。所以，行走是恐龙生活中最重要的活动之一。

想要知道恐龙是如何行走的，一定离不开恐龙足迹。恐龙足迹也是一种化石，是恐龙行走时留下来的。想要让足迹保存下来并不容易，如果恐龙行走的地面太硬，大概只会留下很浅的印迹，过一会儿就没有了；而如果行走的地面太软，足迹又很容易被泥沙等掩盖，最终也无法形成化石。恐龙足迹对于地面的要求很高，只有恐龙走在温度、黏度、颗粒度都合适的地表，才有可能形成恐龙足迹。

如果人们有幸发现了恐龙足迹，会得到什么信息呢？我们会知道恐龙是如何行走的，是跖行或半跖行，还是趾行。也就是说通过它们是依靠整个脚掌行走，还是只依靠脚趾头行走，我们就会得知恐龙是群居还是独自生活，行走速度是慢还是快；会得知肉食恐龙是不是正在和植食恐龙战斗、会得知恐龙的生活习性、行为方式、身体结构等。总之，恐龙用脚丫子踩出来的化石，为我们了解恐龙生活提供了一个非常特别的视角。

▽ 山东诸城巨龙复原图

蜥脚类恐龙足迹化石
科学家在中国山东诸城发现的蜥脚类恐龙足迹化石。

喜欢群居的蜥脚类恐龙

体形硕大的蜥脚类恐龙是一群喜欢群居的恐龙，这从人们发现的众多蜥脚类恐龙的脚印中就能看得出来。它们常常成群结队地行动，较小的个体被成年个体围聚在中间，以确保幼龙的安全。

从蜥脚类恐龙的足迹看，它们绝大部分是以四足前进的，同侧的前后足会同时行动，左右交替行进。

诸诚巨龙

发现于中国山东诸城的诸城巨龙体长约15米，体重超过40吨，是亚洲白垩纪地层中发现的最大的蜥脚类恐龙之一。诸城地区曾经生活着很多恐龙，化石证据从白垩纪早期的恐龙足迹化石，到白垩纪晚期的蜥脚类恐龙骨骼化石，前后跨越6000万年以上，足见当时恐龙家族的繁盛。

集体生活的剑龙类恐龙

具有群居行为的恐龙当然不只蜥脚类恐龙，绝大部分植食恐龙都喜欢依靠同伴的力量来保障族群的安全。

人们曾经在美国科罗拉多州发现过两组剑龙的足迹化石，其中一组是一只成年剑龙和一只幼年剑龙在一起，另外一组则是 4~5 只幼年剑龙正朝着同一方向前进。这两组足迹化石都证明剑龙是一种群居动物，喜欢集体生活。

角龙类恐龙的足迹化石也显示了它们的群居行为，从化石上看，它们也像蜥脚类恐龙一样，幼年角龙类恐龙会走在队伍中间，而成年个体则会走在队伍的前部和两侧，它们会彼此照顾。

足迹
剑龙从幼年到成年后肢足迹比较图，幼年剑龙后肢足迹长约 3.8 厘米，成年剑龙的则长达 34 厘米。

△ 成年剑龙复原图

△ 幼年剑龙复原图

与植食恐龙战斗的掠食者

我们都知道肉食恐龙是靠捕食植食恐龙而生存下去的，有时候我们会在植食恐龙的骨骼化石上发现肉食恐龙的牙齿咬痕，这是它们曾经战斗的证据。可是你也许并不知道，恐龙足迹化石有时候也能为这样的战斗提供证明。

▽ 高棘龙追踪波塞冬龙复原图

人们曾经在一块恐龙足迹化石上发现了两种截然不同的脚印，一种来自迷惑龙，它是一种体形硕大的蜥脚类恐龙，脚印呈卵圆形，而另一种则像是大鸟留下的脚印，由三个脚趾的印迹构成。科学家很快就认出了它们的主人，和迷惑龙生活在同一地方的凶猛的掠食恐龙——异特龙。这组珍贵的脚印再现了大约 1.45 亿年前，迷惑龙被异特龙捕食的凶险一幕。

科学家也曾经从足迹化石推断过高棘龙捕食波塞冬龙的场景，因为高棘龙的脚印忽然消失，人们便猜测它当时可能做出了扑向波塞东龙的动作，不过一些研究人员并不认同这样的判断。

在湖边喝水的兽脚类恐龙

恐龙足迹不仅能再现恐龙捕猎的场景，也能展示它们生活中其他有意思的活动。比如，人们曾经在四川泸州发现了长达 650 米的恐龙足迹群，这些足迹来自三大恐龙家族，最大的、圆形的来自蜥脚类恐龙，稍小的三趾形并带有尖锐爪痕的来自兽脚类恐龙，最小的、趾头较圆较钝而不尖锐的来自鸟脚类恐龙。从化石上看，兽脚类恐龙的足迹是沿着湖边分布的，这说明它们当时可能正在湖边喝水。

▽ 兽脚类喝水
复原图

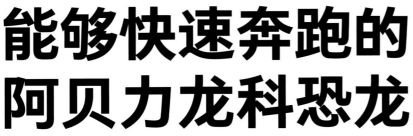

能够快速奔跑的阿贝力龙科恐龙

　　通过测量脚印之间的距离，人们可以推测恐龙的运动速度。然而，要准确地判断一组足迹究竟属于哪一种恐龙并不容易。所以，大多数情况下，人们都是依据恐龙的骨骼化石来分析它们的身体结构，进而推测它们的运动速度。

◁ 食肉牛龙前肢骨骼化石

短小的前肢
短小的前肢能为阿贝力龙科恐龙减少运动时带来的额外阻力，提高它们的奔跑速度。

　　很多肉食恐龙的奔跑速度都很快，因为它们必须要凭借速度追捕猎物，而这其中，阿贝力龙科恐龙的奔跑速度是数一数二的。

　　阿贝力龙科恐龙是白垩纪繁盛于南方大陆的一种掠食性恐龙，因为它们的脑袋短而高，嘴巴较宽，前肢短小，曾经被误认为是南方大陆的暴龙科恐龙。阿贝力龙家族成员大部分都拥有极快的奔跑速度，这得益于它们修长而健壮的后肢，以及退化了的前肢，这对短小的前肢不会在高速奔跑中给它们带来额外的阻力。

　　食肉牛龙是阿贝力龙家族高速奔跑的代表，它们的后肢极长，臀高达到了 3 米，每小时的奔跑速度差不多能达到 60 千米。

粗壮的后肢
食肉牛龙拥有修长的双腿，且胫部结实，踝关节很高，说明它们善于奔跑。

食肉牛龙后肢化石 ▷

将奔跑当作生存法宝的似鸟龙科恐龙

食肉牛龙虽然跑得很快，可它毕竟是大型猎手，身长大约有9米，要带着这么庞大的身体高速飞奔，负担可不小。可是那些体形娇小的肉食恐龙就不一样了，它们身体轻盈，似乎能有更快的奔跑速度。

因为似鸟龙科恐龙没有什么像样的防御或者攻击武器，体形太小，爪子也不算大，喙状嘴里还没有牙齿，对于它们来说，面对危险，似乎就只有奔跑了。奔跑是它们赖以生存最重要的本领。

似鸟龙科恐龙就是能快速奔跑的小型猎手，它们和鸟类非常相像，身披羽毛，身体小而轻盈，拥有喙状嘴，它们的脖子长而弯曲，后肢修长健壮，瞬间奔跑速度极快。比如家族中的似鸵龙，短时间的奔跑速度达到每小时60千米。

似鸵龙骨骼化石 ▷

修长的后肢
似鸵龙身长约4米，脑袋不大，脖子很长。它的后肢修长，奔跑的速度非常快。

似鸵龙后肢化石 ▷

不会奔跑的霸王龙

▽ 霸王龙腿部肌肉示意图

霸王龙是恐龙世界中最厉害的掠食者，可是你知道吗，霸王龙根本不会奔跑。什么，霸王龙不会奔跑？是的。因为成年霸王龙的体形太大了，它们必须时刻保持有一条腿在地上的状态，所以它们不会真正意义上的奔跑，而只会快走。不过即便如此，成年霸王龙快步行走的速度也相当惊人，能达到16～40千米每小时。

行走的霸王龙
霸王龙有相当长（接近头骨长度）的肠骨（髋部的主要骨骼）来附着大量的可供运动的肌肉，这一组组强健紧实的肌肉紧紧地包裹着腿骨，为它的运动带来强劲的动力。

走路缓慢的甲龙类恐龙

不是每一种恐龙都能健步如飞，事实上，很多植食恐龙走得都非常缓慢。身披装甲的甲龙类恐龙走起路来像是年迈的老人，它们的四肢又短又粗，身体离地面很近，它们全身都被装甲覆盖，极其笨重。这些生活在中生代的"坦克"，只能依靠四肢缓慢爬行。一种行动不便的恐龙，简直就是掠食者最好的捕食目标，不过，因为甲龙类恐龙被装甲牢牢地包裹了起来，几乎让掠食者无从下口，所以它们总是能从容地在林间漫步，而不用担心谁会吃掉它们。

厚重的装甲

甲龙是体形最大的甲龙类恐龙，全身都被装甲覆盖。它的颈部、背部及臀部有较大的鳞甲，鳞甲间的缝隙由结节填充，四肢和尾巴上覆盖着小型鳞甲，就连眼皮上也有甲片保护。这样厚重的装甲降低了它行动的灵活性。

△ 甲龙头部特写

◁ 甲龙类恐龙绘龙复原图

蝴蝶龙前肢

很长一段时间以来，人们都以为蜥脚类恐龙的脚是像蒲扇一样平铺在地上的，直到科学家发现了一种名叫蝴蝶龙的蜥脚类恐龙的完整前肢，才知道它们的指骨缩短了，而五根掌骨向下垂直组成柱状，所以它们的脚是立起来的。

▽ 蝴蝶龙前肢示意图

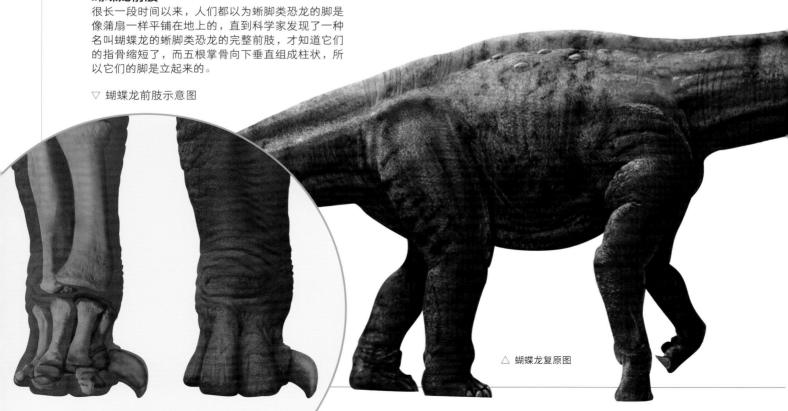

△ 蝴蝶龙复原图

行动不敏捷的剑龙类恐龙

剑龙类恐龙虽然不像甲龙类恐龙那样全身都被装甲包裹着，但它们的身体上也长有威风的防御武器——背上高耸的骨板，尾巴上长而锋利的尖刺，以及肩膀上锐利的肩棘。它们和甲龙类恐龙一样，行动并不敏捷。

早期的剑龙类恐龙，因为前后肢几乎一样长，行动还较为灵活，但演化至后期，那些进步的成员前肢要大大短于后肢，导致它们的脑袋离地面很近，尾巴则高高翘起。这样的身体结构限制了它们的行动。

骨板和尾刺
巨棘龙虽然行动缓慢，但并不是掠食者理想的捕食对象，这全都得益于它威风的"武器"。从巨棘龙的脖子到臀部上方，长有高耸的骨板，它的尾巴末端还有四根锋利的尖刺，这些都是它防御的有效武器。

肩棘
除骨板和尾刺以外，巨棘龙的肩膀上还有两根长长的肩棘，像战士佩戴的大刀。当巨棘龙遇到威胁时，会用肩棘攻击掠食者。

◁ 巨棘龙复原图

会跳芭蕾舞的蜥脚类恐龙

蜥脚类恐龙是有史以来最大的陆生动物，家族中很多成员体长都达到 30 米以上，这样的庞然大物当然无法像其他娇小的恐龙那样快速奔跑，它们大概就像今天的大象一样，几乎不惧怕任何掠食者，可以从容地漫步于平原上、林地间。

不过，有意思的是，这些庞然大物竟然可以跳芭蕾舞，哦，这听起来未免也太令人吃惊了吧！

蜥脚类恐龙为什么会跳芭蕾，这还得从人们对它们的认识说起。

人们在最初发现蜥脚类恐龙的化石时，认为它们巨大的脚趾头会像人一样平铺在地上，名为盘足龙的蜥脚类恐龙就是这种认识最好的证明。当时人们将它的拉丁文名字翻译成中文时，就考虑到它散开的趾骨像一个大盘子，才起了盘足龙这个名字。可是后来，人们发现了另外一种蜥脚类恐龙蝴蝶龙完整的前肢化石，这具化石显示它的趾骨实际上并不是平铺的，而是聚集在一起，形成一个柱状结构，看起来像极了正在跳芭蕾舞的演员。至此，人们才知道蜥脚类恐龙的脚究竟是什么样子的！

不会游泳的庞然大物

　　化石是人们了解恐龙生活的重要来源，可是因为一开始发现的化石数量有限，人们无法开展更加深入的研究，导致对恐龙的行为产生了很多误解。就拿蜥脚类恐龙来说，人们最初不光对它们的脚不了解，对于它们究竟该在陆地上行走还是在水里游泳，也做出过错误的判断。

　　因为蜥脚类恐龙的体形实在是太大了，一些科学家曾经认为它们的四肢根本无法支撑这样的体重在陆地上行走，所以它们是生活在湖泊或者沼泽中的。它们长长的脖子可以让脑袋露出水面，而位于头顶的鼻孔则正好可以呼吸。它们喜欢吃海藻，只有富有营养的海藻才能满足它们庞大的身体的需求。

　　然而随着发现的化石越来越多，人们已经知道蜥脚类恐龙是地地道道的陆生动物，根本不会游泳。它们的身体虽然很庞大，可大部分都被脖子和尾巴占据了，体重似乎没有我们想象的那么重，况且它们的四肢极其强壮，足以支撑庞大的身体，让它们在陆地上行走。

△ 巴塔哥巨龙复原图

最大的恐龙

蜥脚类恐龙家族的巴塔哥巨龙是目前发现的体形最大的恐龙，体长大约 40 米，头部距离地面 14 米。它有一条很长的脖子，长约 12 米。它的身体很健壮，肚子有 5 米长，又大又圆，四肢也很健壮。

不像袋鼠的鸭嘴龙

鸭嘴龙是人们在北美洲最早发现的恐龙之一，当时为数不多的恐龙都是在英国发现的，人们对恐龙还没有那么了解。因此，对于鸭嘴龙，人们产生了很多疑惑，其中最大的不解在于鸭嘴龙究竟是如何行走的。

在此之前，人们通过对仅有的化石分析，认为恐龙都是依靠四肢前进的，所以在发现了鸭嘴龙之后，他们理所当然地认为它也应该是四足行走的。可是紧接着研究人员就发现，鸭嘴龙的前肢较短，后肢很长，如果以四足行走，它的脑袋似乎就要碰到地面上了。所以，当时人们得出了一个结论，鸭嘴龙应该会像袋鼠一样，用后肢和尾巴共同支撑地面，它的尾巴就像是鸭嘴龙的第三条腿。

即便是现在，我们似乎也经常能在电影或者电视中看到像袋鼠一样的鸭嘴龙，但事实上，科学家早已经证实这样的结论是错误的。鸭嘴龙是典型的四足行走的动物，它们的尾巴从左右两侧看是很扁的，在它运动的时候会起到平衡身体的作用，而不是用来支撑身体。

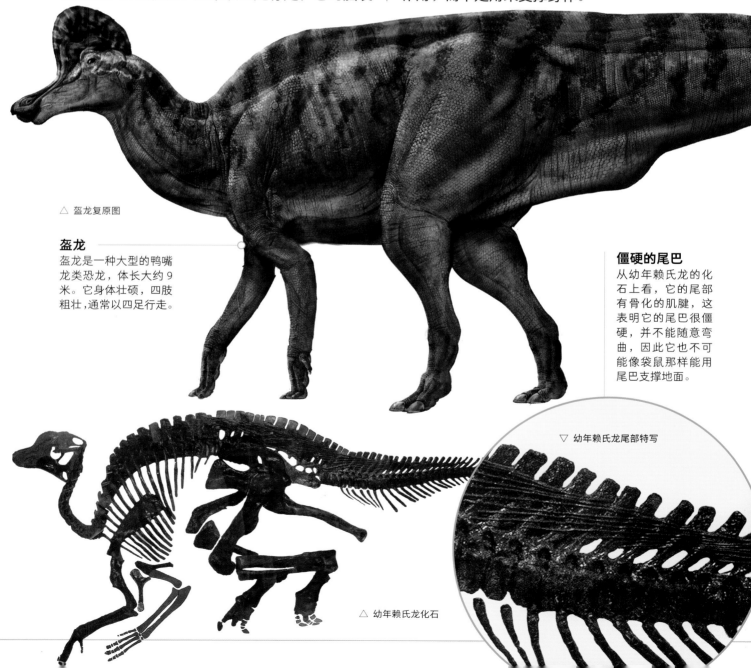

△ 盔龙复原图

盔龙
盔龙是一种大型的鸭嘴龙类恐龙，体长大约 9 米。它身体壮硕，四肢粗壮，通常以四足行走。

僵硬的尾巴
从幼年赖氏龙的化石上看，它的尾部有骨化的肌腱，这表明它的尾巴很僵硬，并不能随意弯曲，因此它也不可能像袋鼠那样能用尾巴支撑地面。

▽ 幼年赖氏龙尾部特写

△ 幼年赖氏龙化石

会游泳的恐龙

虽然恐龙是陆生动物，但是总有一些特别的恐龙想要改变这样一成不变的生活状态，换一种新鲜的生活方式。

辽宁龙是一种甲龙类恐龙，在它的家族同伴们都乖乖地行走在陆地上的时候，它却选择了到水里去。

辽宁龙看起来像一只大号的乌龟，不仅背上有装甲，肚子上也有甲板，而不像其他甲龙类恐龙的肚子上是光秃秃的。辽宁龙的游泳技术很好，它长有锋利的爪子，能轻松地抓住滑溜溜的鱼儿。

既会游泳，又会吃鱼，辽宁龙还真是一种特别的甲龙类恐龙。

擅长游泳的辽宁龙
辽宁龙是目前发现的唯一一种生活在水里的甲龙类恐龙，外形看起来有些像大号的乌龟，擅长游泳，而且喜欢吃鱼，前后肢的爪子就是捕鱼工具。

会爬树的恐龙

有一些恐龙，为了减少跟其他恐龙的竞争，吃到更多的食物，同时不让自己成为其他恐龙的猎物，它们也选择了一种奇特的生活方式。不过它们不像辽宁龙那样进入水中，而是爬到了树上。

擅攀鸟龙科恐龙是第一群真正适应树栖生活或者半树栖生活的恐龙，大部分时间都生活在树上，与鸟类的关系非常近，比如树息龙，就是这个家族的代表成员。

树息龙体形很小，身体被羽毛覆盖着，拥有长长的前肢以及极其修长的第 III 指。它的后肢也很长，第 I 趾是反向的，具有抓握能力，能牢牢地抓住树干。

树息龙因为掌握了爬树的本领，不需要再和地面上的恐龙争夺食物、领地，生活似乎一下子轻松了许多。

擅长爬树的树息龙
体形娇小的树息龙擅长爬树，它的后肢能牢牢抓住树干。因为它修长的手指连接着翼膜，因此它可能具有滑翔能力，能从树上飞落下来。

△ 树息龙复原图

会飞翔的恐龙

树息龙不光会爬树，因为它加长的手指连接着翼膜，所以它还拥有一定的滑翔能力，能从枝头飞下来。而一些手盗龙类恐龙，也会滑翔，甚至会真正地飞翔，不过它们靠的不是翼膜，而是羽毛。

小盗龙是人们发现的第一种会飞的恐龙，它来自驰龙科恐龙家族，体形娇小，身长只有55~77厘米。它不仅长有像鸟类那样的羽毛，还拥有四个翅膀，前肢两个，后肢两个。当它展开翅膀时，便可以像鸟一样在天空中飞翔了。在飞行中，它会把后肢向前弯曲，与前肢形成上下双层翅膀。

虽然小盗龙的飞行本领还不纯熟，大多数时候都只是在滑翔，但无论如何，它已经能挥动翅膀，掠过广阔的大地了。

△ 小盗龙复原图

小盗龙
外形与鸟类非常相似的小盗龙，却有着爬行动物的显著特征，拥有坚硬的尾巴以及锋利的牙齿，这都说明它只是像鸟类的恐龙，而不是鸟。

△ 小盗龙化石

睡姿像小鸟的恐龙

恐龙是如何睡觉的？这真是一个令人好奇的问题。之前，人们都只是根据它们的体形，生活习性，或者相近的现代动物去推测，但是后来科学家竟然发现了保存着睡觉姿态的恐龙化石，这终于让人们清楚地看到了它们睡觉时的模样。

寐龙就是一种将睡姿保存下来的恐龙，科学家推测，寐龙可能是在熟睡时遇到了突然爆发的火山，它因为被火山灰掩埋后迅速与空气隔绝，没有被氧化，而最终形成了化石。对于这只甜睡着的寐龙来说，那真是一个可怕而惨烈的瞬间；可对于科学家来说，这却是幸运的时刻。人们有幸从寐龙的化石中清晰地看到了它的睡姿：它的头蜷缩在翅膀下，尾巴向身体处卷曲着，像一只卧睡巢中的小鸟。

▽ 寐龙化石

寐龙
寐龙是一种体形娇小的伤齿龙科恐龙，它身上覆盖着羽毛但无法飞行，是奔跑迅速的掠食者。

▽ 寐龙复原图

即便在睡觉也不忘保护孩子

能把睡觉的姿态保存下来的恐龙毕竟还是太少了，所以对于大部分恐龙究竟会以什么样的姿势睡觉，人们能做的只有合理的推测。

比如，人们推测习惯群居的角龙类恐龙——三角龙，在睡觉时也会和同伴在一起。不过，它们可能不会随意躺下，而是脑袋朝外，尾巴冲里，和同伴们围成一个圈。其中，处于外圈的都是成年三角龙，而年幼的三角龙会睡在圆圈中。这样奇特的睡觉姿势，是为了避免幼龙在夜间遭遇危险。

◁ 三角龙群复原图

群居习性
人们在加拿大恐龙公园组发现埋藏了上千块尖角龙化石，证明尖角龙是一种群居动物。以此可以推测同属于角龙家族的三角龙也是一种群居动物。而三角龙睡觉时的模样，也会以群体聚集在一起的姿态呈现。

站着睡觉的恐龙

对于一些体形十分庞大的恐龙，比如蜥脚类恐龙来说，它们最有可能的睡觉姿势就是站着，像今天的马一样。

曾经有一些人推测体形庞大的霸王龙也是站着睡觉的，因为他们认为霸王龙从趴着的姿态到站起来，需要花费很大的力气。它们甚至要依靠那双短短的小手，才能费力地将身体推起来。可事实并不是这样的，霸王龙健壮的双腿有足够的力量让它的身体站立起来。所以，霸王龙睡觉时大概都是趴着的。

霸王龙的睡姿
这是霸王龙最常见的睡觉姿势，将硕大的身体趴在地面上，因为拥有强健的后肢，所以它很容易从地上站起来。

△ 霸王龙卧姿复原图

恐龙也会做梦

恐龙睡觉时也会像人类一样做梦吗？也许是的。

科学家发现现代蜥蜴在睡觉时存在"快速眼动"和慢波睡眠状态，这是两种和做梦有关的状态。科学家认为蜥蜴不仅能做梦，还能够将记忆内容有效地储存起来。这一发现似乎意味着睡眠造梦现象可追溯至羊膜动物进化时期，因为鸟类、爬行动物和哺乳动物都是羊膜动物，所以作为爬行动物中的一员——恐龙，极有可能也像蜥蜴一样会做梦。

快速眼动睡眠
快速眼动睡眠存在于所有的陆地哺乳动物和鸟类中，不过有趣的是科学家还在蜥蜴身上发现了这样的睡眠状态。在这种状态下，大脑会产生高频电波活跃性，眼球也会快速闪动，这些现象都与做梦相关联。

需要不停地进食的恐龙

在恐龙的生活中，吃算得上是最重要的活动之一了。而对于蜥脚类恐龙来说，吃几乎占据了它们醒来后所有的时间。

梁龙是庞大的蜥脚类恐龙，体长25~35米，每天都需要吃上百公斤的植物，才能满足庞大的身体的需求。吃进去那么多食物，梁龙能消化得了吗？这真是个好问题，科学家认为很多蜥脚类恐龙都要依靠胃石来帮助消化。

科学家曾经在一种名为雪松龙的蜥脚类恐龙的化石中发现了 115 颗碎石，它们被认为是帮助消化的胃石。科学家推测这些胃石可以通过互相间的撞击和摩擦来磨碎植物的纤维结构。

◁ 梁龙头部复原图

具有咀嚼能力的恐龙

每只恐龙都会吃东西，但并不是每只恐龙都会咀嚼。这听起来似乎有些不可思议，可这却是真实存在的，很多恐龙用牙齿将食物切割下来之后，并不会像人和大部分哺乳动物那样，靠牙齿将食物加工成非常细小的状态，而是会直接吞到肚子里。可是，鸭嘴龙类恐龙却不一样，它们是最早拥有咀嚼功能的恐龙之一。

鸭嘴龙类恐龙是一种体形较大、拥有扁扁的鸭嘴的植食恐龙，虽然它们前部坚硬的喙状嘴里不具备牙齿，但是它们的面颊部却拥有数量众多的牙齿。这些牙齿紧密地排列在一起，形成了咀嚼面。它们的嘴巴不仅可以上下开合，还可以左右运动，这样一来，它们便能用宽大的咀嚼面来咀嚼那些或坚硬或柔软的食物。

因为具备咀嚼功能，鸭嘴龙类恐龙消化起食物来轻松多了。

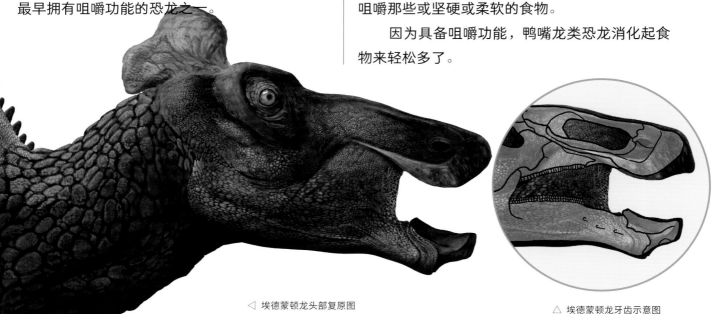

◁ 埃德蒙顿龙头部复原图

△ 埃德蒙顿龙牙齿示意图

同类相残的恐龙

厚实的鼻骨
玛君龙的鼻骨很厚实，上面有隆起的棱嵴，科学家推测它可能会用头部撞击猎物或者竞争对手。

△ 玛君龙头骨化石

和植食恐龙平静的吃饭生活相比，肉食恐龙觅食的过程常常充满了血腥的气味。捕猎对于任何一种恐龙来说都不是一件容易的事情，一些肉食恐龙为了能够填饱肚子，甚至会同类相残，比如玛君龙。

研究人员曾经在成年玛君龙化石腹部发现一只幼年恐龙的残骸，他们推测这只幼年恐龙并不是别的属种，而正是幼年玛君龙。因此，科学家认为这种发现于非洲马达加斯加岛上的体形中等的肉食恐龙相当残忍，在饥饿的状态下，会吞食幼龙。

玛君龙
玛君龙也是一种角鼻龙类恐龙，是人们在非洲马达加斯加岛上发现的体形最大的肉食恐龙之一，身长达到了 6~7 米。

恐龙中的"渔夫"

　　对于大多数肉食恐龙来说，捕猎是一天中最重要也最艰难的活动了。运气好的时候，它们可以捕食到美味，饱餐一顿，可赶上运气差的时候，就只能饿肚子了。不过，对于另外一些有特别喜好的肉食恐龙，比如棘龙，捕猎则显得要容易得多。

　　棘龙体形硕大，和大部分肉食恐龙一样，长有锋利的牙齿和爪子，可是它却不用它们来抓捕奔跑着的植食恐龙，而是把它们当成了抓鱼的工具。棘龙是一种真正的半水生恐龙，大部分时间都待在水里，它锋利的爪子能轻松地插住滑溜溜的鱼儿，尖锐的牙齿也能紧紧地咬住鱼儿，有效地防止鱼从嘴里挣脱。和其他肉食恐龙相比，成为"渔夫"的棘龙似乎过着既轻松又安全的生活，完全不用担心猎物会和自己战斗。

△ 棘龙卧姿复原图

最后的晚餐

　　想要弄明白恐龙究竟会捕食什么猎物，或采集什么食物，胃容物是很好的证据。恐龙的胃容物是非常珍贵的化石，能够揭示恐龙的生活习性。

△ 中华丽羽龙捕食复原图

　　科学家曾经在不少恐龙化石中发现过胃容物，比如中华丽羽龙。

　　中华丽羽龙是一种体形较大的美颌龙科恐龙，体长将近 2.4 米，全身覆盖着羽毛。研究人员曾经在它的一个化石腹部区域发现过一个驰龙类恐龙的腿部，证明它在死亡之前曾经和驰龙类恐龙进行过激烈的搏斗，并最终战胜了对方。不过，这并不是中华丽羽龙唯一的胃容物，研究人员还在另外一块中华丽羽龙的化石中发现了一些端倪，并推测那有可能是两只孔子鸟，以及鹦鹉嘴龙的骨骼，也就是这只中华丽羽龙最后的晚餐。

吞食有毒食物的恐龙

生活在南美洲的新鸟臀类恐龙伊莎贝拉龙，也是保存有胃容物的恐龙。它的化石保存得并不完整，但是却罕见地保存了清晰的胃容物。从胃容物化石上看，它最后的晚餐是一些植物种子，其中包含一种苏铁类植物种子。

苏铁类植物种子本身是有毒性的，食用过量的话有可能会造成窒息。难道伊莎贝拉龙就是因为进食了有毒的食物中毒身亡了吗？

不，科学家可不是这样认为的。他们推测，伊莎贝拉龙可能对苏铁类植物种子有免疫力，所以不会中毒。它们在进食种子的时候，只是将它们直接吞下，然后不经消化，又将它们排出体外。事实上，它们进食苏铁类植物的种子不仅不会被毒死，而且还算做了一件好事，因为它们用这种方式帮助苏铁类植物进行了传播。

伊莎贝拉龙
伊莎贝拉龙发现于南美洲阿根廷，是生活在侏罗纪的一种原始的新鸟臀类恐龙，体长约5~6米，脑袋较长，拥有特化的角质喙，嘴中长满了细小的外形如同小叶片的牙齿。

△ 伊莎贝拉龙复原图

换牙

　　既然吃在恐龙生活中占据着这么重要的位置，那么，牙齿对于它们来说便尤为重要。如果因为啃食植物或者捕食猎物导致牙齿损坏怎么办？恐龙需要看牙医吗？

　　当然不。

　　具有咀嚼能力的鸭嘴龙类恐龙恐怕是用牙最多的恐龙之一，也是牙齿数量最多的恐龙之一，如果它们的牙齿损坏，该怎么办呢？

　　格里芬龙是鸭嘴龙家族中的一员，它的牙齿数量超过了 800 颗，不过，这 800 颗牙齿可不会陪伴它一辈子，一旦有牙齿在进食中磨损得厉害，影响到了它正常吃饭，很快就会被新长出来的牙齿替换掉。也就是说，它的牙齿一直处于不断替换的过程中。

　　霸王龙的牙齿是它最重要的捕食工具，不仅能撕裂猎物的皮肉，还能咬碎猎物的骨头。如果霸王龙的牙齿损坏了又该怎么办呢？

　　霸王龙的牙齿像香蕉一样粗壮，而且还有一半深深地埋在牙龈里，本来就很结实，不易折断，可是万一有意外状况发生，霸王龙也不害怕，因为它的新牙齿也会很快长出来，替换掉损坏的牙齿。更奇特的是，即便霸王龙的牙齿一颗都没损坏，两年之内它的牙齿也会全部替换一遍，所以霸王龙会时刻保证自己的牙齿处于锋利的状态，为猎捕做好准备。

▽ 霸王龙换牙示意图

△ 霸王龙头部复原图

换牙
霸王龙从来不担心牙齿损坏，因为一旦有损坏的牙齿，就会有新牙长出来，将其替换。而即便所有的牙齿都完好无损，两年之内，这些牙齿也全都会被新的牙齿所替换。

迁徙

　　虽然植食恐龙不用捕猎，但它们采集食物也不完全是你想象中那么顺利的。如果气候很好，植被繁茂，植食恐龙当然能很容易填饱肚子，可是如果遇到旱季，植被枯萎，植食恐龙采集食物就会变得很困难。为了能够继续生存下去，很多植食恐龙都会选择迁徙。它们成群结队地离开原本的栖息地，去寻找另一块富饶的土地。

　　迁徙是很多植食恐龙，特别是大型植食恐龙生活中一项重要的行为，为了生存它们必须经历长途跋涉的旅行，可是在这样的旅行中，它们又将危险的境遇提升到了最高级，很多肉食恐龙都喜欢在迁徙的龙群中寻找捕食的目标，那些年老的行动缓慢的个体、受伤的个体以及年幼的个体，都是合适的猎物。为了保护整个族群的安全，那些健壮的成年恐龙承担起了更多的责任。

▽ 马门溪龙动物群迁徙

夜行

恐龙大多都会在白天活动，可是有一些恐龙似乎拥有良好的夜视能力，可以在晚上出行。

中国鸟龙是一种发现于中国辽宁的驰龙科恐龙，体形娇小，身长只有 1 米。在中国鸟龙的一具化石中，保存有珍贵的巩膜环，就是包裹在眼球外部的一层坚硬的骨质结构，这可以让人们清楚地观察到中国鸟龙有一双大大的眼睛。科学家推测中国鸟龙可能有一定的夜视能力，它们会在夜晚捕猎，以减少竞争。

丽阿琳龙也被推测拥有夜视能力，不过丽阿琳龙不是为了避免和同伴的竞争，才在夜间出行，而是为了适应它所在的环境。

丽阿琳龙的化石发现于澳大利亚，在它生活的白垩纪早期，澳大利亚仍然处在南极圈内，所以每年都会遭遇极夜。丽阿琳龙因为身体太过娇小，无法承受长距离迁徙，只能想办法度过漆黑的极夜，而拥有能在黑暗中看清事物的能力显得尤为重要。

人们在丽阿琳龙的化石上发现了非常大的眼窝以及后脑的凸起，这表示它们有着很大的视觉区，夜视能力良好。

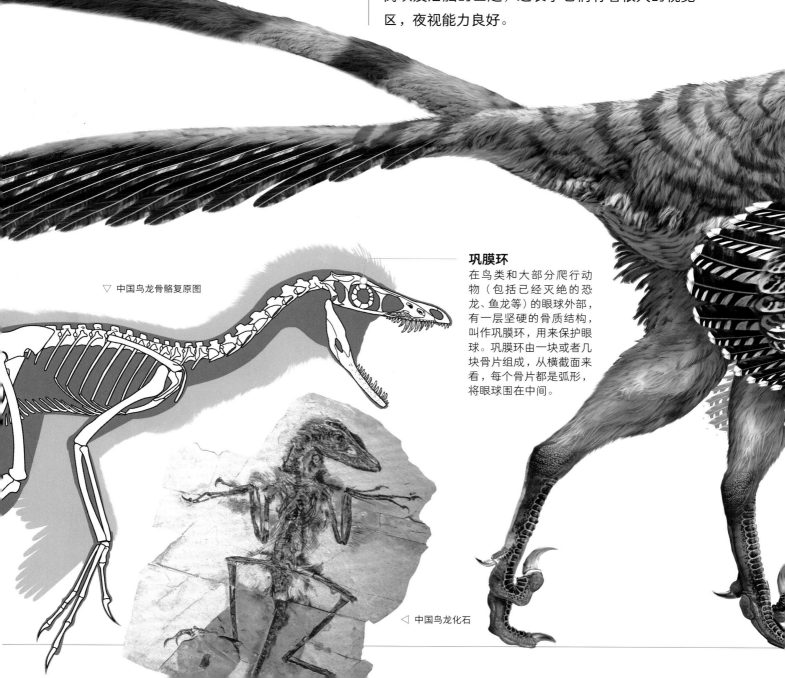

▽ 中国鸟龙骨骼复原图

巩膜环

在鸟类和大部分爬行动物（包括已经灭绝的恐龙、鱼龙等）的眼球外部，有一层坚硬的骨质结构，叫作巩膜环，用来保护眼球。巩膜环由一块或者几块骨片组成，从横截面来看，每个骨片都是弧形，将眼球围在中间。

◁ 中国鸟龙化石

冬眠

曾经人们以为恐龙是不会生活在极地地区的，因为它们无法对抗严寒和极夜。可是，随着科学家在极地地区陆续发现了数量可观的恐龙化石，人们逐渐认识到恐龙的足迹早已踏上了那片寒冷的土地。

想要在极地生活下去，必须要有办法对抗极端天气。比如丽阿琳龙就拥有强大的夜视力，这是它生存的法宝。

似提姆龙也是生活在极地的恐龙，它也和丽阿琳龙一样，发现于澳大利亚。人们在它的化石上发现了周期性的骨头结构样式，这意味着它们可能具有冬眠的行为，它们会用这样的方法抵抗严寒。

▽ 丽阿琳龙复原图

▽ 中国鸟龙复原图

丽阿琳龙
生活在极地地区的丽阿琳龙有很多对抗极端天气的办法，比如它拥有良好的视力，能适应光线微弱甚至黑暗的环境，这对于它在极夜中生活有很大帮助；它的身体虽然纤瘦，但是覆盖着羽毛，能对付当地的低温天气；它还会用前肢上的爪子挖洞，在洞穴中对抗严寒。

▽ 丽阿琳龙化石投影图

战斗

恐龙的生活并不总是平静的，即便植食恐龙没有遇到掠食者，掠食者也没有遇到心仪的猎物，在族群内部，战斗也常常会一触即发。它们总是会不停地争夺地盘、领导族群的权力，或者争夺喜欢的配偶，这时候打上一架对它们来说像是解决问题的最好办法。当然，这样的战斗绝不会像面对掠食者或者猎物那样激烈，它们只是在安全的范围内一争高下罢了！

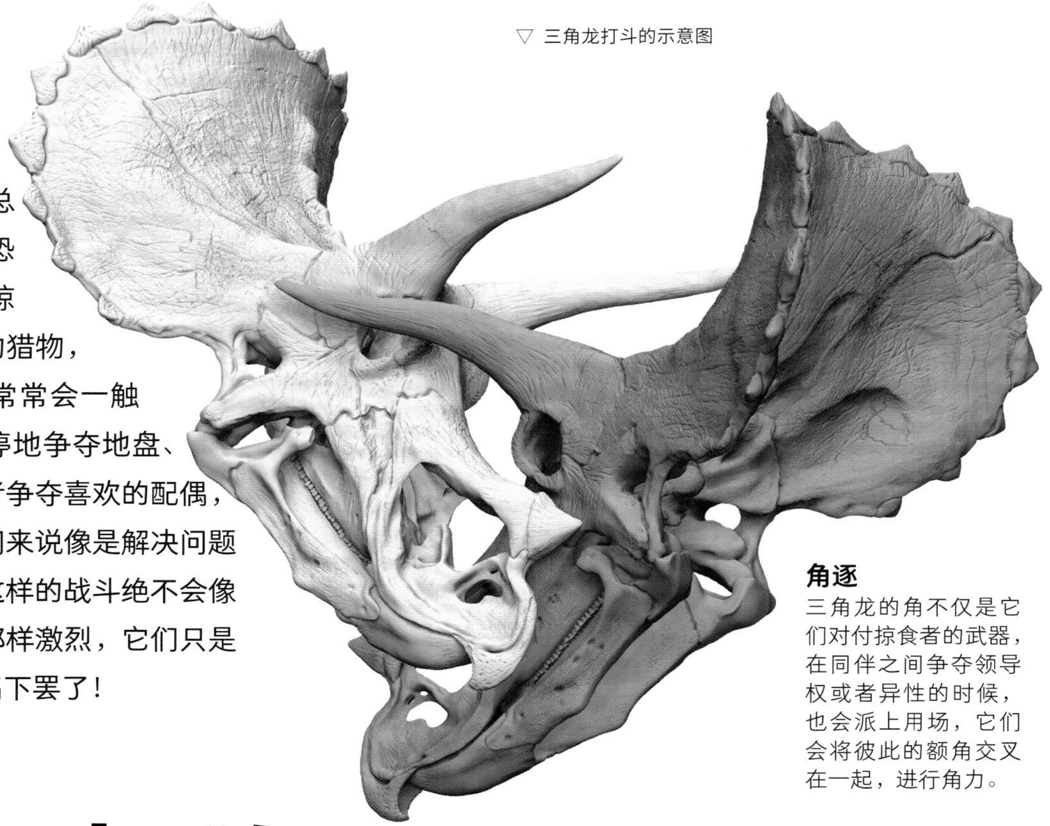

▽ 三角龙打斗的示意图

角逐

三角龙的角不仅是它们对付掠食者的武器，在同伴之间争夺领导权或者异性的时候，也会派上用场，它们会将彼此的额角交叉在一起，进行角力。

用角打架的角龙类恐龙

对长有头盾和尖角的角龙类恐龙来说，族群内的争斗就是用角和头盾相互角力的过程。就拿三角龙来说，它们会让自己和对方的额角彼此交叉，然后互相顶撞，决出胜负，有些像今天的剑羚羊之间的争斗。

△ 三角龙复原图

用"头盔"撞击的肿头龙类恐龙

▽ 冥河龙复原图

冥河龙

冥河龙是一种肿头龙类恐龙，头上有骨质隆起，在隆起周围、脸上等地方长有骨质小瘤和尖刺。在它的脑袋后方还长有尖角，用来保护它的脑袋和脖子。

对于具备厚实的颅顶，好像戴着一个大大的头盔的肿头龙类恐龙来说，想要和同伴战斗，最好的武器就是"头盔"。它们会用厚重的脑袋不断地撞击、推顶对方，好彰显自己的力量。当然，因为肿头龙类恐龙看似厚重的头顶实际上并没有我们想象的那么结实，所以它们更习惯先虚张声势，吓唬对方，如果这招不奏效，它们才用脑袋的侧面而不是顶端撞击，以此一决胜负。

撕咬是最直接的战斗方法

对于很多肉食恐龙来说，即便是族群内部的战斗，也比植食恐龙要剧烈得多。它们常常会动用自己锋利的牙齿，在对方身上撕咬，当然，对于同类，它们总是会嘴下留情，撕咬大多数时候也只是点到为止，不会真的让对方伤得很重。

▽ 诸城暴龙打斗复原图

恐龙的生活看起来真的是丰富多彩，虽然它们的生活里少不了争斗，常常充斥着血腥的味道，很多时候会因为填不饱肚子而难过，可是别忘了它们生活中还有那么多新奇好玩有趣的活动，还有它们为了生活而做的努力，这让它们的生活看起来充满了阳光和希望。

现在，就让我们一起到恐龙的生活里去看看吧！

马门溪龙——
中生代的"吸尘器"

马门溪龙是中国发现的种类最多、地域分布最广的蜥脚类恐龙，目前在四川、重庆、云南、新疆等地都有发现它的化石。不同种的马门溪龙体形相差很大，其中最小的杨氏马门溪龙体长大约 15 米，而最大的中加马门溪龙体长能达到 35 米。

和庞大的身体相比，马门溪龙的头很小，上颌骨粗壮，前上颌骨看起来就像一把铲子。它的牙齿数量众多，呈勺状，喜欢吃粗糙的食物。

马门溪龙最显著的特征是拥有一条长长的脖子，脖子的长度几乎占据了整个身体长度的 1/2，这个比例在动物中是绝无仅有的。最初，人们认为包括马门溪龙在内的蜥脚类恐龙的脖子，都是能够高高抬起的，就像今天的长颈鹿一样，所以在博物馆中我们常常会看到这些昂首阔步的大家伙，有时候，它们的脖子还能扭成 S 型。可事实上，马门溪龙的脖子僵直，几乎无法弯曲，更不能高高竖起，只是与地面保持着一个不大的夹角。这虽然限制了它们在垂直高度上的采食范围，但是大大提高了采食效率，因为它们大可以站在一个地方不动，只要在水平方向上微微摆动脖子，瞬间就能吃掉一大片食物，简直就像中生代的"吸尘器"。

马门溪龙因为拥有长长的脖子和尾巴，体重并不算太重，它的四肢结实，肌肉紧实，完全能够支撑庞大的身体。

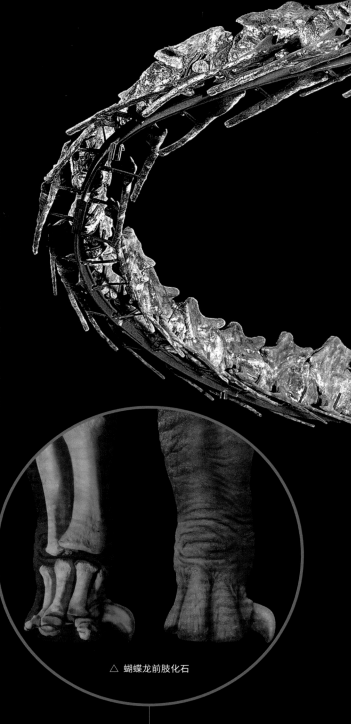

△ 蝴蝶龙前肢化石

尾锤
马门溪龙细长的尾巴末端有一个骨质"尾锤"，不仅能起到平衡身体的作用，还是它防御掠食者的武器。

柱状前肢
蜥脚类恐龙的前脚指骨缩短，掌骨以垂直方式排列、接触地面，呈柱状，而非平铺在地面上。这种结构是人们在发现了蝴蝶龙的化石后才知道的。

▽ 马门溪龙骨骼化石

小脑袋

马门溪龙的脑袋相较于它的体形来说很小，看上去又短又高。鼻孔长在脑袋前端靠近颅顶的位置，眼睛长在靠后的地方，视力很不错。因为脑容量比较小，所以不是特别聪明，但是凭借良好的视力、修长的脖子，它总是能够早早地发现危险，做好应对的准备。

马门溪龙

学　　名	*Mamenchisaurus*
体　　形	体长 15~35 米
食　　性	植食
生存年代	侏罗纪晚期
化石产地	亚洲，中国

粗壮的四肢

马门溪龙的身体因为绝大部分都让细长的脖子和尾巴占据了，所以它的体重相对较轻，这大大减轻了四肢的负担。不过它的四肢也很粗壮，足以支撑庞大的身体。

▽ 盘足龙骨骼化石

头骨

盘足龙的头骨与圆顶龙类似，粗壮而高大。头骨上有多对大型开孔，包括眼眶孔、眶前孔、鼻孔等，能有效地减轻它头骨的重量。它的嘴里布满粗壮的勺状形牙齿，牙齿向前倾斜。

▽ 盘足龙腿部化石投影图

盘子般的大脚

在盘足龙发现之初，科学家认为蜥脚类恐龙足部的跖骨和趾骨是散开的，像盘子一样，所以将它翻译成了"盘足龙"。

高高抬起的脖子

之前在复原盘足龙时，都会将它的脖子抬得很高，像长颈鹿那样，这是因为从埋藏的化石上看，它的脖子和后背有一个特别大的弧度。但是经过深入研究，人们发现这个弧度是由于盘足龙死后肌肉收缩拉扯导致的，事实上它的脖子和后背基本在一条直线上。不过虽然如此，因为盘足龙肩膀比臀部高，它的脖子还是能抬得较高。

实际脖子与地面所呈角度

盘足龙

学　　名	*Euhelopus*
体　　形	体长约 15 米
食　　性	植食
生存年代	白垩纪早期
化石产地	亚洲，中国，山东

盘足龙——
它并没有生活在湖泊中

　　盘足龙是一种体形中等的蜥脚类恐龙，身长大约只有 15 米。和其他蜥脚类恐龙一样，盘足龙也长有一条长长的脖子，只不过，它这条脖子不是几乎平行于地面的，而是能够高高抬起。为什么马门溪龙的脖子不能抬这么高，而盘足龙的脖子却可以呢？这是因为盘足龙的前肢比后肢长，肩膀比臀部高，自然它的脖子也就能抬得较高了。这样一来，盘足龙能够到高处的植物，避免了与那些低矮的恐龙的竞争。

　　在发现盘足龙的时候，人们对蜥脚类恐龙的认识还没有那么多，当时人们以为这种庞大的恐龙因为四肢无法支撑身体，所以是生活在湖泊或者沼泽中的。因此，科学家给盘足龙命名的拉丁文名字的含义就是"出色的湿地的脚"，指的就是它们特别的生存环境。不过，现在我们已经知道了，蜥脚类恐龙就是生活在陆地上的，它们的四肢完全能够支撑庞大的身体。

　　盘足龙的体重实际上并不是很重，大约只有 15~20 吨，它的身体看起来修长纤瘦，四肢却粗壮结实，它们总是成群结队地优雅地漫步在平原上。

盘足龙化石

目前发现的盘足龙化石包括头骨、颈椎、背椎、荐椎、前端尾椎、腰带、肩带、部分肢体等，来自三个不同的个体。

成年盘足龙与小型汽车体形比较

5m

波塞冬龙——
最高的恐龙之一

波塞冬龙是北美洲出现时间最晚的蜥脚类恐龙，之前人们一直认为从侏罗纪晚期开始，北美洲的蜥脚类恐龙就已经开始衰落了，自从腕龙、梁龙、圆顶龙等这些庞然大物消失之后，便只有一些小个子的家族成员生存了下来。可是波塞冬龙的发现却让人们感到了意外，这种生活在白垩纪早期的蜥脚类恐龙家族成员，体长竟然达到30~35米。

波塞冬龙不仅体形巨大，身高也相当可观。它和大部分蜥脚类恐龙都不一样，有一条高高抬起的脖子，能够吃到树顶上新鲜的树叶，是世界上最高的恐龙之一。

由于波塞冬龙的化石极少，只发现有四块颈椎，这些颈椎最初被发现时还被误认为是硅化木，所以人们对于波塞冬龙的体形和高度都是推测而来的，他们通过和蜥脚类恐龙家族的长颈巨龙的比较，得出了其脑袋到地面的距离可能能达到17米。

波塞冬龙生活的地方靠近西部内陆海，它们当时可能生活在河口三角洲地区。

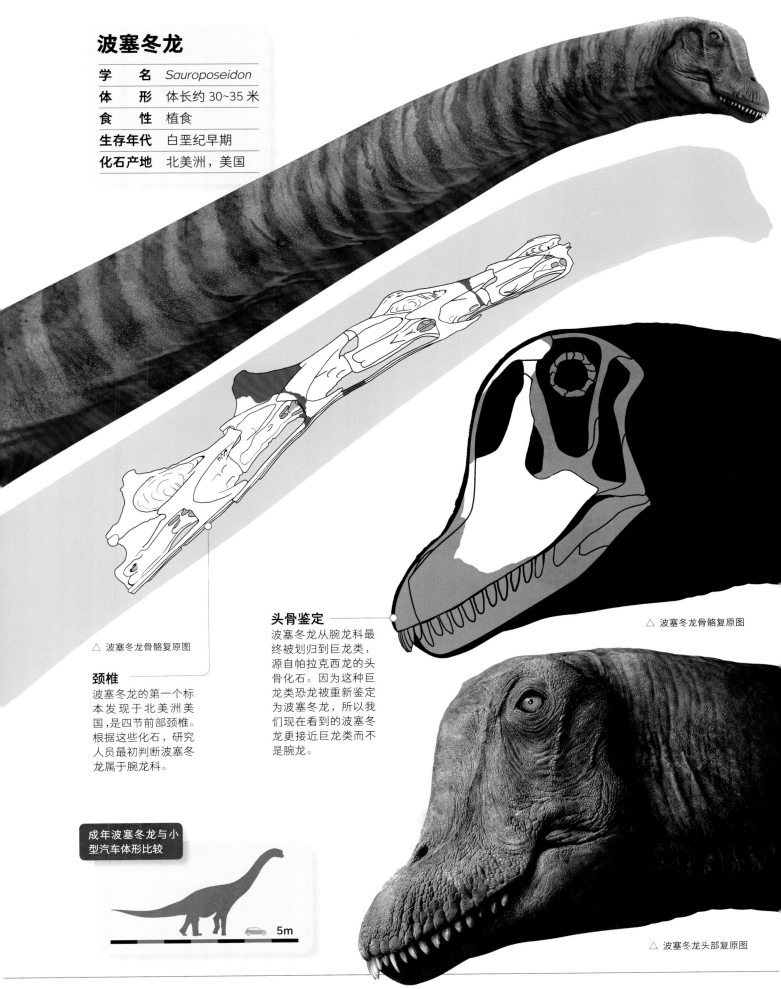

波塞冬龙

学　　名	*Sauroposeidon*
体　　形	体长约 30~35 米
食　　性	植食
生存年代	白垩纪早期
化石产地	北美洲，美国

△ 波塞冬龙骨骼复原图

颈椎
波塞冬龙的第一个标本发现于北美洲美国，是四节前部颈椎。根据这些化石，研究人员最初判断波塞冬龙属于腕龙科。

头骨鉴定
波塞冬龙从腕龙科最终被划归到巨龙类，源自帕拉克西龙的头骨化石。因为这种巨龙类恐龙被重新鉴定为波塞冬龙，所以我们现在看到的波塞冬龙更接近巨龙类而不是腕龙。

△ 波塞冬龙骨骼复原图

成年波塞冬龙与小型汽车体形比较

5m

△ 波塞冬龙头部复原图

阿根廷龙——
凭借集体智慧
对抗掠食者的恐龙

阿根廷龙无疑是世界上最大的恐龙之一，它们体长超过 30 米，体重大概在 60 吨以上，可怕的是，它们从不单独行动，而是成群结队地从平原上穿过，一眼望去，就像一座移动的大山。

和其他蜥脚类恐龙一样，阿根廷龙也拥有长长的脖子和尾巴，它们的体腔极宽，达到 4 米，这显示它们的身体非常壮硕。

可即便是如此硕大的动物，也有掠食者想要觊觎它们，比如马普龙就常常想要把它们当作猎物。

马普龙是世界上体形最大的肉食恐龙之一，它们体长大约 12 米，光是脑袋就有 1.6 米长，几乎相当于一个成年人的身高。它们来自鲨齿龙科恐龙家族，虽然不像霸王龙一样拥有香蕉般粗壮的牙齿，但是它们像刀片一样锋利的牙齿也能轻松地撕裂猎物的皮肉。所以，阿根廷龙必须时刻警惕来自马普龙的攻击。当然，因为阿根廷龙硕大的身体，马普龙的捕食并不会那么顺利，它们总是会挑选阿根廷龙群中年幼或者年老的个体下手。为了避免这样的事情发生，成年健壮的阿根廷龙会团结起来一起保护龙群中的弱者，只要它们出行，年幼的阿根廷龙一定会走在龙群中间。

背椎
阿根廷龙背椎上存在有气腔，能帮它减轻体重。

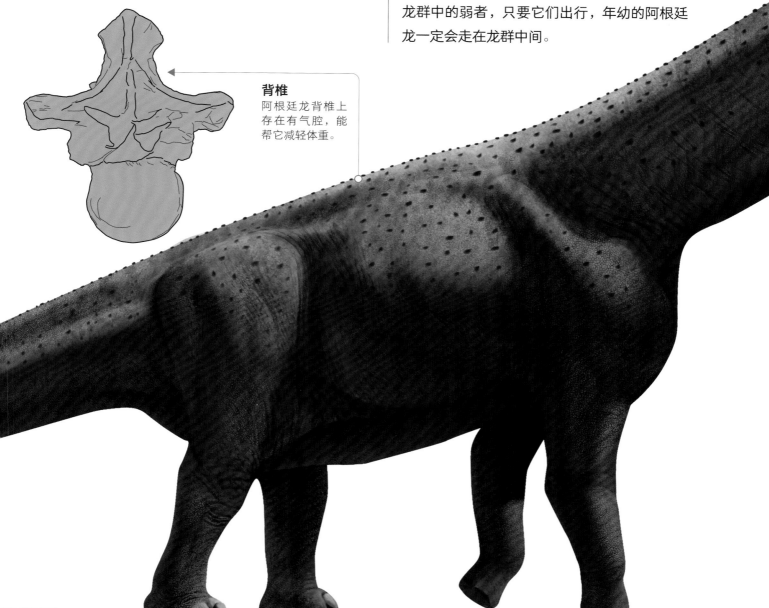

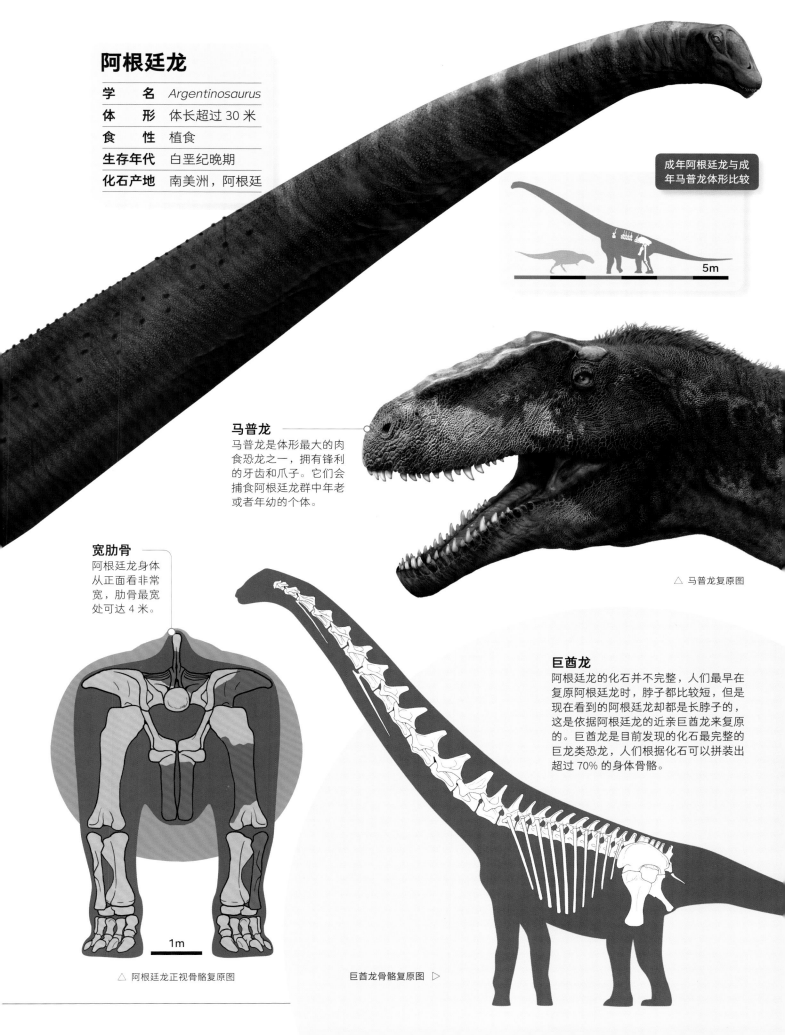

阿根廷龙

学　　名	*Argentinosaurus*
体　　形	体长超过 30 米
食　　性	植食
生存年代	白垩纪晚期
化石产地	南美洲，阿根廷

成年阿根廷龙与成年马普龙体形比较

5m

马普龙

马普龙是体形最大的肉食恐龙之一，拥有锋利的牙齿和爪子。它们会捕食阿根廷龙群中年老或者年幼的个体。

△ 马普龙复原图

宽肋骨

阿根廷龙身体从正面看非常宽，肋骨最宽处可达 4 米。

1m

△ 阿根廷龙正视骨骼复原图

巨酋龙

阿根廷龙的化石并不完整，人们最早在复原阿根廷龙时，脖子都比较短，但是现在看到的阿根廷龙却都是长脖子的，这是依据阿根廷龙的近亲巨酋龙来复原的。巨酋龙是目前发现的化石最完整的巨龙类恐龙，人们根据化石可以拼装出超过 70% 的身体骨骼。

巨酋龙骨骼复原图 ▷

钉状龙——
可以两足行走的剑龙类恐龙

钉状龙

学　　名	*Kentrosaurus*	
体　　形	体长约 5 米	
食　　性	植食	
生存年代	侏罗纪晚期	
化石产地	非洲，坦桑尼亚	

行动缓慢的剑龙类恐龙当然都是四足动物，这个判断在人们发现那组奇特的脚印之前，的确是对的。可是，一组发现于西班牙的恐龙足迹显示，剑龙家族的钉状龙很可能是以双足行走的，因为这些足迹呈现的就是恐龙二足行走的步态，而足迹的形状与钉状龙非常类似。

钉状龙是极少数生活在南方大陆的剑龙类恐龙，化石发现于非洲坦桑尼亚。如果西班牙的足迹化石的确能够确认属于钉状龙，那么钉状龙的生存地点也就扩大至了西班牙。

△ 西班牙发现的恐龙足迹化石线描图

双足行走
科学家曾经在西班牙发现过一组恐龙足迹，脚印形状与钉状龙非常相似，显示其生前或许就是一种钉状龙类恐龙。因为这组足迹呈现的是恐龙以二足行走的步态，所以科学家推测钉状龙也可能能以后肢支撑身体运动。

钉状龙的体形不大，身长大约 5 米，有一条细长的脖子，后肢明显长于前肢。它背上的骨板和剑龙家族中的长脖子成员米拉加亚龙类似，前半身的骨板呈三角形，越往后越细，渐渐地变成了骨刺状。这些骨板不能直接和掠食者对抗，它们更多的是用来吓唬掠食者的。但是位于钉状龙尾巴末端的尖刺可不是摆设，它们是钉状龙真正的战斗武器。

现在，看看钉状龙遇到危险时的情景吧！它会先稳定好身体和掠食者对峙，希望能用自己高耸的骨板吓跑掠食者，可如果这招不起作用，它就会用力地左右摆动尾巴，寻找攻击的机会，把尾巴上的尖刺狠狠地刺入掠食者的身体。一旦成功，无论对方是多么凶猛的掠食者，恐怕都会战败而退吧！

尾刺
钉状龙的尾部关节能左右摆动，用来抵御掠食者。

△ 钉状龙关节活动范围投影图

成年钉状龙与成年男性体形比较

1m

加斯顿龙——
拥有完美装甲的甲龙类恐龙

加斯顿龙是一种甲龙类恐龙，来自甲龙家族的多刺甲龙科，化石发现于美国犹他州的一个采石场。在同一个采石场里，科学家还曾经发现过另外一种名为犹他盗龙的掠食性恐龙。犹他盗龙是体形最大的驰龙科恐龙之一，最大的个体身长约 5.5 米，后肢上拥有锋利的镰刀状大爪子。从化石埋藏来看，加斯顿龙应该是犹他盗龙的猎物。

加斯顿龙体形较小，体长约 4.5 米，身体低矮宽阔，四肢粗壮，以四足行走。虽然加斯顿龙不够大，行动又有些缓慢，可是它并不害怕那些可怕的掠食者，因为它的身体被装甲完美地包裹着。

加斯顿龙的体表不仅像其他甲龙类恐龙一样有坚硬的鳞甲，在它的臀部上方还有像盾牌一样的盾板，身体上还分布有长短不一的尖刺。坚实的盾，锋利的矛，这些强大的武器就像是加斯顿龙的卫士，时刻保护着它。就算犹他盗龙有锋利的牙齿和爪子，面对这样的猎物，也常常会犯难吧！

坚硬的鳞甲
从埃德蒙顿甲龙的化石看，它的肩部有着巨大的装甲，和加斯顿龙一样。

△ 埃德蒙顿甲龙化石

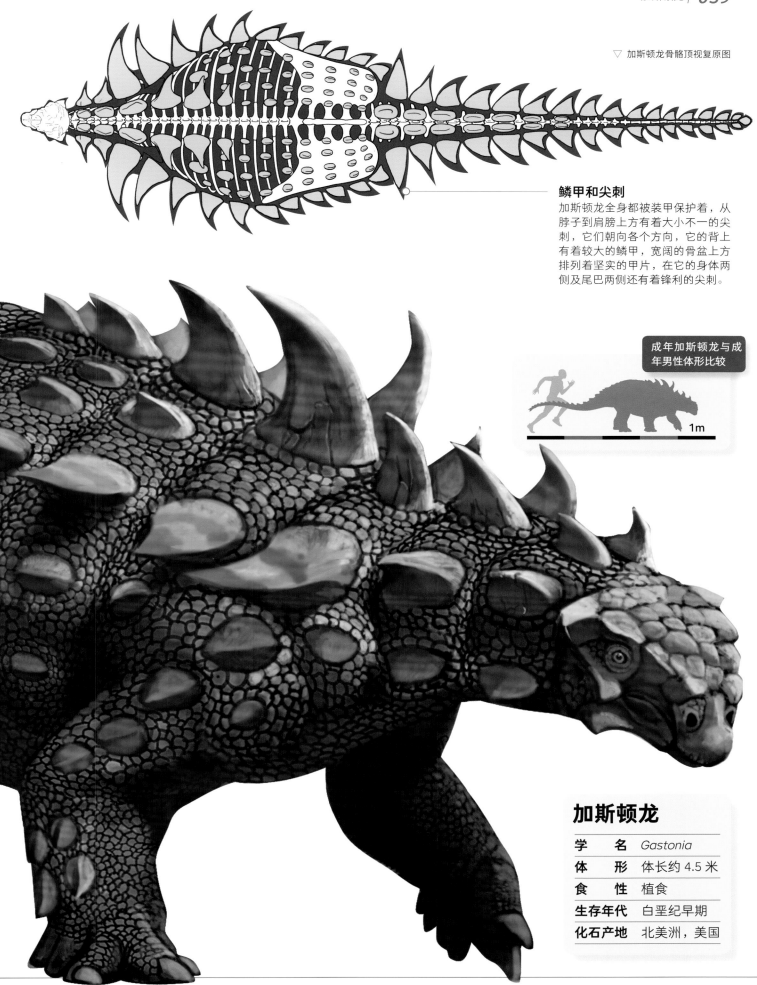

▽ 加斯顿龙骨骼顶视复原图

鳞甲和尖刺

加斯顿龙全身都被装甲保护着，从脖子到肩膀上方有着大小不一的尖刺，它们朝向各个方向，它的背上有着较大的鳞甲，宽阔的骨盆上方排列着坚实的甲片，在它的身体两侧及尾巴两侧还有着锋利的尖刺。

成年加斯顿龙与成年男性体形比较

1m

加斯顿龙

学　　名	*Gastonia*
体　　形	体长约 4.5 米
食　　性	植食
生存年代	白垩纪早期
化石产地	北美洲，美国

美甲龙——
白垩纪蒙古地区的装甲战士

美甲龙是一种体形较大的甲龙科恐龙，身长能达到 7 米，生活在白垩纪晚期今天的亚洲蒙古。

体长 11 米的特暴龙是当地最有名的猎手，虽然它们的前肢很短，但是因为有庞大的身体、粗壮的后肢、长而有力的尾巴，以及能够轻松撕裂猎物皮肉的牙齿和爪子，它们不把任何植食恐龙放在眼里。

幸好，美甲龙身上有过硬的装甲。它的头顶上长有愈合在一起的骨片，虽然坑坑洼洼的不太美观，却很实用；它的背部、臀部及尾巴上长有大体呈圆形的骨板，骨板上还有凸起，防御能力非常强，并不是锋利的牙齿可以随意刺穿的。

因为有装甲保护，即便和凶猛的特暴龙生活在一起，美甲龙也能悠然自得地散步觅食。可有时候，美甲龙也会遇到一些执着的特暴龙，它们也许是饿了，也许是找不到其他什么更合适的猎物，一心就想捕食美甲龙。不过没关系，美甲龙也不会害怕的。

美甲龙的尾巴上有一个重量级的骨质尾锤，身体两侧还有锋利无比的骨质尖刺，这些可都是实实在在的武器，要是用到特暴龙身上，准保会让它吃些苦头。

尾锤
目前尚未发现美甲龙的尾部，但是科学家推测它有一个用作防御的尾锤。

美甲龙

学　　名	*Saichania*	
体　　形	体长约 7 米	
食　　性	植食	
生存年代	白垩纪晚期	
化石产地	亚洲，蒙古	

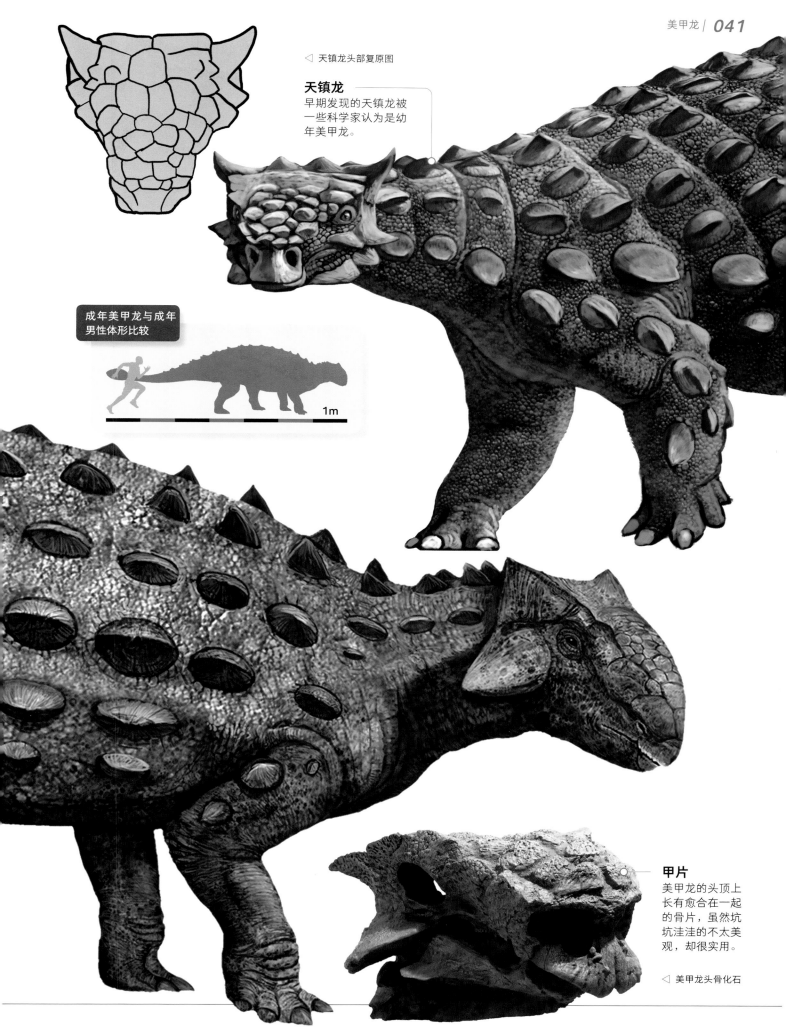

◁ 天镇龙头部复原图

天镇龙
早期发现的天镇龙被
一些科学家认为是幼
年美甲龙。

成年美甲龙与成年
男性体形比较

1m

甲片
美甲龙的头顶上
长有愈合在一起
的骨片，虽然坑
坑洼洼的不太美
观，却很实用。

◁ 美甲龙头骨化石

南极甲龙——
生活在南极的装甲战士

7000 万年前的南极，并不像现在这样寒冷，反而到处都是繁茂的植被。虽然和世界上其他地方相比，这里的温度低了一些，但是仍有恐龙喜欢生活在这里。南极甲龙就是生活在南极地区的一种甲龙类恐龙，早在 1986 年人们就在南极发现了它的化石，可是一直没有命名，反倒是后来发现的一种肉食恐龙冰嵴龙很快走进了人们的视线，成为第一种被命名的发现于南极地区的恐龙。

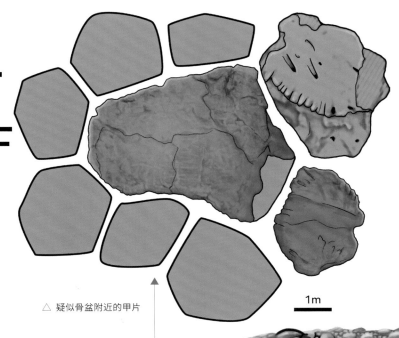

1m

△ 疑似骨盆附近的甲片

虽然因为风化和冰冻使得南极甲龙的化石有些破碎，但是它的化石数量众多，甚至还留存有鳞甲化石，使得人们对它有了深入的了解。南极甲龙的体形很小，身长大约只有 4 米，最初人们一直以为这是一个未成年个体，可是后来人们发现其骨骼已经愈合，是一个真正的成年恐龙。

南极甲龙的脑袋较小，呈树叶状的牙齿却很大。它的全身披有鳞甲，连脑袋顶上也有，在它的眼睛上方还有一对显著的尖刺。从鳞甲化石来看，它的鳞甲有圆形、椭圆形、菱形等多种形状，有些鳞甲上还长有尖刺，是一位真正的装甲战士。南极甲龙的四肢粗壮有力，运动较为灵活，并不笨重。

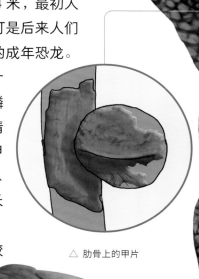

△ 肋骨上的甲片

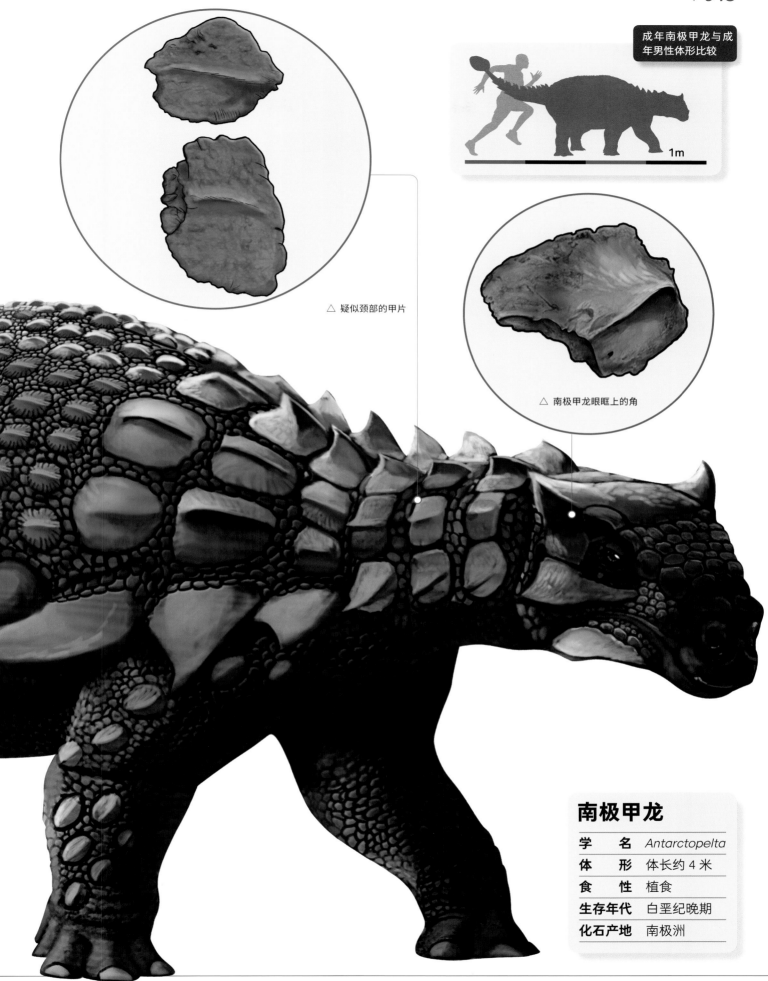

1m

△ 疑似颈部的甲片

△ 南极甲龙眼眶上的角

南极甲龙

学　　名	*Antarctopelta*
体　　形	体长约 4 米
食　　性	植食
生存年代	白垩纪晚期
化石产地	南极洲

浙江龙——
生活在浙江的大型结节龙科恐龙

结节龙科是甲龙类恐龙家族的一个重要分支，它们体形都不算太大，最小的辽宁龙只有半米长，它们全身覆盖有装甲，以四足行走。它们的尾巴末端光秃秃的，没有尾锤，这一点是它们区别于甲龙家族另一个类群甲龙科最重要的特征。结节龙科恐龙诞生于白垩纪早期，一直生活至中生代结束，家族异常繁盛。但是很长一段时间以来，亚洲都没有确凿的结节龙科恐龙化石证据，直到浙江龙的发现。

浙江龙的化石发现得非常早，早在 20 世纪 70 年代，就有村民在中国浙江一个名为白前村的地方发现了它的化石，可是直到 20 多年后，科学家才开始正式挖掘并研究。

浙江龙体长大约 6 米，在结节龙科家族中算是体形很大的成员了。它四肢健壮，行动速度不快。它的身体不仅覆盖着鳞甲，而且从脖子到尾部还有两排尖刺，背的中部则有一排甲板。这些装甲不仅可以起到防御作用，也具有非常好的展示功能。

浙江龙的发现，对于研究结节龙科恐龙的起源、分布和迁移等有重要的意义。

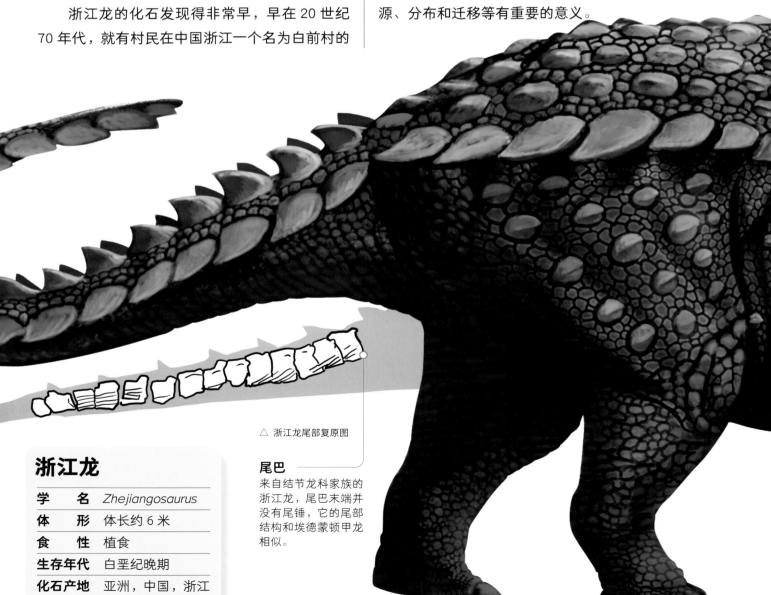

△ 浙江龙尾部复原图

尾巴
来自结节龙科家族的浙江龙，尾巴末端并没有尾锤，它的尾部结构和埃德蒙顿甲龙相似。

浙江龙

学　　名	*Zhejiangosaurus*	
体　　形	体长约 6 米	
食　　性	植食	
生存年代	白垩纪晚期	
化石产地	亚洲，中国，浙江	

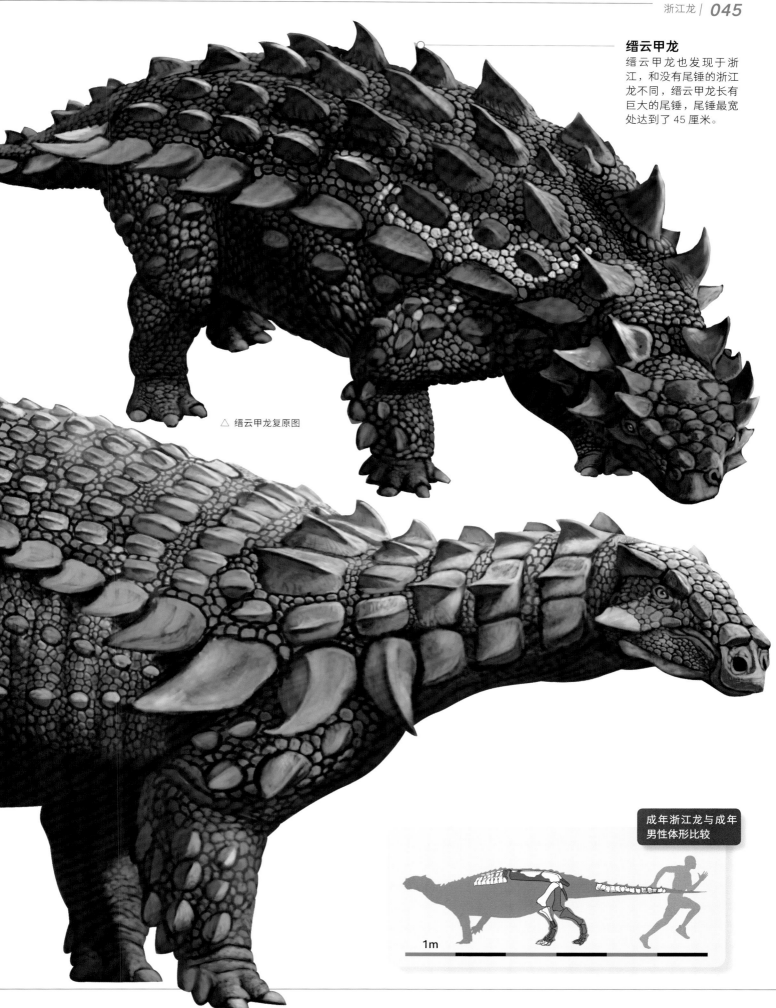

缙云甲龙

缙云甲龙也发现于浙江，和没有尾锤的浙江龙不同，缙云甲龙长有巨大的尾锤，尾锤最宽处达到了 45 厘米。

△ 缙云甲龙复原图

成年浙江龙与成年
男性体形比较

1m

古角龙——
需要凭借奔跑保护自己的角龙类恐龙

古角龙是一种较为原始的角龙类恐龙，因为它的头骨保存得很好，所以我们能够清晰地了解处于较原始状态的角龙类恐龙，它们标志性的头盾和角是什么样子的。

从化石上看，古角龙有一个极大的脑袋，在它的脑袋后方，没有后期进步的角龙类恐龙那样巨大的头盾，而只有一个凸起的褶皱结构，和原角龙有些相似。不过就算这样，这个隆起也能有效地保护它脆弱的脖子和肩膀。古角龙的脸上没有锋利的角，只有鼻骨上方有一个不明显的骨质隆起，这一点也和原角龙类似。

古角龙的头部前端特化成了角质喙，像鹦鹉一般，坚硬而锋利，能够轻易切断植物的根茎。它的眼睛很大，人们推测它有着极好的视力，这有助于它及早发现危险。

古角龙的体形很小，身长只有 1 米多，身体纤瘦，脖子很短，尾巴较长。它的后肢非常发达，能让它快速奔跑。当古角龙遇到危险时，逃跑是它最常用的保护自己的方法，因为它无法像后期的角龙类恐龙那样，用锋利的角和硕大的头盾与对方搏斗。

古角龙

学　　名	*Archaeoceratops*
体　　形	体长约 1~1.5 米
食　　性	植食
生存年代	白垩纪早期
化石产地	亚洲，中国，甘肃

发达的后肢
古角龙的后肢非常发达，能让它快速奔跑。当古角龙遇到危险时，逃跑是它最常用的保护自己的方法。

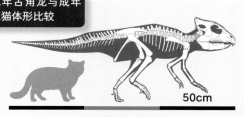
成年古角龙与成年家猫体形比较

50cm

▽ 原角龙头骨化石　　　　　　原角龙复原图 ▷

▽ 古角龙头骨化石

视觉
古角龙有一双大
大的眼睛，视力
很好。

骨质结构
古角龙的脑袋后
方虽然还没有明
显的头盾，但是
已经有隆起的褶
皱结构，能够有
效地保护它的脖
子和肩膀。

角质喙
古角龙的头部前端
有像鹦鹉一般的角
质喙，坚硬而锋利，
能够轻易切断植物
的根茎。

朝鲜角龙——
也许它是会游泳的角龙类恐龙

朝鲜角龙

学　名	*Koreaceratops*	
体　形	体长 1.5~1.8 米	
食　性	植食	
生存年代	白垩纪早期	
化石产地	亚洲，韩国	

棘龙

棘龙是一种高度水生恐龙，它的尾巴神经棘特别高，适合划水。朝鲜角龙的尾巴也是这种结构，所以科学家推测，朝鲜角龙也是这样划水的。

◁ 棘龙复原图

成年朝鲜角龙与成
年家猫体形比较

50cm

朝鲜角龙是古角龙的近亲，也是一种基础的新角龙类恐龙，不过和古角龙善于奔跑不同，朝鲜角龙似乎更喜欢水里的生活。

朝鲜角龙的化石发现于亚洲韩国，是在韩国发现的第一种角龙类恐龙。它的化石保存得并不完整，包含 36 节互相关联的尾椎、部分后肢以及骨盆。从化石上看，它的尾椎上有着高大的神经棘，这些神经棘的高度是椎体长度的 5 倍，非常奇特。不仅如此，从水平方向上看朝鲜角龙的尾巴还非常扁，和很多生活在水中的现代动物很像。因此，科学家推测，这种奇特的角龙类恐龙可能会游泳。

不过另外一些科学家则称，朝鲜角龙尾巴上特别的结构只不过是位于尾部的原始羽毛，就像同样来自角龙家族的鹦鹉嘴龙，它们也在尾部长有高耸的坚硬的管状羽毛。这也许是在说明一个问题：后期进步的角龙类恐龙会将角和头盾用作展示，而早期原始的角龙类恐龙则会用尾巴上的羽毛来做展示。

目前，关于朝鲜角龙的外形和生活习性还有着很多争议，让我们期待科学家能寻找到更多的化石，来解开这些谜团吧！

朝鲜角龙尾椎投影图 ▷

神经棘
朝鲜角龙的尾椎上有着高大的神经棘，它的神经棘的高度是椎体长度的 5 倍，非常奇特。不仅如此，朝鲜角龙的尾巴从水平方向上看还非常扁，和很多生活在水中的现代动物很像。

准角龙——
喜欢生活在河口地区的角龙类恐龙

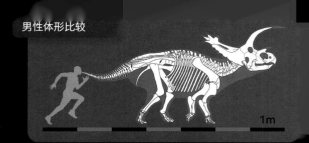
准角龙是一种大约 6 米长的角龙类恐龙，生活在白垩纪晚期今天的加拿大。在准角龙的脸上，有三根长而锋利的角，其中，眼睛上方的两根额角尤其长，微微向上伸展着，鼻子上的角很短，呈三角形。和其他角龙类恐龙相比，准角龙的鼻角与眼睛的距离较近。

准角龙的角存在着明显的两性差异，雄性准角龙和雌性准角龙的角在大小和弯曲度上都不相同，雄性准角龙的角看起来更大更锋利。

准角龙有一个奇特的头盾，呈长方形，和大多数角龙类恐龙的头盾外形都不一样。它的头盾上没有明显的尖角，只有波浪状的凸起。

准角龙体形较大，身体粗壮结实，嘴部前端特化成了大而锋利的喙状嘴，能够处理坚硬的植物。

准角龙的化石发现于近海的沉积层，一些科学家据此推测，准角龙当时可能生活在近海的河口地区，那里恐龙较少，食物充沛，可以避免激烈的竞争。

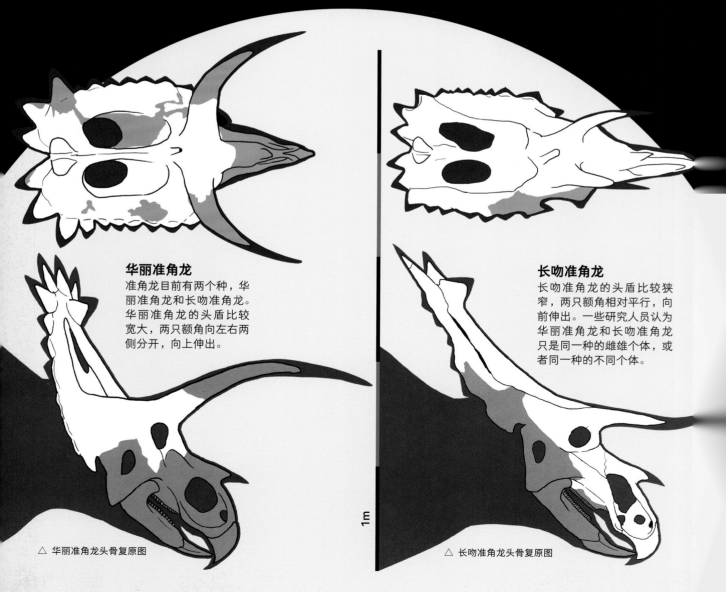

华丽准角龙
准角龙目前有两个种，华丽准角龙和长吻准角龙。华丽准角龙的头盾比较宽大，两只额角向左右两侧分开，向上伸出。

长吻准角龙
长吻准角龙的头盾比较狭窄，两只额角相对平行，向前伸出。一些研究人员认为华丽准角龙和长吻准角龙只是同一种的雌雄个体，或者同一种的不同个体。

1m

△ 华丽准角龙头骨复原图

△ 长吻准角龙头骨复原图

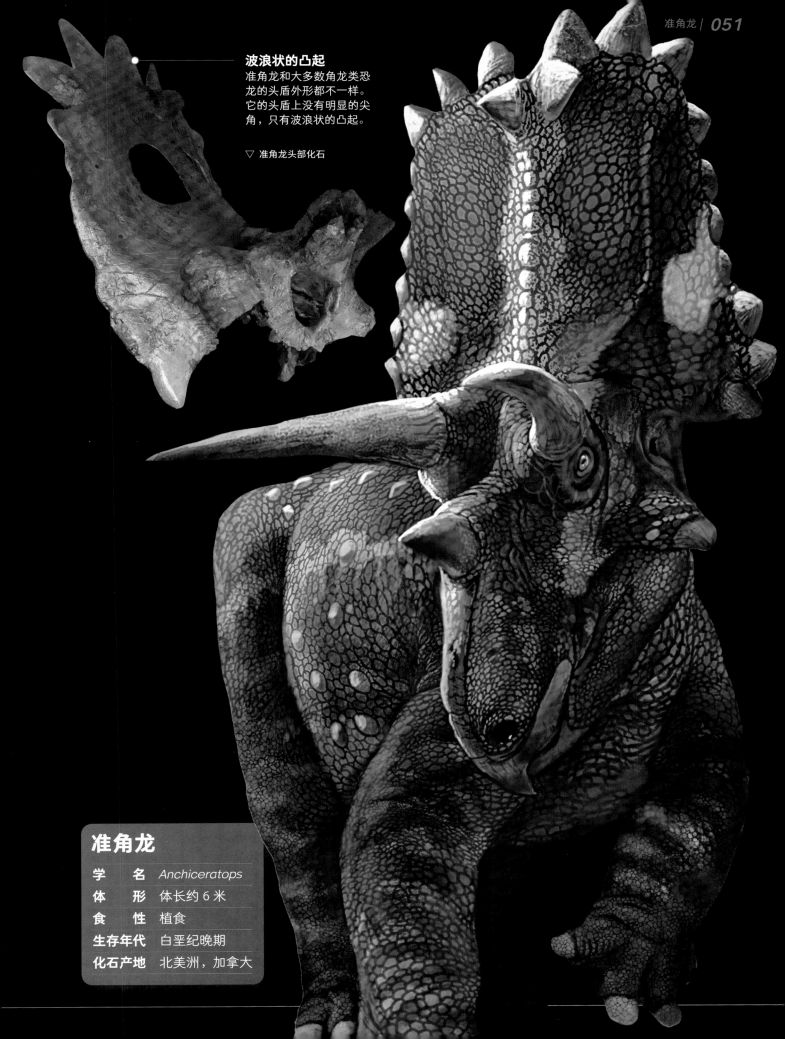

波浪状的凸起

准角龙和大多数角龙类恐龙的头盾外形都不一样。它的头盾上没有明显的尖角，只有波浪状的凸起。

▽ 准角龙头部化石

准角龙

学　　名	*Anchiceratops*
体　　形	体长约 6 米
食　　性	植食
生存年代	白垩纪晚期
化石产地	北美洲，加拿大

扇冠大天鹅龙——
它的家族很可能是从北美洲迁徙而来的

扇冠大天鹅龙是一种鸭嘴龙类恐龙，化石发现于俄罗斯。它的体形很大，身长大约有 10~12 米，长有一个特别的头冠，像一把扇子一样高高地耸立在它的头顶上。科学家推测，扇冠大天鹅龙的头冠是中空的，能够发出声音。扇冠大天鹅龙拥有一张扁扁的鸭嘴，牙齿数量超过了 1000 颗，喜欢以坚硬的针叶类植物为食。因为进食量很大，扇冠大天鹅龙的牙齿很容易损坏，不过它不必为此担心，因为一旦损坏，就会有新牙齿来替换。它的身体很壮硕，有一条长长的尾巴，可以用四足行走，也可以依靠两足行走。

▽ 埃德蒙顿龙骨骼复原图

鸭嘴龙类中的长脖子
扇冠大天鹅龙的脖子很长，拥有 18 节颈椎，在鸭嘴龙家族中是颈椎数量最多的成员之一。

△ 扇冠大天鹅龙骨骼复原图

扇冠大天鹅龙

学　　名	*Olorotitan*	
体　　形	体长约 10~12 米	
食　　性	植食	
生存年代	白垩纪晚期	
化石产地	欧洲，俄罗斯	

扇冠大天鹅龙是第一种发现于北美洲以外的赖氏龙亚科恐龙，但并不是唯一的一种。科学家曾经在中国黑龙江省发现过大型的赖氏龙亚科成员——卡戎龙，它的外形与在北美洲发现的副栉龙非常相像，只是生存年代比副栉龙晚了 1000 万年。

依据这些化石，科学家推测，赖氏龙亚科恐龙很可能起源于北美洲，然后通过北美洲和亚洲之间的路桥迁徙到了欧亚大陆。

▽ 赖氏龙复原图

赖氏龙头冠
赖氏龙以釜头状的冠饰而著名，不同年龄、不同个体的赖氏龙，冠饰外形也有所不同。

独特的头冠
鸭嘴龙科恐龙分为没有头冠的鸭嘴龙亚科和有头冠的赖氏龙亚科，扇冠大天鹅龙就是长有头冠的一类。它的冠饰向后伸展，像一把扇子。这个骨质头冠是中空的，可以发出声音，也可以作为视觉辨识物。

副栉龙头冠
副栉龙的头冠从鼻部开始，向后方延伸出去，冠饰很长，因为能发出声音，所以常常作为内部交流的工具，可以和同伴互相通报观察到的危险。

成年扇冠大天鹅龙与
成年男性体形比较

1m

△ 副栉龙复原图

埃德蒙顿龙——
它们在冬天可能
具有迁徙行为

成年埃德蒙顿龙与
成年男性体形比较

1m

　　埃德蒙顿龙也是一种鸭嘴龙类恐龙，家族中不同的种之间体形相差较大，最小的大约 8 米，最大的则能达到 12 米。

　　生活在白垩纪晚期今天北美洲的埃德蒙顿龙家族一定非常繁盛，因为人们发现了数量庞大的

　　埃德蒙顿龙虽然属于平头类鸭嘴龙，但是它的头顶却有冠饰，只不过这个冠饰不是骨质头冠，而是肉质头冠。它长有扁扁的鸭嘴，视力良好。它的身体壮硕，体表被鳞片覆盖着，其中绝大部分是直径 1~3 厘米的小型鳞片，而脖子上有大型的盔甲状鳞片。它的前后肢相差较大，以四足行走，但是奔跑的时候则可以依靠后肢前进。

埃德蒙顿龙化石，包括在美国怀俄明州发现的著名的埃德蒙顿龙尸骨层，在 40 公顷的区域内，堆积着 10000~25000 只埃德蒙顿龙的尸骨。这些化石显示埃德蒙顿龙有着群居的行为，它们可能生活在淡水边，因为遭到了突如其来的灾难，而被集体掩埋。

　　埃德蒙顿龙不仅数量庞大，而且分布广泛，北至北极圈内的阿拉斯加，南至墨西哥湾，都有它们的踪迹。科学家推测，埃德蒙顿龙，特别是身处北极圈的家族成员，在冬季可能会有迁徙的行为，它们会跨越北美大陆，寻找温暖的地方过冬。

埃德蒙顿龙

学　　名	*Edmontosaurus*	
体　　形	体长约 8~12 米	
食　　性	植食	
生存年代	白垩纪晚期	
化石产地	北美洲，加拿大、美国	

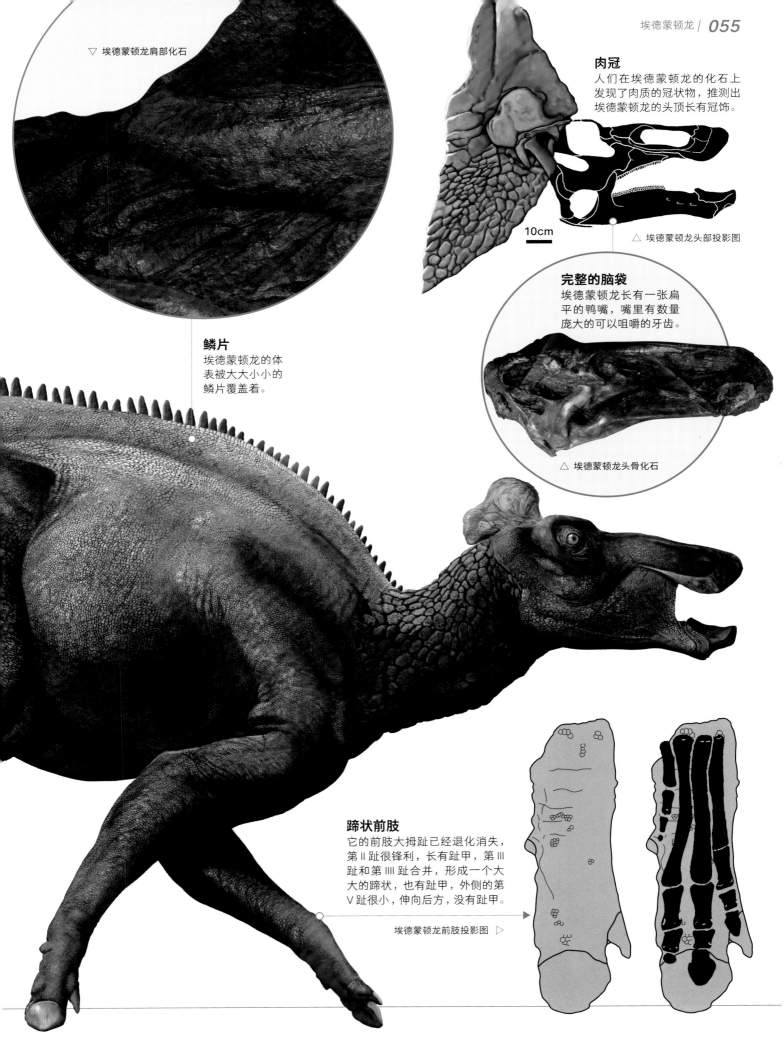

▽ 埃德蒙顿龙肩部化石

肉冠
人们在埃德蒙顿龙的化石上发现了肉质的冠状物，推测出埃德蒙顿龙的头顶长有冠饰。

10cm

△ 埃德蒙顿龙头部投影图

完整的脑袋
埃德蒙顿龙长有一张扁平的鸭嘴，嘴里有数量庞大的可以咀嚼的牙齿。

△ 埃德蒙顿龙头骨化石

鳞片
埃德蒙顿龙的体表被大大小小的鳞片覆盖着。

蹄状前肢
它的前肢大拇趾已经退化消失，第 Ⅱ 趾很锋利，长有趾甲，第 Ⅲ 趾和第 Ⅲ 趾合并，形成一个大大的蹄状，也有趾甲，外侧的第 Ⅴ 趾很小，伸向后方，没有趾甲。

埃德蒙顿龙前肢投影图 ▷

满洲龙——
中华第一龙

满洲龙是中国境内发现的第一具恐龙化石，在 1902 年发现于黑龙江，被称为"中华第一龙"。

满洲龙是一种大型的鸭嘴龙类恐龙，体长大约 8~10 米。它的脑袋较大，头骨低平，头顶没有冠饰。它的前颌部长有扁扁的鸭子般的大嘴，嘴里牙齿众多。

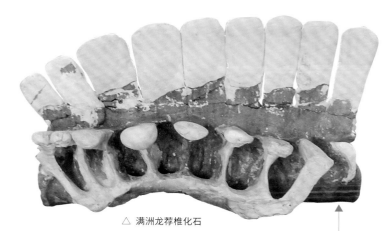

△ 满洲龙荐椎化石

荐椎

满洲龙的荐椎由八节椎体愈合而成，而它大腿的宽度基本与荐椎的长度相同，这使得它的大腿非常粗壮，在休息或奔跑时，可以抬起前腿仅用后腿支撑身体。

满洲龙身体粗壮，尾巴很长，后肢明显长于前肢。在它的手指和脚趾处存在肉垫结构，用以缓解在行走时庞大的身体给四肢造成的压力。

这样的肉垫普遍存在于鸭嘴龙类恐龙身上，可是最初的时候人们并不知道。早先，人们认为一种名为盔龙的鸭嘴龙类恐龙会游泳，因为他们声称发现了盔龙带蹼的手和脚。然而，后来人们发现那并不是蹼，而是盔龙手指和脚趾上的肉垫。

满洲龙是一种群居动物，会成群结队地出行、觅食、喝水，它们和大部分大型鸭嘴龙科恐龙一样，通常依靠四肢行走。

▽ 满洲龙股骨化石

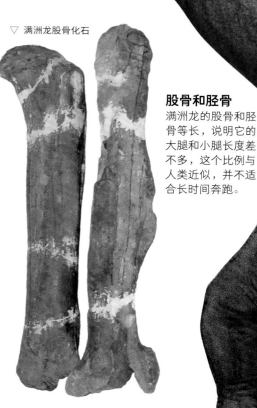

股骨和胫骨

满洲龙的股骨和胫骨等长，说明它的大腿和小腿长度差不多，这个比例与人类近似，并不适合长时间奔跑。

△ 满洲龙腿骨化石

满洲龙	
学　　名	*Mandschurosaurus*
体　　形	体长约 8~10 米
食　　性	植食
生存年代	白垩纪晚期
化石产地	亚洲，中国，黑龙江

成年满洲龙与成年
男性体形比较

1m

▽ 嘉荫卡龙复原图

嘉荫卡龙

在中国黑龙江，人们不仅发现了满
洲龙，还发现了另外一种鸭嘴龙类
恐龙嘉荫卡龙。嘉荫卡龙来自赖氏
龙亚科，所以它的头上长有冠饰。
嘉荫卡龙的冠饰十分修长，外形与
发现于北美洲的副栉龙非常相像，
也能发出声音。嘉荫卡龙体形庞大，
身长能达到 10 米，非常壮硕。

生存威胁

在黑龙江的嘉荫，
科学家们还发现了
肉食恐龙的牙齿化
石，从外形上看它
们可能来自暴龙家
族和棘龙家族，当
地的鸭嘴龙类恐龙
是它们的理想食物。

△ 霸王龙牙齿化石　　　　△ 棘龙类牙齿化石

腔骨龙——
敏捷的掠食者

腔骨龙生存在三叠纪晚期今天的北美洲美国，那时候恐龙刚刚诞生不久，看起来还十分弱小，腔骨龙也不例外。

腔骨龙的身长大约 2~3 米，无法和当时庞大的四足爬行动物相提并论，不过这似乎并不是它的缺点，反倒是它独具优势的地方。腔骨龙不仅体形小，而且骨骼还是中空的，就像今天的鸟类一样，所以它的身体十分轻盈，运动灵活，是非常迅捷的掠食者。速度给腔骨龙带来了无与伦比的优势，当它以修长的双腿支撑身体，将细长的脖子高高抬起时，它那双超大的眼睛会迅速发现合适的猎物，这时候它只要迈开双腿，就能快速奔跑起来。它长长的半僵直的尾巴能够帮助它的身体保持平衡，不至于让它在高速运动中摔倒。而一旦追上猎物，腔骨龙锋利的带有锯齿的牙齿就会狠狠地咬住对方，撕下新鲜的皮肉。

人们曾经在美国新墨西哥州的幽灵牧场发现了腔骨龙的尸骨层，那里埋藏着数量众多的腔骨龙化石，这足见它们当时是一个多么繁盛的家族。

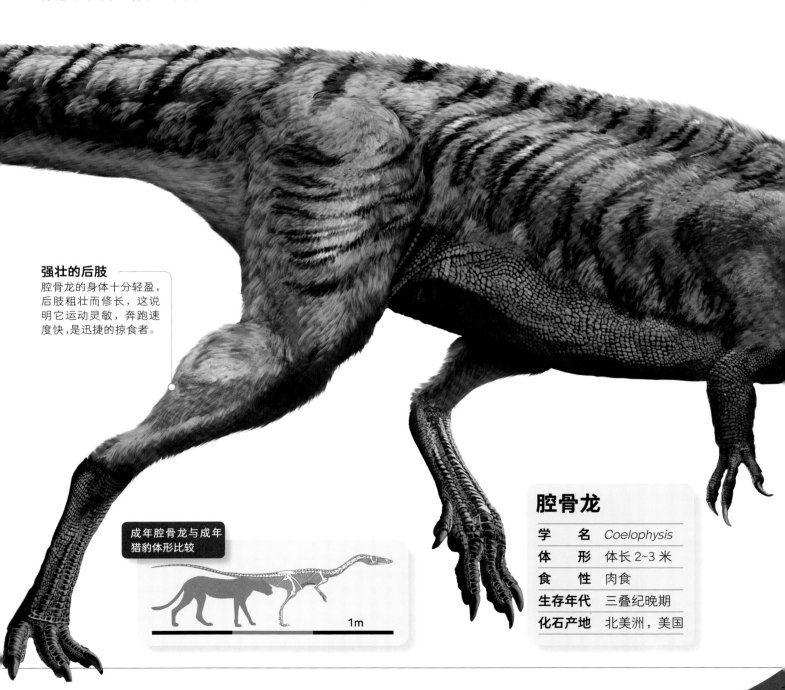

强壮的后肢
腔骨龙的身体十分轻盈，后肢粗壮而修长，这说明它运动灵敏，奔跑速度快，是迅捷的掠食者。

成年腔骨龙与成年猎豹体形比较

1m

腔骨龙

学　　名	*Coelophysis*
体　　形	体长 2~3 米
食　　性	肉食
生存年代	三叠纪晚期
化石产地	北美洲，美国

尾巴
腔骨龙有一条很长的尾巴，可以起到平衡身体的作用。

△ 腔骨龙骨骼化石

▽ 鲍氏腔骨龙纤细型

▽ 鲍氏腔骨龙纤细型头骨复原图

△ 鲍氏腔骨龙粗壮型头骨复原图

△ 鲍氏腔骨龙纤细型头部特写

△ 卡岩塔腔骨龙

多样的腔骨龙
腔骨龙的外形非常多样，不仅不同种之间差别很大，比如鲍氏腔骨龙头上没有冠饰，而卡岩塔腔骨龙的头上则有两个小小的头冠。而且，不同的鲍氏腔骨龙也不一样，纤细型鲍氏腔骨龙脑袋窄而长，粗壮型鲍氏腔骨龙脑袋短而粗壮，一些研究人员认为这是两性差异。

气龙——
最古老的坚尾龙类恐龙之一

气龙	
学　名	*Gasosaurus*
体　形	体长约 3.5 米
食　性	肉食
生存年代	侏罗纪中期
化石产地	亚洲，中国，四川

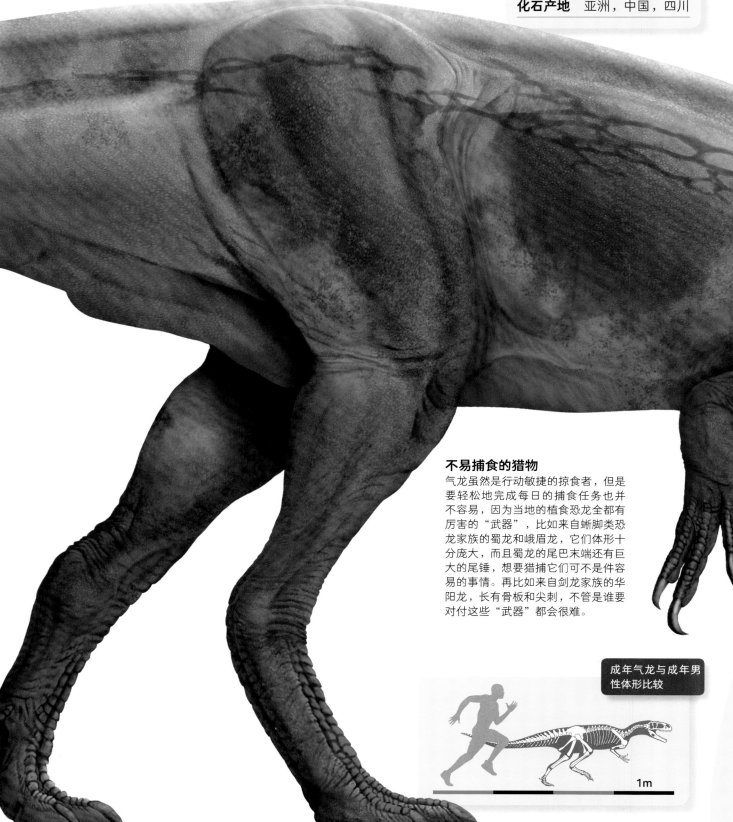

不易捕食的猎物

气龙虽然是行动敏捷的掠食者，但是要轻松地完成每日的捕食任务也并不容易，因为当地的植食恐龙全都有厉害的"武器"，比如来自蜥脚类恐龙家族的蜀龙和峨眉龙，它们体形十分庞大，而且蜀龙的尾巴末端还有巨大的尾锤，想要猎捕它们可不是件容易的事情。再比如来自剑龙家族的华阳龙，长有骨板和尖刺，不管是谁要对付这些"武器"都会很难。

成年气龙与成年男性体形比较

1m

气龙是一种原始的坚尾龙类恐龙，生活在侏罗纪中期，化石发现于中国四川省自贡市大山铺，是大山铺动物群的成员之一。

侏罗纪中期是恐龙化石记录最为贫乏的时期之一，这一时期的化石点在全球范围内都非常少，已知几个化石点产出的材料也都非常破碎。然而大山铺中侏罗世恐龙动物群的发现填补了这一空白，为我们理解恐龙在这个时期的演化提供了重要信息。人们在大山铺地区中侏罗世发现了数量庞大、种类丰富的恐龙，比如蜥脚类的蜀龙、峨嵋龙，原始鸟臀类的灵龙以及剑龙类的华阳龙等。而气龙是其中代表性的兽脚类恐龙。

气龙是体形中等的掠食者，身长大约 3.5 米。它的脑袋很大，但十分轻巧。眼睛也很大，视力敏锐。它的下颌十分坚固，嘴里布满锋利的边缘带有锯齿的牙齿。它的前肢稍短，手部拥有三个锋利的爪子，后肢修长，能快速奔跑。

和气龙生活在一起的植食恐龙有一些体形十分庞大，有一些身上长有装甲，想要捕食它们并不容易，因此气龙大概会借助群体的力量，让猎捕变得容易一些。

▽ 峨眉龙复原图

大山铺中侏罗世恐龙动物群

1976 年，随着蜀龙化石的发现，著名的大山铺中侏罗世恐龙动物群开始为人所知。到目前为止，人们在这里已经发现了十几种恐龙，这些发现不仅极大地丰富了我们有关侏罗纪中期恐龙演化的知识，而且对于理解全球恐龙地理区系的形成具有重要意义。

▽ 灵龙复原图

◁ 华阳龙复原图

高棘龙——
白垩纪早期北美洲的顶级掠食者

高棘龙来自众星云集的鲨齿龙科恐龙家族，这个家族有着数量众多的大型掠食性恐龙，它们身体硕大，威猛无比，占据着食物链顶端。高棘龙也不例外，它是白垩纪早期今天北美洲地区的顶级掠食者。

高棘龙的最大头骨长度约 1.2 米，有一个很大的嗅球，说明它的嗅觉非常灵敏。和其他鲨齿龙科恐龙一样，它的牙齿像鲨鱼一样薄而锋利，不过它的牙齿似乎要更长一些，数量也很多，超过了 40 颗。

高棘龙的前肢很短，而且活动范围非常有限，所以巨大的脑袋和锋利的牙齿才是它最重要的捕食工具，往往在它咬住猎物以后，前肢才会被派上用场，将猎物拉近身体，而其手指上锋利的爪子会深深地刺入猎物的体内。

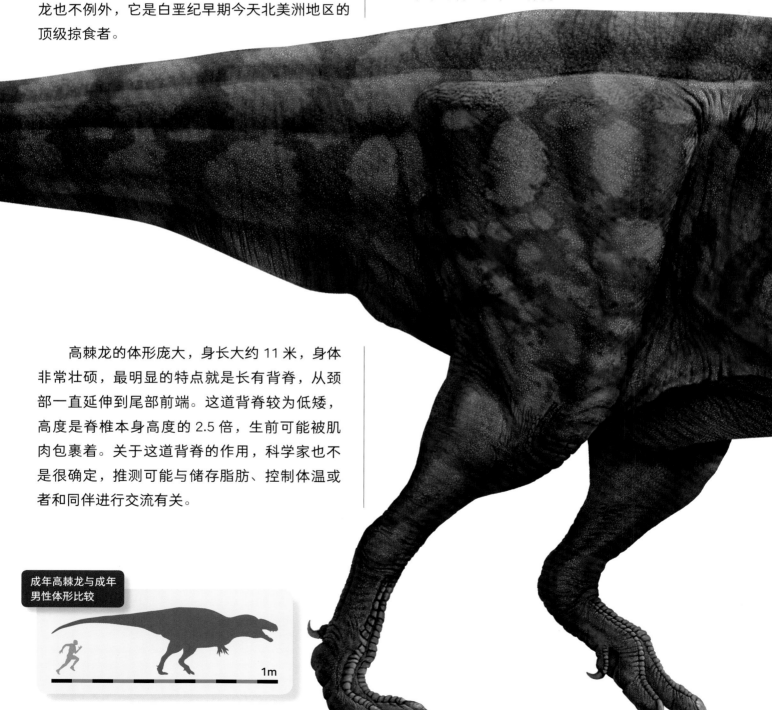

高棘龙的体形庞大，身长大约 11 米，身体非常壮硕，最明显的特点就是长有背脊，从颈部一直延伸到尾部前端。这道背脊较为低矮，高度是脊椎本身高度的 2.5 倍，生前可能被肌肉包裹着。关于这道背脊的作用，科学家也不是很确定，推测可能与储存脂肪、控制体温或者和同伴进行交流有关。

成年高棘龙与成年男性体形比较

1m

神经棘

高棘龙的背部由颈部一直至尾部前段长有高大的神经棘，神经棘外部由肌肉包裹，形成厚厚的隆脊。和其他拥有背脊的恐龙，比如棘龙相比，高棘龙的背脊并不高大。

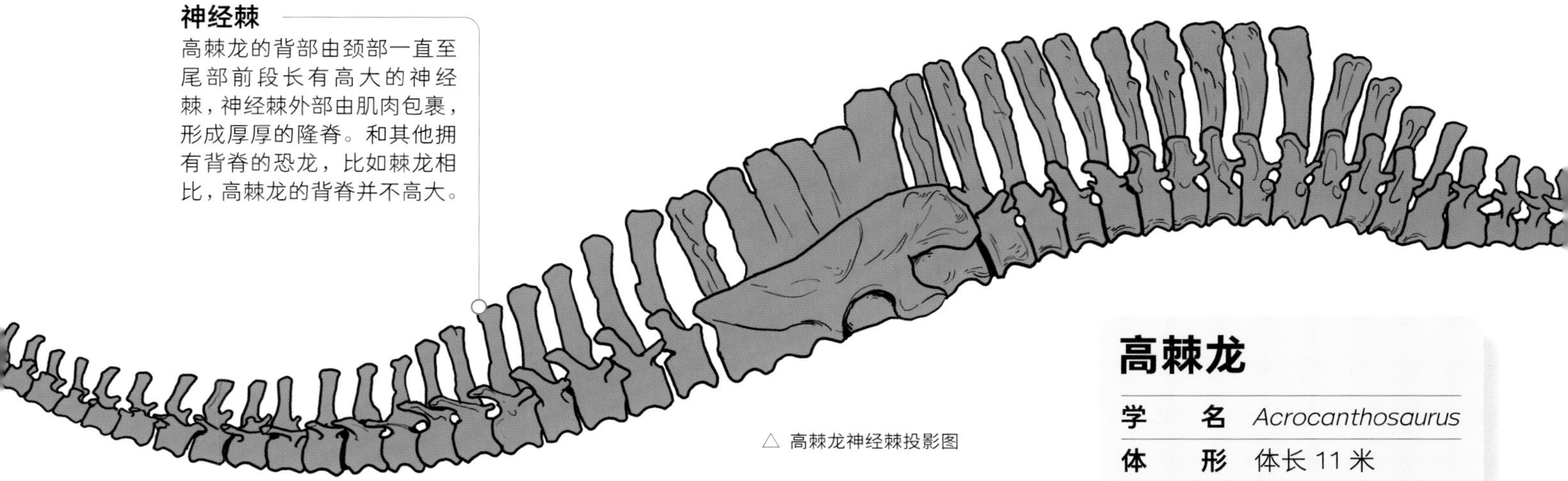

△ 高棘龙神经棘投影图

高棘龙

学　　名	*Acrocanthosaurus*
体　　形	体长 11 米
食　　性	肉食
生存年代	白垩纪早期
化石产地	北美洲，美国

灵敏的嗅觉

科学家曾经制作过高棘龙的颅腔模型，从这个模型上看，它的脑部结构和鲨齿龙非常像。它拥有巨大的嗅球，嗅觉灵敏。

短小的前肢

高棘龙前肢短小，摆动范围也非常小，因此嘴巴是高棘龙主要的捕食工具，而非长有利爪的前肢。

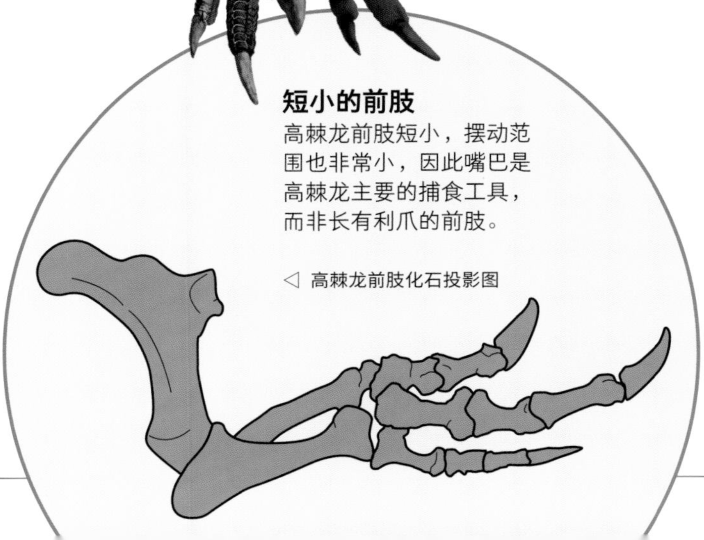

◁ 高棘龙前肢化石投影图

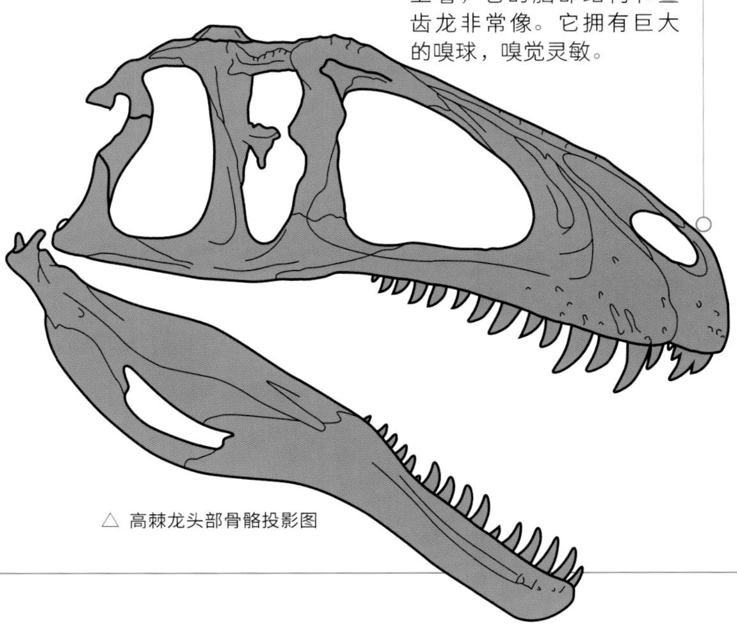

△ 高棘龙头部骨骼投影图

泥潭龙——
爱吃植物的兽脚类恐龙

　　所有的肉食恐龙都来自兽脚类恐龙家族，但并不是所有的兽脚类恐龙都喜欢吃肉，比如泥潭龙就是个例外。

　　泥潭龙并不是一出生就只爱吃植物，科学家研究了十几具年龄从 1 岁到 10 岁不等的泥潭龙化石，然后发现了一个令人震惊的现象：小时候的泥潭龙是有牙齿的，只是随着年龄增长，它的牙齿逐渐退化了，最终拥有像鸟一样的不具备牙齿的喙嘴。因为牙齿的退化，泥潭龙的食性也就随之发生改变，长大后的它成为纯粹的素食者。关于这一点，还有胃石来证明。科学家曾经在泥潭龙的胃部发现胃石化石，它们是帮助泥潭龙消化植物的证据。

　　成长当然会给恐龙带来变化，比如个头长大了，身子变粗壮了，但是像泥潭龙这样发生如此剧烈变化的并不多，它的发现对于人们理解恐龙的口鼻部如何演化成鸟喙带来了巨大的帮助。

　　泥潭龙是目前发现的最早也最原始的爱吃植物的兽脚类恐龙之一，来自角鼻龙类恐龙家族，它的体形很小，大约只有 1.7 米，因为死于一片沼泽之中，所以被命名为泥潭龙。

成年泥潭龙与成年家猫体形比较

50cm

◁ 泥潭龙尾椎骨骼复原图

▽ 泥潭龙化石

泥潭龙

学　名	*Limusaurus*
体　形	体长约 1.7 米
食　性	植食
生存年代	侏罗纪晚期
化石产地	亚洲，中国，新疆

▽ 泥潭龙趾骨化石

手指退化

泥潭龙的手指第 I 指和第 IV 指退化得很小，第 V 指消失，这说明这类恐龙的手指是从手的两侧开始退化的，而不是从手的外侧开始。

▽ 角鼻龙趾骨化石

角鼻龙的手指

角鼻龙和泥潭龙一样，手指也是从两侧开始变小的。

阿贝力龙——
用速度征服猎物

成年阿贝力龙与成
年男性体形比较

1m

阿贝力龙科恐龙是角鼻龙类恐龙家族分布在南方大陆的一个支系，在白垩纪早期，它们的成员广泛分布于今天的南美洲、非洲等地，它们的发展极为迅速，到白垩纪晚期，已经一跃成为当地的顶级掠食者。阿贝力龙就是阿贝力龙科恐龙家族的代表性物种，化石发现于南美洲阿根廷。

阿贝力龙是一种体形较大的掠食性恐龙，身长 7~9 米，有一个大大的脑袋。很多阿贝力龙科恐龙都有一个特别的冠饰，比如食肉牛龙、玛君龙，但是人们并没有在阿贝力龙的化石上发现冠饰，只在它的鼻骨和眼睛上方看到粗糙的隆起。科学家推测，这极有可能只是化石没有保存下来，那些粗糙的隆起看起来很像是支撑冠饰的。

阿贝力龙

学　　名	*Abelisaurus*
体　　形	体长 7~9 米
食　　性	肉食
生存年代	白垩纪晚期
化石产地	南美洲，阿根廷

阿贝力龙的身体粗壮，前肢短小，后肢十分修长。和很多阿贝力龙科成员一样，它非常善于奔跑，极快的速度是它对付猎物的重要手段。不过有时候，阿贝力龙也会和同伴一起行动，它们借助彼此的力量，征服大型猎物。

冠饰

大部分阿贝力龙科恐龙都有明显的冠饰，但阿贝力龙是个例外。不过从化石上看，它的鼻骨和眼睛上方有粗糙的隆起，这里之前很可能长有冠饰，只是冠饰没有保存下来形成化石。

阿贝力龙头部骨骼复原图 ▷

△ 食肉牛龙复原图

食肉牛龙

食肉牛龙长有两只粗短的角，看起来像一只愤怒的公牛。大多时候，食肉牛龙的这两只角都是在族群内部使用的，比如说它想要和同伴争夺喜欢的异性，或者领导权时，就会用角和对方撞击。

华南龙——
拥有众多亲戚的窃蛋龙类恐龙

华南龙是一种窃蛋龙类恐龙,化石发现于中国江西赣州,这里是世界上发现窃蛋龙类恐龙最多的地方之一,因此可以想象在白垩纪晚期,华南龙和众多亲戚一起分享着这片富饶的湖沼地区。

窃蛋龙类恐龙是广泛分布于北美洲和亚洲的一种与鸟类十分相像的恐龙,体形大小不一,其中小一点的像一只火鸡,而大的身长则能达到8米。原始的窃蛋龙类恐龙前上颌骨拥有牙齿,而进步的成员牙齿已经退化了。到目前为止,人们已经在很多窃蛋龙类身上发现了长有羽毛的证据,所以,虽然华南龙并没有保留羽毛印痕,人们依旧推测它的身上被羽毛覆盖着。

华南龙体形不大,头骨很短,长有一张喙状嘴,颌部没有牙齿,头顶有一个小小的冠状突起。它的下颌很特别,不同于其他的窃蛋龙类恐龙,这说明它有特殊的觅食方式。它长有像翅膀一般的前肢,后肢修长有力,奔跑速度很快。

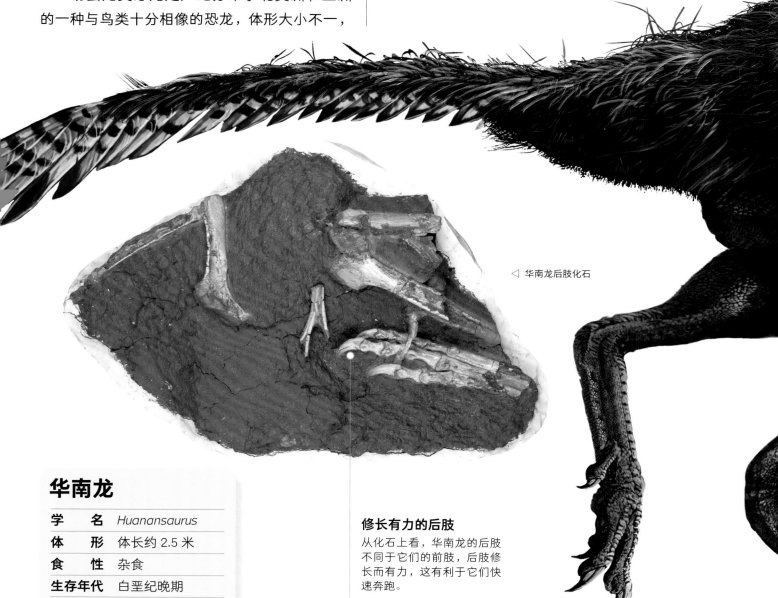

◁ 华南龙后肢化石

华南龙

学	名	*Huanansaurus*
体	形	体长约 2.5 米
食	性	杂食
生存年代		白垩纪晚期
化石产地		亚洲,中国,江西

修长有力的后肢

从化石上看,华南龙的后肢不同于它们的前肢,后肢修长而有力,这有利于它们快速奔跑。

成年华南龙与成年家猫体形比较

50cm

颌部的演化

窃蛋龙类恐龙都拥有特化的角质喙，其中，像华南龙这样进步的物种角质喙中没有牙齿，而原始的物种，比如切齿龙，其前上颌骨有 4 对牙齿。

华南龙化石

华南龙的化石是一个不完整的骨骼，从化石上可以看到几乎完整的又高又短的头骨，以及前肢上锋利的爪子。

华南龙化石埋藏状态 ▷

▽ 华南龙头骨化石特写

5cm

通天龙——
在泥潭中挣扎的恐龙

通天龙也是发现于江西赣州的一种窃蛋龙类恐龙，它的全名叫作泥潭通天龙，这个名字来源于它化石保存的特别的姿态。

通天龙的化石保存得十分完好，除了尾部、部分前肢和后肢远端缺失外，化石基本架构完整，尤其是头部、颈部及前肢的近端保存得非常精美。从化石上看，这只小恐龙头部上扬，前肢向左右两侧伸展，虽然已经看不到它狰狞的表情，可是

科学家依旧能从这样特别的姿势上推断出它临死之前曾经在泥潭中挣扎求生，可惜最终没能成功，成了化石。因此才给它起名为泥潭通天龙。

通天龙外形像鸵鸟，生活习性也和鸵鸟很像。它的体形很小，身长不到 1 米，全身覆盖着羽毛。它的头顶有小型冠饰，可能会在求偶时发挥作用。它坚硬的喙状嘴里没有牙齿，大概会以昆虫、植物、坚果等为生。

人们在通天龙的化石发现地江西赣州一共发现了 6 种不同的窃蛋龙类恐龙，这样的现象十分罕见。单一物种为什么会在这个区域呈现出这样难得的多样性，科学家认为这可能是单一物种受地理因素隔离成不同族群，在漫长的演化过程中，各自演化成不同物种的结果。

成年通天龙与成年家猫体形比较

50cm

通天龙

学　　名	*Tongtianlong*
体　　形	体长约 1 米
食　　性	杂食
生存年代	白垩纪晚期
化石产地	亚洲，中国，江西

冠饰
通天龙长有小型头冠，能起到炫耀、吸引异性的作用。

▽ 通天龙头骨化石

1cm

泥潭中的恐龙
科学家从化石上展示的姿势推断它临死前曾经在泥潭中挣扎求生。因此给它起名为泥潭通天龙。

△ 通天龙化石

中华龙鸟——
羽毛艳丽的掠食者

成年中华龙鸟与成年仓鼠体形比较

10cm

中华龙鸟是体形娇小的掠食性恐龙，身长大约只有 0.7 米，它看起来似乎不起眼，可在人们的眼里却是地位极高的恐龙，因为它是人们发现的第一种长有羽毛的恐龙，完全颠覆了人们对恐龙的认知。

娇小的中华龙鸟来自美颌龙科恐龙家族，它的化石保存得非常好。从化石上看，它的脑袋很小，嘴里拥有粗壮锐利的小牙齿，前肢短小，后肢长而粗壮，是典型的肉食恐龙。可奇特的是，它和之前发现的所有肉食恐龙都不一样，人们在它的化石上看到丝状皮肤衍生物的痕迹，它们长约 0.8 厘米，非常清晰，像原始的鸟类羽毛。

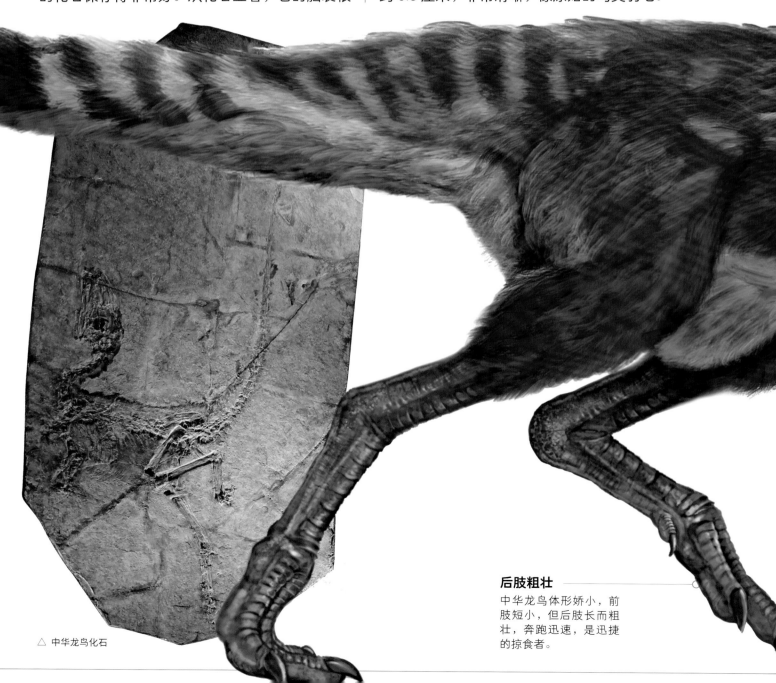

△ 中华龙鸟化石

后肢粗壮
中华龙鸟体形娇小，前肢短小，但后肢长而粗壮，奔跑迅速，是迅捷的掠食者。

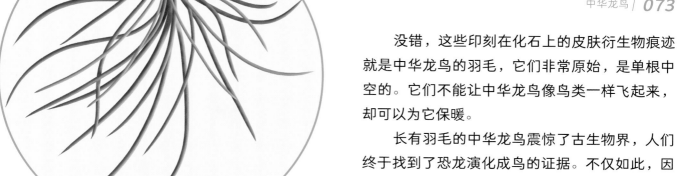

没错，这些印刻在化石上的皮肤衍生物痕迹就是中华龙鸟的羽毛，它们非常原始，是单根中空的。它们不能让中华龙鸟像鸟类一样飞起来，却可以为它保暖。

长有羽毛的中华龙鸟震惊了古生物界，人们终于找到了恐龙演化成鸟的证据。不仅如此，因为中华龙鸟的化石中保存有黑素体，人们还推测出了它的羽毛颜色。中华龙鸟的羽毛在生前呈现粟色或红棕色，尾巴则是橙色和白色两色相间的，这些艳丽的羽毛具有极好的展示功能。

原始羽毛
中华龙鸟是人们发现的第一种长有羽毛的恐龙，全身都被原始的羽毛覆盖着。

矫健的掠食者
1.25 亿年前，今天的中国辽宁，中华龙鸟正在捕食一只张和兽。

中华龙鸟

学　　名	*Sinosauropteryx*
体　　形	体长约 0.7 米
食　　性	肉食
生存年代	白垩纪早期
化石产地	亚洲，中国，辽宁

西峡爪龙——
爱吃蚂蚁的小猎手

西峡爪龙是一种非常特别的小型肉食恐龙，不喜欢吃蜥蜴或者其他小型哺乳动物，只喜欢吃蚂蚁。

西峡爪龙特别的食性和它的爪子有关，在它极其短小的前肢上只有一个孤零零的爪子，这小爪子似乎并不是捕猎的好工具，不过看起来好像很适合从蚂蚁洞里掏蚂蚁吃，所以科学家认为蚂蚁是西峡爪龙最爱吃的东西。不过，也有科学家认为，这样奇特的爪子更适合戳破恐龙蛋壳，所以偷蛋才是它们日常的捕食行为。

西峡爪龙虽然前肢非常短小，但后肢相对于娇小的身体来说，却很修长，而且它的股骨短、胫骨与跖骨长，具有善于奔跑的兽脚类恐龙中常见的窄足型足部，这给它提供了极快的奔跑速度。

独特的四肢

西峡爪龙身体虽然很娇小，体长大约只有 50 厘米，但是却有着修长的后肢，长度达到了 20 厘米，这为它提供了极快的奔跑速度。和后肢相比，西峡爪龙的前肢真是短得可怜，而且只有一个粗大的爪子。

△ 西峡爪龙部分躯干化石

△ 西峡爪龙骨盆后肢化石

西峡爪龙

学　名	*Xixianykus*
体　形	体长约 0.5 米
食　性	蚂蚁、蛋
生存年代	白垩纪晚期
化石产地	亚洲，中国，河南

西峡爪龙的体形很小，身长大约只有0.5 米。它的脑袋很小，有一张坚硬的喙状嘴。身体纤瘦，尾巴很长。

西峡爪龙是中国境内发现的第一种单爪龙类恐龙，对于研究这一类群的演化具有重要意义。

成年西峡爪龙与成年仓鼠体形比较

10cm

秋扒爪龙

和西峡爪龙一样，秋扒爪龙也是一种阿瓦拉慈龙类恐龙。因为秋扒爪龙的骨骼化石被发现与恐龙蛋皮保存在一起，因此科学家推测它可能会用前爪敲碎蛋壳，偷蛋吃。

△ 秋扒爪龙复原图

秋扒龙——
奔跑迅速的掠食者

秋扒龙是一种似鸟龙类恐龙，外形和鸵鸟很像，其化石发现于中国河南，是第一种发现于戈壁沙漠之中的似鸟龙类恐龙，也是目前发现的白垩纪晚期分布在地球最南部的似鸟龙类恐龙。人们曾经在加拿大也发现过一种与秋扒龙非常相像的似鸟龙类恐龙，只是生存时间比秋扒龙早了 1000 万年。如果这具化石最终被认定为属于秋扒龙，那么这便意味着秋扒龙这一族群可能诞生于北美洲，然后逐步向外扩张，最终到了亚洲。

秋扒龙体形很小，身长大约 1 米，体表被羽毛覆盖着。它的身体轻盈，前肢上长有锋利的爪子，可以帮助它觅食，后肢修长健壮，长有三趾，能够帮助其快速奔跑。它的尾巴很长，能在奔跑时帮助它保持身体平衡。

秋扒龙

学　　名	*Qiupalong*	
体　　形	体长约 1 米	
食　　性	杂食	
生存年代	白垩纪晚期	
化石产地	亚洲，中国，河南	

胫骨
秋扒龙的胫骨化石发现于中国河南栾川县秋扒乡，长 0.37 米，宽 0.06 米，现陈列于河南省地质博物馆。

成年秋扒龙与成年家猫体形比较

10cm

▽ 秋扒龙腰带化石

秋扒龙属于较为进步的似鸟龙类恐龙，与亚洲已经发现的其他似鸟龙类恐龙关系较远，而与北美洲的似鸟龙类恐龙有较近的亲缘关系。它们是一种行动敏捷的掠食者，在当时非常繁盛。

腰带

秋扒龙的腰带（也就是人类的骨盆位置）化石，长 0.49 米，宽 0.13 米，现陈列于河南省地质博物馆。

似鸵龙

似鸵龙是发现于加拿大的一种似鸟龙类恐龙，身体纤细灵活，脖子很长，与鸵鸟很像。它的后肢修长，奔跑速度很快。

▽ 似鸵龙复原图

▽ 加拿大秋扒龙骨骼复原图

加拿大秋扒龙

1921 年，人们在加拿大阿尔伯塔省发现了一具不完整的恐龙化石，一直以来它都被当作似鸵龙，不过 2017 年有科学家认为它是秋扒龙的未定种。

中国鸟脚龙——
保存了睡姿的恐龙

中国鸟脚龙	
学　　名	*Sinornithoides*
体　　形	体长约 1.1 米
食　　性	肉食
生存年代	白垩纪早期
化石产地	亚洲，中国，内蒙古

　　中国鸟脚龙是一种体形娇小的伤齿龙科恐龙，与鸟类非常相似。它的化石十分特别，不光保留了几乎完整的骨骼，而且还呈现出立体姿态，再现了它将口鼻部置于左前肢下的特别的睡姿。

　　能够将睡觉的姿态保存下来可不是一件容易的事情，人们曾经发现过寐龙的睡姿化石，它也是一种伤齿龙科恐龙。

　　中国鸟脚龙的体形大约相当于一只火鸡，它们脑袋很大，非常聪明，身体纤瘦灵活，后肢很长，奔跑速度很快。它拥有锋利的牙齿和爪子，特别是后肢第Ⅱ趾，高高翘起，是捕食猎物的好工具。

　　虽然人们并没有发现中国鸟脚龙长有羽毛的直接证据，可是因为它有着和鸟类相似的睡觉姿态，人们推测它也像鸟类一样全身长满羽毛。而这些漂亮的羽毛，应该就是它吸引异性的工具吧，就像今天的鸟类一样。

源掠兽

中生代的中国辽西常常有火山爆发，很多动物会在睡梦中被火山灰掩埋，比如寐龙、中国猎龙、中国鸟脚龙等恐龙，就留下了珍贵的睡姿化石。而2019 年，人们发现了一对保存着睡姿的哺乳动物源掠兽。

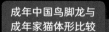

成年中国鸟脚龙与
成年家猫体形比较

50cm

中国鸟脚龙化石发现

中国鸟脚龙的正模标本非常完整，不仅保存了绝大
部分骨骼，而且它的化石是以三维形态保存下来的，
呈现出它死去时的姿势。从化石上看，中国鸟脚龙
在死亡的瞬间正在睡觉或是休息，它的口鼻部位于
左前肢下，像极了一只睡觉的鸟类。这并不是人们
第一次发现保存有睡姿的恐龙，寐龙、中国猎龙等
也很好地再现了它们睡觉的模样，头部位于前肢下，
后肢卷曲，看起来都跟鸟类很像。这些化石为鸟类
演化自恐龙又提供了珍贵的证据。

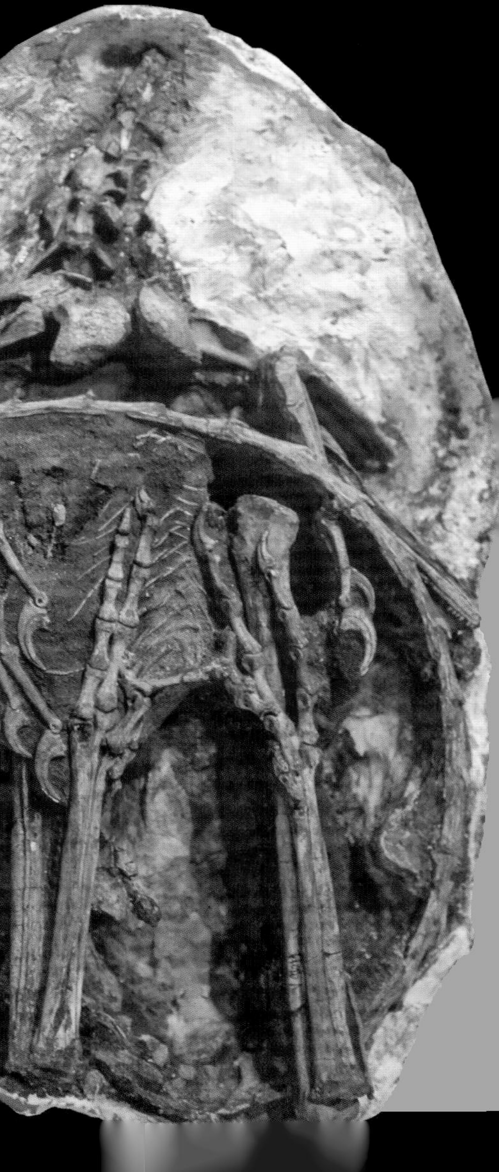

中国鸟脚龙化石埋藏状态 ▷

西峡龙——
拜伦龙的亲戚

西峡龙也是一种伤齿龙类恐龙，化石发现于中国河南西峡盆地，其正模标本包括部分头骨、下颌的前端，以及零碎的前肢骨等。

伤齿龙科恐龙是一种体形娇小的掠食者，后肢具有典型的镰刀状第 II 趾，不过相比驰龙科恐龙，它们的镰刀状爪子要小一些。

西峡龙身长大约 2 米，身披羽毛，脑袋细长，眼睛很大，视力敏锐，上颌牙齿较少，只有 22 颗。它身体轻巧纤瘦，后肢修长，后肢上的镰刀状弯爪锐利无比，是一种迅捷的掠食者。

西峡龙与发现于蒙古戈壁的拜伦龙在头骨及牙齿形态上有许多相似之处，代表了第一种在蒙古以及中国北方以外地区发现的类似于拜伦龙的兽脚类恐龙。

拜伦龙是一种非常特别的伤齿龙类恐龙，它的牙齿没有肉食恐龙典型的锯齿状结构，而是又光滑又直，适合捕食小型哺乳动物或者蜥蜴等猎物。因为拜伦龙的头骨化石出现于一种窃蛋龙类恐龙葬火龙的巢穴里，所以科学家之前推测拜伦龙可能与葬火龙有共生的习性，但是后来科学家确认那只是由于拜伦龙的骨头被冲到了葬火龙的巢穴里而已，并不存在共生的现象。

血缘关系

西峡龙与拜伦龙的头骨结构非常相似，都拥有狭长的口鼻部和细密的牙齿，不过西峡龙的牙齿更加粗壮，嘴巴略微向下弯曲。研究人员推测，西峡龙和拜伦龙有着很近的血缘关系。

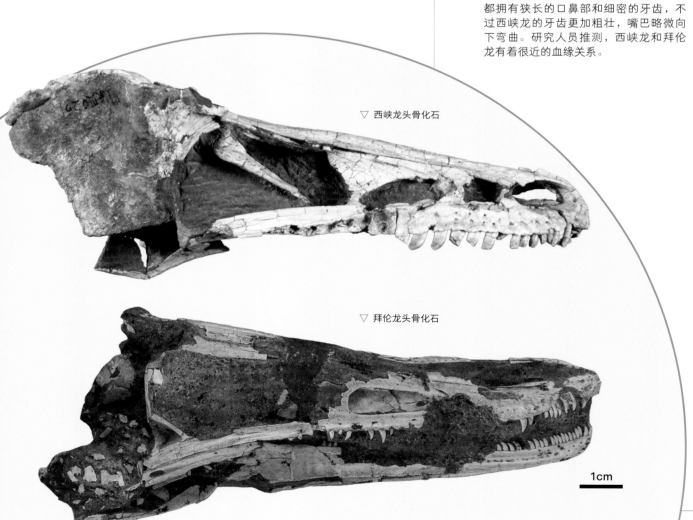

▽ 西峡龙头骨化石

▽ 拜伦龙头骨化石

1cm

成年西峡龙与成年
家猫体形比较

50cm

西峡龙

学　　名	*Xixiasaurus*
体　　形	体长约 2 米
食　　性	肉食
生存年代	白垩纪晚期
化石产地	亚洲，中国，河南

戈壁棱柱形蛋

人们在河南发现过大量的恐龙蛋化石，其中名为戈壁棱柱蛋的蛋化石，很可能就产自像西峡龙这样的伤齿龙类恐龙。伤齿龙类恐龙有着独特的筑巢行为，它们会把蛋竖立插在巢穴里。

▽ 戈壁棱柱形蛋化石

中国猎龙——
像鸟一样的恐龙

　　生活在白垩纪早期的中国猎龙体形很小，身长还不足 1 米，是一种和鸟类非常相像的恐龙。它有一个类似于鸟类的脑袋，长约 10 厘米，颅腔和髋骨的比例接近鸟类；它的嘴已经特化成像鸟类一样的喙状嘴，只是嘴里还有锋利的牙齿；它的前肢已经演化成可以像鸟类一样向两侧伸展的翅膀，科学家推测它的运动方式和大部分恐龙都不一样，运动的支点已经从臀部向股骨和胫骨之间转移；它后肢的脚上长有三趾，每个脚趾上都有长而锋利的类似鸟爪一样的弯爪。虽然它的化石并没有保存羽毛的痕迹，但是科学家推测它的身体覆盖着绒毛，前肢和尾巴上则有着类似于现代鸟类的羽毛。

　　近年来人们已经发现了很多手盗龙类恐龙长有羽毛的证据，一步步完善了鸟类演化自恐龙的理论。然而，这些恐龙大多都来自手盗龙类恐龙家族中的驰龙类恐龙、窃蛋龙类恐龙，而家族中的伤齿龙科恐龙的化石证据则相对较少。中国猎龙的发现，正好填补了这一空白。

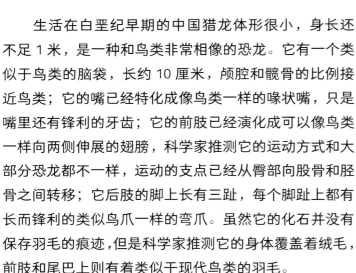

成年中国猎龙与成年家猫体形比较

10cm

中国猎龙

学　　名	*Sinovenator*
体　　形	体长不足1米
食　　性	肉食
生存年代	白垩纪早期
化石产地	亚洲，中国，辽宁

牙齿

中国猎龙的牙齿小而锋利，适合捕食较小的猎物。

△ 中国猎龙头骨化石

恐龙演化成鸟类的新证据

中国猎龙的化石保存得非常好，从化石上能够清晰地看到它的模样。中国猎龙的外形和鸟类非常相像，而且睡觉的姿态也与鸟类相似，这充分展现了它和鸟类极近的亲缘关系，是恐龙演化成鸟的又一个新证据。

△ 中国猎龙化石

哈兹卡盗龙——
水陆两栖的掠食者

成年哈兹卡盗龙与
成年仓鼠体形比较

10cm

　　驰龙科恐龙是一种娇小但却凶猛的掠食者，它们总是能凭借锋利的牙齿和爪子，将猎物制服。发现于蒙古的哈兹卡盗龙是驰龙家族的一员，也拥有锋利的牙齿和爪子，可是你相信吗，它的牙齿竟然长在一张扁扁的鸭嘴中。

　　哈兹卡盗龙真是一种奇怪的恐龙，它不仅大小像一只鸭子，就连样子也如同鸭子。像其他肉食恐龙一样，哈兹卡盗龙的嘴巴也很长，可奇特的是，它的嘴巴在前端开始向横向发展，成了一张扁扁的鸭嘴，而在这张鸭嘴中，长有两排细小弯曲的锋利的牙齿，其前颌骨上的牙齿数量更是肉食恐龙中数一数二的。

　　哈兹卡盗龙的脖子非常长，像天鹅一样。它的前肢不像大部分驰龙科恐龙那样修长，但后肢却像它们一样健壮。它的身体有些圆鼓鼓的，体表覆盖着羽毛。

　　哈兹卡盗龙不仅嘴巴像鸭子，生活习性也和鸭子很像。科学家推测它们可能是水陆两栖的动物。除了鸭嘴，它们还有很多适应水中生活的特征，比如人们在它们的喙和上颌发现很多小孔，里面布满神经末梢，类似于鳄鱼和一些水禽，这是为了适应它们在水里或者水底捕食的行为。它们的脖子非常类似水鸟。修长的后肢虽然能让它们在陆地上快速奔跑，可前肢却似乎更适合在水中划动。

　　不过，也有一些科学家认为哈兹卡盗龙不是半水生恐龙，他们认为很多陆生手盗龙类恐龙也具有宽喙等特征，且哈兹卡盗龙骨骼气腔化很可能会影响其潜水。

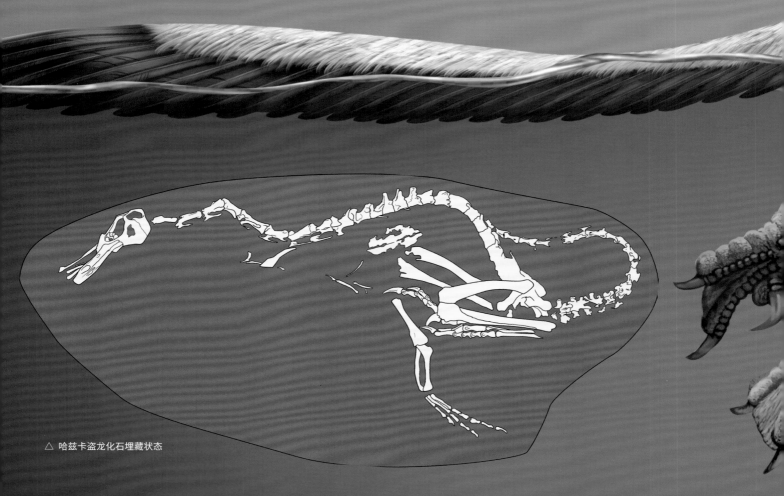

△ 哈兹卡盗龙化石埋藏状态

感知水下环境的小孔

△ 鳄鱼头骨化石局部

▽ 哈兹卡盗龙头骨复原图

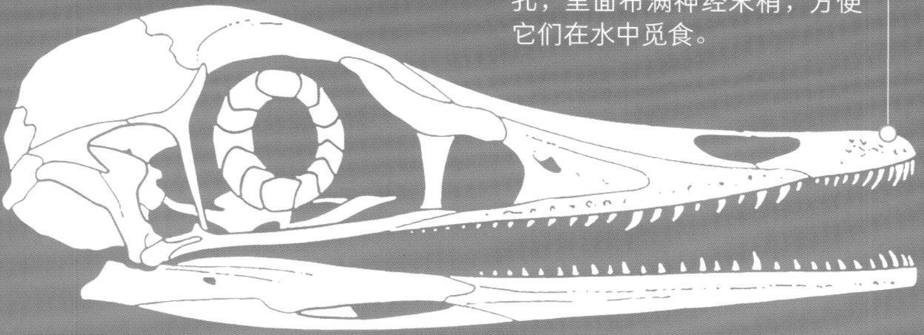

神经末梢
就像鳄鱼和一些水禽一样，哈兹卡盗龙的喙和上颌有很多小孔，里面布满神经末梢，方便它们在水中觅食。

哈兹卡盗龙

学　　名	*Halszkaraptor*
体　　形	体长约 0.6 米
食　　性	肉食
生存年代	白垩纪晚期
化石产地	亚洲，蒙古

5cm

沙丘鸭骨骼投影图 ▷

哈兹卡盗龙骨骼投影图 ▷

鸭子的习性
哈兹卡盗龙和鸭子有着相似的体形和身体结构，它可能是水陆两栖的动物。

驰龙——
依靠群体的智慧捕食猎物

驰龙

学　　名	*Dromaeosaurus*	
体　　形	体长约 1.8 米	
食　　性	肉食	
生存年代	白垩纪晚期	
化石产地	北美洲，加拿大、美国	

△ 驰龙骨骼化石

成年驰龙与成年家
猫体形比较

50cm

锋利的第 Ⅱ 趾

驰龙的后肢上都长有锋
利的爪子，它们的第 Ⅱ
趾高高翘起。这个爪子
外形就像镰刀一样，在
它们捕猎时会直击猎物
要害。

驰龙科恐龙大抵都是一群充满智慧的动物。科学家曾经详细地研究过家族中的伶盗龙，那是一种发现于蒙古和中国内蒙古的驰龙家族成员，是最聪明的恐龙之一。它们的脑容量很大，大脑重量约占体重的 6%，其智慧程度虽不及人类，可比牛马这样的动物聪明多了。它们在捕猎时会运用跟踪、伏击等战术对付猎物，而不是依靠蛮力。驰龙是一种发现于北美洲的驰龙家族成员，和伶盗龙一样，它也有着极其聪明的大脑。

人们曾经在很多大型植食恐龙化石附近发现过驰龙的牙齿化石，这证明它们会捕食比自己大得多的猎物，而它们在捕食时依靠的不仅仅是自己锋利的牙齿和爪子，还有聪明的大脑以及集体的力量。

驰龙总是会和同伴们集体出战，一旦发现猎物，它们便商量好对策，一起围攻。它们锋利的牙齿和后肢上高高翘起的第Ⅱ趾，会毫不留情地刺入猎物的身体。而成功捕获之后，它们坚硬的下颌连同牙齿，便会压碎、撕裂猎物，以方便进食。

集体捕食
驰龙善于集体捕猎，它们会一起商量好战术，围捕植食恐龙。

蛇发女怪龙——
靠速度取胜的暴龙类恐龙

成年蛇发女怪龙与
成年男性体形比较

1m

　　蛇发女怪龙是大名鼎鼎的霸王龙的亲戚，生活在白垩纪晚期今天的北美洲加拿大。截至目前，人们已经发现了超过 20 具蛇发女怪龙的化石，使得它们成为化石发现最多的暴龙类恐龙之一。

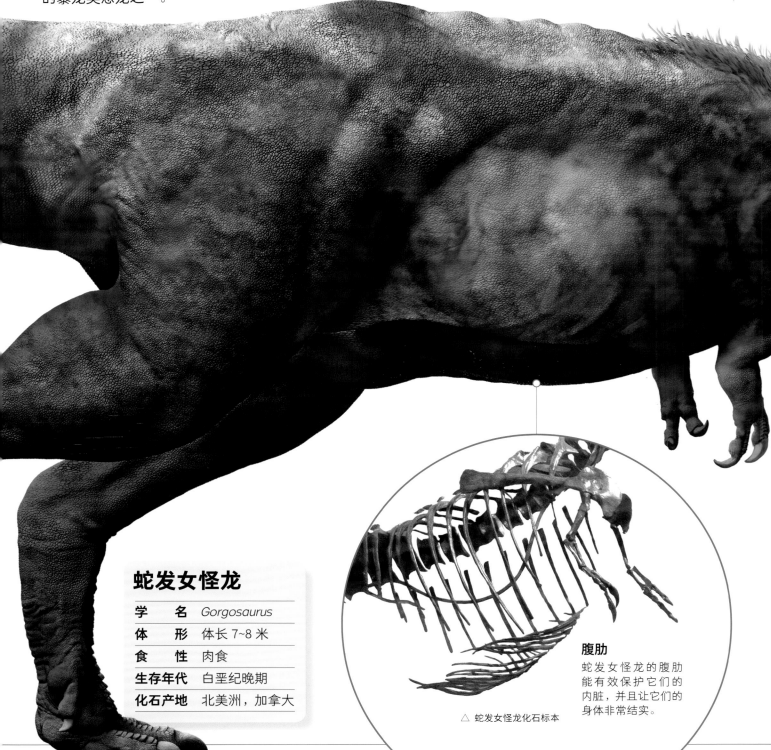

蛇发女怪龙

学　　名	*Gorgosaurus*
体　　形	体长 7~8 米
食　　性	肉食
生存年代	白垩纪晚期
化石产地	北美洲，加拿大

腹肋

蛇发女怪龙的腹肋能有效保护它们的内脏，并且让它们的身体非常结实。

△ 蛇发女怪龙化石标本

　　和霸王龙相比，蛇发女怪龙的体形明显小得多，它们的体长大约只有 7~8 米，算是中等大小的掠食性恐龙。因为体形小，蛇发女怪龙的运动就显得灵活得多，而且它们的后肢非常长，从后肢与身体的比例来看，是暴龙家族中最长的，这表明蛇发女怪龙的行进速度是非常快的。

　　蛇发女怪龙不仅化石数量多，而且保存得非常好。它完整的前肢化石，是人们发现的第一个完整暴龙类前肢化石，让人们对暴龙类恐龙特化的前肢有了更深入的了解。

　　从化石上看，蛇发女怪龙的前肢特别短，手部长有两个手指，一些标本中保留了退化后的残留器官第 III 掌骨。

　　蛇发女怪龙拥有数量众多的锋利的牙齿，它们是捕猎的利器，再加上它极快的速度，总是能轻易地捕到心仪的猎物。

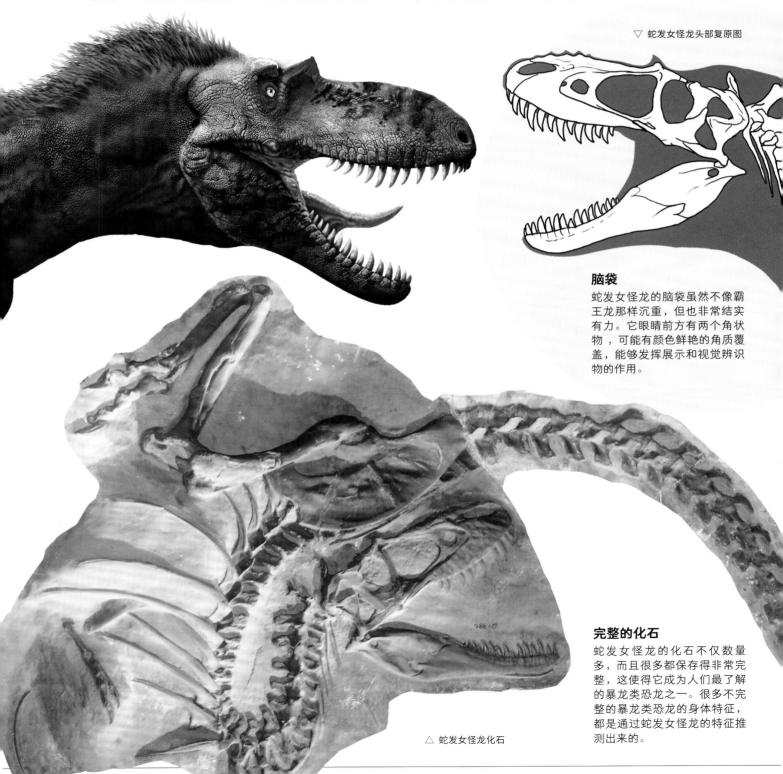

▽ 蛇发女怪龙头部复原图

脑袋

蛇发女怪龙的脑袋虽然不像霸王龙那样沉重，但也非常结实有力。它眼睛前方有两个角状物，可能有颜色鲜艳的角质覆盖，能够发挥展示和视觉辨识物的作用。

完整的化石

蛇发女怪龙的化石不仅数量多，而且很多都保存得非常完整，这使得它成为人们最了解的暴龙类恐龙之一。很多不完整的暴龙类恐龙的身体特征，都是通过蛇发女怪龙的特征推测出来的。

△ 蛇发女怪龙化石

诸城暴龙——
亚洲的顶级掠食者

成年诸城暴龙与成年男性体形比较

1m

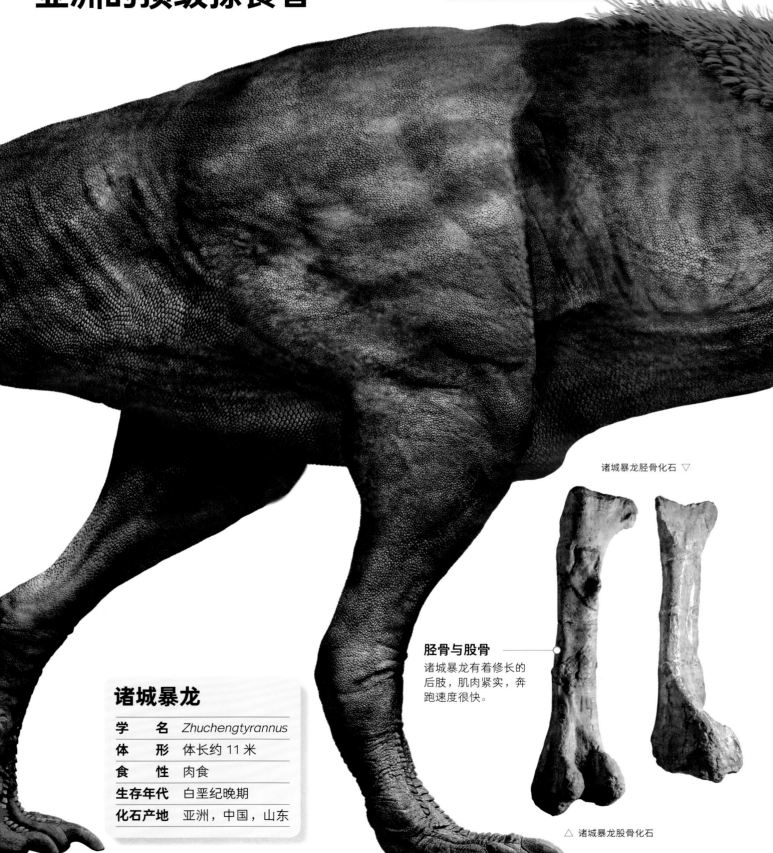

诸城暴龙胫骨化石 ▽

胫骨与股骨
诸城暴龙有着修长的后肢，肌肉紧实，奔跑速度很快。

△ 诸城暴龙股骨化石

诸城暴龙

学　　名	*Zhuchengtyrannus*
体　　形	体长约 11 米
食　　性	肉食
生存年代	白垩纪晚期
化石产地	亚洲，中国，山东

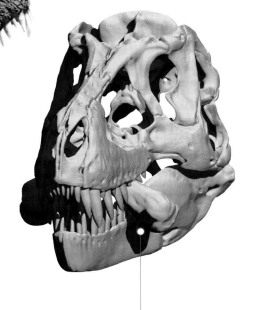

▽ 诸城暴龙头部投影图

强大的咬合力
诸城暴龙上颌和下颌的宽度相差很大，这样的结构能让它的嘴像钳子一样咬断骨头。

▽ 诸城暴龙嘴部示意图

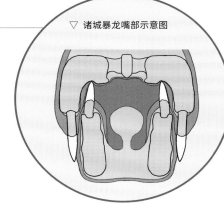

诸城暴龙头骨模型
诸城暴龙上颌内侧有凹槽，当它闭上嘴巴时，下颌的牙齿正好嵌入凹槽内。

△ 诸城暴龙上颌化石

　　诸城暴龙是亚洲发现的最大的暴龙类恐龙，曾经是活跃于这片土地上的顶级掠食者。

　　诸城暴龙的外形和霸王龙很像，体形庞大，身体壮硕。它的脑袋又高又大，嘴里有超过60颗粗壮锋利、边缘带有锯齿的牙齿；它的下颌强壮，包裹着发达的肌肉，咬合力极强；它的脖子粗壮而结实，前肢已经退化，但相比霸王龙略长，手上长有两个爪子；它的后肢修长而健壮，被紧实的肌肉包裹着，既拥有强大的力量，能支撑庞大的身体，又能为它提供极快的奔跑速度。

　　在诸城暴龙生活的地方，有数量众多、种类丰富的植食恐龙，比如鸭嘴龙类恐龙家族的山东龙，角龙类恐龙家族的中国角龙、诸城角龙，肿头龙类恐龙家族的微肿头龙等，正因为它们的存在，使得诸城暴龙的食物异常丰富，这也是它体形巨大化的原因之一。

　　当然，大型化是整个暴龙家族的发展方向，它们从家族的祖先体长只有3米的郊狼暴龙，发展到体长12米的霸王龙，只经历了短短的1200万年。到白垩纪晚期，暴龙类恐龙家族成员已经成为各地名副其实的顶级掠食者。

沉睡在大地中的恐龙生活

　　人们总是对恐龙充满好奇，因为它们有的模样奇怪，有的体形庞大，看起来就像是传说中的怪物，可是它们却是真实存在的。于是，我们想要知道它们是如何生活的，这些像怪物一样的家伙，也会和我们在动物园里看到的动物一样，过着平常的生活吗？

　　现在我们看完了这本书，也找到了这个问题的答案。也许我们会感到有些失望，因为我们发现奇特的恐龙似乎和别的动物没什么两样，吃饭、睡觉、喝水、散步……它们的生活看起来并没有什么特别的。可是别忘了，我们今天知道的这些答案，并不是直接从恐龙身上观察得来的，而是从它们深埋在大地中的化石中看到的。因为所有的非鸟类恐龙都已经灭绝，所有关于恐龙的信息都只能来自那些冰冷的化石。于是，这让恐龙的生活变得神秘起来，变得不再像其他动物那样普通。现在，我们已经对恐龙的生活有所了解，可我们知道这绝不是它们生活的全部，我们期待着能有更多的化石让我们走进恐龙的生活。

索引

赵闯和杨杨

　　赵闯和杨杨是一个科学艺术创作组合，其中赵闯先生是一位科学艺术家，杨杨女士是一位科学童话作家。2009 年两人成立"PNSO 啄木鸟科学艺术小组"，开始职业化的科学艺术创作与研究事业。

　　过去多年，赵闯和杨杨接受全球多个重点实验室的邀请，为人类前沿科学探索提供科学艺术专业支持，作品多次发表在《自然》《科学》《细胞》等顶尖科学期刊上，并在全球数百家媒体科学报道中刊发，PNSO 与世界各地的博物馆合作推出展览，帮助不同地区的青少年了解科学艺术的魅力。

　　本书的全部作品来自"PNSO 地球故事科学艺术创作计划（2010—2070）"之"达尔文计划：生命科学艺术创作工程"的研究成果。赵闯在创作过程中每一步都严格遵循着科学依据，在化石材料和科学家的研究数据基础上进行艺术构架，完成化石骨骼结构科学复原、化石生物形象科学复原和化石生态环境科学复原，既有科学的考据与严谨，又有艺术的创意与美感。杨杨基于最新的恐龙研究，生动地描绘了气势磅礴的恐龙世界。

PNSO 儿童恐龙百科：恐龙是如何生活的

产品经理 / 聂　文　　　　责任印制 / 梁拥军

艺术总监 / 陈　超　　　　技术编辑 / 陈　杰

装帧设计 / 曾　妮　　　　产品监制 / 曹俊然

　　　　　杨岩周　　　　出 品 人 / 于　桐

PNSO CHILDREN'S ENCYCLOPEDIA OF DINOSAURS

PNSO儿童恐龙百科

恐龙
为什么会长羽毛

赵闯 _绘

杨杨 _文

［美］马克·A·诺瑞尔博士 _ 科学顾问

山东画报出版社

目录

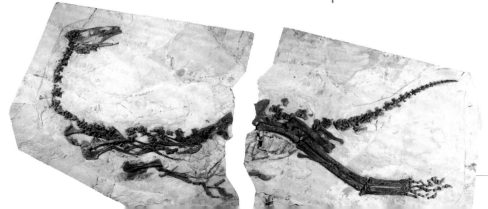

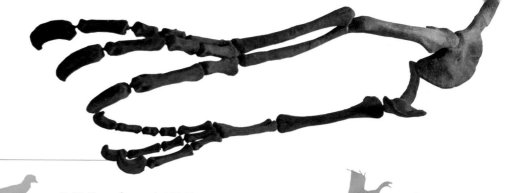

恐龙也有羽毛吗？

就在 20 多年前，人们对恐龙的印象还是浑身覆盖着鳞片的模样，就像现代爬行动物鳄鱼或者蜥蜴一般。可是如今，人们知道恐龙的皮肤并不一定都是鳞片，它们中的一大部分长有羽毛，像极了今天的鸟类。

这的确有些不可思议，难道这些曾经统治世界的王者不应该都是雄壮威猛的模样吗？它们怎么会长出柔软的羽毛，怎么能像小鸟一样温柔可爱呢？

我们没办法找恐龙问个究竟，因为绝大多数恐龙都已经在 6600 万年前的大灭绝中永远地离开了这个世界，而仅剩的那一小支族群，似乎也不知道它们的祖先身上究竟发生过什么。所以，让我们成为一名称职的侦探去探寻真相吧！

第一根羽毛究竟是在什么时候出现的？羽毛的最初形态和现代鸟类的羽毛一样吗？复杂的羽毛结构经历了怎样的演化过程？恐龙为什么会长出羽毛？长有羽毛的恐龙只是少数吗？接下来，我们就将带着这些疑问，跟随奇妙的羽毛开启一场神秘的探索之旅！

犀牛鬣蜥
犀牛鬣蜥等现生蜥蜴的身体表面覆盖着鳞片。

中华龙鸟化石

一块特别的恐龙化石

1996 年是个特别的年份，因为就在这一年，人们发现了第一只长有羽毛的恐龙。

那是一块在中国辽宁省北票市发现的恐龙化石，它保存在一块石板上。埋藏在这里的化石都很奇特，它们像是一本本合起来的书，单从外观上看似乎就是一块普通的石头，可是从中间劈开后，就会发现其中的奥秘——石头中间印刻着恐龙的骨骼，其中一半化石上的骨骼印迹是凸起来的，另一半化石上的骨骼印迹则是在同样的位置

凹陷了下去。这次，人们同样得到的是这样的石板化石，可是看到以后却全都惊呆了，因为化石上不仅保存着恐龙骨骼印迹，在骨骼周围还能看到一些毛发印痕。这些印痕正是羽毛留存下来的证据。

这种特别的恐龙后来被命名为中华龙鸟，是人们发现的第一种长有羽毛的恐龙。

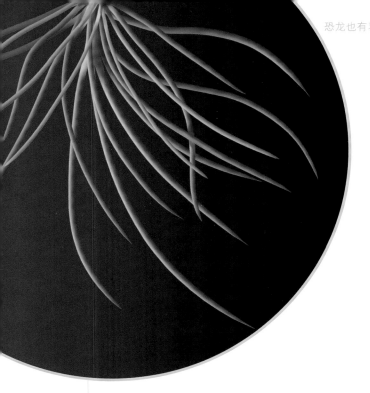

中华龙鸟——
揭秘恐龙与鸟的关系

　　中华龙鸟和人们传统印象中的恐龙完全不一样，它身长大约只有 1 米，身体娇小灵活，体表不是鳞片，而是被羽毛覆盖着。

　　这些羽毛虽然和现代鸟类的羽毛一样是中空的，而且非常柔软，但是相比之下，还很原始，是单根中空长丝状的，类似现代鸟类的绒羽，并没有发育成羽片。这些羽毛的长短也不尽相同，其中眼睛前方的最短，只有 1.3 厘米长；而臀部至尾部的则最长，可达 4 厘米。

　　很长一段时间以来，羽毛都被当作鸟类独特的解剖学特征，但是中华龙鸟的发现却让人们意识到并非只有鸟类才拥有羽毛，而长有羽毛的恐龙和鸟类之间一定有着千丝万缕的联系。

中华龙鸟的原始羽毛
中华龙鸟臀部至尾部的
羽毛较长，可达 4 厘米。

中华龙鸟
中华龙鸟体形娇小，体长约 1
米，浑身被羽毛覆盖，是行动
迅捷的掠食者。

中华龙鸟头部特写
1.25 亿年前，在今天的中国辽宁，
一只中华龙鸟正在捕食张和兽。

藏在恐龙化石中的羽茎瘤

羽毛印痕是证明恐龙长有羽毛的最直接证据，但是除此之外，人们还发现了一些其他证据，比如羽茎瘤。

羽茎瘤存在于现代鸟类的身上，是骨骼上的一些小突起，用来固定羽毛。鸟类的初级飞羽和次级飞羽就是通过这样的结构连接在骨骼上的。

不过，现在看来，羽茎瘤似乎并不是鸟类的专属，人们在恐龙身上也发现了这样的结构。

拟鸟龙是发现于蒙古的一种体形娇小的窃蛋龙类恐龙，人们在它的尺骨上发现有隆起物，科学家解释这是它的羽毛接触点，也就是羽茎瘤。据此，人们推测拟鸟龙短小的前肢应该像鸟一样长有羽毛。

拟鸟龙
体形娇小，外形酷似鸟类，
颈部修长，前肢较短。

尺骨

羽茎瘤

天青石龙
体形娇小，头上长有冠饰，
嘴巴已经特化成喙状嘴。

5cm

尾综骨

奇特的尾综骨

除了羽茎瘤，尾综骨也是和羽毛有着密切联系的间接证据。

在鸟类的脊柱末端,会有数块尾椎愈合生成的骨骼，名为尾综骨，上面长有尾羽。之前人们一直以为只有鸟类才有这样的骨骼。虽然两栖动物也有类似的骨骼，但这并不在我们讨论的范畴，因为它们的骨骼成柱状，并没有附着羽毛。

可是，2000 年人们在蒙古发现了一种窃蛋龙类恐龙，名为天青石龙，它的尾巴末端便具有类似尾综骨的固定脊椎骨。科学家据此认为天青石龙的尾巴末端也会长有尾羽，就像鸟类一样。

中华龙鸟

恐龙的羽毛是什么颜色？

人们发现了长有羽毛的恐龙，可是这些羽毛是不是也像大多数鸟类的羽毛那样艳丽呢？

我们当然看不到已经变成化石的恐龙的颜色，可是科学家却在化石中找到了判断恐龙颜色的金钥匙——黑素体。

黑素体是一种存在于羽毛、皮肤、鳞片中的吸光色素，不同的黑素体会让羽毛或者皮肤呈现出不同的颜色，科学家可以通过分析它们的大小、分布形态，以及与现代鸟类羽毛中的黑素体进行比对，来推测恐龙的颜色。

中华龙鸟就是第一种被复原出颜色的恐龙，科学家认为它们的羽毛在生前呈现栗色或红棕色，而尾巴则是橙色和白色两色相间的。

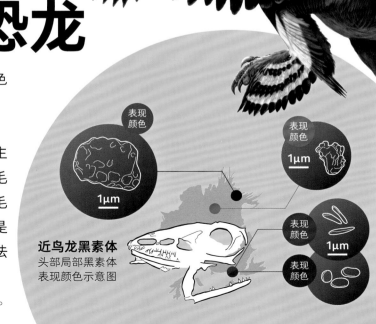

近鸟龙
近鸟龙是体形最小的恐龙之一。

被精确鉴定出羽毛颜色的恐龙

和中华龙鸟相比，科学家对于近鸟龙羽毛颜色的推测更加精确。

科学家认为这种长有四个翅膀的娇小的恐龙，身体羽毛颜色可大致分为灰、黑两种。头顶羽毛主要呈红褐色，头顶羽毛的基部则呈黑色。脸部羽毛主要为黑色，散布着红褐色。前肢、后肢的长羽毛黑白相间，以条纹方式排列。脚掌、脚趾的羽毛是黑色。由于被研究的标本缺少尾巴，研究人员无法推测近鸟龙尾巴上羽毛的颜色。

近鸟龙是第一种被精确鉴定出羽毛颜色的恐龙。

表现颜色

1μm

表现颜色

1μm

表现颜色

1μm

表现颜色

近鸟龙黑素体
头部局部黑素体表现颜色示意图

一只火鸡引发的猜想

到目前为止，人们已经发现了数量众多的长有羽毛的恐龙，可是恐龙为什么会长羽毛呢？羽毛作为一种最为复杂的皮肤结构，在现代动物中，一直都是鸟类特有的，难道恐龙和鸟之间有着某种联系吗？是的，你猜得没错！

其实在人们发现恐龙长有羽毛之前，已经提出了鸟类是由恐龙演化而来的假说。

那是在 1868 年，英国博物学家赫胥黎在吃火鸡大餐的时候，忽然发现面前摆放的火鸡的骨骼和其实验室中恐龙的骨骼非常相像，这引发了他大胆的猜想。随后，他开始了深入的对比观察，发现恐龙的骨骼和鸟类的骨骼之间的确有着千丝万缕的联系，最终提出了鸟类是由恐龙演化而来的假说。

而如果这个假说成立，那么恐龙在演化至某一阶段时，一定会长出羽毛。

恐爪龙的叉骨

赫胥黎提出的鸟类恐龙起源说并没有那么顺利地被大众接受，当时人们反对的主要原因之一是一直没有寻找到长有叉骨的恐龙。叉骨是鸟类肩带中特有的骨骼，由左右锁骨及退化的间锁骨在腹中线处愈合成"V"形。叉骨可以增加肩带的弹性，也可以避免鸟类在剧烈振翅时挤压气管。

当时的反对者认为，既然没有一种恐龙拥有叉骨，那么恐龙就不可能是鸟类的祖先。

可是，支持者并没有放弃，他们不断地寻找着证据，终于，美国著名的古生物学家奥斯特伦姆在一种名叫恐爪龙的恐龙身上发现了叉骨的雏形。恐爪龙是一种体形轻巧、行动敏捷的驰龙科恐龙，它的身上不仅具有和鸟类相似的叉骨结构，它的手掌等骨骼结构也和鸟类有很大的相似性。这一发现使得恐龙演化成鸟类有了可能，也使得恐龙长羽毛有了可能。

恐爪龙具有与鸟类类似的叉骨

恐爪龙
恐爪龙是一种体形轻巧、行动敏捷的驰龙科恐龙。

异特龙轻巧的骨骼

异特龙

恐龙与鸟类在骨骼上的相似之处，绝不仅仅是指它们都拥有叉骨。从这只体长大约 8 米，拥有巨大的脑袋、粗壮的脖子、健壮的身体、粗壮的四肢，以及长长的尾巴的异特龙身上，我们便能看出些端倪。

异特龙的外形虽然和鸟类看起来没有半点相似之处，但是它们的骨骼非常相像，都拥有中空的轻巧的骨头。

鸟类中空的骨骼结构，在许多科学家看来是伴随着飞行这一行为的演化而演化的，因为越轻的骨骼越容易让它们飞向天空。

异特龙头骨化石
异特龙等恐龙头骨具有眶前孔，可以减轻头部重量。

眶前孔

虽然异特龙在外形上与鸟类相差甚远，前肢太短小，而且没有羽毛，所以永远都不可能拥有飞翔的本领，但是它们却具备了与飞行能力有关的特征——中空的骨骼。最关键的是，这一特征并非异特龙独有，而是很多恐龙的共有特征，这为恐龙演化成鸟类又提供了更多的证据。

异特龙骨骼
异特龙拥有像鸟类一样中空而轻巧的骨头。

像鸟一样娇小的美颌龙

如果恐龙能够演化成鸟，那么它们一定也能飞上蓝天。可是巨大而笨重的恐龙能飞得起来吗？当然不行。为了揭开恐龙与鸟的关系，科学家一直想要找到和鸟类看起来非常相似的恐龙。

形态学是证明恐龙和鸟类有着很近的亲缘关系的直接证据，就比如当别人看到你和爸爸待在一起的时候，总会说："哎呀，你和爸爸长得真像！"这就是形态学。

功夫不负有心人，人们终于在欧洲找到了一种十分娇小的恐龙，名为美颌龙，它的体长只有1米，和大一点的鸟类在体形上已经非常接近了。

此后，体形娇小的、长有羽毛的恐龙越来越频繁地被大家发现、认识，人们终于开始相信有一类恐龙真的有可能演化成鸟类，轻盈地翱翔天空，而我们现在知道这类恐龙就是兽脚类恐龙家族中那支娇小的手盗龙类恐龙。

现代鸟类的羽毛

大天鹅
大天鹅颈部修长，
体长超过 1.5 米，
翼展超过 2 米。

美颌龙
十分娇小的恐龙，
体长只有 1 米。

第一根羽毛
究竟从何而来？

一个奇特的羽毛世界就这样慢慢地在人们眼前展开了。

人们先是发现一部分兽脚类恐龙长有羽毛，比如中华龙鸟、中华丽羽龙、尾羽龙等，接着又发现了一些植食性的鸟臀类恐龙也有羽毛，比如天宇龙、鹦鹉嘴龙等。于是，很多科学家便据此推测，也许羽毛是遍布整个恐龙类群中的。

树翼龙
树翼龙等翼龙
也具有原始羽毛。

可是为什么我们始终没有在一些大型的蜥脚类恐龙或者甲龙类恐龙身上发现过羽毛呢？科学家解释道，这可能是因为毛发的生长抑制现象。很多动物在年幼的时候浑身会长满毛发，可是随着它们渐渐长大，不再需要毛发的保护，毛发也就随之消失了。

既然如此，那第一根羽毛是不是一定出现在恐龙身上呢？

之前，这也许是一个答案特别肯定的问题，但是自从人们在翼龙身上也发现了羽毛之后，羽毛的起源便不只是关乎恐龙的问题了。

翼龙是生活在 2.3 亿年前至 6600 万年前的一种会飞的爬行动物，虽然它们和恐龙生活在同一时代，但并不是恐龙。因为人们发现了长有羽毛的翼龙，而恐龙和翼龙的共同祖先是生活在大约 2.5 亿年前的鸟跖类，所以羽毛的起源也一路由鸟类、兽脚类恐龙、恐龙，转向了鸟跖类。

也就是说，第一根羽毛很有可能来自鸟跖类。

兔鳄
兔鳄是早期的鸟跖类，
体长约 0.3 米，具有非常原始的羽毛。

早期羽毛

翼龙——
第一种身着"羽绒服"的动物

绒毛状羽毛 4

有中轴且分叉毛发 3

单丝状羽毛 1

束状羽毛 2

其实很早以前，人们就知道翼龙的体表覆盖着一层毛发，但是并没有将这些毛发和羽毛联系起来，因为人们认为它们的结构就像头发一样简单。但是，2018 年，人们在一种生活在侏罗纪中晚期的幼年蛙嘴龙类翼龙身上发现了和鸟类羽毛同源的羽毛结构，使得翼龙成为人们目前发现的生存年代最早的长有羽毛的动物。

这只蛙嘴龙发现于中国内蒙古宁城，个头非常小，翼展只有 45 厘米，它的尾巴很短，头又短又宽，嘴里长有细针状的牙齿。科学家在这只蛙嘴龙类翼龙身上发现了四种类型的羽毛：一种是中空的单丝状，类似头发，遍布全身；一种是束状，根部是一个长轴，顶端有许多辐射状的分叉，像一个刷子，分布在颈部、前肢近端、脚掌和尾巴近端；第三种具有一个明显的中轴，但在轴的中段有些小分叉，分布在颌部；最后一种呈绒毛状，从根部就开始分叉，分布在翅膀上。不仅如此，这些羽毛还保存了黑素体，科学家据此推断，它的羽毛生前大体呈黄棕色。

翼龙与恐龙的羽毛同源

最初，科学家希望从这只长有羽毛的翼龙身上发现一些特别之处，可是经过仔细研究，他们发现这只翼龙的羽毛结构和恐龙以及鸟类并没有差别。

比如，翼龙身上第一种未分叉的单支丝状结构与鹦鹉嘴龙、天羽龙的羽毛相似；第二种束状羽毛结构，与小型兽脚类恐龙耀龙身上的羽毛相似；第三种具有中轴，但中间又有分叉的结构与现代鸟类很接近；而第四种绒毛在很多恐龙身上都有看到。

所以，科学家认为翼龙的羽毛和恐龙的羽毛有着共同的起源，它们全都源自大约 2.5 亿年前的鸟跖类，比鸟类的起源要早得多。

鹦鹉嘴龙
鹦鹉嘴龙具有单支丝状结构的羽毛。

羽毛的功能

每种鸟类的正羽都拥有一根粗壮的羽轴,羽轴两侧会生出无数细小的羽枝,羽枝的两侧又会生出更加细小的羽小枝,而在这些羽小枝上,则有无数微小的钩子,能让邻近的羽小枝相互连在一起,这一精密复杂的结构,最终让鸟类飞上了天空。

不过,羽毛诞生之初,却并不是为了飞行。

2.5 亿年前,地球正从二叠纪的大灭绝中复苏过来,陆地脊椎动物包括哺乳动物和恐龙,从匍匐爬行逐渐演化成直立行走。当时哺乳动物的祖先已经长出了羽毛,而翼龙、恐龙也生出羽毛,以抵御外界环境。

因此,最初的羽毛只是发挥了散热、保暖、向异性炫耀、利用保护色防御攻击、孵蛋等功能,而随着不断演化,羽毛最终承担起了飞翔的任务,带领动物翱翔天际。

现在,就让我们去长有羽毛的恐龙世界,领略一下别样的羽毛的风采吧!

羽轴

羽小枝

羽枝

草原雕

鸟类正羽

耀龙
耀龙具有束状
结构的羽毛。

似松鼠龙——
最原始的长有羽毛的肉食恐龙

似松鼠龙是目前发现的最原始的带羽毛兽脚类恐龙，来自古老的斑龙家族。斑龙类恐龙家族包含有一群较为原始的肉食性恐龙，它们的体形有大有小，拥有锐利的牙齿，前肢通常都很强壮，这是一群与鸟类关系较远的恐龙类群。

似松鼠龙生活在侏罗纪晚期，化石发现于德国，是世界上保存得最完整的恐龙化石之一，几乎没有任何缺损。除了保存有完整的骨骼外，还有羽毛印痕。从化石上看，这些精细的、长的、发丝状的羽毛位于身体前中部、腹部以下，背脊椎上以及尾部上方，科学家据此推测它可能全身都长有羽毛，尤以尾部最为丰厚。而因为浓密的尾巴类似松鼠，人们便给它起名为似松鼠龙。

似松鼠龙体形娇小，脑袋很大，后肢很短，是一种灵敏的掠食者。因为它非常原始，靠近恐龙进化树的底部，所以它的出现似乎是在告诉人们——也许长有羽毛是恐龙的普遍特征。

幼年似松鼠龙与成年杰克森变色龙体形比较

10cm

△ 似松鼠龙尾部特写

松鼠

松鼠是一种啮齿类动物，一般指松鼠科，以毛茸茸的长尾巴为其特征，我们所熟悉的生活在树上、喜欢吃松果的松鼠只是松鼠科中的一种。松鼠一般体形很小，以草食性为主，有一些也喜欢吃昆虫。

似松鼠龙

学　　名	*Sciurumimus*	
体　　型	幼年个体 体长约 0.7 米	
食　　性	肉食	
生存年代	侏罗纪晚期	
化石产地	欧洲，德国	

▽ 似松鼠龙前肢骨化石投影图

△ 似松鼠龙头骨化石投影图

侏罗猎龙——
它丢失了羽毛吗？

侏罗猎龙是发现于德国的一种小型的美颌龙科恐龙，与中华龙鸟来自同一个家族，但是它却没有像中华龙鸟那样保存有令人震惊的羽毛印痕，而只有普通的鳞片。

侏罗猎龙

学 名	*Juravenator*	
体 型	体长约 0.75 米	
食 性	肉食	
生存年代	侏罗纪晚期	
化石产地	欧洲，德国	

因为到目前为止人们已经发现了很多有羽毛证据的美颌龙科恐龙，所以便推测所有的美颌龙科恐龙都应该是长有羽毛的。那么侏罗猎龙的羽毛去了哪里呢？难道侏罗猎龙会是个例外吗？它为什么会没有羽毛呢？

为了找到答案，科学家进行了更加细致而深入的研究，最终通过对标本进行紫外线照射，发现了其尾巴上有丝状皮肤衍生物，这表明它的身体还是有覆盖羽毛的可能的。那为什么没有羽毛痕迹留存下来呢？科学家推测，这或者是因为季节性羽毛掉落，或者是幼年和成年的区别，或者在演化过程中丢失了羽毛，又或者只是羽毛难以保存。不过不管是什么原因，侏罗猎龙的发现还是让科学家意识到羽毛的早期演化非常复杂，超过了人们目前对现代鸟类羽毛的认知。

丝状皮肤衍生物
推测侏罗猎龙的身体上可能覆盖羽毛。

▽ 侏罗猎龙化石埋藏状态投影图

5cm

羽毛

鳞片

成年侏罗猎龙与成年杰克森变色龙体形比较

10cm

△ 侏罗猎龙头骨化石投影图

幼年霸王龙
推测幼年霸王龙长有羽毛，成年后身体局部褪去羽毛。

霸王龙

学　　名	*Tyrannosaurus rex*
体　　型	体长约 12 米
食　　性	肉食
生存年代	白垩纪晚期
化石产地	北美洲，美国

帝龙——
长有羽毛的霸王龙的祖先

帝龙是一种原始的暴龙类恐龙，也是人们发现的第一种长有羽毛的暴龙类恐龙，它的发现让人们意识到原来就算是凶猛的霸王龙的祖先，也可以有毛茸茸的可爱的一面。

帝龙的化石保存得并不算好，但是科学家依然在破碎的化石上发现了黑色的羽毛印痕，分布在下颌和尾巴末端。其中，尾巴末端的羽毛长达 2 厘米，像一把扇子一样向四周散开。

这些羽毛非常原始，不具备羽轴，因此不会让帝龙飞上天空，而只能为它们保暖。

帝龙的体形很小，体长大约只有 1~2 米，身体纤瘦，脑袋窄而长，前肢也很长，外形看起来和霸王龙大相径庭。

科学家依据帝龙推测，霸王龙的早期祖先很可能都是体形娇小、身覆羽毛的家伙，而随着它们的体形不断变大，羽毛也渐渐被鳞片覆盖，因为它们不再需要羽毛为自己保暖了。

帝龙捕猎
1.3 亿年前，在今天的中国辽宁，一只帝龙捕捉到一只爬兽。

爬兽

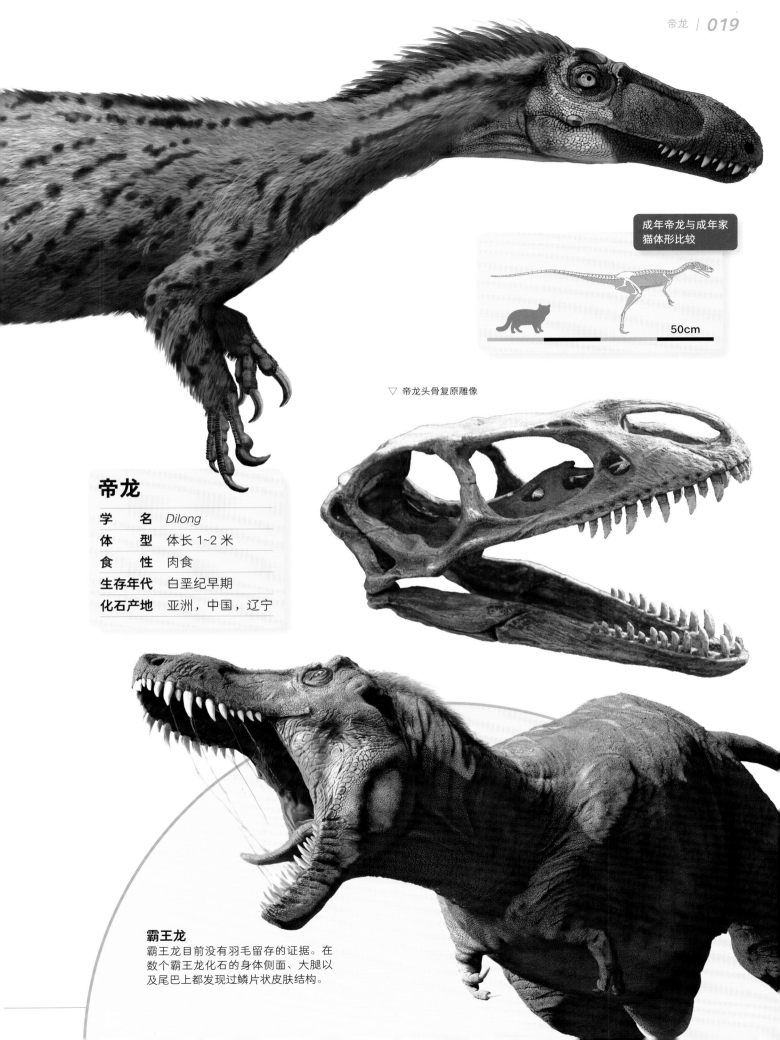

成年帝龙与成年家猫体形比较

50cm

▽ 帝龙头骨复原雕像

帝龙

学　　名	*Dilong*	
体　　型	体长 1~2 米	
食　　性	肉食	
生存年代	白垩纪早期	
化石产地	亚洲，中国，辽宁	

霸王龙

霸王龙目前没有羽毛留存的证据。在数个霸王龙化石的身体侧面、大腿以及尾巴上都发现过鳞片状皮肤结构。

羽王龙——
最大的带羽恐龙

虽然人们发现的大部分长有羽毛的恐龙体形都很小，但是也有例外，比如体长 9 米的羽王龙，它是暴龙类恐龙家族成员，也是目前发现的最大的带羽恐龙。

人们发现了三具羽王龙化石标本，一个成年个体，两个未成年个体，科学家还不能确定它们的具体年龄，只知道其中最小的比最大的小 8 岁。在这些化石上，人们不仅能看到清晰的骨骼，还发现有羽毛印痕，分布在成年个体化石的尾部，较小一只的腿部和臀部，以及最小一只的脖子和前臂部分。科学家据此推测，羽王龙生前全身都被羽毛覆盖着，这些羽毛结构简单，类似小鸡的绒毛。

▽ 羽王龙前爪特写

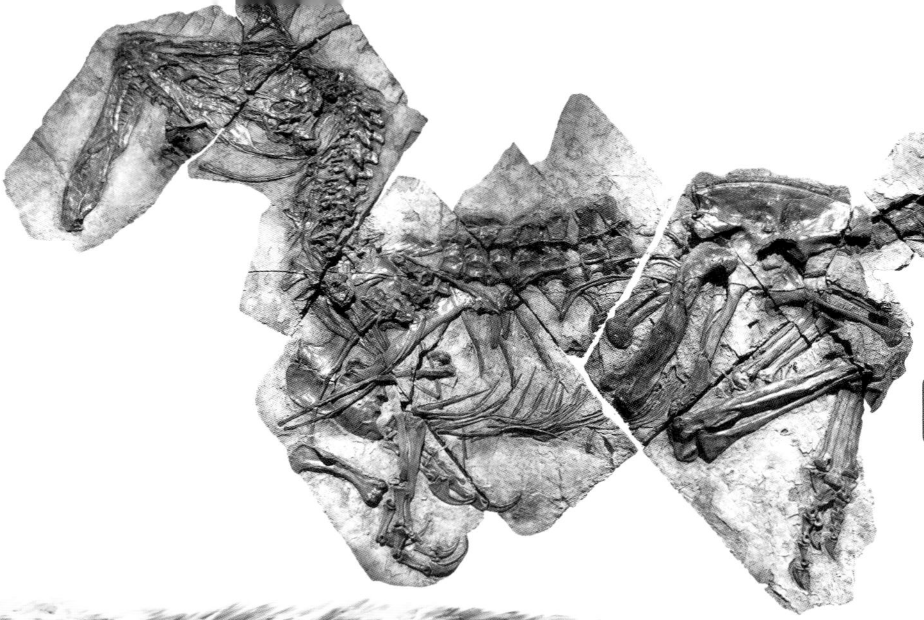

◁ 羽王龙化石翻模

成年羽王龙与成年白
犀牛体形比较

1m

羽王龙

学 名	*Yutyrannus*
体 型	体长约 9 米
食 性	肉食
生存年代	白垩纪早期
化石产地	亚洲，中国，辽宁

头部
羽王龙头部巨大，
嘴中有锋利的牙齿。

　　羽王龙的化石发现于中国辽宁，因为在
白垩纪早期，那里已经出现了季节性降雪，
因此，羽王龙的羽毛被认为是用来保暖的。

　　羽王龙的外形看起来和霸王龙很像，体
形很大，头部巨大，嘴中有锋利的牙齿，后
肢修长，尾巴粗壮。不过和霸王龙比起来，
羽王龙的身体略显纤瘦，前肢也没有退化得
那么厉害。

建昌龙——
亚洲最原始的镰刀龙类恐龙

　　建昌龙是亚洲最原始的镰刀龙类恐龙，科学家在它的齿列、腰带和后肢部位都发现了很多基干镰刀龙类的特征。镰刀龙类恐龙是一群与鸟类亲缘关系很近的非常特别的兽脚类恐龙，因为牙齿具有大的锯齿、骨盆宽大、体腔也很大，所以它们虽然是兽脚类恐龙，但并不像大部分兽脚类恐龙一样捕食猎物，而是以植物为食。目前大部分镰刀龙类恐龙都发现于蒙古、中国以及美国西部。

　　虽然人们已经发现了很多镰刀龙类恐龙，可是大部分化石都比较破碎，而发现于中国辽宁的建昌龙，却保存得十分完好，不仅骨骼近乎完整，还在颈部保存了丝状羽毛痕迹，十分难得。这块化石让人们看到了长有羽毛的建昌龙的模样。

　　建昌龙还有一点很特别，它的牙齿结构和排列方式与植食恐龙很类似，因为它是原始的镰刀龙类恐龙，所以科学家推测镰刀龙类恐龙的早期演化就是从头骨开始的，以适应进食植物，而后它们的身体开始变得庞大，以容纳大量的食物。

10cm

△ 建昌龙化石

建昌龙

学　　名	*Jianchangosaurus*	
体　　型	体长约 2 米	
食　　性	植食	
生存年代	白垩纪早期	
化石产地	亚洲，中国，辽宁	

▽ 建昌龙头骨复原图

成年建昌龙与成年
猎豹体形比较

50cm

▽ 建昌龙前肢骨骼复原图

▽ 北票龙头骨复原图

北票龙——
兽脚类恐龙中的另类

北票龙也是一种镰刀龙类恐龙，相比建昌龙，它的羽毛更加复杂。

北票龙的体形比建昌龙大，身长大约 2.2 米。它的前肢粗壮，长有锋利的爪子，后肢修长，有一条长长的尾巴。

北票龙体表的羽毛大部分都像中华龙鸟一样，是细小的绒羽，横剖面是圆形的。但是除此之外，它还有第二种形态的羽毛，这种羽毛的横剖面为椭圆形，非常坚韧。总体来看，北票龙的羽毛要比中华龙鸟的羽毛更长。科学家认为北票龙是介于中华龙鸟和先进鸟翼类之间的过渡物种。

成年北票龙与成年家猫体形比较

50cm

10cm

△ 北票龙化石

相对其他镰刀龙超科，北票龙的头部较大，坚硬的喙状嘴中没有牙齿，但是拥有颊齿。北票龙同样以植物为食，是兽脚类恐龙中特别的素食主义者。

北票龙以二足行走，因为身体轻巧，行动速度较快。

北票龙

学 名	*Beipiaosaurus*	
体 型	体长约 2.2 米	
食 性	植食	
生存年代	白垩纪早期	
化石产地	亚洲，中国，辽宁	

△ 北票龙前肢骨骼复原图

对称的飞羽

原始祖鸟——
原始的窃蛋龙类恐龙

原始祖鸟是一种非常原始的窃蛋龙类恐龙，化石发现于中国辽宁。原始祖鸟的化石保存了精美的羽毛印痕，这些印痕显示它不仅在尾巴末端长有扇形的长羽毛，还在前肢上长有对称的飞羽。

原始祖鸟不仅在外形上和鸟类非常相似，就连身体结构也很相近，比如它具有叉骨，而且骨骼是中空的。不过我们知道会飞的鸟类拥有的都是不对称飞羽，而原始祖鸟的飞羽却是对称的，所以它并不会飞翔。

原始祖鸟来自窃蛋龙家族，这个家族的恐龙都拥有坚硬的喙状嘴，大部分成员的颌部都没有牙齿，但是较为原始的成员却不一样，它们的前上颌骨有大大的牙齿，就像原始祖鸟。

原始祖鸟的体形很小，体长大约只有 1 米，前肢较长，长有三个爪子，后肢修长健壮，很可能喜欢在树上活动。

△ 原始祖鸟化石

原始祖鸟

学　　名	*Protarchaeopteryx*
体　　型	体长约 1 米
食　　性	杂食
生存年代	白垩纪早期
化石产地	亚洲，中国，辽宁

成年原始祖鸟与成年家猫体形比较

20cm

喙状嘴
原始祖鸟具有坚硬的喙状嘴。

△ 原始祖鸟头骨复原图

后肢
原始祖鸟后肢修长健壮，很可能喜欢在树上活动。

原始祖鸟前爪骨骼复原图 ▷

前肢
原始祖鸟前肢较长，长有三个爪子。

宁远龙——
喜欢吃种子的恐龙

宁远龙也是发现于中国辽宁的窃蛋龙类恐龙，化石保存得非常完好，不仅保存有包含头骨在内的几乎完整的骨架，骨架周围还留有清晰的羽毛印痕。

从化石上看，宁远龙的头骨较长，颌部牙齿比绝大部分窃蛋龙类恐龙都要多，每侧至少有 10 颗上颌齿和 14 颗下颌齿，科学家根据牙齿数量推测宁远龙是窃蛋龙类恐龙中的原始成员。

宁远龙的体形娇小，有一个呈三角形的脑袋，眼睛很大，视力较好。它数量众多的牙齿边缘没有锯齿，全都紧密排列在一起。科学家曾经在宁远龙的化石中发现过许多椭圆形的小颗粒，他们

推测这可能是一些种子化石，也就是说宁远龙生前可能会进食种子。

宁远龙的前肢较短，后肢修长，尾巴也很长，能在快速奔跑时为它掌控方向，平衡身体。

宁远龙	
学　　名	*Ningyuansaurus*
体　　型	体长约 0.9 米
食　　性	杂食
生存年代	白垩纪早期
化石产地	亚洲，中国，辽宁

10cm

△ 宁远龙化石埋藏状态投影图

成年宁远龙与成年
家猫体形比较

10cm

宁远龙头骨复原图 ▷

△ 切齿龙头骨复原图

尾羽龙头骨复原图 ▷

▽ 葬火龙头骨复原图

窃蛋龙类恐龙牙齿演化
窃蛋龙类恐龙在演化过程中，牙
齿会发生相应的变化。原始的宁
远龙拥有数量众多的牙齿，切齿
龙的牙齿数量比宁远龙要少一
些，进步的尾羽龙只剩下几颗牙，
而葬火龙则完全没有牙齿。

拟鸟龙——
像鸟一样的恐龙

　　拟鸟龙的意思就是鸟类模仿者，光是从名字上就能看出它和鸟类有着非常亲密的关系。

　　拟鸟龙乍看起来有些像鸵鸟，身体高而细瘦。它的脑袋非常细长，嘴巴有着窃蛋龙家族共有的特征——前端特化成了角质喙，而且喙中没有牙齿。不过它的前上颌骨前端有锯齿状的结构，可以很好地帮助它切割食物，科学家推测它可能是杂食性的。

　　拟鸟龙有一条细长的脖子，前肢较短。科学家并没有在它的化石上发现直接的羽毛印痕，但是却在它的前肢上发现有固定羽毛的结构——羽茎瘤，因此科学家推测拟鸟龙生前是全身覆盖着羽毛的。

　　拟鸟龙的腿部修长，有三个脚趾，非常善于奔跑。因为最开始人们没有发现拟鸟龙的尾椎化石，便以为它生前没有尾巴，但是后来却发现它不仅长有尾巴，而且尾巴还很长。

拟鸟龙

学　　名	*Avimimus*	
体　　型	体长约 1.5 米	
食　　性	杂食	
生存年代	白垩纪晚期	
化石产地	亚洲，蒙古	

锯齿状结构

角质喙

▽ 拟鸟龙头骨复原图

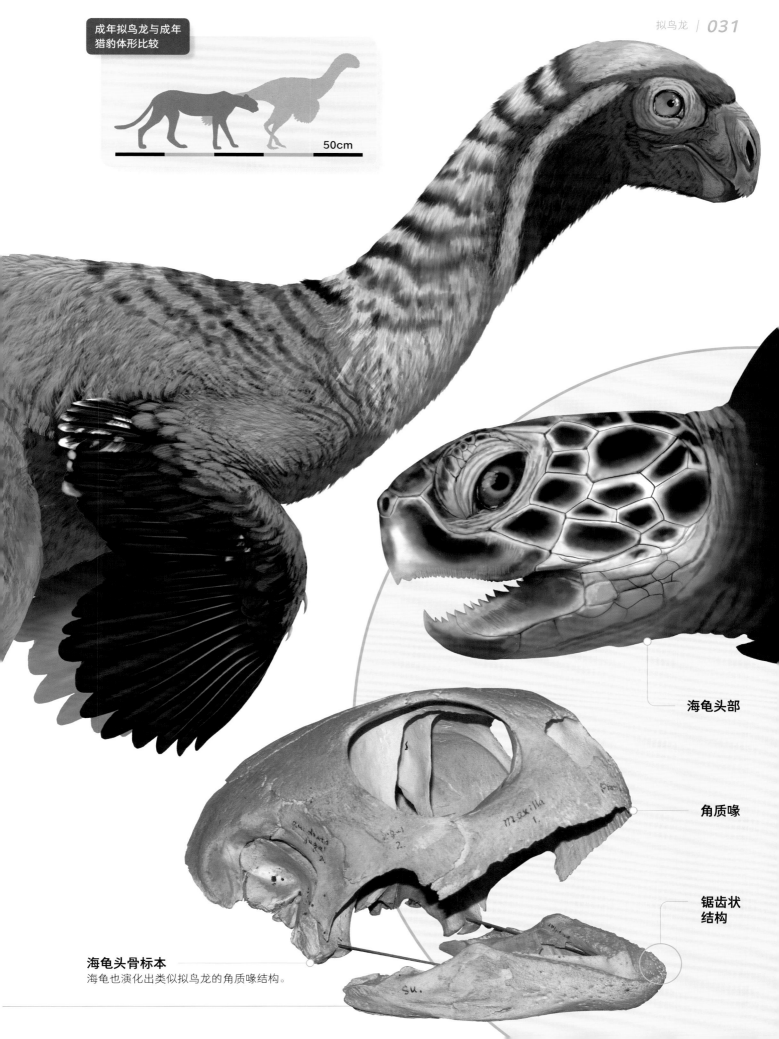

成年拟鸟龙与成年
猎豹体形比较

50cm

海龟头部

角质喙

锯齿状
结构

海龟头骨标本
海龟也演化出类似拟鸟龙的角质喙结构。

成年尾羽龙与成年
家猫体形比较

10cm

尾羽龙

学 名	*Caudipteryx*	
体 型	体长约 1.2 米	
食 性	杂食	
生存年代	白垩纪早期	
化石产地	亚洲，中国，辽宁	

尾羽龙——
长有正羽的恐龙

在发现尾羽龙之前，人们所了解的大部分带羽
恐龙，身上只覆盖有非常原始的羽毛，但尾羽龙不一样，
除了身体大部分地方覆盖的短绒羽以外，它的前肢长有和
鸟类非常相似的正羽，它们长 15~20 厘米，既有羽枝还有羽片。
而尾羽龙尾巴末端的羽毛也像鸟类一样，长有长长的扇子状的羽
毛束。只可惜，这些羽毛都是对称的，加之它们的前肢比较短，
并不能让它们飞起来。

尾羽龙的身体娇小，长着短小的头，除了嘴部最前端长有几
颗向前方伸展、形状奇特的牙齿外，整张嘴里几乎看不见其他任
何牙齿。尾羽龙的前肢非常小，尾巴也很短，不过脖子却很长。
人们曾经在尾羽龙的胃部发现过一堆小石子，它们就像现代鸟类
的胃石，是帮助其磨碎和消化食物的。胃石在鸟类和植食性恐龙
当中很常见，但在兽脚类恐龙当中却是非常罕见的，因此尾羽龙
被认为是杂食性动物。

▽ 尾羽龙化石

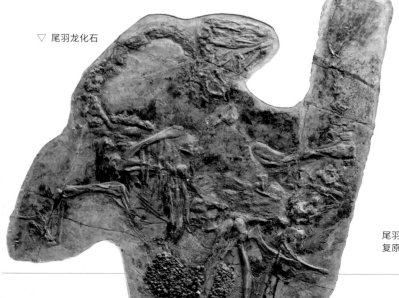

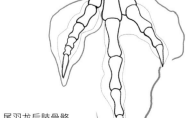

尾羽龙后肢骨骼
复原图 ▷

5cm

尾羽龙
足迹化石
投影图

10cm

天青石龙——
具有尾综骨的恐龙

天青石龙是一种窃蛋龙类恐龙，生活在白垩纪晚期，化石发现于蒙古。天青石龙的化石非常特别，因为在它的尾巴末端保留了五个融合在一起的尾椎骨，类似于鸟类的尾综骨。这样特别的结构，还是第一次在恐龙身上发现。科学家推测在天青石龙的尾巴末端长有一丛羽毛扇，类似于现代鸟类。

和大部分窃蛋龙类恐龙一样，天青石龙的体形很小，体长大约只有 1.7 米，体重 20 千克。它的头短而高，嘴巴前端特化成了角质喙，头顶长有一个别致的骨质头冠，可以用来吸引自己喜欢的异性。它拥有修长的脖子、较短的前肢和强劲的后肢。

虽然科学家没有在天青石龙的化石上发现羽毛印痕，但是因为它具有尾综骨，所以科学家认为它会像鸟类一样全身覆盖羽毛。

▽ 天青石龙尾部
骨骼化石投影图

10cm

成年天青石龙与成
年猎豹体形比较

50cm

天青石龙椎骨化石投影图 ▷

与鸟类有较近血缘关系的恐龙的尾巴
与鸟类血缘关系较近的恐龙，有着多样的尾部形态，其中一些和鸟类非常接近。形态与鸟类相差甚远的庞大的霸王龙，有着修长的尾巴，尾椎数量众多，与鸟类相像的娇小的尾羽龙，尾巴很短，末端长有尾羽，但不具备尾综骨，而天青石龙不仅拥有尾羽，还具备了与鸟类相似的尾综骨。到了鸟类，它们的尾巴除了羽毛，便只剩下尾综骨了。

天青石龙

学　名	*Nomingia*
体　型	体长约 1.7 米
食　性	杂食
生存年代	白垩纪晚期
化石产地	亚洲，蒙古

▽ 公鸡尾综骨复原图

△ 天青石龙尾综骨复原图

△ 尾羽龙尾部骨骼复原图

▽ 霸王龙尾部骨骼复原图

刑天龙——
喜欢用尾羽来炫耀的恐龙

刑天龙和尾羽龙一样，都属于窃蛋龙类恐龙中的尾羽龙科，这是最早被发现具有类似现代鸟类正羽的恐龙类群之一。

刑天龙的化石保存得较为完整，在骨骼周围还存有羽毛印痕，但可惜的是它的头骨没有被保存下来，正因为如此，科学家才想到用中国神话人物"刑天"来给它命名。

刑天
《山海经》中被斩首后继续战斗的神话人物。

5cm

△ 刑天龙化石埋藏状态投影图

刑天是《山海经》中描写的一员大将，曾经在战争中被斩首，但斩首后仍然斗志不减，于是科学家便用刑天这个名字命名了缺少头骨的刑天龙。

　　刑天龙在生前周身布满羽毛，尾巴末端长有显眼的羽毛束，能够用来炫耀，吸引异性。虽然和尾羽龙属于同一个家族，但是刑天龙在手部结构上与尾羽龙有着显著的区别。尾羽龙的手部第Ⅲ指极度退化，仅剩两根很短的指节，而刑天龙手部的第Ⅲ指并没有那么退化。不过，在长有羽毛、尾巴缩短、尾部末端有尾综骨这些和鸟类相似的特征上，它们都是一致的。

△ 刑天龙前肢
化石投影图

**刑天龙前肢
第Ⅲ指**

尾羽龙前肢
尾羽龙前肢第Ⅲ指极度退化，只剩短短的两根指节。相比，刑天龙的前肢第Ⅲ指退化得并没有那么厉害。

刑天龙

学　　名	*Xingtianosaurus*	
体　　型	体长约 0.75 米	
食　　性	杂食	
生存年代	白垩纪早期	
化石产地	亚洲，中国，辽宁	

成年刑天龙与成年
家猫体形比较

10cm

巨盗龙——
最大的似鸟类恐龙之一

很长一段时间以来，人们都认为窃蛋龙类恐龙只是些小不点，处于食物链的中下端，但是巨盗龙的出现完全颠覆了人们的认识。巨盗龙全长 8 米，身高 5 米，体重超过 1.4 吨，是最庞大的窃蛋龙类恐龙之一。

虽然目前并没有直接证据显示巨盗龙长有羽毛，但是因为人们已经发现了众多带有羽毛的窃蛋龙类恐龙，所以科学家认为巨盗龙体形虽然庞大，但仍然身覆羽毛。

巨盗龙站起来比两个成年人的身高还要高，它有一个小小的脑袋，没有头冠，嘴巴前面是坚硬的角质喙。它的脖子很修长，看起来像一只鸵鸟。前肢较长，长有长长的羽毛，但并不能令其飞翔。它的双腿修长，奔跑速度很快。

虽然巨盗龙的身材可以和很多大型肉食恐龙相提并论，但是它又与那些纯粹重量级的杀手不同。修长的双腿和更加直立的身体，令巨盗龙将速度与力量完美地结合在了一起。

巨盗龙

学　　名	*Gigantoraptor*	
体　　型	体长约 8 米	
食　　性	肉食	
生存年代	白垩纪晚期	
化石产地	亚洲，中国，内蒙古	

成年巨盗龙与成年男性体形比较

1m

与苏尼特龙相关的意外发现
科学家徐星在 NHK 电视台解说还原如何挖掘苏尼特龙时，意外发现了巨盗龙。

苏尼特龙

学　　名	*Sonidosaurus*	
体　　型	体长约 9 米	
食　　性	植食	
生存年代	白垩纪晚期	
化石产地	亚洲，中国，内蒙古	

庞大的体形

大部分窃蛋龙类恐龙体形都不大，比如从头骨化石推测，可汗龙身长大约只有 1~2 米。在巨盗龙被发现之前，身长 3 米的葬火龙已经算是最大的窃蛋龙类成员了，可人们没想到，巨盗龙的体长竟然达到了 8 米，这庞大的体形从它巨大的下颌化石就能感受得到。

△ 可汗龙头骨化石

△ 葬火龙头骨化石

▽ 巨盗龙头骨化石

10cm

树息龙——
喜欢生活在树上的恐龙

擅攀鸟龙科恐龙是一群特别的兽脚类恐龙，它们是第一群真正适应树栖生活或者半树栖生活的恐龙，大部分时间都生活在树上，与鸟类的关系非常近。

树息龙就来自这个特别的家族，因为到目前为止人们都没有发现过它的成年标本，所以并不知道它确切的大小，但是可以肯定的是它的体形很小，幼年时只有麻雀那么大。

树息龙最特别的地方就是它的手指，我们知道大部分兽脚类恐龙最长的手指是第 II 指，但是树息龙不同，它最长的手指是第 III 指。这根手指比第 II 指长了整整一倍，有点像现在的指猴，所以之前人们认为这

根手指的作用也像指猴，会到树洞里掏昆虫吃。但是现在研究人员推测，擅攀鸟龙类这根加长的手指，很可能是用来固定翼膜的。也就是说，树息龙很可能像奇翼龙一样，前肢长有翼膜而不是翅膀。

树息龙的头短而高，下颌稍稍下弯，嘴巴前部具有大大的牙齿。它的手臂较长，在化石中的左前臂与手部位置保存有明显的羽毛印痕。它的后肢也很长，第 I 趾极有可能是反向的，具有一定的抓握能力。除了手臂部的羽毛，它身体周围还存有绒毛状的羽毛痕迹，尾巴末端也有扇形羽毛痕迹。

树息龙

学 名	*Epidendrosaurus*	
体 型	幼年个体体长约 0.15 米	
食 性	肉食	
生存年代	侏罗纪晚期	
化石产地	亚洲，中国，内蒙古	

▽ 树息龙尾部特写

幼年树息龙与成年
仓鼠体形比较

5cm

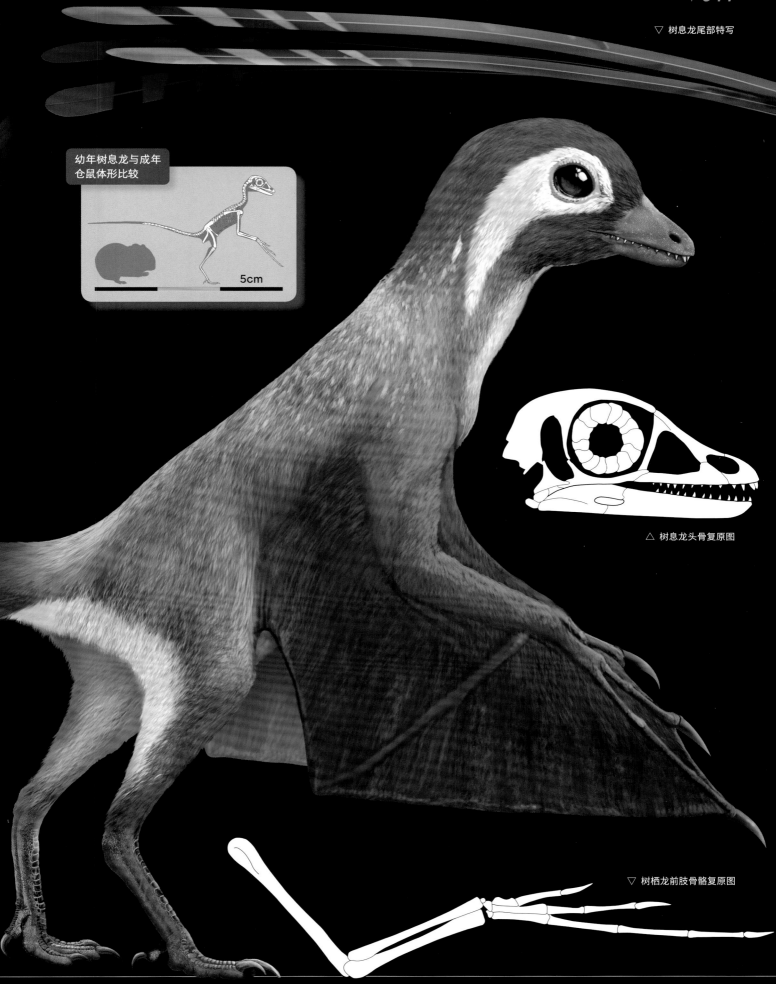

△ 树息龙头骨复原图

▽ 树栖龙前肢骨骼复原图

耀龙——
像孔雀一样长有漂亮的尾羽的恐龙

耀龙的化石发现于中国内蒙古，它的化石非常少，到目前为止只发现了一块。不过就是在这块化石上，古生物学家发现了耀龙尾巴上那四根漂亮的拥有羽轴、羽片构造的羽毛。这些尾羽长20多厘米，虽然在结构上和现代鸟类不同，比如它们的羽片呈长带状，但是却能发挥和鸟类尾羽相同的炫耀作用，就像孔雀。而耀龙名字中的"耀"字，指的就是它能够用尾羽向异性炫耀。

除了长长的尾羽，耀龙的身体也覆盖着简易的羽毛，这些羽毛相对原始，由平行的羽枝构成，并不能让耀龙飞上天空。

除了漂亮的羽毛，耀龙最特别的地方就是牙齿。耀龙的牙齿只分布在颌部前段，这些牙齿长而前倾，让它们看上去杀气十足。

耀龙也来自擅攀鸟龙科，不过和家族成员有一定的区别。比如，树息龙的尾巴很长，大约是身体长度的3倍，而耀龙的尾巴只有身体长度的70%。

耀龙	
学　　名	*Epidexipteryx*
体　　型	体长约 0.4 米
食　　性	肉食
生存年代	侏罗纪晚期
化石产地	亚洲，中国，内蒙古

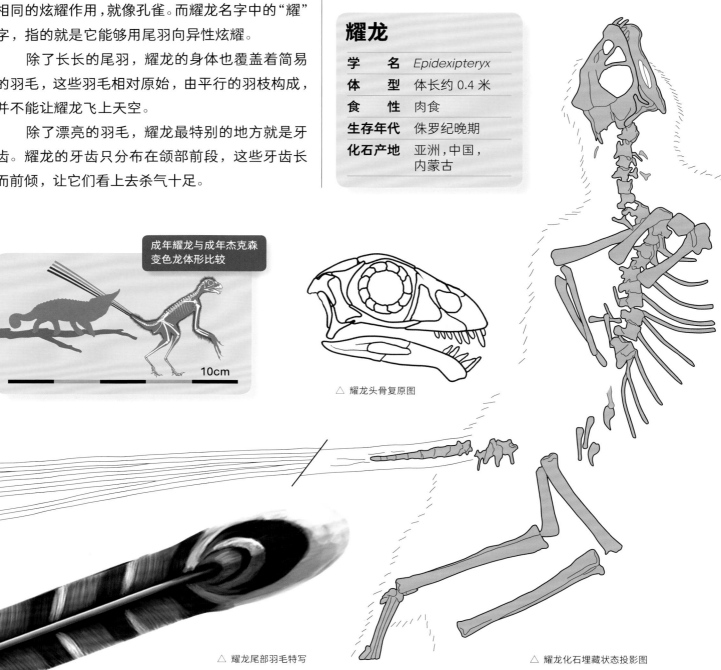

成年耀龙与成年杰克森变色龙体形比较

10cm

△ 耀龙头骨复原图

△ 耀龙尾部羽毛特写

△ 耀龙化石埋藏状态投影图

奇翼龙——
像鼯鼠一样翱翔天空的恐龙

能够翱翔在蓝天中的动物，是只有长着羽毛的鸟类吗？当然不，那些身体光滑的昆虫，还有扇动着翼膜的蝙蝠、鼯鼠，不也能够飞翔吗？

在恐龙世界中，人们就发现过这样一种特别的恐龙，它长有羽毛，可并不是鸟类那样的羽毛，而是僵硬呈丝状的原始羽毛，但它能飞翔，它依靠的并不是像鸟类一样长有片状羽毛的翅膀，而是像鼯鼠一样的翼膜，它就是奇翼龙。

奇翼龙也是擅攀鸟龙科家族中的一员，在它的化石中，科学家发现它的腕部有两根奇特的棒状长骨结构，并且在棒状结构和手指附近发现了残缺的翼膜。据此他们认为奇翼龙有着目前发现的其他恐龙所没有的翅膀结构——主要由翼膜构成，而非主要由羽毛构成，就像鼯鼠。也就是说，奇翼龙就是凭借这两个翼膜飞上天空的。

奇翼龙体形很小，脑袋短粗，长有一条较长的尾巴。它的指爪长而弯曲，尤其是手部外侧的手指，非常长。它的飞行能力并不算优秀，更擅长于在树林间滑翔。

奇翼龙

学　　名	*Yi qi*
体　　型	体长约 0.5 米
食　　性	肉食
生存年代	侏罗纪晚期
化石产地	亚洲，中国，河北

奇翼龙化石埋藏状态投影图 ▷

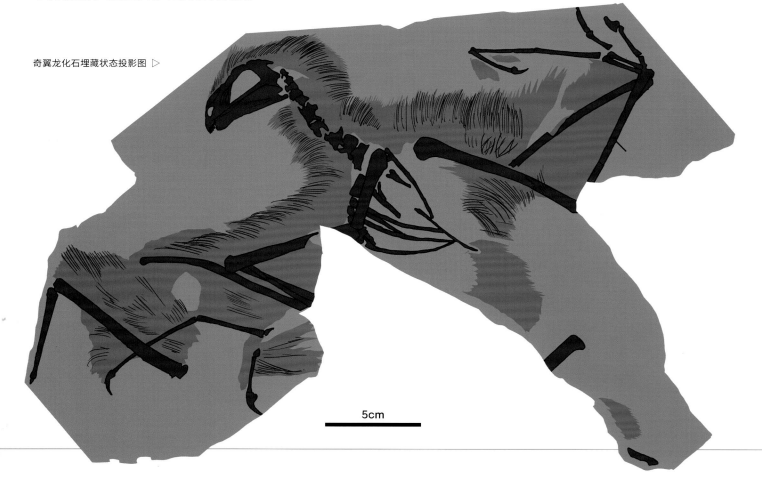

5cm

成年奇翼龙与成年杰克
森变色龙体形比较

10cm

翼膜

奇翼龙前肢骨骼
复原图 ▷

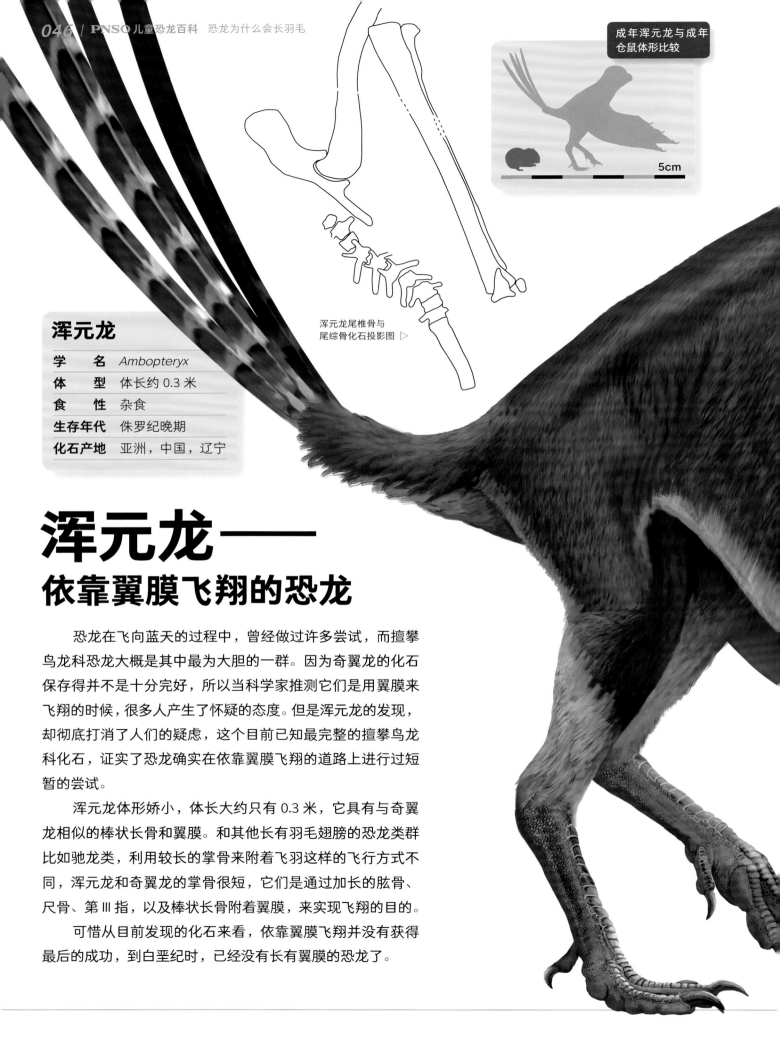

成年浑元龙与成年
仓鼠体形比较

5cm

浑元龙尾椎骨与
尾综骨化石投影图 ▷

浑元龙

学 名	*Ambopteryx*
体 型	体长约 0.3 米
食 性	杂食
生存年代	侏罗纪晚期
化石产地	亚洲，中国，辽宁

浑元龙——
依靠翼膜飞翔的恐龙

恐龙在飞向蓝天的过程中，曾经做过许多尝试，而擅攀鸟龙科恐龙大概是其中最为大胆的一群。因为奇翼龙的化石保存得并不是十分完好，所以当科学家推测它们是用翼膜来飞翔的时候，很多人产生了怀疑的态度。但是浑元龙的发现，却彻底打消了人们的疑虑，这个目前已知最完整的擅攀鸟龙科化石，证实了恐龙确实在依靠翼膜飞翔的道路上进行过短暂的尝试。

浑元龙体形娇小，体长大约只有 0.3 米，它具有与奇翼龙相似的棒状长骨和翼膜。和其他长有羽毛翅膀的恐龙类群比如驰龙类，利用较长的掌骨来附着飞羽这样的飞行方式不同，浑元龙和奇翼龙的掌骨很短，它们是通过加长的肱骨、尺骨、第 III 指，以及棒状长骨附着翼膜，来实现飞翔的目的。

可惜从目前发现的化石来看，依靠翼膜飞翔并没有获得最后的成功，到白垩纪时，已经没有长有翼膜的恐龙了。

▽ 浑元龙化石埋藏状态投影图

浑元龙颈部与
肩部骨骼
化石投影图 ▷

△ 浑元龙前肢骨骼化石投影图　　　浑元龙前肢骨骼复原图 ▷

似鹈鹕龙——
像鹈鹕一样的恐龙

在众多与鸟类有着亲密关系的恐龙中，有一个类群光是从名字上就能看得出来它们和鸟类的关系相当紧密，它们就是似鸟龙科恐龙。

似鸟龙科恐龙的外形都有些像鸵鸟，拥有纤瘦的身体、长长的脖子、喙状的嘴，大部分成员嘴里没有牙齿。而似鹈鹕龙就是一种原始的似鸟龙科恐龙。

似鹈鹕龙体长大约 2~2.5 米，最特别的地方就是嘴里有数量众多的牙齿，大约 220 颗，它们排列紧密，几乎没有空隙，这些牙齿的结构很适合撕裂和切割食物。进步的似鸟龙科恐龙虽然没有牙齿，但是嘴巴也有结构类似的锯齿状边缘。科学家在似鹈鹕龙的化石中还发现了舌骨，这在似鸟龙科恐龙中还是第一次发现。除此以外，似鹈鹕龙还拥有喉囊，类似于现代鹈鹕的颊囊，因此它才被称为似鹈鹕龙。科学家推测，似鹈鹕龙可能生活在湖边，会下水抓鱼，而捕到的鱼儿就会先存储在喉囊中。

▽ 似鹈鹕龙尾部特写

鸵鸟骨骼复原 3D 模型 ▷

成年似鹈鹕龙与成年猎豹体形比较

50cm

△ 鹈鹕头部

—— **喉囊**

▽ 似鹈鹕龙头骨化石投影图

似鹈鹕龙

学 名	*Pelecanimimus*
体 型	体长 2~2.5 米
食 性	杂食
生存年代	白垩纪早期
化石产地	欧洲，西班牙

似鸟龙——
恐龙家族中的跑步运动员

似鸟龙

学　　名	*Ornithomimus*	
体　　型	体长约 3.5 米	
食　　性	杂食	
生存年代	白垩纪晚期	
化石产地	北美洲，加拿大、美国	

　　似鸟龙似乎很像今天的鸵鸟，拥有极长的脖子，修长的双腿，看起来非常高大。只不过它还有一条又粗又长的尾巴，而鸵鸟没有。

　　似鸟龙堪称恐龙世界中的跑步运动员，因为它们每小时的奔跑速度超过了 40 千米，在整个恐龙家族中都是数一数二的，这一点和行动敏捷的鸵鸟也很像。

△ 似鸟龙头骨化石投影图

成年似鸟龙与成年猎豹体形比较

1m

羽毛印迹

△ 似鸟龙化石投影图

10cm

似鸟龙的身体被短的、绒毛状的羽毛覆盖着，但是前肢长有具有羽轴的长羽毛。不过，这些羽毛是用来吸引异性或者孵育宝宝的，并不能支撑它们飞翔。

科学家曾经在两具挖掘于蒙古的似鸡龙化石中发现了它们的嘴喙呈梳子状，就像琵嘴鸭，进而推测它们会滤食浮游生物。因为似鸟龙和似鸡龙是亲戚，都来自似鸟龙家族，所以科学家推测似鸟龙也会滤食。但是另外一些科学家则不同意，他们认为似鸟龙是一种以吃植物为主的杂食性动物。

△ 似鸟龙前肢骨骼化石
局部羽毛生长痕迹投影图

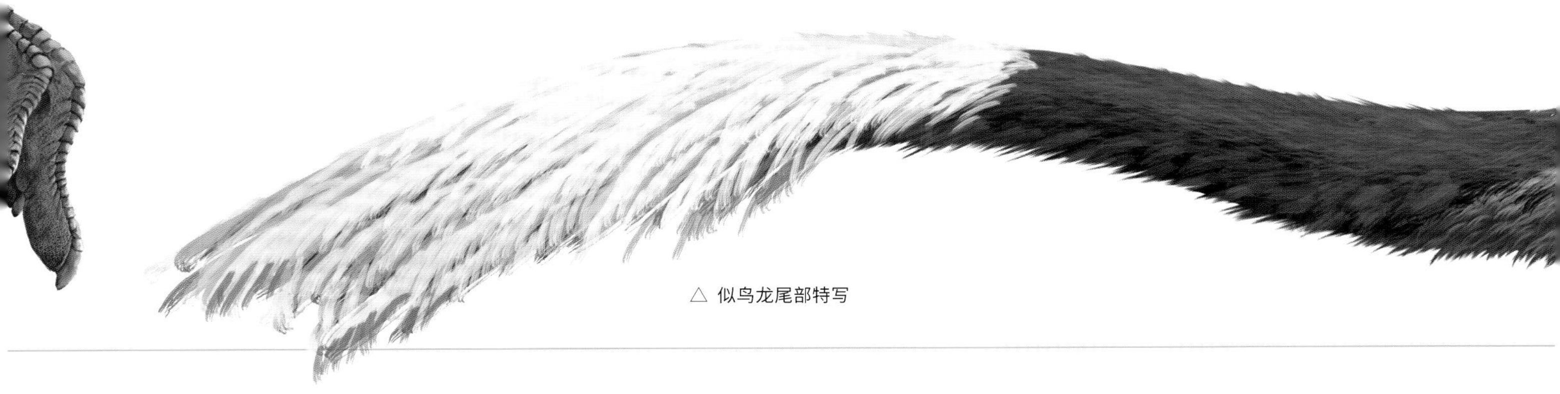

△ 似鸟龙尾部特写

恐手龙——
最大的似鸟龙类恐龙

恐手龙是一种非常神秘的恐龙，虽然人们早在 20 世纪 70 年代就发现了它的化石并为它命名，可是当时人们只发现了两条奇长无比的手臂，并不知道它的真实模样。好在，2014 年，人们又发现了两件新的恐手龙标本，这才拼出了一个几乎完整的骨架，而恐手龙的样貌也终于被揭开了。

恐手龙长得很奇特，虽然身处似鸟龙家族，但体形异常巨大，足有 11 米长。它的前肢看起来十分恐怖，不仅长达 2.5 米，还长有 25 厘米长的锋利的爪子。不过，科学家认为它并不会用这对前肢攻击猎物，因为它可能更喜欢吃鱼和植物，而锋利的爪子则是捕鱼或者切断植物的好工具。人们曾经在它的化石中发现过鱼类的残渣，也证明了它会捕食鱼类。

所以，恐手龙大概就是生活在河流附近的，会用像鸭嘴一样的喙在水中觅食，而它脚爪下面钝而扁平的骨头则可以避免让它陷入湿滑的泥里。

到目前为止并没有直接证据证明恐手龙长有羽毛，但是科学家发现过它的尾综骨，所以恐手龙被认为是一种长有羽毛的行动缓慢的动物。

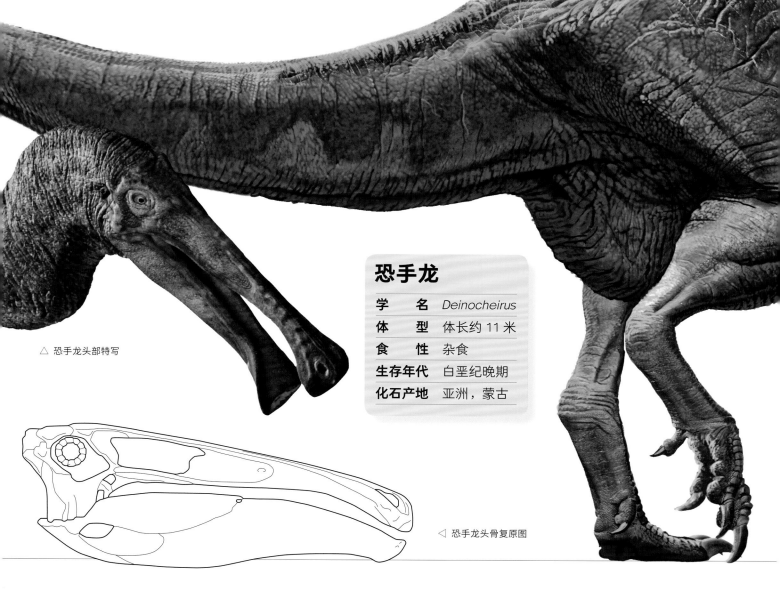

△ 恐手龙头部特写

恐手龙	
学　　名	*Deinocheirus*
体　　型	体长约 11 米
食　　性	杂食
生存年代	白垩纪晚期
化石产地	亚洲，蒙古

◁ 恐手龙头骨复原图

成年恐手龙与成年
男性体形比较

1m

△ 恐手龙前肢化石

▽ 恐手龙背部骨骼复原图

前肢
恐手龙的前肢看起来十分恐怖，
不仅长达 2.5 米，还长有 25 厘
米长的锋利的爪子。

始祖鸟——
它并不是最早的鸟

1861 年，科学家在德国巴伐利亚州的索伦霍芬石灰岩中，发现了一件神奇的化石，它像一只鸡那么大，身上长有羽毛，很像现在的鸟类，但是它又与现代鸟类不同，因为它嘴里有牙齿，前肢上有爪子，长长的尾巴里还有骨头。这块化石就是赫赫有名的始祖鸟，它虽然具有很多爬行动物的特征，但已经有了羽毛，骨骼形态也已在向鸟类过渡，因此它一直都被认为是迄今为止最早的鸟类。

然而，过了 150 年，始祖鸟作为"鸟类始祖"的地位却动摇了，因为科学家在中国辽宁发现了大量的带羽毛恐龙，通过跟这些恐龙进行一次次的对比研究，始祖鸟在生命演化树上的位置也就发生了变化。

现在，始祖鸟已经不再是最早的鸟类，而是原始的恐爪龙类恐龙。也就是说它不是鸟类的直接祖先，而是大家熟知的伶盗龙的祖先。

始祖鸟

学　名	*Archaeopteryx*
体　型	体长约 0.5 米
食　性	肉食
生存年代	侏罗纪晚期
化石产地	欧洲，德国

成年始祖鸟与成年杰克森变色龙体形比较

10cm

△ 始祖鸟头骨复原图

▽ 始祖鸟尾部骨骼复原图

足羽龙——
它告诉我们
鸟类起源于亚洲

足羽龙是一种与始祖鸟非常相似的恐龙，但生存年代比始祖鸟更早。足羽龙最明显的特征就是足部长有羽毛，这也是科学家为它起名足羽龙的原因。

人们发现过很多后肢及足部长有羽毛的恐龙，比如小盗龙，但是足羽龙的足部羽毛和小盗龙有明显差异。相较而言，足羽龙的足部羽毛比较小，形状也比较圆，而且这些羽毛是对称的。我们知

◁ 足羽龙后肢化石投影图

△ 足羽龙后肢羽毛印迹投影图

足羽龙

学　　名	*Pedopenna*
体　　型	体长约 1 米
食　　性	肉食
生存年代	侏罗纪晚期
化石产地	亚洲，中国，内蒙古

草原雕后肢羽毛
和足羽龙一样，一些现代猛禽比如草原雕的后肢也长有羽毛，这些羽毛不具备飞行能力，仅作为装饰。

道拥有不对称羽毛是飞行的必备条件之一，所以足羽龙的羽毛显然处于羽毛演化过程的早期阶段。这些羽毛不具备飞行能力，只能用作展示。

除此之外，足羽龙的脚也比小盗龙所在的驰龙科恐龙要原始，它并没有特化的镰刀状的第Ⅱ趾。

因为目前只发现了足羽龙的后肢化石，所以人们并不清楚它的大小。科学家推测足羽龙大约只有1米长，或者更小。足羽龙与鸟类有着很近的亲缘关系，且比始祖鸟更加原始，因此它的发现支持了鸟类起源于亚洲的理论。

成年足羽龙与成年杰克森变色龙体形比较

10cm

近鸟龙——
世界上最小的
恐龙之一

近鸟龙是世界上最小的恐龙之一,体长只有大约34 厘米,来自伤齿龙家族。伤齿龙科恐龙和驰龙科恐龙很相近,它们后肢上也有高高翘起的镰刀状第 II 趾,只是相对要小一些。

近鸟龙最为明显的特征就是全身都披覆着羽毛,特别是在前肢、后肢和尾部还分布着奇特的飞羽。不过,虽然拥有飞羽,但是它的初级飞羽和次级飞羽的长度接近,羽轴纤细,羽片弯曲而形状对称,羽毛的尖端钝圆,所以它并不能飞行。

近鸟龙	
学　　名	*Anchiornis*
体　　型	体长约 34 厘米
食　　性	肉食
生存年代	侏罗纪晚期
化石产地	亚洲,中国,辽宁

△ 近鸟龙化石

既然不能飞，近鸟龙一定就是在地面上行动了，那么它为什么要在后肢上长那么多羽毛，影响自己行动呢？这就像是它为自己穿了一条累赘的喇叭裤，每天都要费力地从树丛中穿行。这在地面奔跑的动物当中极其少见。

对此，科学家认为，四翼形态是鸟类起源的一个必经阶段。为适应复杂飞行的需要，后翼逐渐退化、消失，而前肢形成的前翼则更加发达，最终才能让自己飞起来。而无法飞行的近鸟龙，只是这群为了飞行而努力的恐龙中的一员，只不过它最终没有实现飞翔的梦想。

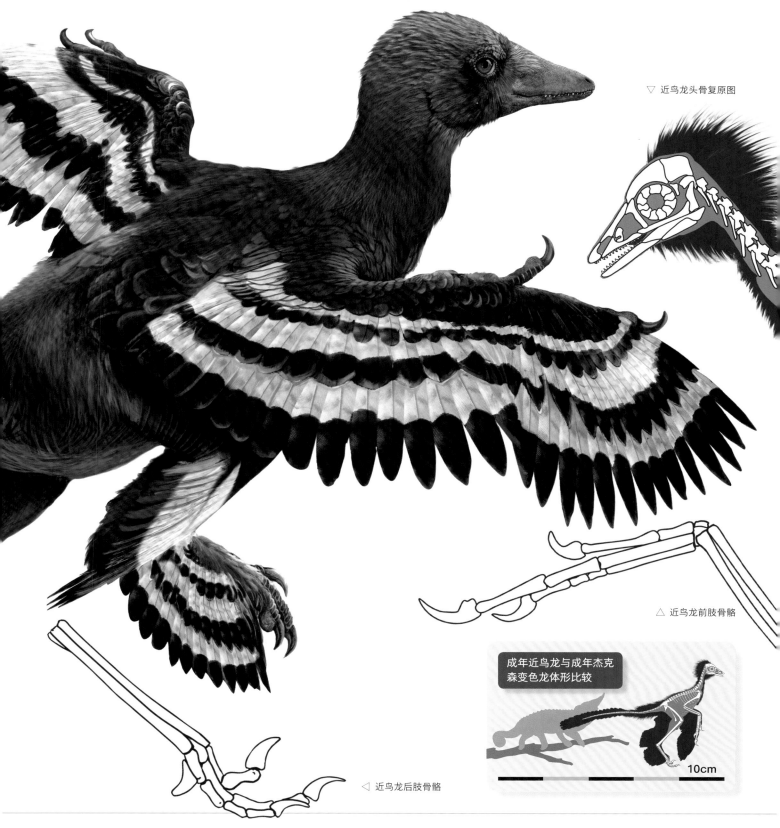

▽ 近鸟龙头骨复原图

△ 近鸟龙前肢骨骼

◁ 近鸟龙后肢骨骼

成年近鸟龙与成年杰克森变色龙体形比较

10cm

晓廷龙——
它的发现终结了
始祖鸟成为
鸟类祖先的命运

曾经作为鸟类始祖的始祖鸟，现在已经被划归到了恐爪龙类恐龙家族中，而最终让科学家做出这个决定的，正是一种名为晓廷龙的恐龙。

晓廷龙是发现于中国辽宁的一种四翼恐龙，体形很小，身长大约 50 厘米，它前肢粗壮，后肢修长，具有特化的镰刀状第 II 指。从化石上看，它全身布满了丝状羽毛，前肢、后肢和尾巴上则有飞羽，是一种四翼恐龙。

成年晓廷龙与成年杰克森变色龙体形比较

10cm

晓廷龙

学　　名	*Xiaotingia*	
体　　型	体长约 0.5 米	
食　　性	肉食	
生存年代	侏罗纪晚期	
化石产地	亚洲，中国，辽宁	

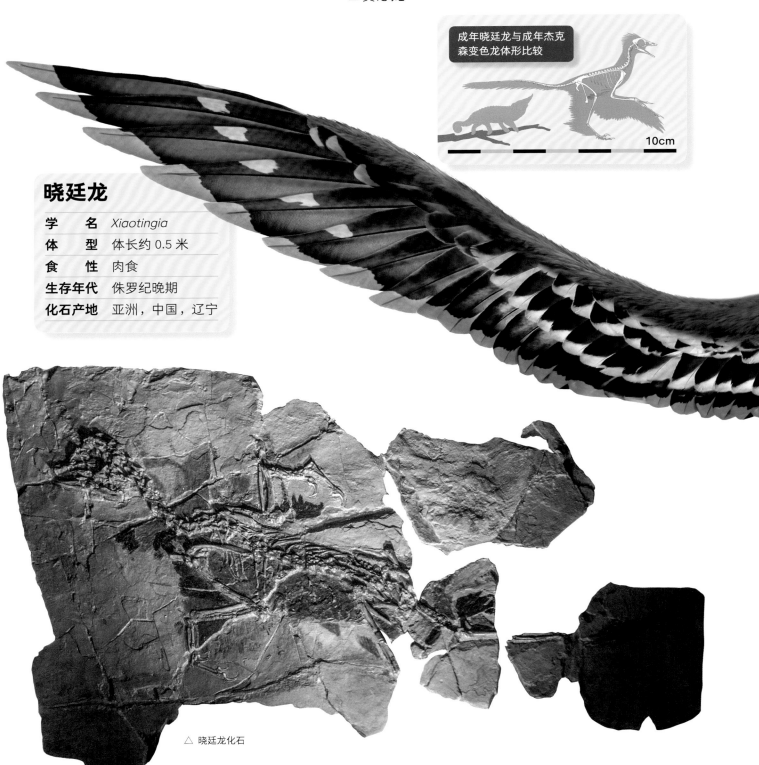

△ 晓廷龙化石

晓廷龙和近鸟龙生活在同一个地区，来自同一个家族，所以它们有着相似的外形，都是娇小的四翼恐龙，也有着几近相同的生活方式。不过，晓廷龙并没有近鸟龙那么幸运，因为化石中没有保存黑素体，所以人们并不知道它的羽毛是什么颜色的。

晓廷龙与始祖鸟的关系也非常近，正是因为对于它的研究，科学家才最终得出了"始祖鸟不是鸟，而是恐龙"的结论。晓廷龙的发现对于研究鸟类的起源做出了非常大的贡献。

▽ 晓廷龙头骨复原图

△ 始祖鸟化石

彩虹龙——
最早拥有羽毛的恐龙

随着人们发现的长有羽毛的恐龙越来越多，羽毛出现的时间也在一点一点向前推。而从目前发现的化石来看，发现于中国河北的彩虹龙和近鸟龙、晓廷龙都是这个世界上出现的第一批长有羽毛的恐龙，它们大约生活在 1.6 亿年前。

只有鸭子般大小的彩虹龙全身上下都布满了羽毛，翅膀上拥有对称飞羽，而尾巴上则具备了不对称飞羽。之前，人们知道的最早拥有飞羽的恐龙是始祖鸟，而彩虹龙的生存时间比始祖鸟早了 1000 年，也就是说在始祖鸟出现前的 1000 年，支撑鸟类翱翔天空的必要条件——不对称飞羽——已经诞生了。

彩虹龙

学　　名	*Caihong*
体　　型	体长约 0.4 米
食　　性	肉食
生存年代	侏罗纪晚期
化石产地	亚洲，中国，河北

羽毛残骸

5cm

◁ 彩虹龙化石
埋藏状态投影图

　　彩虹龙的羽毛证据不是羽毛印痕，而是实体残骸，这让人们更加清楚地看到了羽毛的形状。不仅如此，彩虹龙的化石中还留存下来了黑素体，科学家据此分析出了其羽毛的颜色，证实它们会闪着七彩的光芒。

　　彩虹龙的发现进一步证实，羽毛在最初出现的时候并不是用来飞翔的，而是发挥着展示的功能，用作社交和择偶。

彩虹龙头骨复原图 ▷

成年彩虹龙与成年
仓鼠体形比较

10cm

△ 彩虹龙前肢骨骼复原图

10cm

△ 嘉年华龙化石埋藏状态投影图

非对称羽毛

嘉年华龙

学　　名	*Jianianhualongs*
体　　型	体长约 1.1 米
食　　性	肉食
生存年代	白垩纪早期
化石产地	亚洲，中国，辽宁

嘉年华龙——
拥有不对称羽毛的恐龙

　　很多长有羽毛的恐龙之所以飞不上天，是因为它们的羽毛是对称的。拥有不对称羽毛是鸟类飞行中一个必不可少的因素。今天，人们已经发现了很多长有不对称羽毛的恐龙，比如始祖鸟、小盗龙，但是嘉年华龙的发现还是让人们大吃一惊。因为这种拥有不对称羽毛的恐龙的生存年代大约为 1.6 亿年前，它和彩虹龙一样，都是最早一批拥有不对称飞羽的恐龙。

　　从化石上看，嘉年华龙的不对称羽毛分布在尾巴上，这些羽毛具有坚硬的羽轴，羽轴一侧的羽片长，而另一侧的羽片则比较短。虽然化石只保留了这些羽毛，但是科学家推测在嘉年华龙的手臂和腿部也同样长着不对称羽毛。不过，虽然如此，科学家仍然不能确定它是否具备飞行能力。

　　嘉年华龙的体形很小，体长大约 1.1 米，身覆羽毛，喜欢在森林中奔跑。

成年嘉年华龙与成年家猫体形比较

10cm

丝鸟龙——
不会飞翔的四翼恐龙

在近鸟龙生活的地方，生活着这样一种恐龙，和近鸟龙一样，它的前肢和后肢都长有羽毛，拥有四翼，可是它却不会飞行，甚至不会滑翔，只能在树林间蹦蹦跳跳。它的名字叫作丝鸟龙。

丝鸟龙不具备飞行能力，是因为它的羽毛缺乏羽小枝。羽小枝的作用是使羽毛勾连在一起，形成一个整体，从而在空中产生足够的升力和动力，因为缺乏羽小枝，丝鸟龙的羽毛自然无法为其飞翔提供足够的升力和动力。

◁ 丝鸟龙化石状态埋藏投影图

丝鸟龙

学 名	*Serikornis*
体 型	体长约 0.46 米
食 性	肉食
生存年代	侏罗纪晚期
化石产地	亚洲，中国，辽宁

5cm

从化石保存的羽毛印痕来看，丝鸟龙的身体表面覆盖着柔软纤细的羽毛，看起来像丝绸般光滑，所以科学家才为它起名丝鸟龙。不过在丝鸟龙的四肢上可能长有具有羽轴的正羽，类似鸟类。

丝鸟龙的体形很小，身长大约只有 0.46 米，脑袋不大，嘴中布满尖利的牙齿。它的前肢和后肢长有锋利的爪子，可以帮助它攀爬树木。

成年丝鸟龙与成年
仓鼠体形比较

10cm

◁ 丝鸟龙头骨化石投影图

1cm

寐龙——
将睡姿保存下来的恐龙

很多恐龙的遗骸在被保留下来的时候，都只保留了一部分骨骼，但是，寐龙的化石却有幸留存了完整的身体，而且还将身体定格在熟睡的姿态上。正因为如此，科学家才给它起名寐龙。科学家推测，寐龙有可能是在睡觉的时候遭遇火山爆发，被火山灰掩埋而死的。正因为它的身体被掩埋后与空气迅速隔绝，没有被氧化，最终才形成了化石。

寐龙珍贵的睡姿化石，不仅说明像它这样的伤齿龙科恐龙在外形以及骨骼形态上与鸟类非常相似，而且在行为上也与鸟类有着最为密切的关系。

寐龙的化石发现于中国辽宁省，它的体形很小，大约只有一只鸭子那么大。它浑身覆盖着羽毛，脑袋较大，有一双大大的眼睛。它的前肢较长，有三指，可以帮助其抓取食物。它的后肢健壮，行动灵敏，不仅能在地面上活动，也能轻松地攀爬树木。

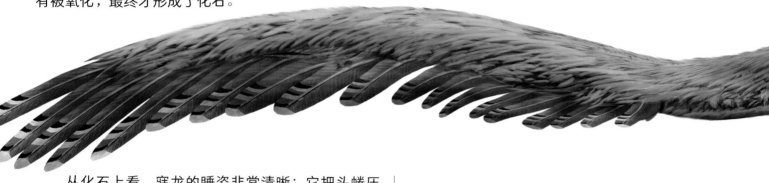

从化石上看，寐龙的睡姿非常清晰：它把头蜷压在翅膀之下，类似一只卧睡在巢中的小鸟。这样的睡觉方式与鸟类非常相似，它们都把身体缩成一团，从而减少表面积以抵御体温的下降。

寐龙睡姿

成年寐龙与成年杰克森变色龙体形比较

10cm

△ 寐龙头骨复原图

寐龙

学　　名	*Mei*
体　　型	体长 0.6~1 米
食　　性	肉食
生存年代	白垩纪早期
化石产地	亚洲，中国，辽宁

▽ 寐龙化石

成年金凤鸟与成年杰克森变色龙体形比较

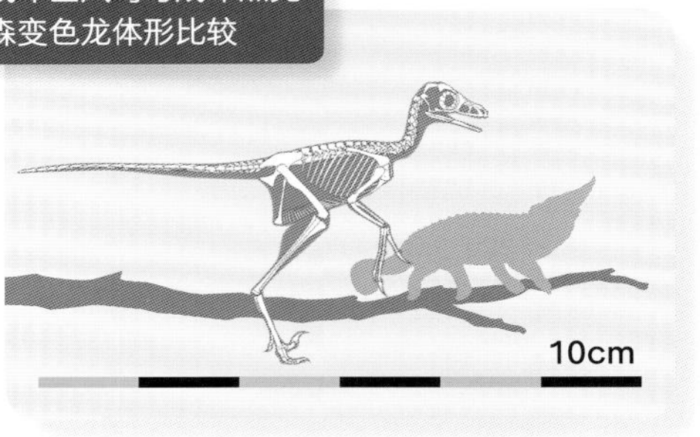

10cm

金凤鸟——
原来它也是一只恐龙

金凤鸟只有一个标本，是一个接近完整及关节紧扣的骨骼，有羽毛轮廓。除此之外，化石上还保存有几个细小的、红黄色的呈蛋形的结构。科学家并不确定这是什么，有可能是蛋，也有可能是种子。从化石上看，金凤鸟全身都被绒毛所覆盖，前肢和尾部则长有长羽毛。

羽毛印痕

金凤鸟化石 ▷

金凤鸟的体形很小，体长大约只有 0.55 米。人们刚刚发现它的时候，以为它是一种鸟类，所以才给它起名为金凤鸟，寓意为中国神话中的金凤凰。但是后来，科学家经过深入研究发现金凤鸟其实有很多与伤齿龙科恐龙相同的特征，包括它的身体形状、牙齿特征，以及它短短的第 II 趾上长有一个特大的爪等，所以将它归为伤齿龙科家族。从此，金凤鸟不再是一种鸟，而是一种恐龙。这样一来，金凤鸟就成了人们发现的第一个带有羽毛印痕的伤齿龙科恐龙标本。

金凤鸟	
学　名	*Jinfengopteryx*
体　型	体长约 0.55 米
食　性	肉食
生存年代	白垩纪早期
化石产地	亚洲，中国，河北

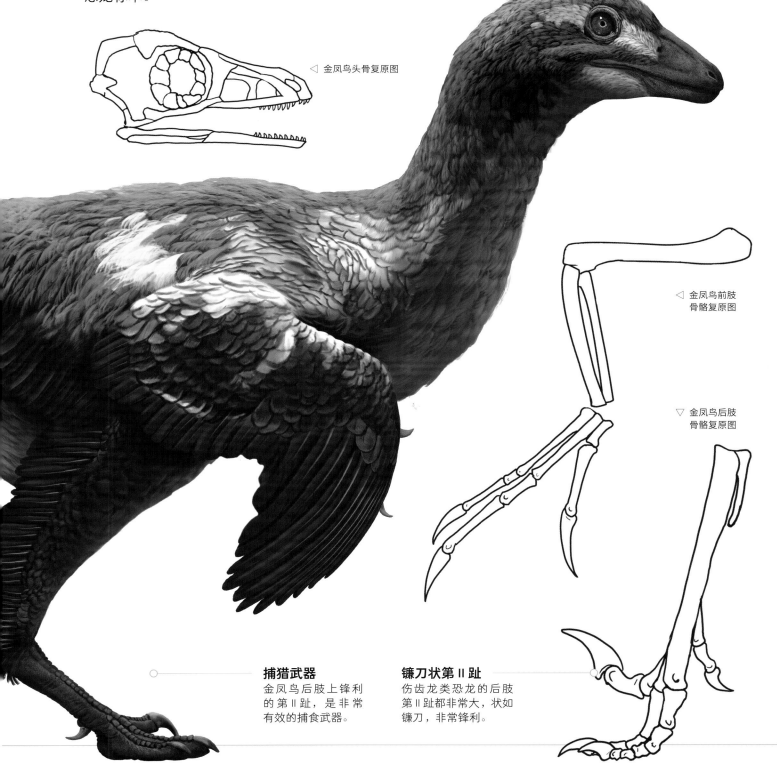

◁ 金凤鸟头骨复原图

◁ 金凤鸟前肢
骨骼复原图

▽ 金凤鸟后肢
骨骼复原图

捕猎武器
金凤鸟后肢上锋利的第 II 趾，是非常有效的捕食武器。

镰刀状第 II 趾
伤齿龙类恐龙的后肢第 II 趾都非常大，状如镰刀，非常锋利。

中国鸟龙——
像鸟一样会拍打翅膀的恐龙

在长有羽毛的恐龙中，有一个类群的样貌非常特别，只要看看它们的后肢第Ⅱ趾上有没有巨大而锋利的爪子就能辨别出来，它们就是驰龙科恐龙。

中国鸟龙是这个家族中的一员，它的体长大约有 1 米，长有一个大大的脑袋，眼睛很大，视力很好，还有一定的夜视能力。它拥有锋利的边缘带有锯齿的牙齿，能很容易撕裂猎物的皮肉。它的脖子很长，强壮的前肢上拥有长而锋利的爪子。大多数兽脚类恐龙的前肢都是向前腹向伸展的，但是中国鸟龙的前肢却是向上向侧面伸展的，像鸟类一样，这使得它具备了拍打前肢的能力。

中国鸟龙的后肢纤细修长，同样具有锋利的镰刀状第Ⅱ趾，它的奔跑速度很快，也具有一定的树木攀爬能力。

科学家在中国鸟龙化石上发现了丝状毛发的印痕，分布在头骨、躯干、四肢、尾部，而且它的前肢部位还保存有具有羽轴的短羽毛。虽然中国龙鸟还不能飞行，但是它的骨骼已经产生了一系列适应飞行的进化，时刻为飞行做着准备。

中国鸟龙

学　　名	*Sinornithosaurus*	
体　　型	体长约 1 米	
食　　性	肉食	
生存年代	白垩纪早期	
化石产地	亚洲，中国，辽宁	

锋利的牙齿

羽毛印痕

5cm

◁ 中国鸟龙化石局部

成年中国鸟龙与成年家猫体形比较

50cm

▽ 中国鸟龙头骨上颌复原图

◁ 中国鸟龙前肢骨骼复原图

△ 中国鸟龙正模标本

小盗龙——
第一种被人类证实
能够飞上天空的恐龙

　　人们发现了很多带羽毛的恐龙，可是它们几乎都无法飞上天空，要么因为羽毛太原始，要么因为前肢太短，总之，它们的身体似乎还没有准备好翱翔蓝天，它们的羽毛也都是用来炫耀、孵蛋或者保暖的，和飞翔没什么关系。那究竟有没有恐龙能像鸟一样在天空翱翔呢？当然有。来自驰龙科家族的小盗龙就是第一种被人类证实能够飞上天空的恐龙。

　　小盗龙生活在白垩纪早期今天的中国辽宁地区，它们的体形很小，体长大约只有 0.5~0.7 米。人们不仅在小盗龙的化石上发现了羽毛印痕，而且还发现它们的羽毛如此奇特，是已知的鸟类祖先中，脚部、前肢与头部都拥有长飞羽的少数物种之一。

　　长有飞羽的小盗龙终于能够翱翔天空了，可是它和飞上蓝天的鸟类还不一样，它依靠的是四个翅膀，而不是两个翅膀。现代鸟类的后肢并没有羽毛，只有光溜溜的鳞片，可小盗龙不一样，它的后肢布满了羽毛，在大腿、小腿及脚部上方都拥有飞羽。

　　挥动着四个翅膀的小盗龙虽然不如鸟类的飞行能力好，但是它们依旧能够轻松地在林间滑翔，捕食自己喜欢的猎物。

△ 小盗龙化石

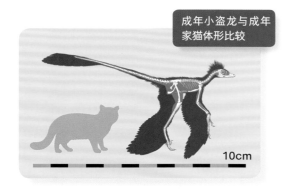

成年小盗龙与成年家猫体形比较

10cm

◁ 小盗龙后肢骨骼复原图

△ 小盗龙头骨复原图

小盗龙

学　　名	*Microraptor*
体　　型	体长 0.5~0.7 米
食　　性	肉食
生存年代	白垩纪早期
化石产地	亚洲，中国，辽宁

中华狼鳍鱼

中国袋兽

娇小辽西鸟

小盗龙可能的食物
现有证据表明小盗龙会
捕食鸟类、哺乳动物、
鱼类、蜥蜴等。这些动
物主要在树上和水中活
动，这也佐证了小盗龙
的活动范围。

王氏因陀罗蜥

振元龙——
短短的前肢撑起大大的翅膀

振元龙	
学　　名	*Zhenyuanlong*
体　　型	体长 1.26~1.65 米
食　　性	肉食
生存年代	白垩纪早期
化石产地	亚洲，中国，辽宁

振元龙是一种非常特别的驰龙科恐龙，因为大多数驰龙科恐龙都拥有修长的前肢，但振元龙的前肢却非常短。之前人们也发现过一种前肢很短的驰龙科恐龙——天宇盗龙，但是和振元龙不同的是，它的前肢并没有羽毛印痕保存下来，但是因为发现了振元龙前肢上布满叶片状羽毛的证据，研究人员推测天宇盗龙的前肢上应该也有羽毛，它也像振元龙一样用短短的前肢撑起一对大大的翅膀。

天宇盗龙前肢特写

▽ 振元龙尾巴骨骼复原图

振元龙化石 ▷

成年振元龙与成年杰克森变色龙体形比较

10cm

◁ 振元龙后肢骨骼复原图

因为被完整地保留在火山岩中，振元龙的化石保存得非常完整，包括羽毛印痕。从化石上看，振元龙的羽毛结构很复杂，身体被简单的丝状羽毛覆盖，而前肢和尾巴的羽毛却又是叶片状的，它是第一种被人们发现的前肢和尾巴同时长有羽毛的驰龙科恐龙。

振元龙体形很大，化石上的骨架长约 1.26~1.65 米。虽然前肢短小，但是后肢依旧修长健壮，能让它在林间快速奔跑。振元龙全身覆盖着羽毛，还拥有翅膀，但是科学家并不知道振元龙是否具有飞行能力，他们推测或许那对大大的翅膀还没有进化到可以飞的地步，只能在巢穴中保护自己的后代。

伶盗龙——
最聪明的恐龙之一

　　伶盗龙是非常著名的驰龙科恐龙，它们眼睛很大，可以双眼向前形成立体视觉，能轻松地看到猎物，并准确地判断出自己和猎物之间的距离；它们嗅叶也超大，说明嗅觉敏锐，能通过空气中细微的味道，辨别出哪里会有猎物；它们还有很好的听力，只要猎物发出一点点动静，它们就能听到；它们拥有锋利的边缘带有锯齿的牙齿，能迅速撕裂猎物的皮肉；它们后肢上有镰刀状的爪子，长达 7 厘米，能给猎物致命的一击；它们智慧超常，会使用战术，是最聪明的恐龙之一；它们身体灵活，行动敏捷……伶盗龙几乎集结了战斗型恐龙的所有优点，是不可多得的出色的猎手。

　　人们曾经发现过一具保存有伶盗龙和原角龙战斗姿势的化石，化石中伶盗龙后肢上的镰刀爪深深地刺入了原角龙的脖子。这块珍贵的化石，穿越数千万年的时间，向人们展示了伶盗龙威猛的形象。

　　伶盗龙这个出色的猎手，总是被复原成浑身长满羽毛的样子，可是人们并没有在伶盗龙的化石上发现过羽毛印痕。不过，科学家曾经在一具伶盗龙标本的尺骨上发现了 6 个羽茎瘤，这显示它们生前的确被羽毛覆盖着。

伶盗龙

学　　名	*Velociraptor*
体　　型	体长约 1.8 米
食　　性	肉食
生存年代	白垩纪晚期
化石产地	亚洲，中国、蒙古

△ 伶盗龙化石

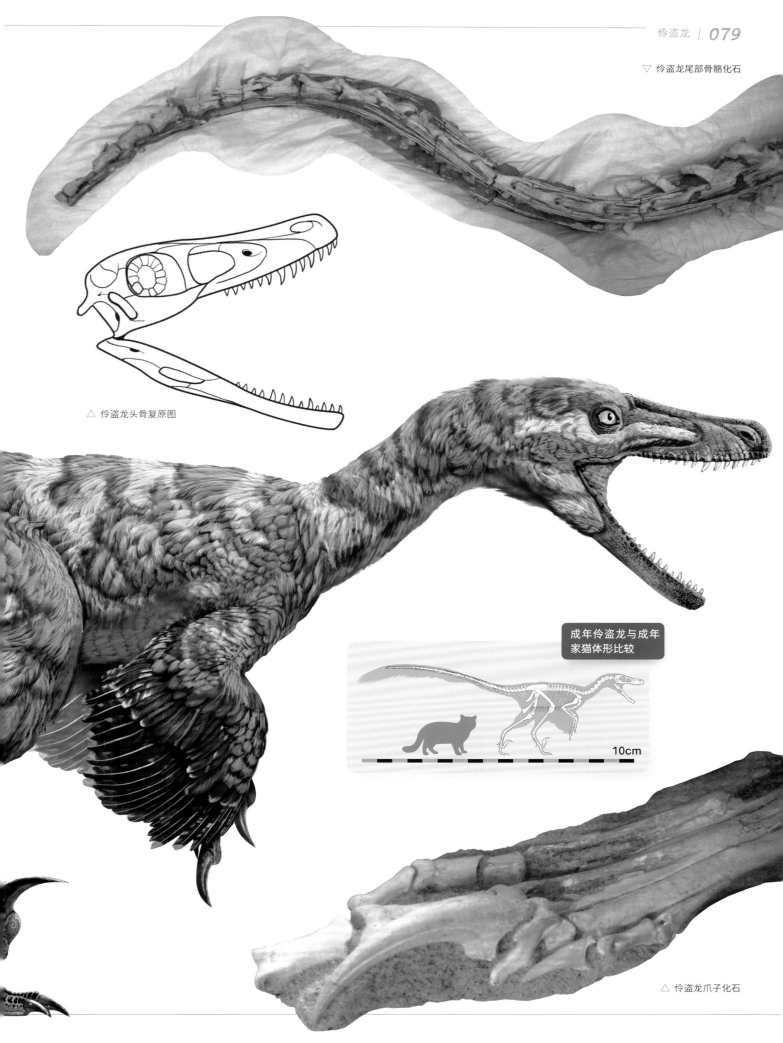

▽ 伶盗龙尾部骨骼化石

△ 伶盗龙头骨复原图

成年伶盗龙与成年
家猫体形比较

10cm

△ 伶盗龙爪子化石

成年热河鸟与成年杰克森变色龙体形比较

10cm

热河鸟——
有着长尾巴的原始鸟类

如果你仔细观察现生鸟类就会发现，它们几乎没有尾巴，只有为数不多的几节尾椎愈合成尾综骨，供附着尾羽。但是远古的鸟类就不一样了，很多古老的鸟类都拥有一条长长的骨质尾巴，就像热河鸟一样。

热河鸟生活在白垩纪早期，身长大约只有 0.7 米，但却有一条长达 0.4 米的骨质尾巴，看起来一点都不像现生鸟类，反倒有点像驰龙科恐龙。

圆形印痕
推测为热河鸟的食物种子的化石。

△ 热河鸟化石

▽ 热河鸟后肢骨骼

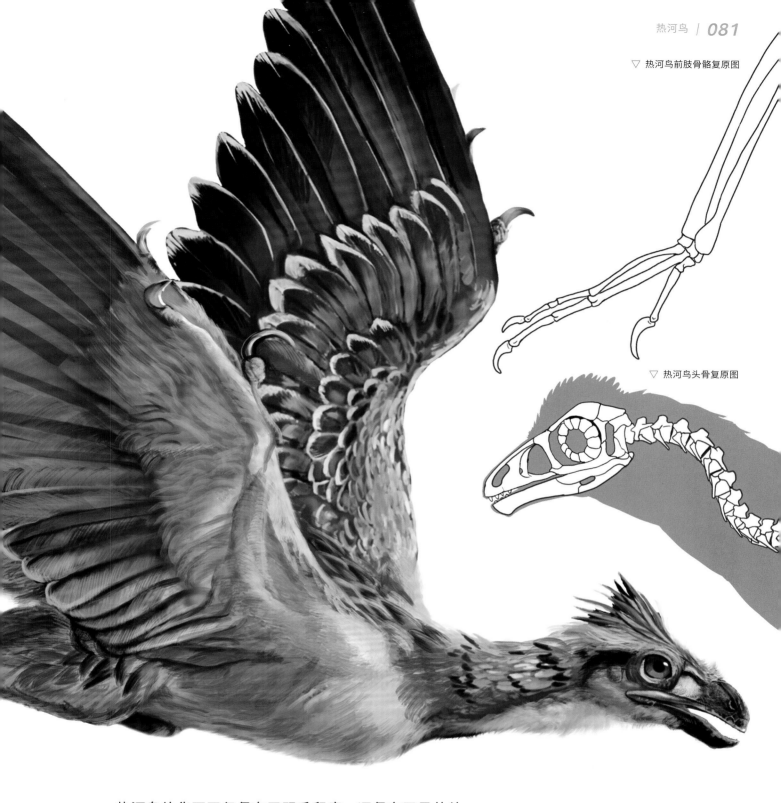

▽ 热河鸟前肢骨骼复原图

▽ 热河鸟头骨复原图

　　热河鸟的化石不仅保存了羽毛印痕，还保存了另外的奇特的结构，大约 50 个 1 厘米大小的圆形印痕。它们绝不可能是胃石，因为吞到肚子里的石头怎么可能都是大小一样的呢？那它们是什么呢？科学家推测，它们大概是种子化石。也就是说热河鸟会以种子为食。

　　热河鸟是最原始的鸟类之一，身体娇小，脑袋只有鸡蛋大小，它的上下颌粗壮发达，牙齿已经退化。热河鸟喜欢到处飞翔，寻找各式各样的种子来填饱肚子。

热河鸟

学　　名	*Jeholornis*
体　　型	体长约 0.7 米
食　　性	植食
生存年代	白垩纪早期
化石产地	亚洲，中国，辽宁

孔子鸟——
最早拥有无齿角质喙的鸟

雌性孔子鸟

无齿角质喙

成年孔子鸟与成年仓鼠体形比较

10cm

△ 孔子鸟头骨复原图

孔子鸟也是最原始的鸟类之一，生活在白垩纪早期，是最早的拥有无齿角质喙的鸟。

孔子鸟的大小和一只鸡差不多，外形有些类似始祖鸟，但是身体结构却比始祖鸟要进步一些。比如一些标本显示它们的胸骨有一处扁平的突起，和现代鸟类的龙骨突相似，能够为重要的飞行肌肉提供附着点，以便让它们完成拍打翅膀的动作；再比如它们的尾巴缩短，最后几节尾椎骨融合成了尾综骨。

雄性孔子鸟

孔子鸟

学　　名	*Confuciusornis*
体　　型	体长约 0.3 米
食　　性	植食
生存年代	白垩纪早期
化石产地	亚洲，中国，辽宁

孔子鸟的羽毛和现代鸟类的羽毛非常接近，拥有不对称的羽毛，以及能将羽毛连在一起的羽小枝。雄性孔子鸟和雌性孔子鸟的羽毛不尽相同，雄性有着长而华丽的尾羽，而雌性缺乏。这说明在孔子鸟身上存在两性差异，雄性孔子鸟会利用漂亮的尾羽来吸引雌性孔子鸟。

孔子鸟的角质喙较长，喙中没有牙齿。它的前肢长有锋利的三个指爪，就像始祖鸟一样，能够让其牢牢地抓住树干。虽然它的后肢也有弯曲的爪子，但是弯曲程度不如一些与鸟类相近的恐龙。

虽然孔子鸟在身体结构上表现出了很多先进性，但是它的飞行能力在同时期的鸟类中却略逊一筹，从这点上看，它还是相当原始的鸟类。

燕鸟——
拥有较强飞行能力的远古鸟类

　　燕鸟虽然也生活在白垩纪早期，但是相比孔子鸟，它们拥有更强大的飞行能力，类似现代鸟类。

　　中生代的鸟类主要包括基干鸟类、反鸟类和今鸟类三大类群，其中今鸟类包含了所有现生鸟类及其共同祖先，而燕鸟就是一种今鸟类。

鱼鸟

学　　名	*Ichthyornis*	
体　　型	体长约 0.24 米	
食　　性	鱼和植物	
生存年代	白垩纪晚期	
化石产地	北美洲，加拿大、美国	

　　因为燕鸟具有发达的吻部和牙齿，前肢强壮，趾骨较长，趾爪较短，所以科学家推测，燕鸟喜欢在土质松软的水边活动，以捕鱼为生。人们曾经在燕鸟的化石中发现过鱼的残骸，包括鱼的鳃盖骨、肋条和脊椎骨，从而印证了这样的猜测。不过，科学家在另外一件燕鸟标本中则发现了胃石，这显示它们也吃植物。于是，科学家又进行了大胆的猜测，他们认为燕鸟的食性可能是随着季节的变化而变化的。

　　燕鸟全身覆盖着羽毛，是生活在湖边拥有很强飞行能力的猛禽，它们常常会飞到湖面上捕食鱼类，然后再返回湖边享用美味。科学家认为，它们很可能拥有喉囊，就像鹈鹕一样，会将捕食到的鱼类储存在那里，然后再反吐出来喂食幼鸟。

早期鸟类
在白垩纪，早期鸟类遍布全球。图为发现于中国的甘肃鸟以及北美洲的鱼鸟。

甘肃鸟

学　　名	*Gansus*	
体　　型	体长约 0.2 米	
食　　性	鱼和植物	
生存年代	白垩纪早期	
化石产地	亚洲，中国，甘肃、辽宁	

成年燕鸟与成年仓鼠体形比较

5cm

◁ 燕鸟化石

燕鸟

学　名	*Yanornis*	
体　型	体长约 0.3 米	
食　性	鱼和植物	
生存年代	白垩纪早期	
化石产地	亚洲，中国，辽宁	

天宇龙——
人们发现的第一种长有羽毛的鸟臀类恐龙

因为发现了越来越多长有羽毛的恐龙，人们对于鸟类的起源也有了越来越清晰的认识。一支长有羽毛的兽脚类恐龙最终演化成了鸟，这点已经是确定无疑的了。但是，羽毛并非是兽脚类恐龙和鸟类的专属，人们发现一些与鸟类关系较远的鸟臀类恐龙竟然也长着羽毛。这些恐龙的发现，让羽毛的演化又变得更加复杂了。

天宇龙就是长有羽毛的鸟臀类恐龙，来自畸齿龙科家族，以植物为食。畸齿龙科恐龙以其独特的牙齿而闻名，既有犬状的长牙，也有适合咀嚼的凿子状的颊齿，天宇龙也不例外。

科学家在天宇龙的化石中发现了清晰的羽毛印痕，这些印痕显示在它的颈部、背部和尾部有长的、管状的、不分叉的羽毛，其中尾部的羽毛最长，高达 6 厘米。这是人们第一次在鸟臀类恐龙身上发现这样的丝状皮肤衍生物。

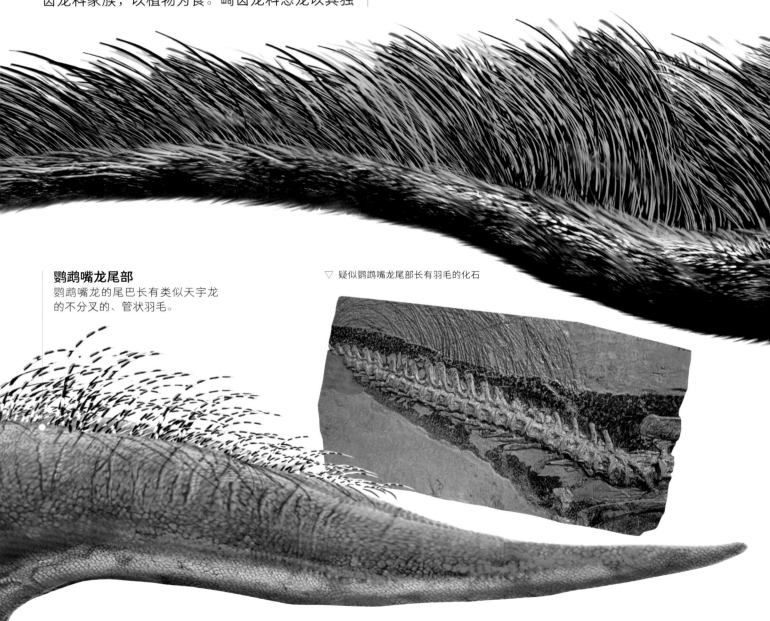

鹦鹉嘴龙尾部
鹦鹉嘴龙的尾巴长有类似天宇龙的不分叉的、管状羽毛。

▽ 疑似鹦鹉嘴龙尾部长有羽毛的化石

▽ 天宇龙化石

羽毛印痕

天宇龙

学 名	*Tianyulong*
体 型	体长约 1 米
食 性	植食
生存年代	白垩纪早期
化石产地	亚洲，中国，辽宁

不分叉的
管状羽毛

▽ 天宇龙头骨复原图

成年天宇龙与成年杰克
森变色龙体形比较

10cm

库林达奔龙——
鳞片和羽毛共生的恐龙

库林达奔龙是一种原始的鸟臀类恐龙，它的发现之所以引发了众人的关注，是因为科学家在它的化石上既发现了鳞片印迹又发现了羽毛印痕。它的小腿、脚和尾巴下面有明显的鳞片，而身体的其余部分又被羽毛覆盖着。鳞片与羽毛共存，人们之前只在兽脚类恐龙家族中的侏罗猎龙身上发现过，在鸟臀类恐龙中还是首次发现。

从化石上看，库林达奔龙后肢上的羽毛呈簇状。这些羽毛比天宇龙和鹦鹉嘴龙身上的管状毛发更为进步。库林达奔龙的发现再次告诉人们，羽毛在原始的鸟臀类恐龙，甚至绝大多数恐龙中都可能是一个普遍存在的现象。

库林达奔龙	
学　　名	*Kulindadromeus*
体　　型	身高约 1.5 米
食　　性	植食
生存年代	侏罗纪晚期
化石产地	欧洲，俄罗斯

库林达奔龙体形较小，以双足行走。它的脑袋短而高，眼睛很大。它的脖子较短，后肢修长，有一条长长的尾巴。它的行动非常迅速，能在树林间快速奔跑。

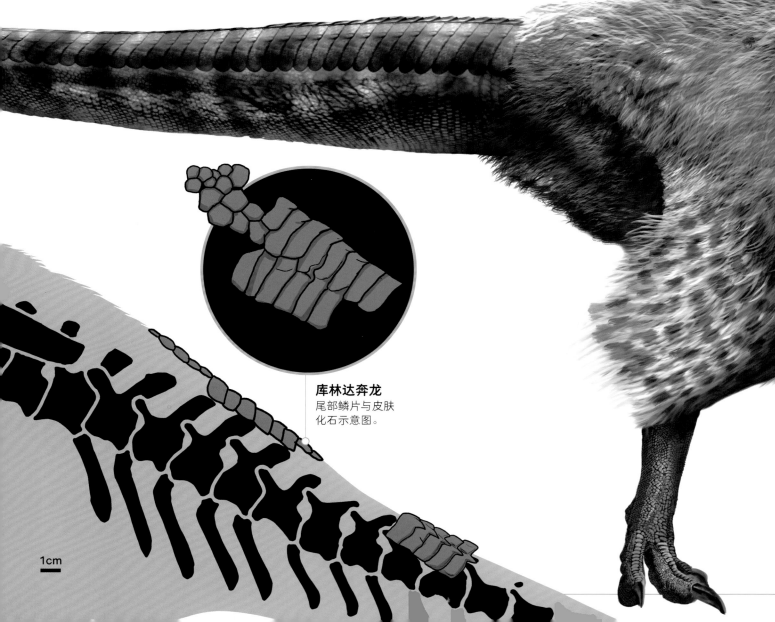

库林达奔龙
尾部鳞片与皮肤化石示意图。

1cm

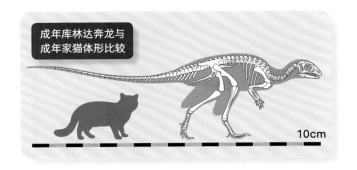

成年库林达奔龙与
成年家猫体形比较

10cm

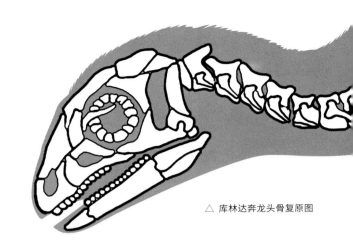

△ 库林达奔龙头骨复原图

不过，一些研究人员对库林达奔龙的有效性提出了质疑，他们认为关于库林达奔龙的研究都是基于其发掘点是单型栖息地的草率结论之上的，其长着鳞片的尾部化石很可能来自别的恐龙。

1cm

1cm

1cm

5cm

库林达奔龙后肢鳞片示意图 ▷

鹦鹉嘴龙——
尾巴上也长有"尖刺"

鹦鹉嘴龙是一种原始的角龙类恐龙，以鹦鹉状的嘴巴而闻名。鹦鹉嘴龙还没有后期角龙家族成员锋利的角，只在面部有一些突起。它们的脸很短，上下颌都已经有了明显的喙状嘴，咬合力很强。科学家认为鹦鹉嘴龙的角质喙可以轻松地切断植物，或者咬碎植物，它们的食物范围很广，包括植物柔软的叶子、坚硬的根茎、种子以及果实等。

长有羽毛的植食恐龙的发现，让人们意识到羽毛在恐龙世界中的存在范围要比我们想象的大得多。以前，我们一直认为恐龙都是身披鳞片的巨怪，可现在看起来，也许不长羽毛的恐龙才是恐龙世界中的另类。

**不分叉的
管状羽毛**

科学家曾经发现过很多鹦鹉嘴龙的皮肤鳞片化石，从这些化石中我们能看到鹦鹉嘴龙部分皮肤的模样，它们被六边形与三角形相间的鳞片覆盖着，这些鳞片以镶嵌式的方式排列着。

除此之外，人们还在辽宁省义县组发现过一块奇特的鹦鹉嘴龙化石。在这块化石上，我们能清晰地看到在鹦鹉嘴龙的尾巴上方有一组羽毛印痕。科学家据此推测，在鹦鹉嘴龙的背部至尾巴上分布着不分叉的管状羽毛，它们可能会在鹦鹉嘴龙求偶时发挥作用。

△ 鹦鹉嘴龙皮肤化石局部

△ 尾部保留有羽毛的鹦鹉嘴龙化石

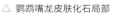
鹦鹉嘴龙后肢
骨骼复原图 ▷

▽ 鹦鹉嘴龙化石

鹦鹉嘴龙

学　名	*Psittacosaurus*
体　型	体长约 2 米
食　性	植食
生存年代	白垩纪早期
化石产地	亚洲，中国、蒙古

▽ 鹦鹉嘴龙头骨化石

凸出的颧骨

鹦鹉嘴龙的头骨从上往下看呈五边形，它的颧骨两侧的角特别发达。

成年鹦鹉嘴龙与成年家猫体形比较

10cm

也许所有的恐龙都有羽毛

从第一只长有羽毛的恐龙发现至今，在 30 多年的时间里，科学家发现了数量众多、种类繁杂的带羽恐龙。从最开始人们认为带羽恐龙只是小恐龙的专利，到后来发现了体形巨大的带羽恐龙；从最初人们以为只有肉食恐龙才会长羽毛，到后来发现了长羽毛的植食恐龙。这些毛茸茸的可爱的家伙们，一次次打破人们的固有思维，颠覆着人们对于恐龙的认识。长有羽毛不再是恐龙世界中难得一见的景象，人们越来越相信作为鸟类的祖先，也许所有的恐龙或多或少都有羽毛。

这听起来似乎有些不可思议，但这正是科学发现带给我们的惊喜。也许今后随着越来越多的化石证据的发现，人们对于恐龙的认识又会有颠覆性的变革，让我们期待那一天的到来吧！

索引

赵闯和杨杨

赵闯和杨杨是一个科学艺术创作组合，其中赵闯先生是一位科学艺术家，杨杨女士是一位科学童话作家。2009 年两人成立"PNSO 啄木鸟科学艺术小组"，开始职业化的科学艺术创作与研究事业。

过去多年，赵闯和杨杨接受全球多个重点实验室的邀请，为人类前沿科学探索提供科学艺术专业支持，作品多次发表在《自然》《科学》《细胞》等顶尖科学期刊上，并在全球数百家媒体科学报道中刊发，PNSO 与世界各地的博物馆合作推出展览，帮助不同地区的青少年了解科学艺术的魅力。

本书的全部作品来自"PNSO 地球故事科学艺术创作计划（2010—2070）"之"达尔文计划：生命科学艺术创作工程"的研究成果。赵闯在创作过程中每一步都严格遵循着科学依据，在化石材料和科学家的研究数据基础上进行艺术构架，完成化石骨骼结构科学复原、化石生物形象科学复原和化石生态环境科学复原，既有科学的考据与严谨，又有艺术的创意与美感。杨杨基于最新的恐龙研究，生动地描绘了气势磅礴的恐龙世界。

PNSO 儿童恐龙百科：恐龙为什么会长羽毛

产品经理 / 聂 文　　　责任印制 / 梁拥军
艺术总监 / 陈 超　　　技术编辑 / 陈 杰
装帧设计 / 曾 妮　　　产品监制 / 曹俊然
　　　　　杨岩周　　　出 品 人 / 于 桐

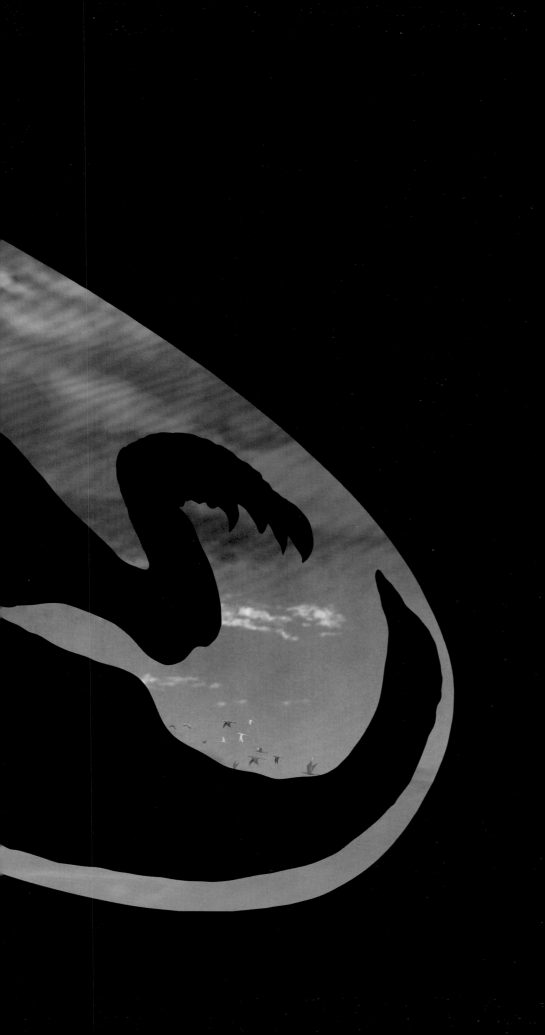

PNSO CHILDREN'S ENCYCLOPEDIA OF DINOSAURS

PNSO 儿童恐龙百科

恐龙
是如何繁衍的

赵闯 _ 绘

杨杨 _ 文

[美] 马克·A·诺瑞尔博士 _ 科学顾问

山东画报出版社

目录

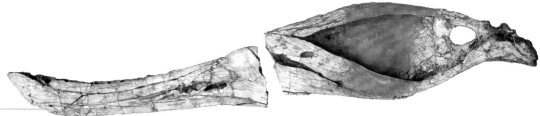

恐龙的使命——繁衍

历经丛林艰险，好不容易才长大的恐龙们，终于可以迎来自己的爱情了。能靠自己的努力争取一位心仪的爱人，然后和它一起孕育、抚养自己的宝宝，想想都觉得很幸福。

当然，繁衍对于每一只恐龙来说，不仅仅意味着情感上的追求，更是它们所要承担的使命。

族群的兴盛关乎着每一只恐龙的命运，而只有家族成员的数量足够多，才能让家族的辉煌延续下去。为了这个目标，每一只雄性恐龙都会使出浑身解数，追求雌性恐龙，而每一只雌性恐龙也都竭尽所能地孕育着它们心爱的宝宝。为了自己和族群的未来，它们在不停地努力着。

炫耀的工具

在动物世界里，那些长得漂亮迷人的动物大多都是雄性个体，因为它们总是要通过炫耀自己美貌健壮的身体，才能吸引到心仪的雌性动物，共同完成组建家庭、繁衍后代的任务，恐龙也不例外。现在，就让我们看看那些雄性恐龙是如何获取爱情的吧！

△ 罗氏开角龙复原图

威猛的骨板

对于雄性剑龙类恐龙来说，背上高耸的骨板是它们最值得炫耀的东西。虽说剑龙类恐龙的骨板最重要的作用是防御，能够十分有效地凸显自己的威猛，从而吓唬掠食者，可是如果哪只雄性剑龙类恐龙的骨板比其他雄性成员更加高大粗壮，它获得异性青睐的机会也一定会更大吧。

剑龙骨板
剑龙类恐龙的背上都拥有高耸的骨板，它们除用作防御之外，也许还有着炫耀作用。

△ 剑龙骨板局部复原图

结实的装甲

甲龙类恐龙最特别的地方就是全身都被结实的装甲包裹着，不仅有大型鳞甲，一些成员的身体上还长有大小不一的尖刺，尾巴上拥有可怕的尾锤。在繁衍的季节，雄性甲龙大概都是要依靠自己的装甲来吸引异性的，有时候它们的脑袋、脖子等地方，还会呈现出和平时不一样的颜色，以便引起雌性甲龙的注意。

△ 丹佛龙复原图

华丽的角和头盾

中国角龙
中国角龙是一种大型的角龙类恐龙，拥有巨大的头盾，头盾上有大小不一的尖角以及漂亮的花纹，是它吸引异性的工具。

角龙类恐龙想要找到喜欢的异性当然要靠它们华丽的角和头盾。雄性角龙类恐龙和雌性角龙类恐龙的角和头盾并不一样，就如同今天的鹿，总是雄鹿的角更大更复杂，而雌鹿的角则要小而简单得多。雄性角龙类恐龙总是期望自己的头盾和角会更扎眼、更华丽，这样它们便会吸引到更多的异性。而在求偶的过程中，同伴之间为了争夺配偶，用头盾和角互相较量，更是常事。

美丽的头冠

▽ 双嵴龙头部复原图

双嵴龙的头冠
双嵴龙造型夸张的头冠,是争得配偶的有效工具。雌性双嵴龙总是喜欢选择那些头冠大而艳丽的雄性个体。

动物的头冠总是会在爱情中发挥重要作用。一些长有头冠的鸟类,在幼年时几乎看不到头冠的踪迹,而到性成熟前期,则只用一两年的时间就能长出一个夸张的冠饰,完全就是为了繁衍所用。

恐龙中长有头冠的成员并不少,比如鸭嘴龙类恐龙家族中的赖氏龙亚科,它们的头上就长有各式各样的头冠,有扇形的、棒状的、半圆形的、斧头状的……这些美丽的头冠是它们展示自己、吸引异性的重要工具。

赖氏龙亚科恐龙的头冠不仅漂亮,而且还能发出声音。有时候,雄性赖氏龙亚科恐龙也会通过自己特别的声音来寻找心仪的雌性恐龙。

除了鸭嘴龙类恐龙,一些肉食恐龙的头上也有冠饰,比如双嵴龙就有着华丽的头冠。最初,人们以为这个头冠是战斗工具,可是后来发现它薄而脆弱,很容易被折断,所以只能发挥展示功能。

当一只雄性双嵴龙找到喜欢的雌性双嵴龙时,便会向对方炫耀自己的头冠,以便赢得对方的喜爱。有时候,它也会遇到另外想要和它争抢配偶的对手,这样一来它们之间就会展开一场较量,而胜出的一方,头冠往往更大更华丽。

五彩斑斓的羽毛

艳丽的羽毛
彩虹龙是一种小型恐龙,浑身被覆羽毛,其脖子处的羽毛与蜂鸟类似,具有七彩光泽,如彩虹一般。

春天是孔雀繁衍的季节,每到这时候,雄性孔雀就会展开它们五彩斑斓的尾屏,向雌性孔雀炫耀自己的美丽,同时,它们还会跳起美丽的舞蹈,吸引雌性孔雀的注意。

其实不光是孔雀,色泽艳丽的羽毛是很多动物求偶时的工具。到目前为止,人们已经发现了很多长有羽毛的恐龙,它们像孔雀一样,也会通过炫耀羽毛来获得异性的喜爱。而且,因为化石中幸运地保存了黑素体,科学家已经能够确定很多带羽恐龙的羽毛颜色,比如近鸟龙身上有黑白相间的斑纹,彩虹龙的脖子上有一圈色彩艳丽、像彩虹一样的羽毛,这些特别的色泽,都能帮助它们吸引到异性的目光。

△ 彩虹龙复原图

战斗

　　雄性恐龙追求爱情的方法还有很多，比如有一些会通过最直接的战斗，与同伴争抢配偶；有一些会通过一些肢体语言，比如特别的"舞蹈"等，博取异性的喜欢。而不论用何种方法，它们都在努力地为繁衍争取更多的机会。

△ 中华龙鸟复原图

寻找"产房"

找到爱人，就可以孕育宝宝了。

恐龙的繁殖方式被认为和绝大部分爬行动物一样属于卵生，所谓卵生就是将卵，也就是恐龙蛋产在陆地上，然后再将它们孵化出来。这些恐龙蛋不但有很厚的卵壳，而且还有一层养育、保护胎儿和防止干燥的羊膜，因此它们可以完全脱离对水的依赖。

恐龙的产蛋率是很高的，从已经发现的恐龙蛋化石看，每窝恐龙蛋的数量在 10~30 枚之间，有些甚至能达到 50~60 枚，它们依靠较高的产蛋率来保证种族的延续。

很多恐龙在繁衍之前都会长途跋涉，寻找适合产蛋的地方。恐龙对产蛋的产地有很高的要求，光照、地形以及埋藏条件都是它们要考虑的，这些对提高蛋宝宝的成活率有很大的影响。

恐龙一般会选择阳光充足、地表相对平坦的洪泛平原、洪泛盆地以及湖泊周边作为产卵场所，天然的气候和地形条件会帮助它们迅速孵化宝宝。

筑巢产蛋

找到产蛋的地方，恐龙终于可以筑巢产蛋孵化宝宝了。

虽然都是产蛋，可是不同的恐龙会以不同的方法修建不同样式的巢穴，也会用不同的方式产下大小、形状都不相同的蛋宝宝。

现在，就让我们来看看它们是如何筑巢产蛋的吧！

恐龙蛋呈放射状排列的恐龙蛋窝

一些恐龙的巢穴是用沙土堆砌而成的，它们会用沙土堆一个椭圆形或者圆形的隆起，然后以此为圆心，一边做圆周运动，一边产蛋。它们每一次会产两颗蛋，产完后便向右或向左移动身体，寻找下一个位置，继续产蛋。这些椭圆形或者圆形的蛋，会呈放射状排列在蛋窝里，大部分时候只排列一层，如果遇到产蛋数量很多的时候，也会堆叠成 2~3 层，甚至是 4 层。但不管数量有多少，分布有几层，蛋窝里蛋的数量都是偶数。

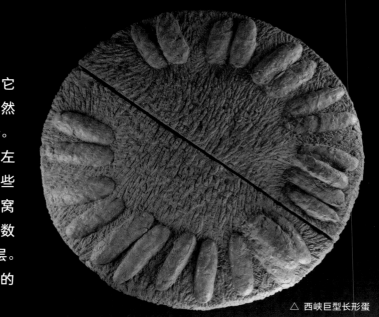

△ 西峡巨型长形蛋

恐龙蛋交错平行排列的恐龙蛋窝

一些恐龙在产蛋时会挖一个坑作为蛋窝，这个坑可能是长方形，也可能是其他形状的。挖好蛋坑后，它们就在坑内规律地移动，将蛋产下，所产的蛋大多是椭圆形蛋、副圆形蛋和树枝蛋，这些蛋在同一平面前后交错或平行排列。产完之后，它们便用沙土将蛋覆盖起来。有时候，恐龙产蛋的数量较多，就会将蛋叠加至第二层，上下叠加的蛋有可能是平行的，也有可能是交错的。

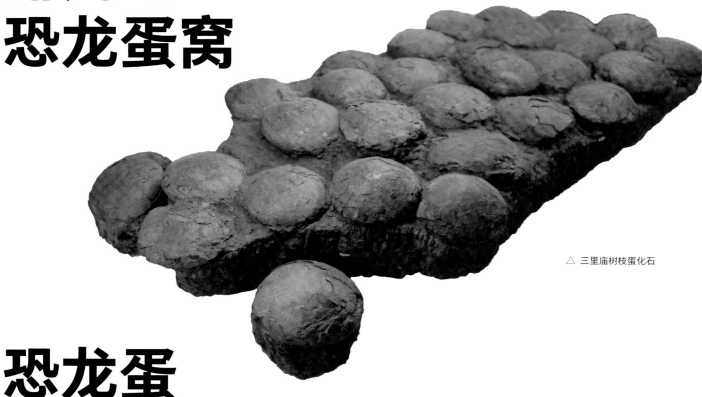

△ 三里庙树枝蛋化石

恐龙蛋多层平行排列的恐龙蛋窝

在蛋坑里产蛋的恐龙有很多，不同的恐龙产蛋的方式以及排列恐龙蛋的形式会有不同。比如一些恐龙会将恐龙蛋完全平行地进行排列，并不交错，即便是产蛋数量多，必须将蛋叠加在一起时，上下层的蛋也都是整齐对位的。这些蛋大多是椭圆形蛋、副圆形蛋和树枝蛋。

阳城副圆形蛋化石 ▷

恐龙蛋按不规则状排列的恐龙蛋窝

和上面那两大类注重整洁美观的恐龙不同，接下来我们要介绍的这类恐龙，看起来要随性多了。

在产蛋时，它们并不会精心堆砌或者挖一个漂亮整齐的蛋窝，而是随便找一个或者挖一个有一定深度、底部比较平坦的坑，就算是蛋窝了。之后，它们便开始产蛋。它们不管蛋在蛋窝里会以什么形状排列，只管挪动着身体不停地产蛋就好了。于是，生下来的蛋随意地散落在蛋窝中，有些交错排列，有些呈曲线排列，有些按照其他图案排列，反正都是无规律的。

这类恐龙产的蛋以椭圆形蛋、副圆形蛋和树枝蛋居多。

△ 夏馆杨氏蛋化石

恐龙蛋垂直或倾斜直立排列的恐龙蛋窝

还有一些恐龙蛋窝里的蛋是以垂直状或倾斜直立状排列的，比如伤齿龙类恐龙。它们的蛋因为蛋壳较薄，埋藏时容易受损，所以选择了特殊的排列方式。

这些恐龙蛋较尖的一头朝上，较钝的一头朝下，垂直或倾斜地插入泥土中，增加了蛋的稳定性，最大限度地保证了它们的顺利孵化。

戈壁棱柱蛋化石 ▷

孵蛋

恐龙产蛋之后，就要开始漫长的孵蛋时光了。

孵蛋是一个复杂的过程，水分、阳光、温度……每一种因素都要控制好，恐龙宝宝才会顺利地孵化出来。可即便是这样，孵蛋途中还是会有许多意想不到的事情发生。

因为恐龙都选择在洪泛平原、洪泛盆地等地区孵蛋，虽然孵化条件良好，可有时候，孵蛋的恐龙也会遭遇自然灾害。如果遇到间断性的洪泛事件，或者突如其来的泥沙，正在被孵化的成窝的恐龙蛋就会被迅速掩埋，有时候甚至连正在孵化的成年恐龙也躲不过这样的危险，在灾难中丧生。

而即便没有遇到自然灾害，一些爱吃恐龙蛋的掠食者也会想方设法地来偷蛋。一旦落入它们的嘴里，恐龙宝宝便成了别人的美食，再也不会孵化出来了。

恐龙蛋化石的形成

我们今天在博物馆中看到的恐龙蛋化石，就是那些没来得及被孵化便遇到灾难而被掩埋的恐龙蛋。

相对于在掩埋后被腐蚀或者被损坏，以至于完全消失的恐龙蛋来说，能成为化石的恐龙蛋也算是幸运的。它们是被沉积物掩埋后，没有受到地质构造的变动和气候变迁的影响，好不容易才留存下来的。从已经发现的恐龙蛋化石看，它们中的一大部分都来自白垩纪晚期，那时地壳结构相对稳定，被埋藏的恐龙蛋化石很多都未受到后期构造运动的破坏，正因为如此，人们今天才能发现数量庞大、集中成窝的恐龙蛋化石。

世界上第一窝恐龙蛋

恐龙蛋化石第一次真正意义上的发现要追溯到 1922 年，在此之前，人们一直认为恐龙是胎生的。

那是一次由美国自然历史博物馆组织的远征探险计划，他们率领 40 余人的考察团，外加 5 部四轮动力汽车及 75 匹骆驼，从河北省张家口出发，开启了这次辉煌的探险之旅。

在这次考察中，考察队在内蒙古第一次发现了恐龙蛋和恐龙蛋窝。窝内有 9 枚长形蛋，在其中一枚蛋的顶端，还有一具头骨破碎的小型恐龙骨架。因为当时人们在那里发现了很多原角龙，那是一种原始的角龙类恐龙，所以他们当时认为这些蛋属于原角龙，而一只小型掠食恐龙正在偷袭它们。正因为如此，科学家给这只偷蛋的小恐龙起名为窃蛋龙。可谁知，后来经过更深入的研究发现，那窝蛋并不属于原角龙，而产自窃蛋龙类恐龙。这样看来，窃蛋龙当时根本不是在偷蛋，而是在保护自己的蛋宝宝。

虽然起初的研究有误，可不管怎样，此次恐龙蛋的发现，为恐龙是卵生的假说提供了有力的证据，在古生物学的研究历史中具有划时代的意义。

恐龙会抚育宝宝吗？

　　曾经有很多人认为恐龙是不抚养后代的，它们就像今天的大部分爬行动物那样，生完蛋就离开了。可是随着恐龙抚育后代的证据不断地被发现，人们才意识到恐龙中的确存在着养育的行为。

◁ 成年霸王龙照顾幼崽复原图

好妈妈慈母龙

　　最早让人们认识到恐龙会照顾幼崽应该是慈母龙的发现。那是在 1978 年，年轻的古生物学家杰克·霍纳和他的好友罗伯特·马凯拉来到美国蒙大拿州寻找化石，他们意外地在当地一处名为龙蛋山（Egg Mountain）的地方发现了数量众多的恐龙骨骸。此后，一直到 1988 年的十年间，他们在山上发现了数量庞大的化石，包括成年恐龙、幼年恐龙、恐龙巢穴、恐龙蛋、恐龙胚胎等，其中大部分属于鸭嘴龙类恐龙中的慈母龙。

　　杰克·霍纳和罗伯特·马凯拉对发现的恐龙筑巢以及恐龙的亲子行为进行了深入而细致的研究，证明至少包括慈母龙在内的大型鸟脚类恐龙具有抚育幼崽的行为，它们会精心地照顾恐龙宝宝，直到它们可以独立生活。

慈母龙喂食
幼崽复原图 ▷

相亲相爱的鹦鹉嘴龙一家

角龙类恐龙家族的鹦鹉嘴龙也给人们提供了很多恐龙亲子行为的证据。人们曾经在中国辽宁发现过鹦鹉嘴龙"母子龙"化石，化石清晰地呈现出几只幼年鹦鹉嘴龙围聚在一只成年鹦鹉嘴龙腹部的模样，证明了鹦鹉嘴龙会照顾后代。

除此之外，科学家在辽宁发现的一块由 1 只成年鹦鹉嘴龙和 34 只幼龙埋葬在一起的"龙窝"，更是恐龙抚育后代的直接证据。这 35 只鹦鹉嘴龙全部挤在 0.5 平方米的范围内，其中成年个体大约 75 厘米长，幼年个体则大约只有 20 厘米。虽然科学家无法判断成年鹦鹉嘴龙究竟是雌性还是雄性，但是他们认为这看起来的确是一家子。科学家推测这一家鹦鹉嘴龙很可能是被突然坍塌的洞穴所掩埋，或者被突然涌来的洪水所淹没。

一起出行的恐龙大家庭

除了恐龙巢穴、恐龙骨骼化石，一些恐龙足迹化石也是恐龙抚育后代的间接证据。科学家曾经发现过很多成年恐龙和幼年恐龙一起行动的足迹化石，这些化石显示，龙群中的幼年个体通常都行走在龙群中间的位置，四周被成年恐龙所包围。这证明成年恐龙会照顾龙群中的幼崽。

虽然目前科学家对于恐龙是否全都具有抚育后代的行为没有明确的答案，但是这些间接的化石证据，还是让人们看到了亿万年前恐龙大家庭和睦友爱的模样。

▽ 鹦鹉嘴龙群体化石

▽ 鹦鹉嘴龙照顾幼崽复原图

恐龙的性别由谁决定？

我们知道人的性别是由遗传基因也就是染色体决定的，那么恐龙的性别是由谁决定的呢？

答案是温度，是不是有些不可思议？

科学家在研究了许多爬行动物的繁衍活动后发现，很多爬行动物的性别都是由温度决定的，也就是说和孵化期间的气温密切相关，尤其是现代龟鳖最为典型。恐龙的繁衍行为与龟鳖十分相似，它们都会将卵产在坑穴中，用沙土掩埋，然后依靠阳光辐射的温度使其孵化。因此，科学家推测恐龙宝宝的性别也和龟鳖一样，和遗传基因无关，而是和孵化期的气温有关。温度高的时候孵化出来的恐龙宝宝就是雌性，而温度低的时候孵化出来的恐龙宝宝则为雄性。

恐龙长得快吗？

▽ 青少年霸王龙头骨化石

恐龙长得快吗？它们在几岁的时候会成年？几岁的时候能开始寻找爱情，孕育自己的宝宝？

随着人们发现的恐龙化石越来越多，对于恐龙的生长速度也有了一定的了解，我们现在知道不同种类的恐龙生长速度有着很大的差别。

霸王龙的生长速度和人相

霸王龙是一种生长速度非常快的动物，它们在 14 岁以前，体重都少于 1800 千克，但是之后的 4 年，会进入一个爆发性的生长期，几乎每个月的体重都能增加 65 千克。到 18 岁，它们的生长速度逐渐稳定下来。到 20 岁左右，就完全成年了，体形和体重都能达到最大值，这样的生长速度和人类是差不多的。

▽ 霸王龙生长速度

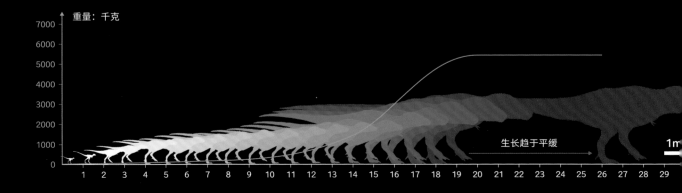

重量：千克

生长趋于平缓

1m

板龙多变的生长速度

　　和霸王龙不同，体形硕大的蜥脚形类恐龙，在出生之后的一段时间内，生长发育速度非常快，直到性成熟，其发育速度才开始变慢。

　　板龙是一种体形较小较原始的蜥脚形类恐龙，和大多数蜥脚形类恐龙相比，它的生长速度较为多变。一般个体会在 18 岁时停止快速生长，但是另外一些个体则会一直保持着较快的生长速度直到 27 岁。因此，板龙的体形差异也较大，一些成年板龙只有 4.8 米长，而另一些个头较大的，成年之后体长能达到 10 米。科学家推测，这样多变的生长速度可能和外部环境有关，比如食物充足的情况下，它们的生长就会旺盛，快速生长的时间也比较长。

A 类板龙幼年
体形示意图 ▷

A 类板龙 18 岁
体形示意图 ▷

A 类板龙 27 岁
体形示意图 ▷

B 类板龙幼年
体形示意图 ▷

B 类板龙 18 岁
体形示意图 ▷

B 类板龙 27 岁
体形示意图 ▷

1m

3 岁就具有繁衍能力的亚冠龙

　　恐龙要具备繁衍能力，大多都会在 18 岁左右，完全成年之后，但是亚冠龙却不同。

　　亚冠龙是一种鸭嘴龙类恐龙，科学家称它们成年的年纪大约在 10~12 岁，而具备繁殖能力的年纪则是在 3 岁时。

　　这听上去实在是太令人惊讶了，不过研究人员认为过早的性成熟让亚冠龙具备了很大的优势，因为它能使亚冠龙更快地繁衍出下一代，保证族群的繁盛，最终使其成为当地最具优势的植食恐龙之一。

△ 亚冠龙化石装架

百变恐龙宝宝

可爱的恐龙宝宝会是恐龙妈妈或者恐龙爸爸的缩小版吗？它们的模样在成长过程中会发生很大的变化吗？

人们有幸发现了一些幼年恐龙化石，所以能够观察到一些恐龙宝宝的模样。从化石上看，有些恐龙宝宝的确只是迷你版的成年恐龙，除了大小之外，外形相差并不大。可是另外一些恐龙宝宝，则和父母有着极大的差别，有时候甚至很难想象它们会是某一种恐龙的幼年个体。

△ 刚破壳的小霸王龙

像火鸡一样的霸王龙宝宝

▽ 幼年霸王龙

对于霸王龙的形象我们大概都已经很熟悉了，可是如果有一只幼年霸王龙站在你面前，你恐怕根本不会认为它是一只霸王龙，因为它看起来和成年霸王龙太不一样了。

幼年霸王龙浑身长满原始的羽毛，看起来就像一只毛茸茸的火鸡。因为它们的新陈代谢很快，所以需要羽毛来为自己保暖。

成年霸王龙的前肢很短，可是幼年霸王龙的前肢看起来则较长。成年霸王龙的牙齿像香蕉一样粗壮，可是幼年霸王龙的牙齿则很薄，只能撕裂猎物的皮肉，不能咬碎骨头。

因为保护自己的能力相对较弱，所以幼年霸王龙练就了一身奔跑的本领。它们的奔跑速度很快，这样在遇到危险而又无法反击的情况下，便能迅速逃脱。

▽ 成年霸王龙

香蕉状牙齿

牙冠

牙根

头盾和角都十分可爱的三角龙宝宝

三角龙以巨大的头盾和脸部锋利的三根角出名，幼年三角龙也长有头盾和角，不过和成年三角龙比起来，却十分不同。

且不说幼年三角龙的头盾在个头上要小很多，就算是外形，也和成年三角龙不同。成年三角龙的头盾都是微微向后弯曲的，而幼年三角龙的头盾则是向前弯曲的。一些幼年的三角龙头盾边缘的角状物呈现钻石形状，每块结构都与头盾独立。而随着年龄增长，这些角状物逐渐与头盾融合成为一体，变得钝而扁平。

◁ 亚成年三角龙头盾及额角生长示意图

▽ 亚成年三角龙

△ 幼年三角龙头盾及额角生长示意图

△ 幼年三角龙

科学家研究了一系列三角龙以及原角龙生长发育的头骨化石后发现，亚成年阶段的角龙类恐龙的头盾会快速地剧烈发育，在短短几年内形状就会发生大幅度改变，这一过程很像现在的食火鸡，它们会在性成熟阶段的前几年快速从平头顶上发育出高大的头冠来。

▽ 成年三角龙头盾及额角
生长示意图

在幼年三角龙的脸上也长有三根角，不过它们的角很小，而且额角也不像成年三角龙那样伸向前方，而是指向上方。这说明它们的额角只有展示功能，而不能像爸爸妈妈那样用来战斗。

从寻找心仪的爱人，到孕育繁衍可爱的宝宝，再到抚育宝宝顺利长大，对于恐龙来说，这真是一个复杂而漫长的过程。可是，为了自己以及家族的生存，它们一直都在努力着。现在，就让我们来看看不同的恐龙们是如何完成这一伟大使命的吧！

◁ 成年三角龙头部特写

巨棘龙——
第一种被发现保存有皮肤化石的剑龙类恐龙

巨棘龙是一种早期的剑龙类恐龙，化石发现于中国四川。

巨棘龙的体形中等，身长 5 米左右。和其他剑龙类恐龙一样，巨棘龙的身上也长有"武器"。

在巨棘龙的背上长有 30 块骨板，它们大都呈长三角形，只有荐部上方的那一对骨板比较特别，它们又细又尖，像两个超大号的钉子。

巨棘龙的尾巴上有 4 根骨质尖刺，肩膀上还有长而锋利的肩棘，是它们最有效的防御武器。

巨棘龙不光保存有骨骼化石，让人们清楚地了解到了它的骨骼结构，更保存有皮肤化石。人们发现了一块来自巨棘龙前肢肘关节及其邻近的上臂、体侧的皮肤，面积约 400 平方厘米，这是人们发现的第一块剑龙类恐龙皮肤化石。从化石上看，巨棘龙的鳞片是按照小鳞片之间散布有零星较大鳞片的样式进行排列的，鳞片表面很粗糙，而且一些条索状隆突在鳞片上形成若干道脊，使鳞片表面形成明显的凹凸，降低了鳞片表面的亮度，使得掠食者不容易发现它们。

巨棘龙这些威风凛凛的"武器"当然大部分时候都是用来抵御掠食者的，可是如果碰到喜欢的异性，它们也不吝啬向对方展示，这些"武器"恐怕最能体现它们的身体之美，也最容易吸引到心仪的伴侣吧！

巨棘龙

学 名	*Gigantspinosaurus*
体 形	体长约 5.4 米
食 性	植食
生存年代	侏罗纪晚期
化石产地	亚洲，中国，四川

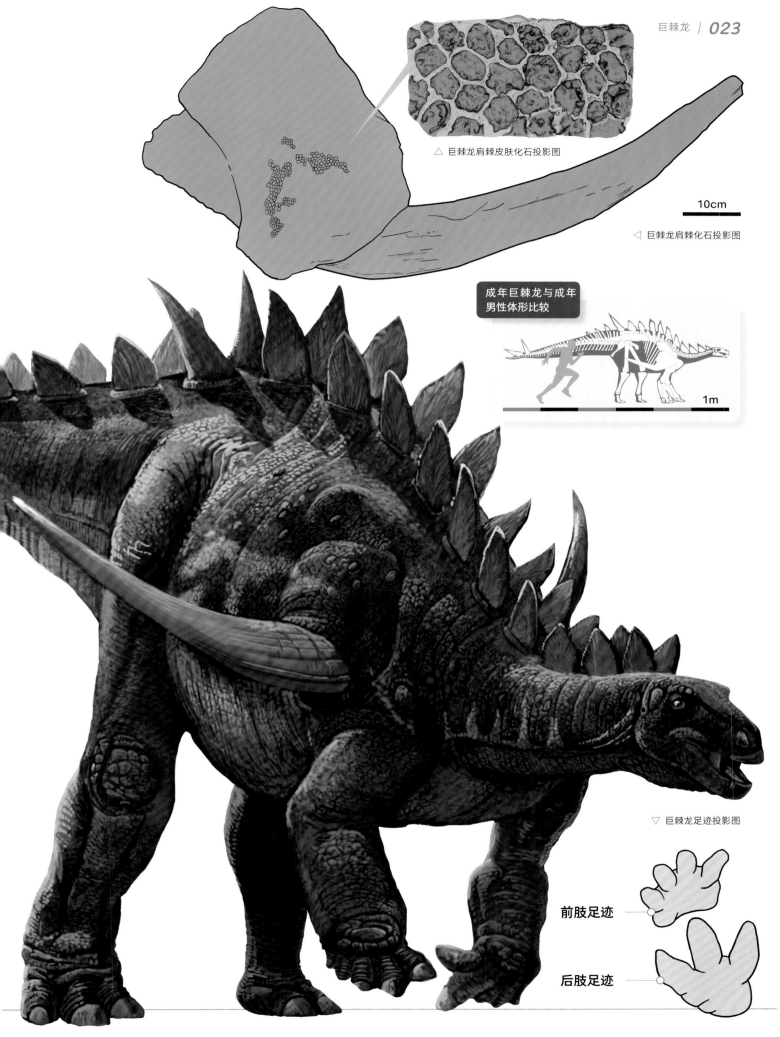

△ 巨棘龙肩棘皮肤化石投影图

10cm

◁ 巨棘龙肩棘化石投影图

成年巨棘龙与成年
男性体形比较

1m

▽ 巨棘龙足迹投影图

前肢足迹

后肢足迹

北方盾龙——
拥有"木乃伊"化石的恐龙

很久以前，古埃及人会把国王和大臣的尸体制成干尸即木乃伊保存下来。而在恐龙世界中，也有木乃伊，只不过这些恐龙木乃伊并不是恐龙制成的，而是因为恐龙死后，身体被迅速掩埋，在亿万年的时光中，被埋藏起来的恐龙尸体没有再经受外力的破坏，从而得以完整地保留下来，最终成了恐龙木乃伊。

在漫长的恐龙发掘史中，人们遇到恐龙木乃伊化石的机会少之又少，而一种名为北方盾龙的甲龙类恐龙，却让人们大饱眼福，领略了恐龙木乃伊的风采。

▽ 北方盾龙是一种甲龙类恐龙，身上除了覆盖有大型鳞甲，还长有尖刺，特别是肩膀两侧的尖刺异常醒目

北方盾龙的化石保存得堪称完美，不仅有完好的身体，让人们真切地看到了甲龙类恐龙的甲片究竟如何保护它们的身体，更是留存了珍贵的皮肤，让人们在皮肤化石中找到了破解皮肤颜色的密码。

依据化石，人们知道北方盾龙是棕红色的，这是能够融入周围环境的一种保护色，而且它背部的颜色较深，腹部的颜色较浅，这也是伪装色的特征，可以让自己在光线的照射下弱化立体感，从而迷惑掠食者。

在北方盾龙之前，人们只复原出过长有羽毛的恐龙的颜色，所以这是人们第一次知道恐龙鳞甲的色彩。

拥有漂亮体色的北方盾龙，想要吸引喜欢的异性时，恐怕不仅仅会炫耀自己的装甲，装甲上那华丽的色彩也是它们博取喜爱的重要法宝吧！

成年北方盾龙与成年男性体形比较

1m

△ 北方盾龙化石投影图

◁ 北方盾龙腿部鳞甲化石投影图

10cm

北方盾龙

学　　名	*Borealopelta*
体　　形	体长约 5.5 米
食　　性	植食
生存年代	白垩纪早期
化石产地	北美洲，加拿大

多智龙——
亚洲最大的甲龙类恐龙

成年多智龙与成年
男性体形比较

1m

多智龙生活在白垩纪晚期今天的蒙古，和同一家族的美甲龙是邻居。

多智龙的体形很大，身长大约 8~8.5 米，是目前发现的亚洲最大的甲龙类恐龙。

多智龙有一个较大的脑袋，长 40 厘米，宽 45 厘米，脑袋顶上也和美甲龙一样，覆盖着愈合的骨片，边缘还长有小的棘刺，虽然有些凹凸不平，看起来不够漂亮，但是防御能力很强。多智龙的嘴巴也很特别，在上颌的角质喙中间有一个小小的缺口，这也是它不同于美甲龙的独特的地方。

多智龙的身体覆盖着大小不一的鳞甲，尾巴末端有一个骨质尾锤。在它的身体两侧，也有骨质尖刺，它们和尾锤、鳞甲配合在一起，形成了多智龙强大的防御武器。

当然，因为每一只多智龙的装甲多少会有所不同，这也形成了它们各自独特的特征，使得它们在寻找伴侣的时候会借此互相比拼，最终胜出一筹的会吸引到心仪的异性。

多智龙和美甲龙都生活在沙漠中，那里有季节性的河流和间歇性的湖泊，它们很可能是这片土地上最后一批恐龙，见证了恐龙家族的消亡。

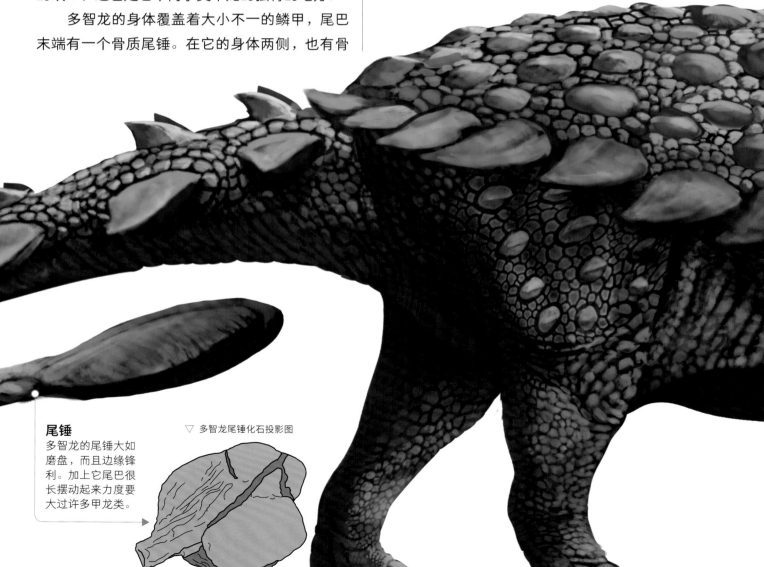

尾锤
多智龙的尾锤大如磨盘，而且边缘锋利。加上它尾巴很长摆动起来力度要大过许多甲龙类。

▽ 多智龙尾锤化石投影图

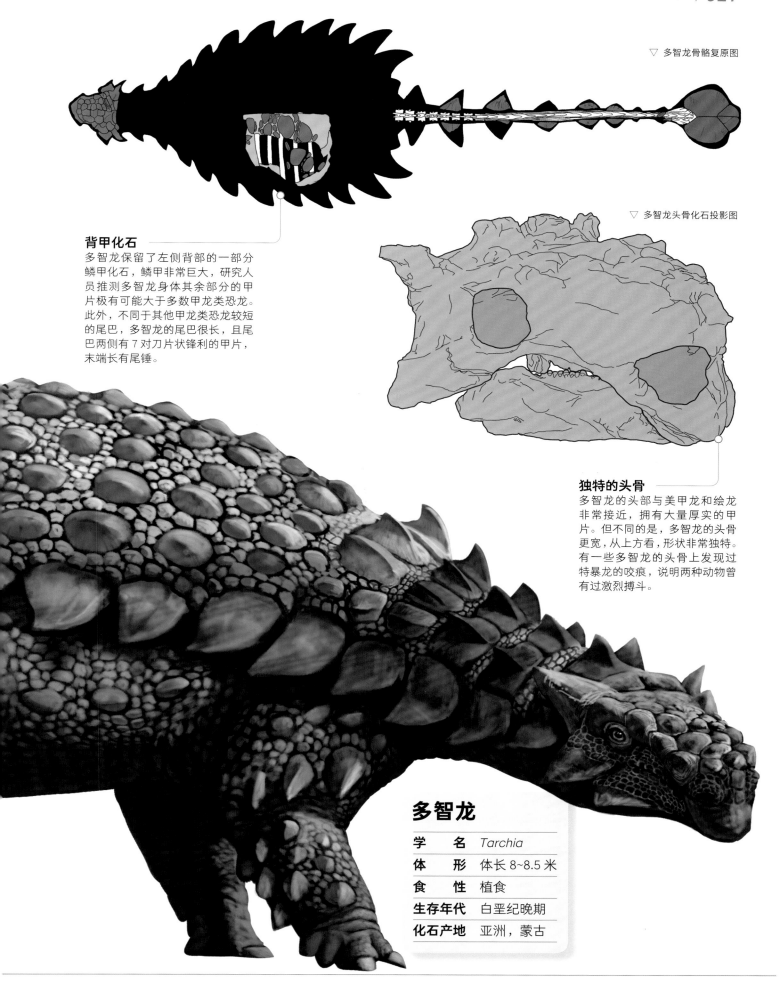

▽ 多智龙骨骼复原图

▽ 多智龙头骨化石投影图

背甲化石

多智龙保留了左侧背部的一部分鳞甲化石，鳞甲非常巨大，研究人员推测多智龙身体其余部分的甲片极有可能大于多数甲龙类恐龙。此外，不同于其他甲龙类恐龙较短的尾巴，多智龙的尾巴很长，且尾巴两侧有 7 对刀片状锋利的甲片，末端长有尾锤。

独特的头骨

多智龙的头部与美甲龙和绘龙非常接近，拥有大量厚实的甲片。但不同的是，多智龙的头骨更宽，从上方看，形状非常独特。有一些多智龙的头骨上发现过特暴龙的咬痕，说明两种动物曾有过激烈搏斗。

多智龙

学　　名	*Tarchia*
体　　形	体长 8~8.5 米
食　　性	植食
生存年代	白垩纪晚期
化石产地	亚洲，蒙古

阎王角龙——
和鸟类胚胎埋藏在一起的角龙类恐龙

进步的新角龙类恐龙在白垩纪晚期非常繁盛，是重要的植食恐龙，但是科学家却极少发现它们的胚胎化石，直到阎王角龙蛋化石的发现，才让人们目睹了这类恐龙胚胎的模样。

成年阎王角龙与成年家猫体形比较

50cm

阎王角龙是一种较为原始的新角龙类恐龙，介于辽宁角龙和古角龙之间。阎王角龙的化石发现于蒙古，它们体形娇小，身长大约只有 1.7 米。它们的头盾还没有发育完全，有着和辽宁角龙、纤角龙一样的褶皱状态。科学家认为阎王角龙的头盾并不具备视觉展示的功能。

在阎王角龙的化石发现地，人们还发现了一颗蛋化石。这颗蛋大约 5 厘米长，内部骨骼尚未成形，非常脆弱。因为不能直接解剖，科学家便通过 CT 对这颗蛋进行了扫描，并最终使得胚胎骨骼以立体的形式呈现在研究人员面前。

最初，研究人员通过扫描结果认为这颗蛋属于阎王角龙，那么那个小小的胚胎就是尚未出生的阎王角龙。但是后来随着研究的深入，他们发现蛋里的胚胎实际上并不是阎王角龙，而是一种鸟类。

▽ 镶嵌角龙复原图

镶嵌角龙

像阎王角龙这样，由于生存地物种繁多，导致死后和其他动物埋藏在一起的情况很多。比如生活在白垩纪晚期的镶嵌角龙，就是和一窝龟类的蛋一起被发现的。

△ 镶嵌角龙附近的龟蛋化石复原图

鸟蛋化石

研究人员对阎王角龙化石附近的蛋化石进行过 CT 扫描，发现蛋内有很多细小的骨骼，与恐龙非常相似，因此最初人们认为这颗蛋属于阎王角龙。随着研究的深入，研究人员发现，原来这是一颗鸟蛋，蛋里保存着鸟类翅膀的结构（红色部分）。

1cm

△ 阎王角龙附近的鸟蛋投影图

阎王角龙

学 名	*Yamaceratops*
体 形	体长约 1.7 米
食 性	植食
生存年代	白垩纪晚期
化石产地	亚洲，蒙古

原角龙——
喜欢生活在
大家庭里的恐龙

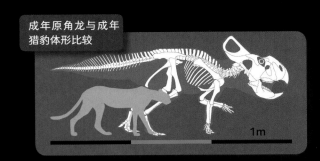

成年原角龙与成年
猎豹体形比较

1m

原角龙

学　　名	*Protoceratops*	
体　　形	体长 2~3 米	
食　　性	植食	
生存年代	白垩纪晚期	
化石产地	亚洲，蒙古，中国	

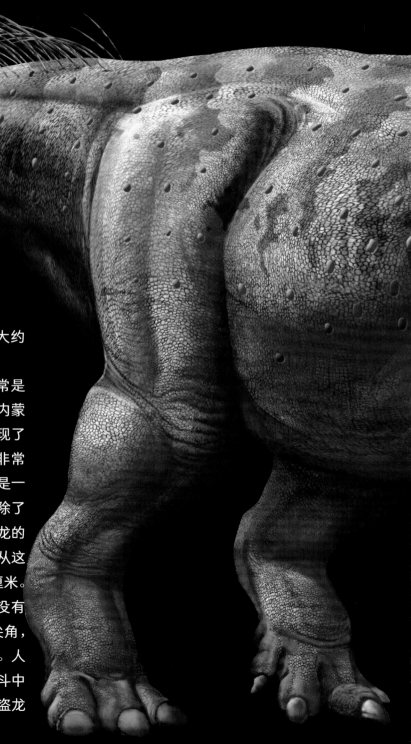

　　原角龙是一种体形娇小的角龙类恐龙，身长大约
2~3 米，是人们发现的化石数量最多的恐龙之一。

　　原角龙的化石发现于蒙古和中国内蒙古，常常是
不同年龄段的原角龙埋藏在一起。科学家就曾经在内蒙
古一处长 45 公里、宽 1~5 公里的地层剖面中，发现了
60 余个不同年龄的原角龙骨骼化石。这说明它们非常
喜欢以家庭为单位生活在一起，成年健壮的个体总是一
起保护幼年弱小的个体，以提高它们的生存概率。除了
幼年和成年的骨骼化石，科学家还发现了不少原角龙的
蛋化石，它们常常集结成群一起筑巢，一起孵蛋。从这
些化石上看，原角龙的蛋呈椭圆形，每颗蛋长约 10 厘米。

　　原角龙的体形虽然不大，脖子上方的头盾也没有
其他大型角龙类恐龙那么巨大，而且它的面部没有尖角，
只有鼻子上方有一个小的骨质隆起，可它并不弱小。人
们曾经发现过一具特别的原角龙化石，被称为"搏斗中
的恐龙"，化石中的原角龙正在和凶猛的掠食者伶盗龙
搏斗，并且用坚硬的喙状嘴咬断了伶盗龙的左臂。

化石发现

最新的研究认为，原角龙的蛋类似鳄鱼或翼龙，是软壳蛋，因此它的蛋壳很难保存下来。这是幼年原角龙化石，化石显示其在婴儿时期头部较小，前肢很短，所以原角龙在幼年时期可能多用两足行走。

△ 幼年原角龙化石

头盾

原角龙最显著的特征就是拥有巨大的头盾。不过在其年幼时，头盾很小，面部也很纤细，随着年龄的增长，头盾逐渐变宽。从化石上看，原角龙的面部皮肤细腻，没有鳞甲，因此研究人员推测它的面部及头盾上有可能有醒目的图案，能起到展示或者威慑的作用。

▽ 成年原角龙头骨化石

◁ 幼年原角龙头骨化石

5cm

华丽角龙——
拥有最多角的恐龙之一

△ 华丽角龙头骨化石

角龙类恐龙都长有锋利的角，华丽角龙当然也不例外，可是和其他角龙类恐龙比起来，华丽角龙的角实在是太多了，一共有 15 根。

华丽角龙的脸不算特别，和三角龙一样长着三根非常明显的角，其中眼睛上方有两根额角，只是它们不是笔直向前的，而是向两侧伸展着。它们的鼻子上方有一根鼻角，并不锋利，就像一个小小的刀片。除此之外，它们的脸颊两侧还有两根不起眼的小角，这倒是和三角龙不一样。

华丽角龙的头盾很特别，因为那上面密密麻麻地长着 10 根角。我们先来数数它头盾顶端那些向前弯曲的像刘海一样的小角，1、2、3……一共有 8 根。除此之外，在头盾顶端的最两边，还各有一根小尖角，它们像山羊的角一样，向外侧弯曲着。

这样算来，华丽角龙至少长着 15 根角，如果再加上头盾边缘那些像小角一样的骨质凸起，它们的角可就更多了。

长有这么多漂亮的角，想来华丽角龙应该能很轻松地吸引到自己喜欢的伴侣吧！

华丽角龙

学　名	*Kosmoceratops*	
体　形	体长约 5 米	
食　性	植食	
生存年代	白垩纪晚期	
化石产地	北美洲，美国	

成年华丽角龙与成
年男性体形比较

1m

华丽角龙头骨化石 ▷

▽ 华丽角龙头部特写

开角龙——
头盾最大的角龙类恐龙之一

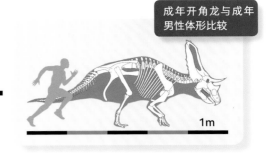

成年开角龙与成年男性体形比较

1m

白垩纪晚期今天的北美洲地区，遍布庞大的角龙类恐龙，体长 4 米的开角龙在它们中间一点都不起眼。可是恐龙们却不能忽略它的存在，因为在它小小的身子上有一个极不相称的大头盾，差不多有 2 米长。头盾的外形很特别，中间有一个明显的凹陷。

开角龙是头盾最大的角龙类恐龙之一，看起来就像一个大头娃娃。虽然如此，但是因为开角龙的头盾上有两个大型孔洞，所以并不会给它的脑袋增加太多重量。不过因为开角龙生前头盾上覆盖着一层皮膜，所以别的恐龙只能看到一个巨大的厚实的头盾而看不到那两个洞。

像三角龙一样，开角龙的脸上也有三根醒目的角。其中两根额角很长，而鼻角较短。

开角龙的头盾和角会因为不同的个体、年龄、性别以及不同种有所不同，所以头盾和角不光是它保护自己的武器，也是它吸引异性的好工具。那些头盾更加巨大、颜色更为鲜艳、额角更加修长锋利的雄性开角龙，总是会比其他成员得到更多被异性青睐的机会。

开角龙

学　　名	*Chasmosaurus*
体　　形	体长 4~5 米
食　　性	植食
生存年代	白垩纪晚期
化石产地	北美洲，加拿大、美国

种间差异

开角龙有两个种，罗氏开角龙和贝氏开角龙，它们在外形上有所差别。比如，罗氏开角龙有着较长的额角，贝氏开角龙的额角则较短。

▽ 罗氏开角龙复原图

巨大的头骨

开角龙的头骨巨大，而且非常特别，中间凹陷，两边较高，头盾上有两个巨大的孔洞。

△ 贝氏开角龙复原图

△ 开角龙头骨化石

皇家角龙——
戴着皇冠的角龙类恐龙

成年皇家角龙与成
年男性体形比较

1m

2005 年，人们在加拿大阿尔伯塔省老人河河边的一处悬崖上，发现一块巨大的头骨化石。这块化石保存得非常好，让人们有机会目睹了一种全新的角龙类恐龙漂亮的脑袋。科学家为这种恐龙起名为皇家角龙。

从化石上看，皇家角龙最漂亮的地方就是它头盾边缘那些褶皱，它们呈菱形，一共有 15 个，看起来就像是一顶华丽的皇冠戴在了皇家角龙的头上。

皇家角龙的额角又短又细，但是鼻角却长而锋利。

皇家角龙有着角龙家族共同的特征——坚硬的喙状嘴。它的牙齿集中在面颊部，有一定的咀嚼能力，能够进食纤维较粗的植物。

皇家角龙的体形不大，体长大约 5 米，是三角龙的近亲，却和三角龙拥有非常不同的头盾。

△ 皇家角龙头骨化石侧面模型图

▽ 皇家角龙头骨化石顶面模型图

△ 皇家角龙头骨化石正面模型图

特别的头骨
皇家角龙的头骨看起来非常奇特，头盾边缘有一圈花瓣状的突起，看起来像是佩戴着一顶漂亮的皇冠。皇家角龙的额角较短，但是拥有巨大的鼻角。

皇家角龙

学 名	*Regaliceratops*
体 形	体长约 5 米
食 性	植食
生存年代	白垩纪晚期
化石产地	北美洲，加拿大

科学家认为，当时虽然距离恐龙灭绝只剩下几百万年的时间了，可是角龙类恐龙的演化却正处于高峰时期，呈现出了难以想象的多样化，因此皇家角龙和三角龙才会有如此的不同。

漂亮的雄性皇家角龙在寻求配偶的时候，当然会把华丽的皇冠充分展示出来，而那些雌性皇家角龙一定会被它们吸引的。

野牛龙——
像野牛一样的角龙类恐龙

成年野牛龙与成年
男性体形比较

1m

　　长有鼻角的角龙类恐龙很多，但是像野牛龙这样鼻角向前弯曲着的还真是少见。它就像一个开瓶器一样，长在野牛龙的鼻子上。

　　科学家曾经发现过成年个体和未成年个体埋藏在一起的野牛龙化石群，这充分说明野牛龙有抚育后代的行为。而从这些化石上看，似乎只有成年个体才有这样奇特的鼻角，未成年个体是没有的，说明幼年野牛龙和成年野牛龙的外形有着明显的差别。

　　野牛龙的脸上没有明显的额角，只有两个隆起。它的头盾不算大，但足以保护它脆弱的脖子和肩膀。

　　在角龙家族中，野牛龙算是体形较大的成员，身长大约六七米，身体

粗壮，犹如一头野牛。在它们生活的地方，有成群结队的斑比盗龙、巨大而残暴的惧龙，它们或大或小，或强壮有力或聪明无比，都能依靠自己的优势成功地捕获那些弱小的植食恐龙。而野牛龙，虽然拥有巨大的头盾和锋利的鼻角，也必须要时刻提防这些狡猾的掠食者，以避免成为它们的腹中餐。

野牛龙

学　　名	*Einiosaurus*	
体　　形	体长 6~7 米	
食　　性	植食	
生存年代	白垩纪晚期	
化石产地	北美洲，美国	

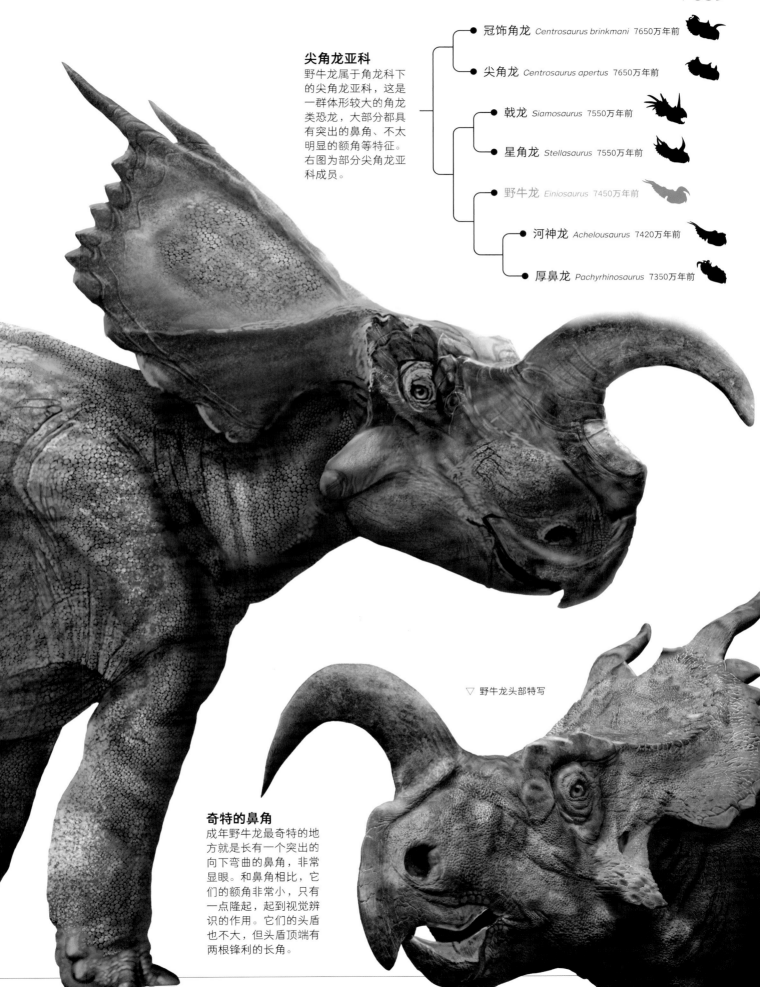

尖角龙亚科
野牛龙属于角龙科下的尖角龙亚科，这是一群体形较大的角龙类恐龙，大部分都具有突出的鼻角、不太明显的额角等特征。右图为部分尖角龙亚科成员。

冠饰角龙 *Centrosaurus brinkmani* 7650万年前

尖角龙 *Centrosaurus apertus* 7650万年前

戟龙 *Siamosaurus* 7550万年前

星角龙 *Stellasaurus* 7550万年前

野牛龙 *Einiosaurus* 7450万年前

河神龙 *Achelousaurus* 7420万年前

厚鼻龙 *Pachyrhinosaurus* 7350万年前

▽ 野牛龙头部特写

奇特的鼻角
成年野牛龙最奇特的地方就是长有一个突出的向下弯曲的鼻角，非常显眼。和鼻角相比，它们的额角非常小，只有一点隆起，起到视觉辨识的作用。它们的头盾也不大，但头盾顶端有两根锋利的长角。

板龙——
具有复杂生长速率的恐龙

板龙是一种原始的蜥脚形类恐龙，生存于三叠纪晚期。

和后期进步的蜥脚形类恐龙相比，板龙的体形要小得多，身长只有 5~10 米，不过和同时期的植食恐龙相比，板龙却是个不折不扣的庞然大物，毕竟那时候恐龙才诞生没多久，大多都很弱小。

板龙的脑袋小而窄，眼睛位于头部两侧，虽然不具备双目成像的能力，但有足够大的视觉范围，对寻找食物有好处。板龙的嘴里布满细长的牙齿，是处理苏铁以及针叶类植物的工具。

和其他蜥脚形类恐龙一样，板龙也拥有长长的脖子和尾巴，其前肢长有 5 个指头，其中前三指长有弯曲锋利的勾爪，可以用来防御。

板龙有着复杂而多变的生长发育速率，其快速生长速率位于蜥脚形类恐龙和今天的哺乳动物之间。正因为如此，板龙的体形才会有较大的差距，从 5 米到 10 米不等，它们成年时间也不一样，有一些 12 岁就成年了，有一些则要等到 20 岁才成年。

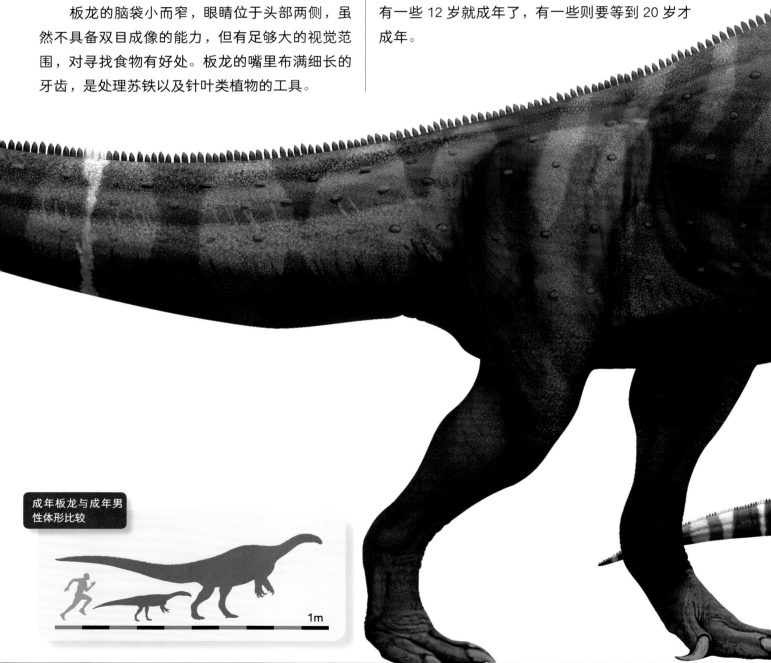

成年板龙与成年男性体形比较

1m

△ 板龙化石

板龙

学　　名	*Plateosaurus*
体　　形	体长 5~10 米
食　　性	植食
生存年代	三叠纪晚期
化石产地	欧洲，德国、瑞士

弯曲的钩爪

板龙的前肢长有三个非常明显的弯曲的钩爪，这些钩爪适合抓握，而并不能支撑在地面上。加上它的前肢较短，所以板龙几乎无法四足行走。

△ 板龙前肢化石投影图

幼年板龙

从幼年板龙的化石来看，它们的前肢远远短于后肢，前后肢比例和成年板龙类似，这表明幼年板龙也和成年板龙一样是用两足行走的，它们和其他基干蜥脚形类恐龙，比如大椎龙、禄丰龙在幼年时期都拥有四足行走的经历并不相同。

大椎龙——
拥有 1.9 亿年前的胚胎化石

大椎龙是基干蜥脚形类恐龙，生活在 2 亿年前至 1 亿 8300 万年前的侏罗纪早期，人们不仅发现了大椎龙的骨骼化石，还曾经发现过它们的胚胎化石。从埋藏地层看，这些恐龙胚胎大约来自 1.9 亿年前，是目前发现的最古老的恐龙胚胎化石之一。

大椎龙体形中等，身长约 4~6 米，虽然无法和后期进步的蜥脚形类恐龙相提并论，但在当时也算是大型植食恐龙了。它们拥有蜥脚形类的基本特征——长长的脖子和尾巴。它们的脖子能够抬得较高，大大增加了取食范围。

大椎龙的化石发现于南非，它们一定是当时的优势物种，因为人们在当地发现了数量众多的大椎龙化石，包括成年个体的骨骼化石、未成年个体的骨骼化石，以及珍贵的胚胎化石。

最初，人们只是发现了 7 颗大椎龙蛋化石，并没有进行深入研究。然而在蛋化石发现将近 30 年后，人们竟然从其中一颗蛋中分离出了长约 15 厘米的胚胎。

大椎龙

学　　名	*Massospondylus*
体　　形	体长 4~6 米
食　　性	植食
生存年代	侏罗纪早期
化石产地	非洲，南非

这个尚未出壳的小大椎龙看起来可爱极了，有着大大的头骨和眼睛，四肢长度几乎一样，这说明幼年的大椎龙应该是四足行走的。它们的骨骼已经发育完全了，就连耳骨也已经长成，可是它们的嘴里却没有牙齿。这是一个非常重要的信息，说明它们出生以后有一段时间是无法自己采集食物的，必须要依靠父母的照顾，这就表明大椎龙有抚育后代的行为。

成年大椎龙与成年
男性体形比较

1m

▽ 大椎龙成长阶段头骨复原图

▽ 幼年大椎龙化石埋藏状态投影图

幼年大椎龙

幼年大椎龙和成年大椎龙在外形上有着显著差异，比如幼年大椎龙的头部更圆、嘴巴很尖、牙齿细小、脖子很短。此外，幼年大椎龙的前后肢几乎等长，这说明幼年大椎龙很可能会以四足行走，随着它们慢慢长大，才变成两足行走的状态。

1cm

◁ 幼年大椎龙骨骼复原图

5cm

禄丰龙——
展现出胚胎在蛋内如何运动的恐龙

恐龙胚胎是极其珍贵的化石，因为保存难度很大，人们发现的数量并不多，而这其中一大部分还来自白垩纪晚期。然而，生活在侏罗纪早期的禄丰龙不仅留存下了恐龙胚胎化石，还通过胚胎骨骼信息向人们展示了胚胎是如何在蛋内运动的，这真让人们感到震惊。

这些禄丰龙胚胎大约来自 1.97 亿 ~1.9 亿年前，从埋藏状态来看，当时可能发生了一场突如其来的洪水，它们的恐龙巢穴被掩埋了，最终导致几十个禄丰龙胚胎死于蛋中。由于埋藏时这些胚胎的骨头已经分散开了，使得人们对它们的研究变得极为便利。人们通

上大腿肌肉附着的一个结节就非常大，这说明禄丰龙在破壳以前会在蛋内做屈伸运动，刺激股骨发育成形。

禄丰龙是基干蜥脚形类恐龙，体长通常都在 5 米左右，有一些较大的个体能长到 8 米。它们的脖子很长，前肢长有锋利的爪子，能够防御敌人，也能帮自己采食。它们后肢修长，尾巴也很长，通常会以四足行走，但也能两足行进。

过对几十个禄丰龙股骨的研究发现，它们的生长速度非常快，这似乎解释了它们巨大的体形究竟是怎么来的。除此之外，研究人员还发现，这些骨骼并不是按照恒定的速率生长的，比如其股骨

禄丰龙

学　　名	*Lufengosaurus*	
体　　形	体长 5~8 米	
食　　性	植食	
生存年代	侏罗纪早期	
化石产地	亚洲，中国，云南	

成年禄丰龙与成年
男性体形比较

1m

◁ 禄丰龙化石装架

小脑袋
禄丰龙的脑袋相比身体
来说较小，大致呈一个
长方形。嘴里布满细小
的牙齿，用来咀嚼食物。

1m

△ 禄丰龙头部化石模型

▽ 幼年禄丰龙

▽ 幼年禄丰龙骨骼复原图

1m

梁龙——
不停生长的大个子

梁龙来自蜥脚类恐龙家族，这个特别的家族里充斥着大块头，梁龙也不例外，它们的体长能达 25~35 米，完全就是一座座移动的大山。独特的体形是梁龙生存的法宝，不论是对付掠食者，还是想要争抢领导权或者配偶，它们只要用庞大的身体撞向对方就好了。

梁龙刚出生的时候大约只有 30 厘米，但是经过第一年努力地吃饭、生长，等到一岁的时候就已经能长到 4.5 米长了。吃得多自然长得快，这句话听起来简单，可是对于梁龙来说，却并没有那么美好。它们的牙齿很脆弱，吃东西的速度并不快，所以它们几乎要将醒着的时间全都用来吃东西，才能满足身体的需求。

这样再过上两年，等梁龙三岁的时候，它们的体长又会翻一倍，能够长到 9 米了。再过两年，等梁龙五岁的时候，它们的体长则能达到 15 米。

梁龙保持着极高的生长速率，大约在 10 岁的时候就能达到性成熟。但是它们的体形并没有因此而停止生长。

对于一般的植食恐龙来说，15 米的体长可能已经是极限了，但是对梁龙来说，却还只是个小不点。随着年龄的增加，梁龙会不停地长下去，等到成年时，它们的体长便能达到 25~35 米，变成真正的庞然大物。

成年梁龙与小型汽车大小比较

5m

梁龙

学　名	*Diplodocus*
体　形	体长 25~35 米
食　性	植食
生存年代	侏罗纪晚期
化石产地	北美洲，美国

▽ 梁龙棘刺示意图

▽ 梁龙尾巴复原图

棘刺

因为人们曾经在梁龙的近亲赛氏小梁龙的尾部末端发现过一排锋利的尖刺，所以推测梁龙的尾部也有类似的结构。这些尖刺从脑后一直延伸至尾部末端，就像鬣蜥一样。在梁龙刚出生时，这些尖刺并不发达，但是随着它的成长，尖刺越来越明显，在梁龙成年之后，这些尖刺便可以发挥展示、防御或者散热的功能。一些科学家推测，如果这些尖刺的确能够发挥散热作用，那么背部最高处的尖刺将高达 70 厘米。

独特的鼻孔

从梁龙的头骨化石上看，它的鼻孔位于颅顶的位置，是一个巨大的孔。在早期研究中，人们一直以为位于脑袋顶部的鼻孔可以方便梁龙潜入水中，因为它只要让脑袋露出一点点就能呼吸。可实际并不是这样，从外观上看，梁龙的鼻孔是成对的，位于脑袋前端靠近嘴巴的位置，实际的鼻孔与骨骼上的鼻孔之间形成了巨大的鼻腔。

△ 梁龙头骨化石

梁龙化石装架 ▷

梁龙骨骼

梁龙的脖子拥有 15 块颈椎，虽然数量较多，但是每一块颈椎的长度有限，所以脖子并不算太长。梁龙的脖子不能抬得太高，通常情况下，梁龙垂直的取食范围就是头部上下 2~3 米。和脖子相比，梁龙的尾巴很长，由 70 节颈椎构成。

▽ 梁龙成年头骨复原图

不同阶段的变化

梁龙的头骨非常细长，但是幼年梁龙的头骨要短很多，嘴巴也更尖。

△ 梁龙青年头骨复原图

50cm

△ 幼年梁龙复原图

梁龙幼年头骨复原图 ▷

圆顶龙——
喜欢和家人一起行动的恐龙

圆顶龙是一种大型的蜥脚类恐龙，身长能达到 20 米。和梁龙看上去纤瘦修长的体形不同，圆顶龙的身体看起来要粗壮得多。

圆顶龙的脑袋不像梁龙那样窄长，而是又大又圆，头顶呈拱形。它的肩膀很高，所以能让不算太长的脖子抬到较高的角度，够取高处的食物，减少和同类的竞争。不过，因为和它们生活在一起的梁龙喜欢吃鲜嫩多汁的植物，而它们因为牙齿坚固，可以处理粗糙的植物，所以它们之间的

竞争原本就不算激烈。圆顶龙身体壮硕，胸腔和腹腔都较为宽阔，四肢有力，有一条粗壮的尾巴。

到目前为止，人们发现过不少未成年圆顶龙化石，这使得科学家能够更好地了解圆顶龙在幼年和成年时的差别。从化石上看，幼年圆顶龙头骨和身体的比例要比成年圆顶龙大，眼眶孔也更大；幼年圆顶龙脖子较短，多数骨骼上的骨缝没有愈合。因为曾经发现过两只成年圆顶龙和一只未成年圆顶龙在一起的化石，所以科学家推测它们会以家庭为单位一起行动。

成年圆顶龙与小型汽车大小比较

5m

▽ 幼年圆顶龙复原图

▽ 圆顶龙化石埋藏状态投影图

50cm

幼年圆顶龙化石
到目前为止，人们发现过许多非常完整的幼年圆顶龙化石。化石显示，幼年圆顶龙脖子、尾巴和身体的比例更小，四肢也更短。

圆顶龙

学　名	*Camarasaurus*
体　形	体长约 20 米
食　性	植食
生存年代	侏罗纪晚期
化石产地	北美洲，美国

△ 圆顶龙头部复原图

蜥脚类恐龙长有喙吗？
研究人员不仅发现过圆顶龙的头骨骨骼化石，还发现过它的一些面部软组织和覆盖物，这些特别的发现让研究人员发现了一个惊天秘密，很多蜥脚类恐龙可能长有喙。当蜥脚类恐龙用力咀嚼大量的蕨类植物、针叶树时，它们的喙可能会紧紧抓住暴露在外的牙齿，并提供稳定性。

10cm

△ 圆顶龙头骨复原图

欧罗巴龙——
蜥脚类恐龙家族的小不点

欧罗巴龙也是蜥脚类恐龙，可是和大部分蜥脚类恐龙拥有巨大的身体不同，欧罗巴龙的体形很小，身长只有 6 米，还不及一些体形较大的鸭嘴龙类恐龙。

欧罗巴龙为什么会这么小？这还得从它们的生活环境说起。

欧罗巴龙的祖先其实并不小，可是后来它们迁徙到了小岛上，由于岛上的食物十分有限，难以满足它们庞大身体的需求。为了生存下去，它们改变了生长速度，不再像其他蜥脚类恐龙一样保持着极快的生长速度，它们的生长速度变得很慢，由此体形也变得极小，终于，娇小的它们不再需要那么多食物就可以很好地生存下去了。

欧罗巴龙虽然没有了蜥脚类恐龙家族的典型身材，但是它们的样貌依然保留了家族的特征。它们的外形和腕龙很像，长长的脖子能抬得很高，大大扩大了它们的取食范围。

其实，身体的小型化并不是欧罗巴龙独有的选择，同为蜥脚类恐龙的马扎尔龙，鸭嘴龙类恐龙家族的沼泽龙等，都是因为环境的限制而选择了小型化，才得以继续生存下去。

欧罗巴龙

学　　名	*Europasaurus*	
体　　形	体长约 6 米	
食　　性	植食	
生存年代	侏罗纪晚期	
化石产地	欧洲，德国	

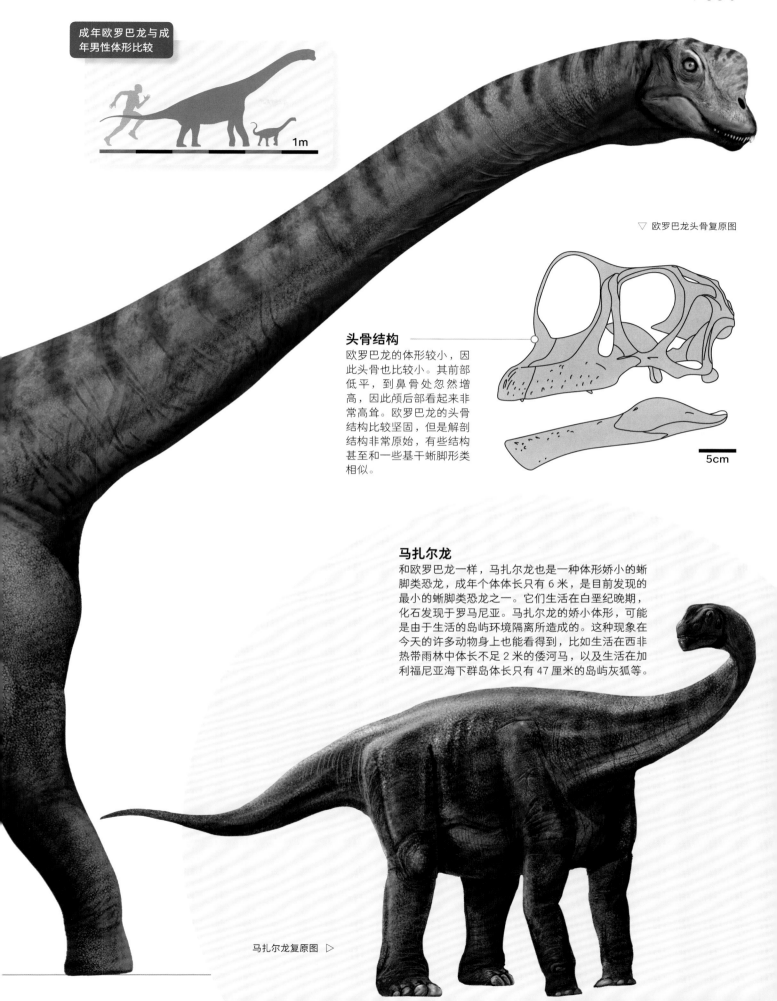

成年欧罗巴龙与成年男性体形比较

1m

▽ 欧罗巴龙头骨复原图

头骨结构

欧罗巴龙的体形较小，因此头骨也比较小。其前部低平，到鼻骨处忽然增高，因此颅后部看起来非常高耸。欧罗巴龙的头骨结构比较坚固，但是解剖结构非常原始，有些结构甚至和一些基干蜥脚形类相似。

5cm

马扎尔龙

和欧罗巴龙一样，马扎尔龙也是一种体形娇小的蜥脚类恐龙，成年个体体长只有 6 米，是目前发现的最小的蜥脚类恐龙之一。它们生活在白垩纪晚期，化石发现于罗马尼亚。马扎尔龙的娇小体形，可能是由于生活的岛屿环境隔离所造成的。这种现象在今天的许多动物身上也能看得到，比如生活在西非热带雨林中体长不足 2 米的倭河马，以及生活在加利福尼亚海下群岛体长只有 47 厘米的岛屿灰狐等。

马扎尔龙复原图 ▷

阿马加龙——
拥有尖刺的蜥脚类恐龙

成年阿马加龙与成年男性体形比较

1m

阿马加龙也来自蜥脚类恐龙家族，可是它的外形却和大多数蜥脚类恐龙不一样，它的身体看上去并不是光秃秃的，因为在它的颈部和背部长有尖刺。

阿马加龙的体形很小，只有 10 米长，这让它在巨无霸云集的蜥脚类家族中显得有些格格不入。也许是为了弥补娇小的体形为自己造成的缺憾，阿马加龙给自己带来了一些额外的奖励——尖刺。

在阿马加龙的颈部和背部长有高耸的神经棘，它们由高到低地由颈部一直长到臀部，在颈部为平行排列的两列，到背部中段时合并成了一列，最高处达到 65 厘米。

虽然这些神经棘并不能直接用于战斗，但是因为它们的存在，本来略显娇小的阿马加龙顿时显得高大了很多，给那些想要攻击它的掠食者造成了不小的威胁。当然这些神经棘在吓唬掠食者的同时还能发挥其他的功能，比如散热或者吸引异性。

因为有高耸的尖刺，雄性阿马加龙似乎会更加自信，它们非常乐于向雌性阿马加龙展示自己的身体，好赢取它们的喜欢。

因为阿马加龙的脖子比较短，上面还长有棘刺，所以不能抬得很高，它们只能啃食一些低矮的植物。这一方面让阿马加龙的觅食范围受到了一定的影响，一方面又让其保持了食物的独特性，为避免它们和同类的竞争带来不少好处。

颈部结构

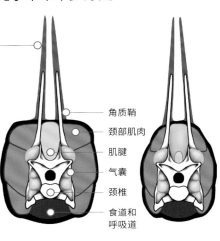

阿马加龙颈部变长的神经棘上半部分被角质鞘包裹形成尖刺，下半部分用来支撑软组织，关于软组织的形态和分布目前有两种推测，一种是像今天的牛一样，神经棘连接着相当粗壮的肌肉和肌腱，用来举起沉重的脖子。另一种是在神经棘之间存在着巨大的气囊用来减轻颈部重量。

角质鞘
颈部肌肉
肌腱
气囊
颈椎
食道和呼吸道

△ 阿马加龙颈部结构复原图

阿马加龙

学　名	*Amargasaurus*
体　形	体长约 10 米
食　性	植食
生存年代	白垩纪早期
化石产地	南美洲，阿根廷

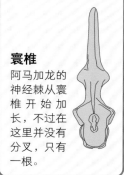

寰椎

阿马加龙的神经棘从寰椎开始加长，不过在这里并没有分叉，只有一根。

颈椎

从第二节颈椎开始，阿马加龙的神经棘开始分叉，平行向后延伸，一直到骨盆处，又融合成了单根。阿马加龙的神经棘最高位置在第5至第7颈椎处，最长的高达75厘米，因为包裹有角质鞘，所以最终的长度可达1.35~2米，非常壮观。

胸椎

阿马加龙颈椎的神经棘不仅长而锋利，而且向后倾斜，但是胸椎的神经棘则变得短而粗壮，不过依然分叉。神经棘可能连接着粗壮的肌肉和肌腱。

荐椎

阿马加龙骨盆处的神经棘不再分叉，再次融合成一个整体。

△ 阿马加龙骨骼复原图

倾头龙——
时刻准备着
和最聪明的恐龙战斗

倾头龙是一种肿头龙类恐龙，和同属一个家族的剑角龙是近亲，最初被发现时，人们还误将它认为是剑角龙。

肿头龙类恐龙都有着厚厚的颅顶，倾头龙也不例外，它的颅顶厚重而宽阔，且有一定的倾斜角度。在它的颅顶四周同样绕着一圈密密麻麻的骨质小瘤和棘刺，像戴上了花环一般，很是漂亮。

当然，厚重的颅顶也是倾头龙保护自己的武器，为了减缓脑袋被撞击时带来的冲击力，它们的脖子又短又粗，背部宽阔，骨盆也很结实。

倾头龙的眼睛很大，视力良好，能够及时发现四周的危险，比如时刻想要猎捕它们的敏捷机警的伶盗龙。伶盗龙的智商很高，可以说是最聪明的恐龙，它们不仅拥有锋利的牙齿、可怕的爪子，还会在战斗中运用战略战术。倾头龙想要防御伶盗龙并没有那么容易。好在它们有着强大的"武器"，并没有其他植食恐龙那么好对付。

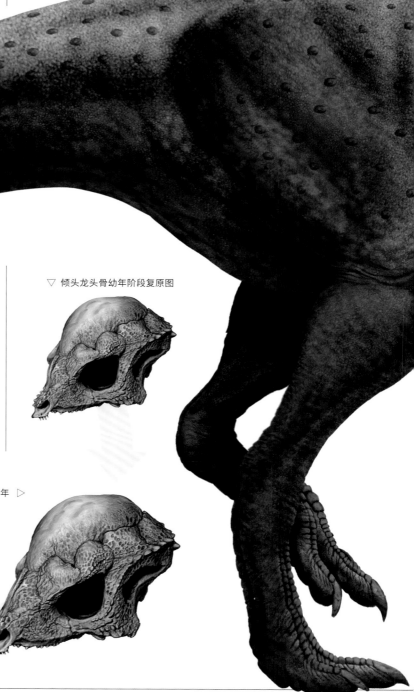

曾经科学家认为倾头龙在幼年时期会经历一段平头时光，它的颅顶一定不像成年后那样鼓起。所以有一些研究人员甚至认为另外一种肿头龙类恐龙——平头龙，就是幼年倾头龙，有着平坦的颅顶。但是后来科学家发现了真正的幼年倾头龙化石，从化石上看，它的颅顶已经很厚了，并非像平头龙那样平坦。倾头龙便会通过颅顶的相互角力，来争夺配偶或者领导权。

▽ 倾头龙头骨幼年阶段复原图

▽ 倾头龙头骨成年
阶段复原图

倾头龙头骨青年 ▷
阶段复原图

成年倾头龙与成年
猎豹体形比较

50cm

平头龙
因为平头龙头骨上的骨质小
瘤和棘刺与倾头龙非常相
像，研究人员曾经认为平头
龙是幼年倾头龙，以为倾头
龙会在幼年时期经历颅顶平
坦的阶段，但实际上幼年倾
头龙的颅顶就是圆的。

倾头龙

学　　名	*Prenocephale*
体　　形	体长约 2.4 米
食　　性	植食
生存年代	白垩纪晚期
化石产地	亚洲，蒙古

▽ 平头龙头部复原图

▽ 鳄鱼头骨

△ 平头龙头骨复原图

骨质瘤
鳄鱼头骨表面有
很多小孔，布满三
叉神经，非常类似
于倾头龙的头骨。

△ 倾龙头骨复原图

冥河龙——
头顶装饰最繁复的恐龙

在头顶都有着隆起和棘刺的肿头龙类恐龙中，冥河龙恐怕是装饰最繁复的一种。

冥河龙的脑袋大约长 50 厘米，头顶上有一个厚厚的隆起。像其他肿头龙类恐龙一样，在这个大大的隆起周围，布满了数量众多的棘刺和骨质小瘤，密密麻麻地将脑袋围了一圈。不过特别的是，这些棘刺和骨质小瘤并不是只出现在头顶边缘，它们延伸到了冥河龙的面部，在它的鼻子上、眼睛周围等地方，都有圆锥形的骨质凸起，这些凸起有一些非常尖锐。在冥河龙的头骨后部，有一对长 18 厘米的尖角从两侧伸了出来，每一根尖角旁边还有 3 对较短的尖角。这些尖角不仅能很好地保护冥河龙的脑袋，还能保护它脆弱的脖子。

冥河龙的体形不大，运动速度很快，当它在高速奔跑中将脑袋撞向对方时，会产生巨大的撞击力。为了能在防御、攻击或者和同伴间争夺配偶的斗争中有效地使用自己厚重的脑袋，而又不至于把自己弄伤，冥河龙就要在自己的脖子上想想办法。你瞧它的脖子又短又粗，颈椎骨紧密地排列在一起，具有很好的缓冲作用，就是为了保护自己的脑袋。

▽ 冥河龙头部特写

冥河龙	
学　　名	*Stygimoloch*
体　　形	体长 3~6 米
食　　性	植食
生存年代	白垩纪晚期
化石产地	北美洲，美国

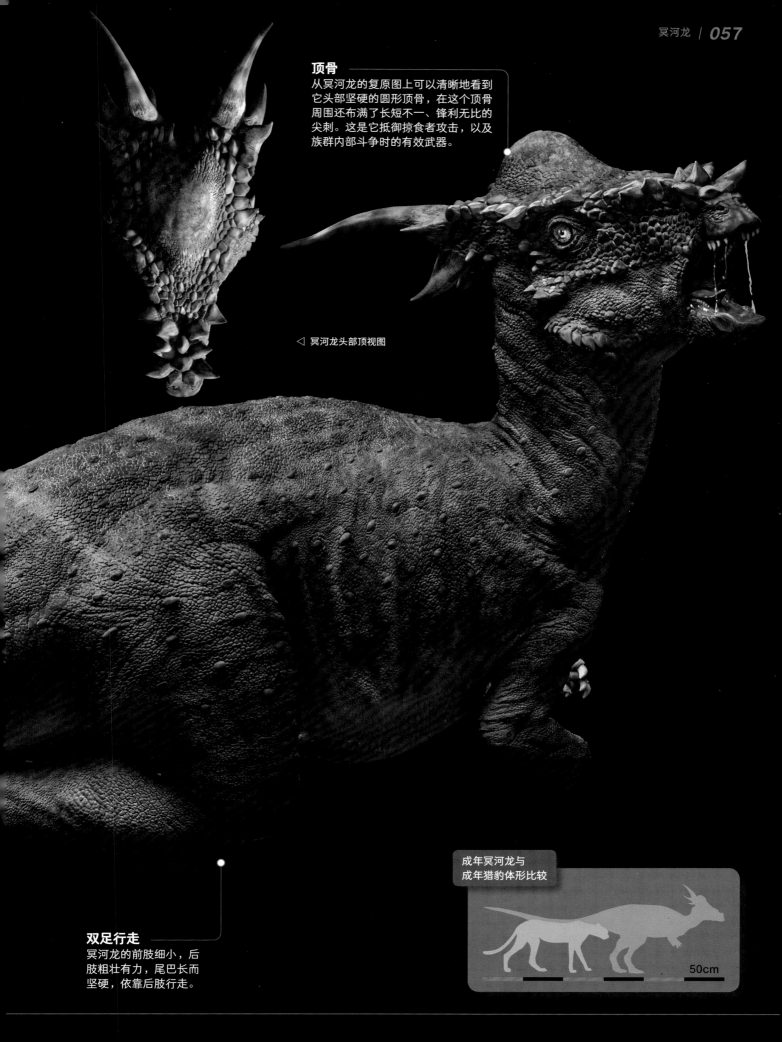

顶骨
从冥河龙的复原图上可以清晰地看到它头部坚硬的圆形顶骨，在这个顶骨周围还布满了长短不一、锋利无比的尖刺。这是它抵御掠食者攻击，以及族群内部斗争时的有效武器。

◁ 冥河龙头部顶视图

双足行走
冥河龙的前肢细小，后肢粗壮有力，尾巴长而坚硬，依靠后肢行走。

成年冥河龙与
成年猎豹体形比较

50cm

副栉龙——
长有漂亮头冠的恐龙

副栉龙是一种奇特的鸭嘴龙类恐龙，以头顶上大型修长的冠饰而闻名。这个头冠就像一根弯曲的骨棒，沿着头顶向后弯曲着。

鸭嘴龙类恐龙的身上大多都没有什么奇特的装扮，只有那张扁扁的鸭子状的嘴巴是它们的特色。但是家族中有一支名为赖氏龙亚科的成员，却多了一个特点，拥有漂亮的头冠。

副栉龙就是赖氏龙亚科成员，它的骨质头冠不仅漂亮，而且还是中空的，能发出声音。

科学家推测，副栉龙的冠饰会随着年龄的增长而改变，幼年时期，冠饰较小较圆，到了青春期后，冠饰生长的速度就会显著加快。不仅如此，副栉龙的冠饰还有着典型的两性差异，雄性副栉龙的冠饰要比雌性副栉龙长而弯曲。这说明雄性副栉龙会利用大大的头冠，以及头冠外部华丽的色彩吸引异性的注意。

副栉龙身长约 10 米，是一种大型的植食恐龙。它的嘴巴扁宽，前端覆盖着坚硬的角质喙。它的脖子粗壮，身体结实，前肢健壮，后肢修长，有一条长而粗的尾巴。

幼年副栉龙的头冠
到目前为止，人们已经发现过数个幼年副栉龙的化石，它们的身体结构有着与成年副栉龙相近的比例，但是头冠很不一样。幼年副栉龙头部没有管状头冠，只有一个半圆形突起，管状头冠可能是在它趋于成熟的几年里迅速发育出来的。

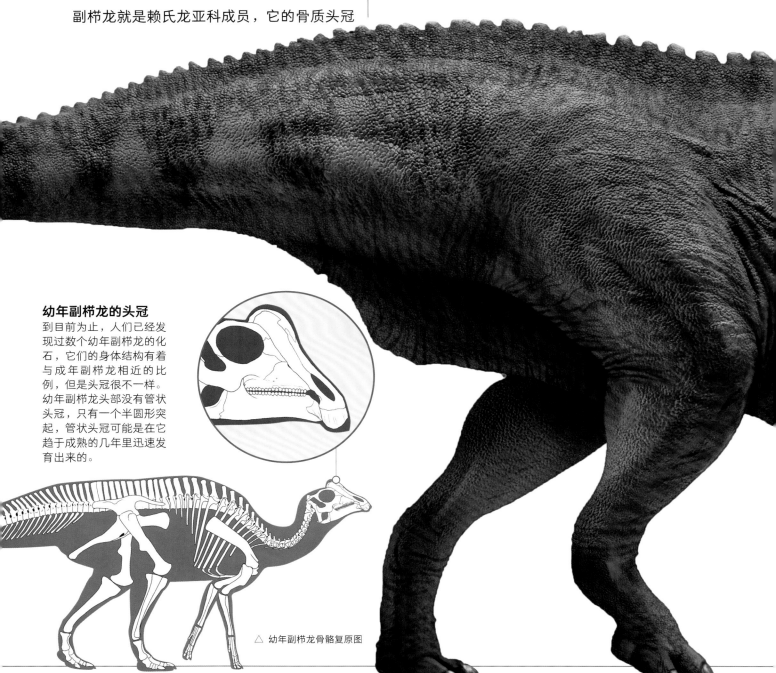

△ 幼年副栉龙骨骼复原图

成年副栉龙与幼年
副栉龙体形比较

1m

副栉龙的种类

目前公认的副栉龙包含
三个种类，它们有着不
同形状的管状头冠，其
中小号手副栉龙的头冠
最为粗壮，我们熟知的
细长管状头冠来自沃克
氏副栉龙，而短冠副栉
龙则拥有较短而且更为
弯曲的冠。

△ 小号手副栉龙
头骨复原图

△ 沃克氏副栉龙
头骨复原图

△ 短冠副栉龙
头骨复原图

神经棘缺口

从完整的成年副栉龙化石显示，在背
部中部由于神经棘突然改变倾斜方向
而形成了一个缺口，这个缺口的位置
正好与副栉龙抬头时候头冠末端吻合。
一些科学家认为这个缺口可以在副栉
龙抬头的时候支撑头冠，也有科学家
认为这只是个别个体的病理现象。

▽ 沃克氏副栉龙复原图

头冠的结构

成年副栉龙的管状头冠内具有多条
气道，空气流经时可以发出声音。
科学家曾经制作过副栉龙头冠模
型，在向模型吹气时，模型发出了
演奏长号的声音。幼年副栉龙的头
冠虽然没有发育成管状，但也拥有
气道，但是因为形状与成年副栉龙
不同，它所发出的声音也不相同。

△ 副栉龙成年及幼年
头骨结构复原图

神经棘缺口

副栉龙

学　　名	*Parasaurolophus*	
体　　形	体长约 10 米	
食　　性	植食	
生存年代	白垩纪晚期	
化石产地	北美洲，	
	美国、加拿大	

△ 副栉龙化石标本

盔龙——
头冠既能求爱也能防御

成年盔龙与
成年男性体形比较

1m

和副栉龙一样，盔龙也是一种赖氏龙亚科恐龙，所以自然也有一个高耸的头冠。不过，如果出现在你眼前的是一只幼年盔龙，也许你一下子会认不出它，因为它的脑袋顶上根本没有头冠，只有眼睛上方有一个小小的隆起。就连科学家看到这样的化石也忍不住以为这是它们顶破蛋壳的"破卵齿"，而根本不是什么头冠。

可是，当你见过足够多的不同年龄段的盔龙化石就会明白，那小小的隆起的确是头冠的雏形。

实际上，盔龙的头冠是随着年龄的增长而不断变化的。不仅如此，雄性盔龙和雌性盔龙的头冠也有所不同，雄性盔龙的头冠会更加醒目，是它们追求异性的工具。

盔龙的体形很大，身长大约 9 米左右，虽然它鸭嘴状的角质喙中没有牙齿，但是面颊部却有着成百上千颗牙齿，可以咬碎坚硬的针叶类植物。它的身体壮硕，四肢粗壮，通常以四足行走。

幼年鸭嘴龙类化石

这是来自美国自然历史博物馆的幼年鸭嘴龙类化石标本，由于头骨形状还未完全发育成成年以后的形态，因此它的身份尚未完全确定。科学家猜测它可能是盔龙或者赖氏龙的幼年个体。

△ 幼年鸭嘴龙类化石标本

在盔龙生活的地方有可怕的暴龙类恐龙惧龙和蛇发女怪龙，为了不让自己成为它们的美食，盔龙会利用会发声的头冠，时刻提醒同伴危险的到来，以便提早做好准备。

盔龙

学　　名	*Corythosaurus*
体　　形	体长约 9 米
食　　性	植食
生存年代	白垩纪晚期
化石产地	北美洲，加拿大

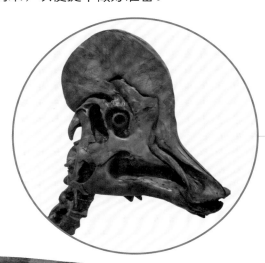

◁ 成年盔龙头部化石标本

头冠的作用

盔龙不像剑龙类或者甲龙类恐龙具有能够保护自己的装甲，它最大的武器大概就是头冠了。因为盔龙的头冠能够发出声音，因此这成为它和同伴交流的秘密武器，方便它们及早发现危险。当然，盔龙优秀的视觉和听觉也是它们自我保护的工具。

鳞片化石

科学家曾经发现过盔龙的皮肤化石，从化石上看，它的表皮凹凸不平，看起来和蜥蜴非常相像。

△ 盔龙鳞片化石

亚冠龙——
可能保存有 DNA 的恐龙

在人们发现的恐龙化石中，大多都是成年恐龙的骨骼化石，而较少有幼年个体的骨骼。这并不是因为幼年个体死亡率低的缘故，相反，因为保护自己的能力较弱，恐龙在幼年时期的死亡率很高，可是因为它们的骨骼脆弱，化石难以保存，所以人们发现得并不多。不过，亚冠龙似乎是个例外，到目前为止，人们已经发现很多幼年亚冠龙的骨骼化石，这使得亚冠龙成为发现幼年个体最多的鸭嘴龙类恐龙之一。而且，最特别的是，

人们在幼年亚冠龙的软骨化石中，发现了可能保存至今的软骨细胞、染色体及 DNA。之前的研究都表明 DNA 的保存不会超过一百万年，然而新的研究则表明即便是中生代的生物化石，也具有保存相关遗传信息的潜力。

亚冠龙是一种体形较大的鸭嘴龙类恐龙，头上长有别致的头冠。通过对幼年亚冠龙化石的研究，科学家发现它们头冠的大小和形状是随着年龄的增长而变化的。

亚冠龙

学　　名	*Hypacrosaurus*	
体　　形	体长约 9 米	
食　　性	植食	
生存年代	白垩纪晚期	
化石产地	北美洲， 加拿大、美国	

人们曾经发现过亚冠龙的巢穴，它们的巢穴呈盆状，而蛋宝宝则是直径大约 20 厘米的圆形蛋。亚冠龙的性成熟时间很早，因此比其他的植食恐龙多了很多繁衍宝宝的时间。能生育更多的恐龙宝宝，亚冠龙家族自然也就比别的植食恐龙家族更加繁盛。

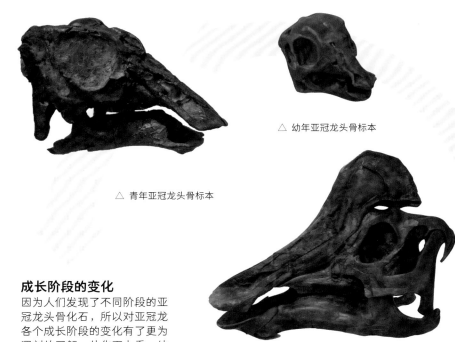

△ 幼年亚冠龙头骨标本

△ 青年亚冠龙头骨标本

成长阶段的变化

因为人们发现了不同阶段的亚冠龙头骨化石，所以对亚冠龙各个成长阶段的变化有了更为深刻的了解。从化石上看，幼年亚冠龙的头冠只是一个突起，成年后才具有高耸的头冠。

△ 成年亚冠龙头骨标本

生活习性

亚冠龙长有一张扁平宽大的鸭嘴，牙齿集中于面颊部分。和其他鸭嘴龙类恐龙一样，亚冠龙具有强大的咀嚼功能，能够磨碎植物。而它也不必担心牙齿在咀嚼的过程中磨损，一旦牙齿损坏，便有新的牙齿来替换。亚冠龙脖子较短，身体健壮，行动较为迅速。

成年亚冠龙与成年男性体形比较

1m

小鸭嘴龙——
被误认为最小的鸭嘴龙类恐龙

幼年小鸭嘴龙与成年猎豹体形比较

50cm

中国广东省南雄市是世界上恐龙蛋化石埋藏最丰富的地区之一，自从 20 世纪 70 年代科学家在南雄首次发现恐龙蛋化石以来，人们已经在这里发现了数量众多的恐龙蛋化石，包含有长形蛋类、椭圆形蛋类、棱柱形蛋类、圆形蛋类等，而这其中有很多蛋都属于小鸭嘴龙。

小鸭嘴龙曾经被认为是最小的鸭嘴龙类恐龙之一，因为它的正模标本很小，估计体长只有 3 米，但后来人们确认其正模标本是幼年个体，成年后的小鸭嘴龙也是一种体形很大的鸭嘴龙类恐龙。

小鸭嘴龙属于鸭嘴龙类恐龙中没有冠饰的鸭嘴龙科，它的正模标本

包括部分下颌骨，上面有齿列和齿槽，这个化石似乎没有表现出太多独有的特征，但科学家依旧将它命名为了一个新的物种。

从化石上看，小鸭嘴龙的外形似乎和北美洲的埃德蒙顿龙非常类似，长长的脑袋上有一张扁扁的鸭嘴，前端没有牙齿，但是面颊部牙齿数量众多，具有咀嚼功能。它的身体较为粗壮，脖子较短，四肢健壮，有一条结实的尾巴。

▽ 小鸭嘴龙部分下颌骨示意图
含齿列和齿槽

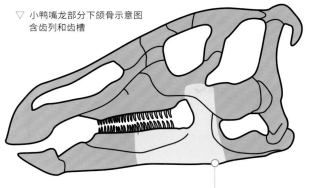

小鸭嘴龙牙槽示意图 ▷

齿列和齿槽

小鸭嘴龙的正模标本
只有包含齿列和齿槽
的部分下颌骨，从化
石上看，它来自幼年
个体，齿槽的形状和
北美洲的埃德蒙顿龙
相似。

足迹

来自广东南雄晚白垩世鸟脚类恐龙
足迹化石显示，不同体形的鸭嘴龙
类恐龙同时生活在这片区域，这说
明它们有着高度的社会性，幼年个
体会在成年个体的陪伴下长大。而
科学家据此足迹化石推测，小鸭嘴
龙也具有相同的群居生活习性。

1m

△ 广东南雄晚白垩世的鸟脚类足迹化石投影图

小鸭嘴龙

学　　名	*Microhadrosaurus*
体　　形	不详
食　　性	植食
生存年代	白垩纪晚期
化石产地	亚洲，中国，广东

慈母龙——
尽职尽责的好父母

慈母龙大概是人们对于恐龙巢穴、恐龙蛋以及幼年恐龙研究得最深入的物种了，因为在 1978 年至 1988 年的十年间，科学家杰克·霍纳和他的好友罗伯特·马凯拉在美国蒙大拿州发现了数量庞大的慈母龙蛋窝、幼年慈母龙以及成年慈母龙化石，并有机会对它们进行了深入的研究。

慈母龙是一种大型鸭嘴龙类恐龙，体长大约能达到 9 米，外形和鸭嘴龙很像，都拥有一张扁宽的鸭嘴，脑袋较大，身体粗壮。不过，它也有比较独特的地方，比如头顶有一个不太起眼的小凸起。

每到繁殖季节，慈母龙就会选一块平整的地方，挖一个直径大约 2 米的盆状蛋窝，开始产蛋。它们产的是圆形蛋，每窝大概 18~25 个，产完之后，会用树枝树叶将它们覆盖好。人们曾经在不到一平方公里的范围内发现了 40 个慈母龙巢穴，说明当时有很多慈母龙在一起产蛋。

慈母龙

学 名	*Maiasaura*
体 形	体长约 9 米
食 性	植食
生存年代	白垩纪晚期
化石产地	北美洲，美国、加拿大

产完蛋之后，慈母龙妈妈会精心照看它们，好让它们顺利孵化出来。刚出生的慈母龙有一个大大的脑袋，身体和尾巴都比较短，四肢较长。在研究那些幼年慈母龙化石时，科学家发现，在它们四肢还没有完全钙化的情况下，它们的牙齿已经出现了磨损迹象，这表明当它们还无法独立行走时，已经在吃东西了，而这些美味的食物就是爸爸妈妈带给它们的，慈母龙果然是尽职尽责的好父母。

△ 幼年慈母龙头骨投影图

△ 青年慈母龙头骨投影图

随成长变化的头骨
慈母龙在幼年时期头骨很圆，随着年龄的增长，头部逐渐变得细长，眼睛前方长出两只小角，而成年后头骨长而粗壮，两个角融合成一道横向嵴。

△ 成年慈母龙头骨投影图

幼年慈母龙与成年家猫体形比较

10cm

窃蛋龙——
为了保护蛋宝宝而丢了性命的恐龙

窃蛋龙是一种和鸟类很像的恐龙，来自窃蛋龙类恐龙家族。因为家族中曾经发现过许多成员长有羽毛的证据，所以人们推测窃蛋龙的身体也覆盖着羽毛。窃蛋龙类恐龙都有一张坚硬的喙状嘴，窃蛋龙也不例外，它的嘴巴坚硬锋利，可能是杂食动物，一些研究人员推测，它也许会啄破蛋壳，偷取蛋液吃。也许正是因为这样的判断，才在最初被发现时被误认为偷蛋贼。

窃蛋龙的化石发现于蒙古，娇小的骨架正巧在一窝蛋附近，头骨遭到挤压并变形。因为当时人们在此地发现了众多的原角龙化石，由于研究条件有限，科学家便认为这窝蛋属于原角龙，而那个头骨被踩碎的家伙一定是为了偷食原角龙的蛋才丧命的，所以科学家为它起了一个贴切的名字——窃蛋龙。

▽ 窃蛋龙孵化场景复原装架

孵蛋化石
根据葬火龙等其他窃蛋龙类恐龙孵蛋化石的发现，我们能够推测并复原出窃蛋龙死前孵蛋的场景。

当然，几十年后，科学家不仅又在当地发现了窃蛋龙类恐龙化石，还发现了正在孵蛋的窃蛋龙类恐龙，这让他们开始重新审视之前关于窃蛋龙的研究。最终，科学家认为几十年前看到的那一幕并不是窃蛋龙因为偷蛋而丧命，而是为了保护自己的蛋宝宝不幸丢了性命。

窃蛋龙

学　　名	*Oviraptor*	
体　　形	体长 1.8~2.5 米	
食　　性	杂食	
生存年代	白垩纪晚期	
化石产地	亚洲，蒙古	

头冠

研究人员认为窃蛋龙类恐龙普遍具有发达的头冠，但是受限于不完整的头骨，其头冠形状的复原并不是十分准确。窃蛋龙的头骨也不完整，人们在它的鼻尖处还看到了残留的头骨碎片，这也为它的头冠复原带来了些麻烦。

△ 窃蛋龙的头骨化石投影图

▽ 怀孕的窃蛋龙化石

怀孕的窃蛋龙

一些珍贵的标本向我们展示了怀孕的窃蛋龙尚未产出的蛋是如何在体内排列的。从化石上看，窃蛋龙有两个功能性输卵管，一次能产出两枚蛋，因此窃蛋龙巢穴中的蛋都是两颗为一组排列的。

成年窃蛋龙与成年男性体形比较

50cm

葬火龙——
会像鸟类一样
孵蛋的恐龙

葬火龙就是让人们重新关注窃蛋龙的恐龙，因为它正在孵蛋的化石，人们对窃蛋龙类恐龙有了更加深入的了解。

葬火龙是一种体形中等的窃蛋龙类恐龙，体长大约 3 米，它们的脑袋很短，头顶上有一个高耸的头冠，嘴巴前端是喙状嘴。它们的前肢比较长，长有三个可以弯曲的手指，具有抓握功能，能帮助其进食。后肢长而健壮，双脚也很修长，说明它们的奔跑速度很快。葬火龙有一条很长的尾巴，能在它们快速奔跑时帮助保持身体平衡。虽然科学家并没有在葬火龙的化石中发现确凿的羽毛印痕，但是却发现了奇特的尾综骨。我们知道，在鸟类的脊柱末端，会有数块尾椎愈合而成的尾综骨，上面会长有尾羽。所以，这一发现证实了葬火龙与鸟类的关系非常近。

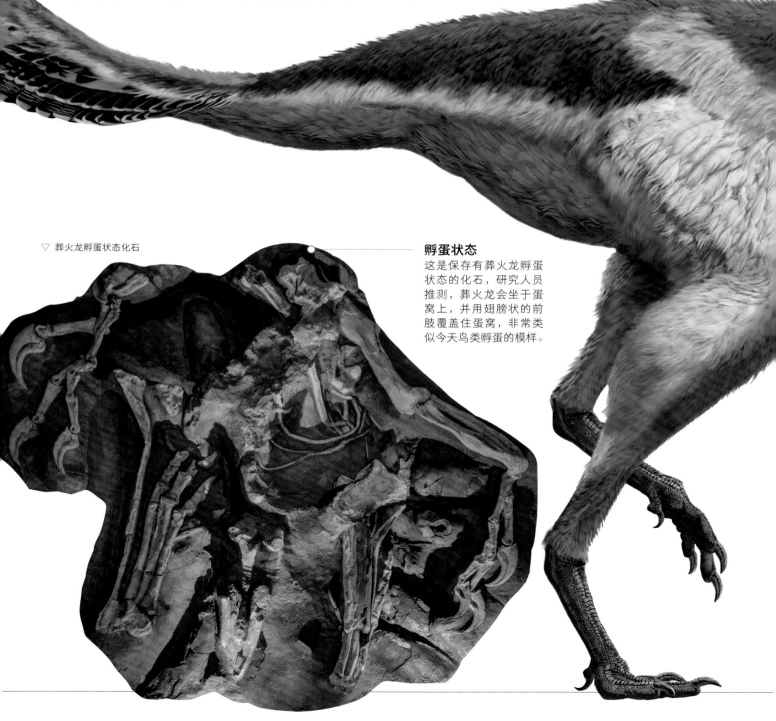

▽ 葬火龙孵蛋状态化石

孵蛋状态
这是保存有葬火龙孵蛋状态的化石，研究人员推测，葬火龙会坐于蛋窝上，并用翅膀状的前肢覆盖住蛋窝，非常类似今天鸟类孵蛋的模样。

当然，葬火龙和鸟类的相似之处还体现在它抚育后代的行为上。科学家在蒙古发现了数个正在孵蛋的葬火龙化石，化石显示，它们坐在蛋窝上，两个前肢张开，对称地放在蛋窝两侧，就像孵蛋的鸟类一样。它们一次可以孵 22 个蛋，这些蛋都是长条形的。

正在孵蛋的葬火龙化石，不仅再一次印证了恐龙与鸟类的密切关系，也让人们有机会欣赏到这群奇特的动物繁衍时的珍贵场景。

成年葬火龙与成年家猫体形比较

1m

▽ 葬火龙头骨化石

△ 葬火龙骨骼复原图

葬火龙

学 名	*Citipati*
体 形	体长约 3 米
食 性	杂食
生存年代	白垩纪晚期
化石产地	亚洲，蒙古

头骨

葬火龙的头骨很短，有许多洞孔，能大大减轻头骨重量。它有着坚实的喙嘴，没有牙齿。它的头顶上有高耸的头冠。

贝贝龙——
最大的坐窝孵蛋的恐龙

人们也许常常能见到恐龙蛋化石，可是蛋壳里保存有胚胎的化石却十分罕见，所以，20 世纪 90 年代初，当人们在河南发现了一窝保存有恐龙胚胎的恐龙蛋化石后，着实被震惊了。

这窝蛋是巨型长形蛋，蛋的个头非常大，足有 43 厘米长，是目前发现的最大的恐龙蛋之一。其中有三枚较为完整，整齐地排列在一起，另一枚不完整的则位于右上方，是一些零散的蛋皮。而最令人吃惊的是，在最上方那颗蛋里，有一个清晰的小恐龙骨骼，它保持着向右侧卧的姿势，蜷缩着小小的身躯，这便是那个难得一见的恐龙胚胎。人们以给它拍照的摄影师路易·皮斯霍斯的名字，将这个珍贵的恐龙胚胎命名为路易贝贝。

路易贝贝究竟是一种什么恐龙呢？人们曾经进行过很多猜测，有些人认为它是镰刀龙类恐龙，有些人认为它是暴龙类恐龙，但最令人信服的猜测认为它来自窃蛋龙类恐龙家族。

2017 年，科学家终于揭开了这个谜底，路易贝贝被确认为是一种窃蛋龙类恐龙，成年后体重超过 1 吨，是目前发现的最大的坐窝孵蛋的恐龙。它的蛋窝直径大约 2~3 米，一次能产约 24 颗蛋，呈环状排列。科学家将这种恐龙命名为贝贝龙，它们生活在 8900 万年前 ~1 亿年前的白垩纪晚期，身覆羽毛，头上可能长有骨质头冠，前肢较长，呈翅膀状，可以很好地保护蛋宝宝。

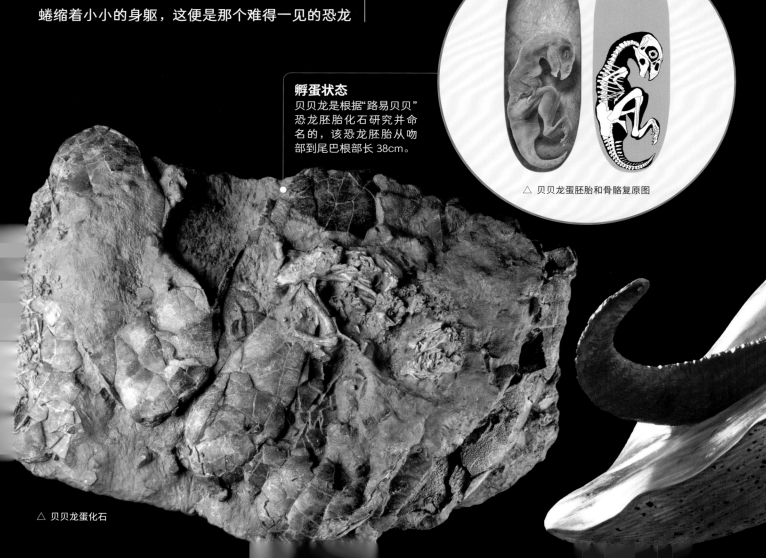

孵蛋状态
贝贝龙是根据"路易贝贝"恐龙胚胎化石研究并命名的，该恐龙胚胎从吻部到尾巴根部长 38cm。

△ 贝贝龙蛋胚胎和骨骼复原图

△ 贝贝龙蛋化石

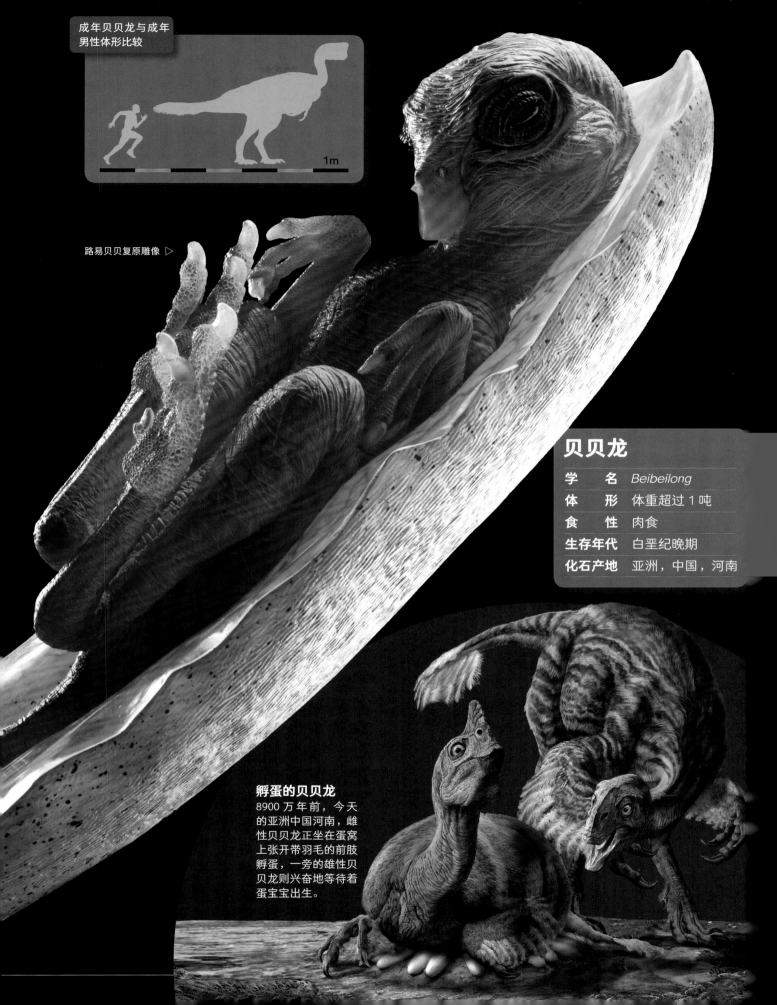

成年贝贝龙与成年
男性体形比较

1m

路易贝贝复原雕像 ▷

贝贝龙

学　　名	Beibeilong
体　　形	体重超过 1 吨
食　　性	肉食
生存年代	白垩纪晚期
化石产地	亚洲，中国，河南

孵蛋的贝贝龙
8900 万年前，今天
的亚洲中国河南，雌
性贝贝龙正坐在蛋窝
上张开带羽毛的前肢
孵蛋，一旁的雄性贝
贝龙则兴奋地等待着
蛋宝宝出生。

冠盗龙——
像食火鸡一样的恐龙

生活在澳大利亚和新几内亚等地的食火鸡，是世界上最危险的鸟类之一，头上长有一个高耸的头冠。而在白垩纪晚期今天的中国江西地区，生活着一种和食火鸡外形非常相似的恐龙，不仅个头相仿，身覆羽毛，脑袋顶上也有一个类似的骨质头冠，又高又扁呈半扇状，它们就是冠盗龙。

冠盗龙也是一种窃蛋龙类恐龙，脑袋又短又高，嘴巴已经特化成坚硬而锋利的角质喙。它们的脖子细长弯曲，前肢呈翅膀状，长有三个锋利的爪子，后肢健壮修长，奔跑速度很快。

冠盗龙的正模标本是一个未成年个体，大约8岁，死亡的时候正处于生长速度较低的阶段。

食火鸡会在性成熟前几年忽然从平头上长出一个大大的头冠，用于繁衍，而冠盗龙同样也会将头冠作为吸引异性的工具吧！因为两者头冠的结构和外形都很相似，所以科学家推测冠盗龙的头冠可以用于向异性炫耀、传达信息以及在交配季节表明自身的健康状态。

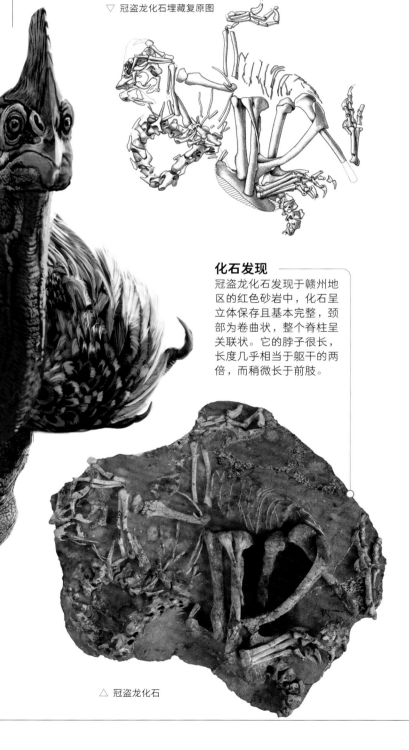

▽ 冠盗龙化石埋藏复原图

化石发现

冠盗龙化石发现于赣州地区的红色砂岩中，化石呈立体保存且基本完整，颈部为卷曲状，整个脊柱呈关联状。它的脖子很长，长度几乎相当于躯干的两倍，而稍微长于前肢。

△ 冠盗龙化石

冠盗龙

学　　名	*Corythoraptorjacobsi*
体　　形	身高约 1.7 米
食　　性	肉食
生存年代	白垩纪晚期
化石产地	亚洲，中国，江西

食火鸡

食火鸡体形似鸵鸟，不会飞。在幼年时期并未发育高耸的头冠，在性成熟的前几年头冠才会快速生长出来。

▽ 幼年食火鸡

头冠

冠盗龙的头冠可能和食火鸡有着类似的功能，是它们吸引异性的工具，也能在交配季节表示一种健康的状态。

后肢

冠盗龙具有健壮而修长的后肢，脚上有锋利的爪子。

成年冠盗龙与成年猎豹体形比较

1m

安祖龙——
和霸王龙生活在一起的窃蛋龙类恐龙

安祖龙是体形较大的窃蛋龙类恐龙，看起来和鸟类非常相像，仿佛是生活在白垩纪晚期的超大号鸵鸟。安祖龙身长 3~3.5 米，全身长有羽毛，头上有一个别致的头冠，类似于鸡冠，嘴巴已经特化成了喙状嘴。它们双腿修长，手臂纤细，尾巴很短。和鸟类不同的是，它们的前肢拥有巨大而锋利的爪子。

安祖龙的化石发现于著名的地狱溪组，那里因为发现了霸王龙和三角龙而闻名世界。之前人们还在那里发现过甲龙类恐龙、鸭嘴龙类恐龙等，而窃蛋龙类恐龙在那里并不常见。对于当地的顶级掠食者来说，安祖龙的体形似乎正合它们的胃口，虽然安祖龙的奔跑速度很快，但是因为它们几乎没有反抗的武器，因此很容易被猎捕。

为了对抗艰难的生活，安祖龙总是想办法繁育更多的后代，这样才能确保家族的兴旺。而那些雄性安祖龙恐怕就是靠着高耸的头冠和漂亮的羽毛来吸引心仪的异性的吧！

▽ 巨盗龙复原图

家族中的大家伙
窃蛋龙类恐龙普遍体形娇小，但是也不乏一些大块头，比如体长 8 米的巨盗龙，就是最大的窃蛋龙类恐龙。安祖龙的个头虽然比不上巨盗龙，但也算是家族中较大的成员。

安祖龙

学　名	*Anzu*
体　形	体长 3~3.5 米
食　性	杂食
生存年代	白垩纪晚期
化石产地	北美洲，美国

纤手龙

纤手龙是一种窃蛋龙类恐龙，长有末端纤细的手臂、长长的爪子以及具有纤细脚趾的长腿。人们曾经将安祖龙的化石误认为属于纤手龙。

△ 纤手龙复原图

▽　成年男性

▽ 安祖龙骨骼复原图

▽ 近颌龙骨骼复原图

1m

近颌龙

发现于地狱溪组的近颌龙是安祖龙的近亲，不过曾经被认为是安祖龙的成年个体，致使人们怀疑之前所发现的安祖龙都是亚成年个体。

潜隐女猎龙——
最聪明的恐龙之一

潜隐女猎龙来自伤齿龙科家族，是一群体形娇小、身覆羽毛、后肢上有镰刀状锋利指爪的恐龙，以极高的智慧而著称。因为拥有很大的脑容量，潜隐女猎龙被称为最聪明的恐龙之一，它们不仅在捕猎中展现出了聪明才智，就算是在产蛋时也表现得智慧满满。

人们曾经在遍地都是慈母龙巢穴的龙蛋山上发现过伤齿龙类的巢穴，它们看起来和慈母龙的巢穴完全不一样，在内径大约为 1 米的碟状巢穴中，伤齿龙类将自己长长的蛋竖直插入了沙土中。这样特别的产蛋方式是伤齿龙类采取的保护性措施，因为伤齿龙类的蛋壳很薄，抗失稳能力差，如果它们将蛋以横卧的方式埋在沙土中，这些蛋很容易就会破裂，而

△ 伤齿龙复原图

▽ 细爪龙复原图

困惑的分类

伤齿龙的化石非常多，分布于美国、加拿大，这些化石中不乏很多破碎的化石、单独的牙齿化石等，也都被人们分到了伤齿龙属中。不过，近来研究人员重新研究了一些发现于加拿大的伤齿龙化石，发现它们其实不属于伤齿龙，而是来自另外两种伤齿龙类成员：细爪龙和潜隐女猎龙。

如果把蛋竖起来，蛋的抗破碎能力就会比把它们平放埋在沙土中要高出 4~5 倍。

人们在中国河南也发现过伤齿龙类恐龙的蛋化石，这些棱柱形蛋化石显示，它们的刚性蛋壳很接近现代鸟蛋的蛋壳，而不像其他大多数恐龙及现代爬行动物所产的蛋具有韧性蛋壳，因为韧性十足，这些蛋往往因重力作用产生变形而呈扁球形和扁椭球形。因此，科学家推测伤齿龙类恐龙的生殖系统在蛋壳形成方面与现代鸟类有一定相似性。

潜隐女猎龙

学 名	*Latenivenatrix*
体 形	体长 3~3.5 米
食 性	肉食
生存年代	白垩纪晚期
化石产地	北美洲，加拿大

伤齿龙类的蛋窝
伤齿龙类恐龙的下蛋方式非常特别，每一颗蛋几乎都是垂直插入蛋窝中的。

▽ 伤齿龙类棱柱蛋化石

5cm

▽ 潜隐女猎龙骨骼复原图

▽ 细爪龙骨骼复原图

▽ 成年猎豹

1m

拜伦龙——
牙齿像钢针的恐龙

拜伦龙是一种体形娇小的肉食恐龙，来自伤齿龙科恐龙家族，它身长大约 1.5 米，身体纤瘦。和其他伤齿龙科恐龙一样，拜伦龙有着修长的后肢，并且具有锋利的镰刀状弯爪，是它捕食猎物的好工具。拜伦龙的视觉和听觉都非常棒，这为它捕猎提供了有利条件。

拜伦龙最特别的地方就是它的牙齿，这些牙齿又直又光滑，缺少像其他伤齿龙科恐龙的牙齿那样典型的锯齿状结构。科学家认为这样的牙齿更适合捕食小型哺乳动物或者蜥蜴等猎物。

人们曾经在葬火龙的巢穴中发现过两个小小的头骨化石，这两块化石上保留有尖利细小的牙齿，属于拜伦龙胚胎或者幼崽。

拜伦龙怎么会出现在葬火龙的巢穴中呢？难道是葬火龙捕食了它们吗？一定不是的，因为葬火龙主要的食物是植物，而不是那些奔跑着的猎物。于是，一些科学家推测，来自伤齿龙家族的拜伦龙非常聪明，它们会将蛋产在葬火龙的巢穴里，让葬火龙帮它们孵化。这种现象其实并不罕见，是一种特殊的繁衍行为，由义亲代为孵化和育雏。今天的杜鹃也有类似的行为。可惜，这种推测后来也被推翻了。事实上，之所以会出现这样的现象，只是因为拜伦龙的骨头被冲到了葬火龙的巢穴里，它们两个之间根本没有共生的行为。

▽ 幼年拜伦龙

被冲到葬火龙巢穴中的化石
拜伦龙的幼年头骨化石出现在葬火龙的巢穴中，着实让研究人员吃了一惊。起先人们认为拜伦龙大概会像今天的杜鹃一样，存在义亲代为孵化和育雏的习性，不过后来证实这只是洪水惹的祸罢了，是洪水将拜伦龙的头骨冲进了葬火龙的巢穴。

◁ 拜伦龙胚胎化石

1cm

成年拜伦龙与成年家猫体形比较

50cm

拜伦龙

学　　名	*Byronosaurus*
体　　形	体长约 1.5 米
食　　性	肉食
生存年代	白垩纪晚期
化石产地	亚洲，蒙古

▽ 拜伦龙头骨化石

直而光滑的牙齿

拜伦龙的牙齿是没有锯齿的，牙齿呈针状。适合捕捉小型的鸟类、蜥蜴及哺乳动物。这些牙齿与始祖鸟最为相似。

1cm

古似鸟龙——
喜欢集体行动的恐龙

　　古似鸟龙曾经一定是一个兴旺的家族，因为科学家发现了它们数量庞大的化石，而且其中一大部分都是不同年龄段的古似鸟龙聚集在一起的，有成年个体也有未成年个体，这说明古似鸟龙是非常喜欢以家庭为单位生活在一起的，它们习惯于集体行动，以此来提高族群的安全性。

　　古似鸟龙来自似鸟龙科恐龙家族，是家族中的原始物种。似鸟龙科恐龙是一群与鸟类关系很近的恐龙，它们的样子就像一只只大大的鸵鸟，又瘦又高，浑身长满羽毛，脖子很长，后肢修长，有着极快的奔跑速度。古似鸟龙也不例外。

　　古似鸟龙的脑袋比较小，眼睛很大，嘴巴前端可能具有角质喙。它们主要捕食昆虫和一些小动物，有时候也喜欢吃一些果子，属于杂食性动物。因为体形娇小，群居便成了它们保护自己的重要手段，它们总是依靠同伴的力量一起对付掠食者。

成年古似鸟龙与成年猎豹体形比较

1m

化石发现

到目前为止，人们发现了丰富的古似鸟龙化石，分布于中国、乌兹别克斯坦等地，这表明当时古似鸟龙家族异常繁盛。古似鸟龙是一种原始的似鸟龙科恐龙，身体轻盈，具有极快的奔跑速度。

▽ 古似鸟龙化石

颈椎

古似鸟龙保存有比较完好的颈椎化石，它们的颈椎关节发达而且颈肋是与颈椎分离的，有一定的活动范围，说明它们的脖子非常灵活。这是一种非常警觉的动物，灵活的脖子更有利于它们观察周围的环境。

△ 古似鸟龙颈部骨骼复原图

古似鸟龙前肢骨骼复原图 ▽

前肢

古似鸟龙的前肢较为纤细，化石上的肌肉痕迹显示其肌肉并不发达。它的前爪很直，不适合攀爬或者抓取。因为人们在其他似鸟龙类恐龙化石中发现过羽毛印痕，因此推测古似鸟龙的前肢可能也具有羽毛构成的翅膀，这些羽毛可作为展示之用。

后肢

古似鸟龙的后肢修长，大腿肌肉结实，小腿长于大腿，有三个锋利的脚趾，奔跑速度很快。

古似鸟龙后肢骨骼复原图 ▷

古似鸟龙

学　名	*Archaeornithomimus*	
体　形	体长约 3.3 米	
食　性	杂食	
生存年代	白垩纪晚期	
化石产地	亚洲，中国、乌兹别克斯坦	

似鸵龙——
奔跑速度极快的恐龙

似鸵龙也是一种似鸟龙科恐龙，从名字上就能看得出来，它们和鸵鸟很像。

似鸵龙的体形和古似鸟龙相仿，身长约 4 米，有一个小小的脑袋，脖子长而弯曲，非常灵活，身体纤细，后肢修长，颇有一点鸵鸟的样子。只是和鸵鸟比起来，它的前肢似乎有点太长了，每个前肢上还有三个长而锋利的爪子，它的尾巴也有点长，占去了身体的一半，而且看起来还很僵直，这么看来像一个真正的爬行动物，而不是鸟类。

似鸵龙没什么防御本领，如果遇到危险，它们大概只能逃跑了。似鸵龙有一双修长的腿，再加上身体轻盈，是能够高速奔跑的运动员，短时间的奔跑速度达到了每小时 60 公里。这可不是一般掠食者能追得上的。

不过这个本领对它们追求爱情可没什么帮助，你想想，要是遇到心仪的异性就向人家展示风一样的奔跑速度，恐怕永远都没办法找到伴侣吧。所以，这种时候，它们大概还是要靠美丽的羽毛和漂亮的翅膀来吸引对方。一些研究人员发现似鸟龙在幼年时全身布满羽毛，却没有翅膀，而在成年后才会发育出华丽的翅膀，这说明它们正是用这双翅膀争夺配偶、抚育后代的。而来自同一家族的似鸵龙，大概也不例外吧！

恐手龙
似鸟龙科恐龙的恐手龙，和似鸵龙有着许多共同点，但体长近 10 米的它比似鸵龙要大许多。

△ 恐手龙复原图

似鸵龙

学 名	*Struthiomimus*
体 形	体长约 4 米
食 性	肉食
生存年代	白垩纪晚期
化石产地	北美洲，加拿大

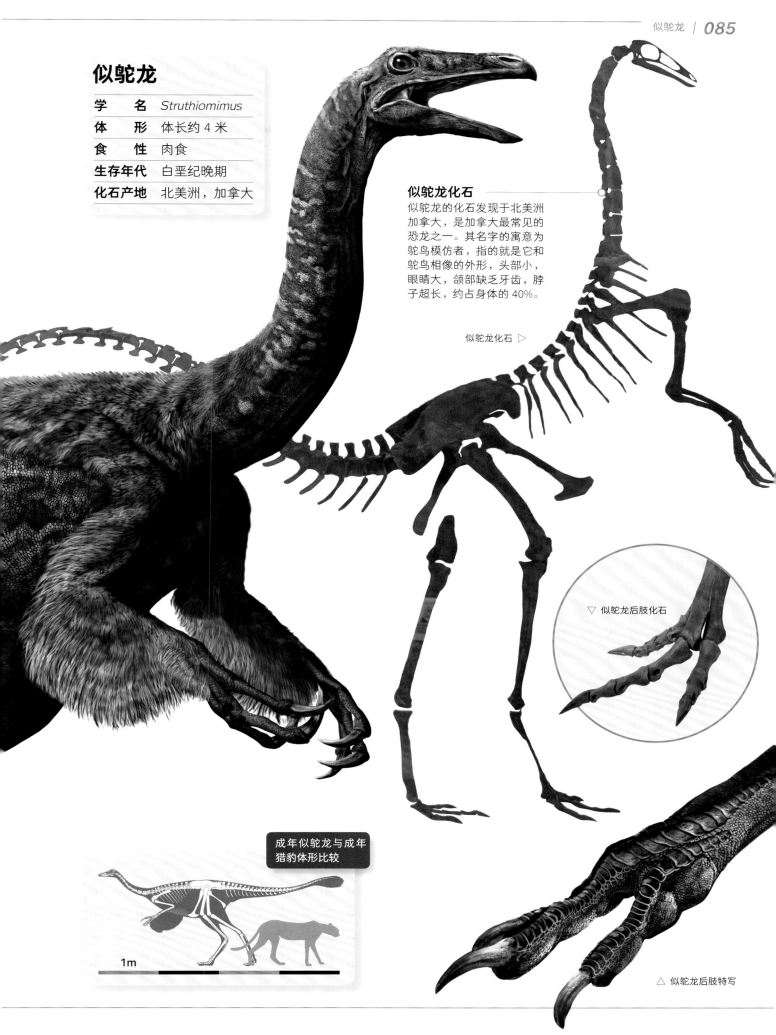

似鸵龙化石

似鸵龙的化石发现于北美洲
加拿大，是加拿大最常见的
恐龙之一。其名字的寓意为
鸵鸟模仿者，指的就是它和
鸵鸟相像的外形，头部小，
眼睛大，颌部缺乏牙齿，脖
子超长，约占身体的 40%。

似鸵龙化石 ▷

▽ 似鸵龙后肢化石

成年似鸵龙与成年
猎豹体形比较

1m

△ 似鸵龙后肢特写

冰嵴龙——
它拥有梳子状的头冠

我们知道现在的南极终年被冰川覆盖，气候恶劣，并不适合人类居住。可是在 2 亿年前，那里却热闹非凡，有众多居民生活在那里，冰嵴龙就是其中之一。

冰嵴龙是一种体形中等的肉食恐龙，体长大约 6.5 米，高约 2.5 米，体重 500 千克左右。它们身体强壮，脑袋较高，嘴里布满锋利的锯齿状牙齿，前肢长有利爪，后肢健壮，奔跑速度较快。

冰嵴龙最特别的地方是头上长有一个梳子状的冠饰，有些像美国著名歌手"猫王"埃尔维斯·皮礼士利（Elvis Presley）的高耸发型，所以它们也被称为恐龙界的"猫王"。

长有冠饰的肉食恐龙并不罕见，双嵴龙的头顶上有一个 V 字型的头冠，暴龙家族的冠龙头上也有一个高耸的冠饰。虽然这些头冠外形不同，但是结构似乎非常相似，都比较脆弱，不能用来打斗，只能用来吸引异性。而冰嵴龙的头冠也不例外，是它们寻找爱情最实用的工具。

冰嵴龙

学　　名	*Cryolophosaurus*
体　　形	体长约 6.5 米
食　　性	肉食
生存年代	侏罗纪早期
化石产地	南极洲

锋利的牙齿
像大部分肉食恐龙一样，冰嵴龙长有锋利的边缘带有锯齿的牙齿，能够轻松地撕裂猎物的皮肉，是当地的顶级掠食者。

后肢粗壮
冰嵴龙的前肢短小，后肢长而粗壮。它用后肢行走，行动敏捷。尾巴长而有力，行走时能保持身体平衡。

头冠

冰脊龙的头冠从正面看，呈一个半圆形，上面有漂亮的花纹。雄性冰脊龙会通过炫耀自己的头冠，来博取雌性冰脊龙的喜爱。这样的行为在鸟类当中也普遍存在，它们头顶的羽毛束总是能发挥吸引异性的作用。

△ 冠鹤

形态各异的冠

在现生动物中，鸟类大概是冠饰最丰富的类群，它们造型各异，但大多都发挥着吸引异性的功能。这是冠鹤，它的冠是由无数条土黄色绒丝向四周放射形成的，像一个美丽的绒球。

鱼猎龙——
拥有"背帆"的恐龙

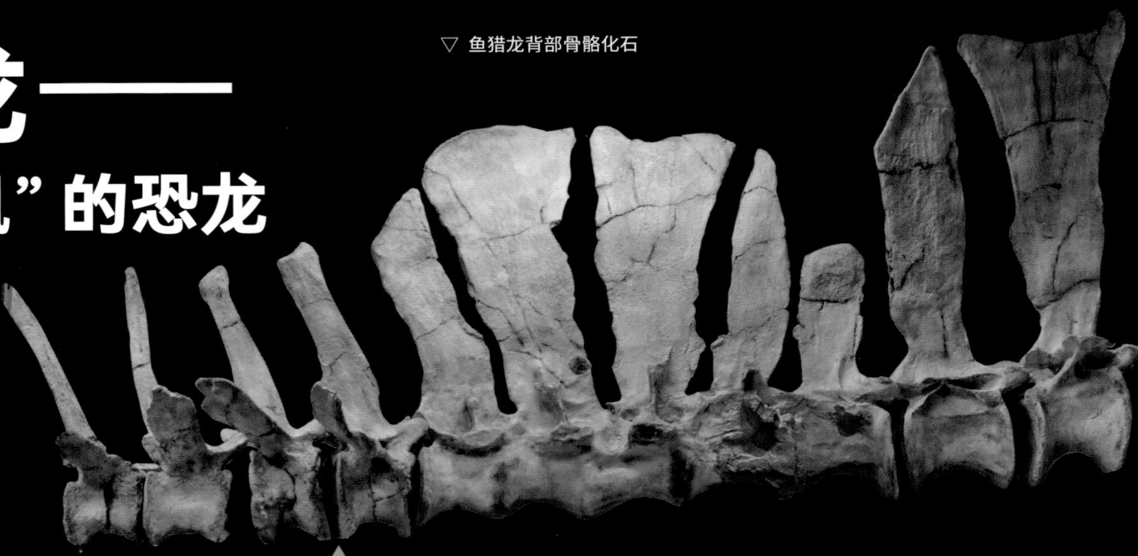

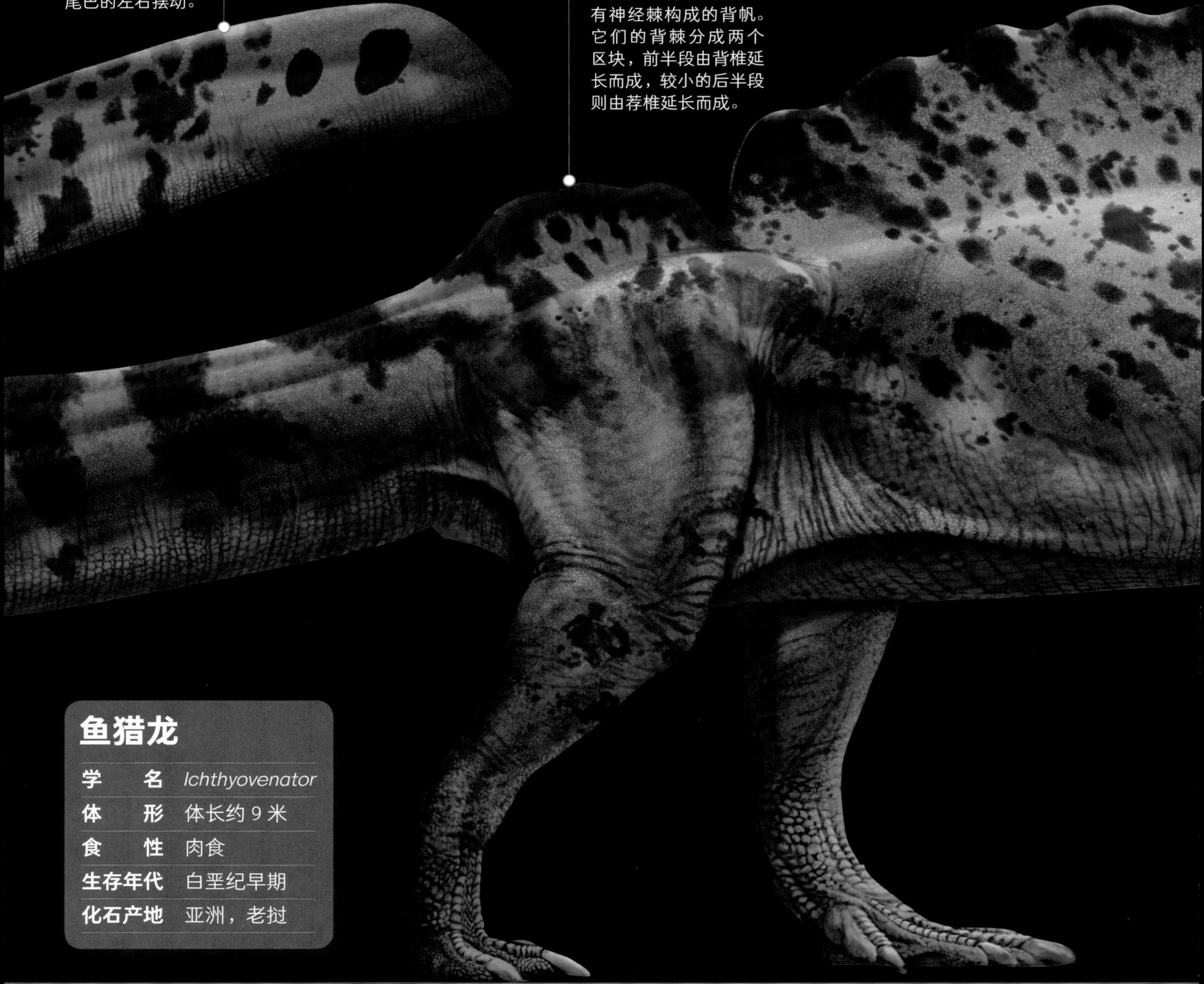

扁尾巴
鱼猎龙长有一条扁宽的尾巴，和棘龙类似，因为没有尾鳍，所以它们在水中运动时主要依靠尾巴的左右摆动。

背帆
鱼猎龙的背部到臀部，有神经棘构成的背帆。它们的背棘分成两个区块，前半段由背椎延长而成，较小的后半段则由荐椎延长而成。

鱼猎龙

学　　名	*Ichthyovenator*
体　　形	体长约 9 米
食　　性	肉食
生存年代	白垩纪早期
化石产地	亚洲，老挝

鱼猎龙是一种奇特的肉食恐龙，背上长有高耸的帆状物。

背上有"帆"的恐龙数量并不少，大名鼎鼎的棘龙不就长有一个高高的背帆嘛，它高达 2 米，非常壮观。鱼猎龙和棘龙一样都来自棘龙科恐龙家族，因此它拥有背帆也就不奇怪了。可奇特的是，鱼猎龙的背帆并不是一块完整的帆状物，而是从中间凹陷了下去，形成前后两块，看起来非常别致。

棘龙科恐龙普遍体形较大，拥有像鳄鱼一样的脑袋，圆锥状的牙齿，牙齿边缘没有锯齿或者只有非常小的锯齿。它们不像其他的肉食恐龙喜欢捕食体形较大的猎物，它们更喜欢抓鱼。鱼猎龙也是如此。

体长约 9 米的鱼猎龙大概喜欢生活在水边，平时在陆地上晒太阳，饿了便到水里去抓鱼，它前肢上锋利的爪子完全就像是为了捕鱼而生的，很容易就能刺中滑溜溜的鱼儿。类似于鳄鱼的脑袋和圆锥形的牙齿，也是鱼猎龙捕食的好工具。

鱼猎龙背上特殊的帆状物显然和它捕食没什么关系，它们是极好的视觉辨识物，既能让同伴在水中较快发现它们，也能引起异性的注意。那些背帆高大威猛的雄性鱼猎龙应该更会受到雌性鱼猎龙的欢迎吧！

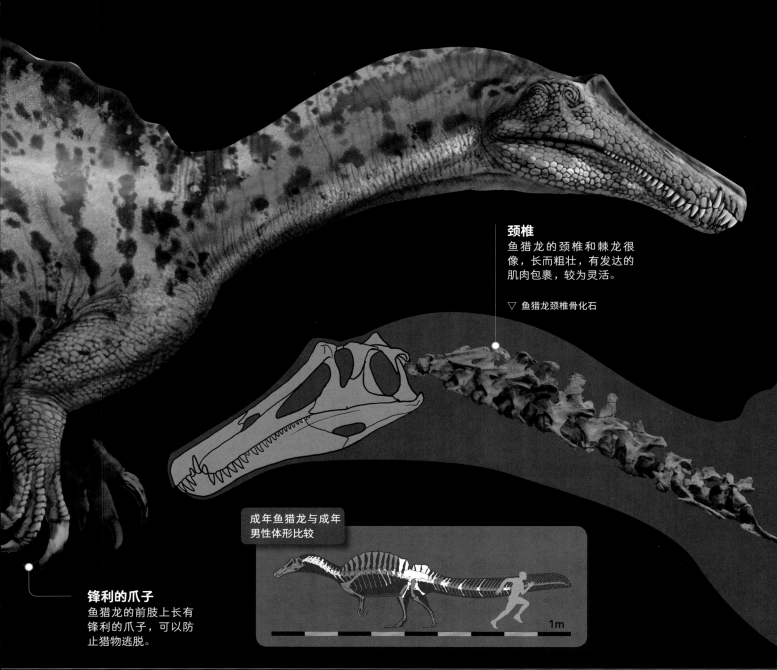

颈椎
鱼猎龙的颈椎和棘龙很像，长而粗壮，有发达的肌肉包裹，较为灵活。

▽ 鱼猎龙颈椎骨化石

锋利的爪子
鱼猎龙的前肢上长有锋利的爪子，可以防止猎物逃脱。

成年鱼猎龙与成年男性体形比较

1m

虔州龙——
有着超长鼻子的暴龙类恐龙

成年虔州龙与成年
男性体形比较

1m

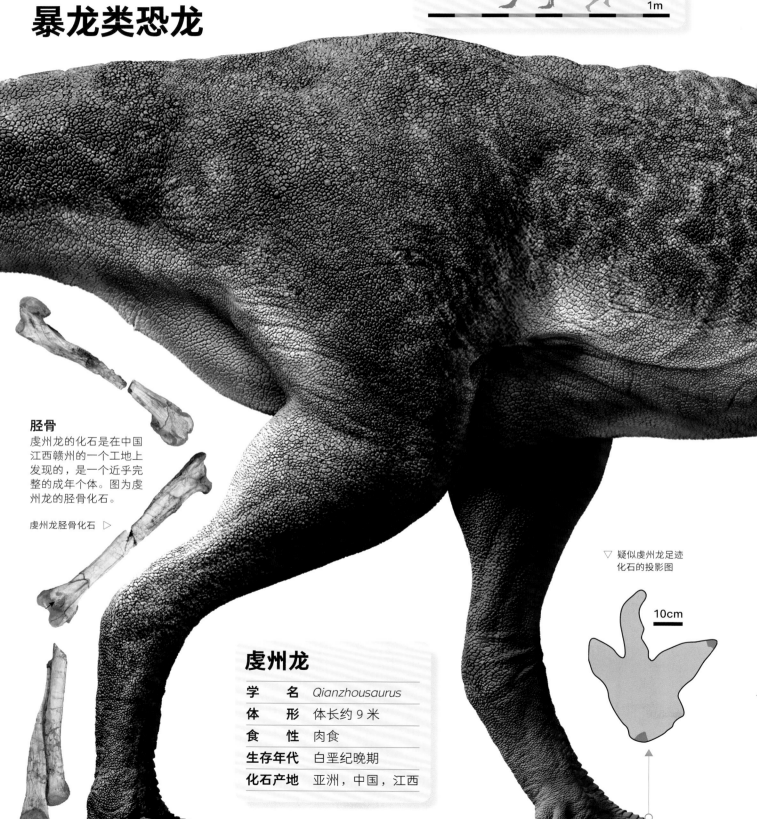

胫骨

虔州龙的化石是在中国江西赣州的一个工地上发现的，是一个近乎完整的成年个体。图为虔州龙的胫骨化石。

虔州龙胫骨化石 ▷

▽ 疑似虔州龙足迹
化石的投影图

10cm

虔州龙

学　名	*Qianzhousaurus*	
体　形	体长约 9 米	
食　性	肉食	
生存年代	白垩纪晚期	
化石产地	亚洲，中国，江西	

窄长的脑袋

虔州龙最特别的地方就是脑袋极为窄长，特别是口鼻部非常长。虔州龙并非是唯一的长吻暴龙类恐龙，发现于蒙古的分支龙也有着相似的特征。虔州龙的发现向我们揭示了霸王龙家族树上的一个新的分支。

△ 虔州龙头骨化石

刀片般的牙齿

虔州龙虽然不像霸王龙一样具有香蕉状的粗大、锋利、边缘带有锯齿的牙齿，不能咬碎猎物的皮肉甚至骨头，但是它刀片般的牙齿同样可以将猎物撕成小块，并不影响进食。

△ 虔州龙下颌化石

暴龙类恐龙大概是整个恐龙世界中最厉害的家族吧，在白垩纪晚期，它们演化出数量庞大、种类繁多、体形巨大的物种，占据着食物链顶端，比如发现于北美洲的霸王龙、惧龙，发现于亚洲的特暴龙、诸城暴龙等，都是暴龙家族的代表物种。

虔州龙也是一种生活在白垩纪晚期的暴龙类恐龙，化石发现于中国江西，但是它却和大部分同时代的暴龙类恐龙都不一样。

虔州龙没有粗壮的像水桶一样的身体，相反，它的身体又扁又长；虔州龙没有粗壮高大的脑袋，相反，它的脑袋又窄又长，特别是口鼻部，比霸王龙长出许多，活像现实版的"匹诺曹"。而在这个奇特的鼻子上，还长有一排角；虔州龙没有粗壮得像香蕉一样的牙齿，相反它的牙齿扁扁的，像刀片。

如此不一样的虔州龙，是不是会比其他暴龙类恐龙弱小很多呢？倒也不一定。科学家认为虔州龙只是选择了不一样的生活方式，比如它更喜欢伏击猎物，而不是直接追捕，因为它纤瘦的身材、

长长的脑袋，都很容易躲藏，可是这并不代表它的攻击力会弱小，它仍然是当地的顶级掠食者。

凶猛的虔州龙是如何获得异性的喜爱，进而抚育后代的呢？因为没有发现直接证据，人们并不是十分清楚，它们大概是用自己最擅长的方式——战斗，在同伴间角逐出最厉害的那个，进而获得与异性组成家庭的权利吧。

拥有强大繁衍能力的恐龙

　　繁衍是恐龙生活中最重要的一部分，它不仅关系着个体的命运，更关乎种族的存亡。从想尽一切办法吸引异性，到寻找合适的地方产蛋，再到将蛋顺利地孵化，最后照看幼崽长大，直到它们拥有独立的生活能力，在这样的繁衍过程中，每只恐龙都生活得小心翼翼，生怕哪个环节出现问题，导致繁衍失败。虽然我们看不到恐龙究竟如何吸引异性，看不到它们产蛋和孵蛋时的景象，但是我们知道恐龙一定是一种拥有强大繁衍能力的动物，否则它们也不会在生命的长河中生存 1.65 亿年。今天，我们能从很多恐龙蛋化石、骨骼化石，以及与现生动物的比较中，推测出恐龙繁衍的行为，这为我们了解恐龙提供了一条全新的道路。也许今后我们还会有更多珍贵的化石证据，更先进的研究手段，它们会让我们更真实地还原恐龙繁衍的过程，让我们期待那一天能早点到来。

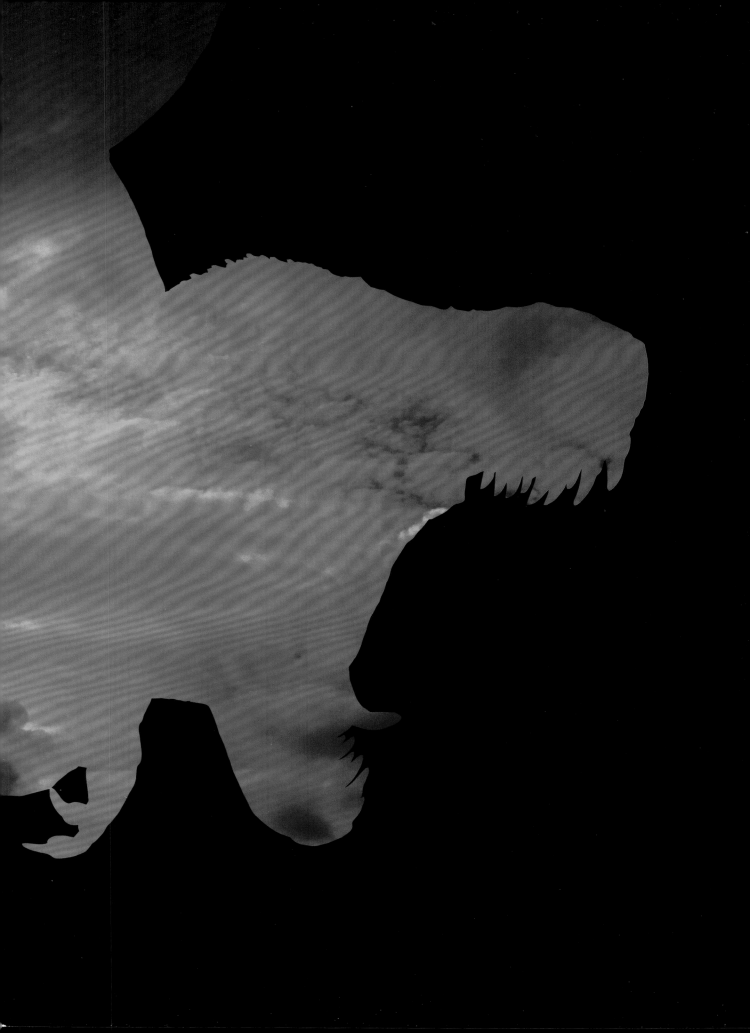

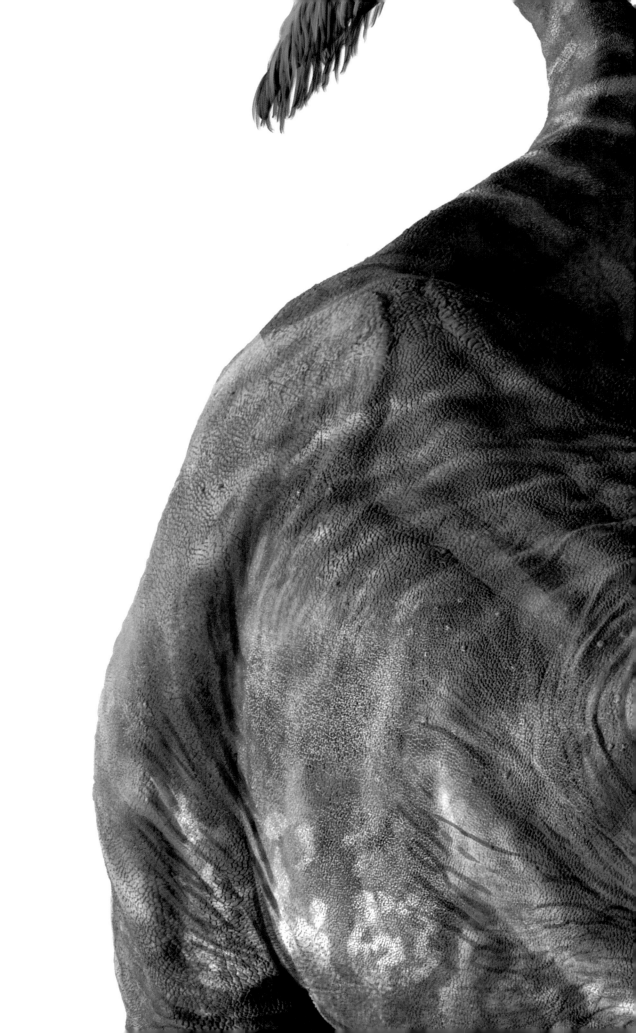

PNSO CHILDREN'S ENCYCLOPEDIA OF DINOSAURS

PNSO儿童恐龙百科
恐龙
是如何捕食的

赵闯 _绘

杨杨 _文

［美］马克·A·诺瑞尔博士 _科学顾问

山东画报出版社

目录

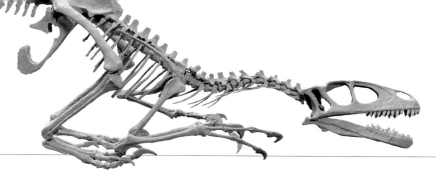

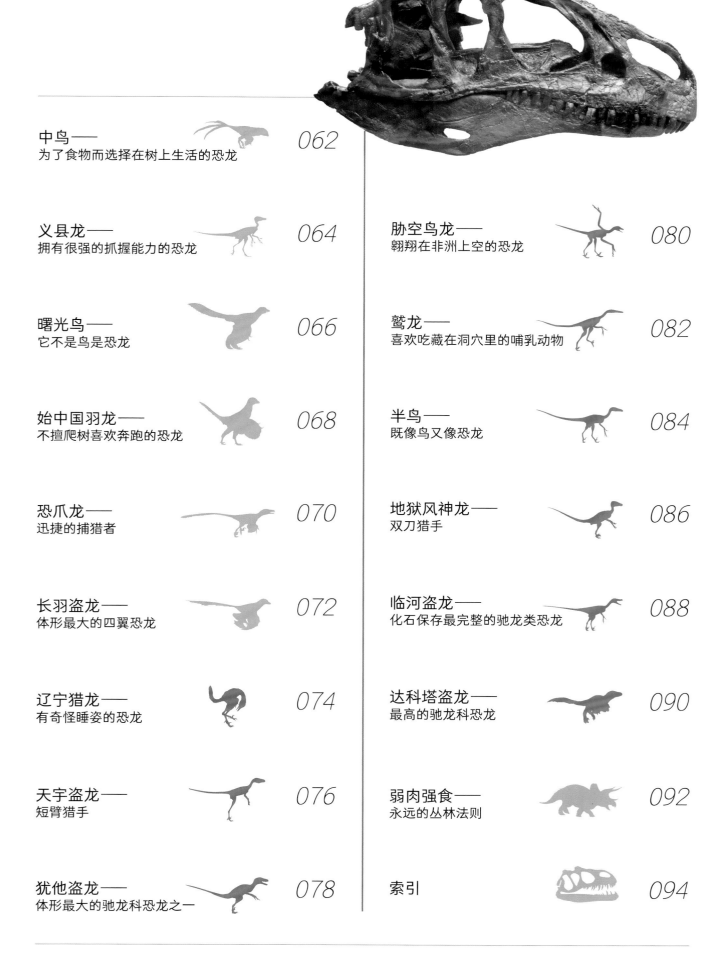

大自然是我们的母亲

吃，是恐龙的头等大事！"民以食为天"，同样是恐龙世界的真实写照。

不过，相比我们人类可以种植庄稼，饲养牲畜、家禽，以此来满足我们不同的饮食需求，恐龙想要填饱肚子，只能依靠大自然。

你可能会有疑问，那些厉害的肉食恐龙不是通过自己辛勤的猎捕来获取食物的吗？怎么会是依靠大自然呢？

其实肉食恐龙最喜欢猎捕的就是生活在自己身边的植食恐龙，运气好的时候，捕获一只大猎物可以吃好多天。可是这样的日子不会一直都有，比如它们会经常遇到雨水不再降临、太阳炙烤着大地的旱季。

漫长的旱季让植物枯萎，大地变得荒凉，很多植食恐龙因为缺少食物而死去。猎物日渐稀少，那些原本威风的肉食恐龙，徒有一身本领，却只能让自己的肚子一天天瘪下去，直到最后因饥饿而亡。

现在，你该明白我在说什么了吧。

三角龙
三角龙体长 7~9 米，拥有巨大的头盾和 3 只锋利的角。遇到掠食者的攻击时，它不再只是被动地逃跑，还会用头盾和角抵御掠食者。

霸王龙
霸王龙体长约 12 米，是白垩纪晚期暴龙家族的终极掠食者。成年霸王龙会捕食埃德蒙顿龙、甲龙类、角龙类恐龙等大型动物。

生态平衡的重要性

其实，不管是对于恐龙还是人类，大自然都是我们赖以生存的母亲，只有我们努力地保护好食物链、维护生态平衡，食物链上的每种生命才能更好地生存下去。所以，就算植食恐龙有再大的肚子，也不能一口气把所有的植物都吃掉；就算肉食恐龙有再厉害的本领，也不能把所有的植食恐龙都捕食完。就像生活在非洲大草原上的狮子，它们大部分时间都会在阴凉的树下睡觉，而不是奔跑着猎捕。纵然它们有着令大家望而生畏的尖牙利爪，可它们也不是每时每刻都会用到。在地球上生存了 1.65 亿年的恐龙，当然更明白这个道理。

▽ 休憩中的非洲狮

猎捕的恐龙

虽然肉食恐龙的猎捕没有我们想象中那么频繁，但是它们猎捕的瞬间依旧动人心魄。现在，我们要回到亿万年前，目睹那些威风凛凛的恐龙，如何凭借自己卓越的身体素质以及优秀的技能，捕获它们心仪的猎物！它们的每一次出击，都会使得自己面对一次生死考验，或许也正因为如此，它们的捕猎才会散发出无与伦比的迷人的生命魅力！

觅食中的植食恐龙

恐龙是如何捕猎的？这当然是说拥有尖牙利爪的肉食恐龙。可是，在回答这个问题之前，我们最好先来了解一下肉食恐龙最喜欢的猎物——

植食恐龙，它们都喜欢吃些什么？它们是如何采集食物的？虽然它们寻找食物的样子没有肉食恐龙那样惊心动魄，可依然是一道亮丽的风景线。

喜欢啃食地面的植物

很多植食恐龙喜欢啃食地面上的植物，因为它们的身体低矮，四肢较短，头部距离地面很近，所以低头寻找食物对它们来说最合适。

背上长有骨板、尾巴上长有尖刺的剑龙类恐龙就是"低头吃饭"一族。剑龙家族的早期成员，前颌骨上有细小的叶片状牙齿，而后期较为先进的成员，前颌骨上的牙齿已经没有了，所有的牙齿都排列于面颊部。剑龙类恐龙的牙齿没有咀嚼功能，只能简单地切割，因此所有的食物都是不经咀嚼便直接咽到肚子里的。

满身被覆装甲的甲龙类恐龙也喜欢啃食地面上的植物，跟剑龙类恐龙相比，它们身体和地面的距离更近。甲龙类恐龙的嘴部前端已经特化成了喙状，喜欢在低矮的灌木丛中寻找食物。鲜嫩多汁的蕨类是它们喜欢采集的食物之一。

△ 早期剑龙类恐龙
华阳龙头部复原图

△ 后期剑龙类恐龙
剑龙头部复原图

◁ 苏铁

△ 埃德蒙顿甲龙复原图

剑走偏锋
避免激烈竞争

腕龙
腕龙是一种蜥脚类恐龙，体长约 26 米，身体壮硕，有一条很长的脖子和尾巴，头部距离地面约 12 米，能轻松地吃到植物顶端的新鲜嫩叶。

　　蜥脚类恐龙是一种体形庞大的植食恐龙，拥有长长的脖子，这对它们采集食物非常有利。大部分植食恐龙在采集食物的过程中，都需要一边走一边吃，可是蜥脚类恐龙不需要如此，因为有超长的脖子，它们不用移动身体，只需要摆动脖子，就能吃到更大范围内的食物。这大大节省了它们的进食时间，提高了进食效率。

　　虽然大部分蜥脚类恐龙的脖子都没办法抬得很高，可也有一些特例，比如波塞冬龙、腕龙等，它们的脖子能高高抬起，就像长颈鹿一样。这样一来，它们便能吃到大部分植食恐龙都没办法够到的位于高处的食物，避免了激烈的竞争。

▽ 长颈鹿雕像模型

天生的美食家

　　虽然植食恐龙都是以植物为食，看上去没什么差别，但是鸭嘴龙类恐龙仍然能称得上是天生的美食家。因为相比很多没有咀嚼能力，只能把食物直接吞到肚子里的植食恐龙，这些长有几百甚至上千颗牙齿的鸭嘴龙类恐龙，可以细嚼慢咽，好好地享受一番食物的美味。

▽ 张衡龙齿齿骨复原投影图，可以看到内侧有多排用于替换的牙齿

5cm

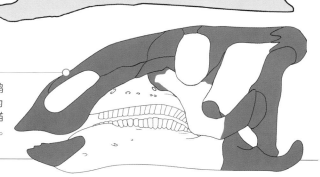

张衡龙
张衡龙是一种基干鸭嘴龙形类恐龙，图为张衡龙头骨复原线描图（灰色为推测部分）。

努力捕猎的肉食恐龙

肉食恐龙的生活似乎总是比植食恐龙更艰难。它们不像植食恐龙，一觉醒来就有茂密的森林等待着自己，也不能在饥饿的时候，低下头就能找到点可口的食物。它们得费尽了力气去抓捕，有时候还要忍受几天都抓不到一只猎物，饥肠辘辘的日子。

不过，它们从不抱怨。它们知道自己享受着丛林霸主的光环，自然就要为此付出一些代价。那些有些艰难的时光，是它们必须要经历的。

还好，日子并不总是这样的。大多数时候，它们都能凭借自己独特的武器，俘获心仪的猎物。现在，就让我们来看看它们究竟有什么制服猎物的办法吧！

齿根

锋利的牙齿
马普龙的牙齿薄而锋利，边缘带有锯齿。它的牙根很长，不容易折断，能轻松地撕裂猎物。

齿冠

△ 马普龙头部复原图

尖利的牙齿

牙齿是肉食恐龙对付猎物的绝佳武器，不管是像香蕉一样粗壮的牙齿，还是像鲨鱼一样犹如刀片般锋利的牙齿，或者是不大但边缘带有锯齿的锋利的牙齿，对于可怜的猎物来说都是一场难逃的噩梦。只要掠食者张开血盆大口，将这些牙齿咬在猎物身上，轻者撕裂皮肉，重者刺穿骨头，不管怎样猎物都在劫难逃了。

霸王龙牙齿化石 ▷

变化多端的前肢

肉食恐龙都具备两个基本的特征，一个是尖利的牙齿，另一个就是锋利的爪子，这是每一只肉食恐龙都具备的攻击武器。

植食恐龙大多都是依靠四足行走的，但肉食恐龙不同，它们都是两足行走的动物，而被解放出来的拥有锋利爪子的前肢，便是它们对付猎物最好的工具。它们有时候能用前肢抓住飞奔而逃的猎物，用锋利的爪子给它们重重的一击，有时候则会用前肢将猎物固定住，以便用嘴进行下一步的攻击。不管用哪种方法，前肢和嘴巴的配合都堪称完美。

不过，对于恐龙世界的顶级掠食者霸王龙来说，却并不是这样的。它的前肢极其短小，大约只相当于成年人的手臂那么长，而且每只手上只有两个爪子。因为前肢太短，它两只手根本无法碰触到一起。这对前肢在霸王龙的捕猎中几乎不发挥任何作用，它完全凭借巨大的脑袋所带来的攻击力，就能制服它想要得到的一切猎物。

有些肉食恐龙前肢上的爪子比霸王龙还少，比如单爪龙，它的每只手上只有一个爪子。这个孤零零的爪子是它的捕食工具吗？当然。因为体形娇小，单爪龙的猎物是相当有限的，它不会追捕大个头的植食恐龙，就连一些体形娇小的哺乳动物也很难抓到。它只能吃一些小小的昆虫，比如白蚁，而那孤独的锋利的爪子则能帮它顺利地从树洞中掏出白蚁。也有一些研究人员认为，它的爪子是打碎蛋壳的好工具，所以它可能也会偷蛋吃。

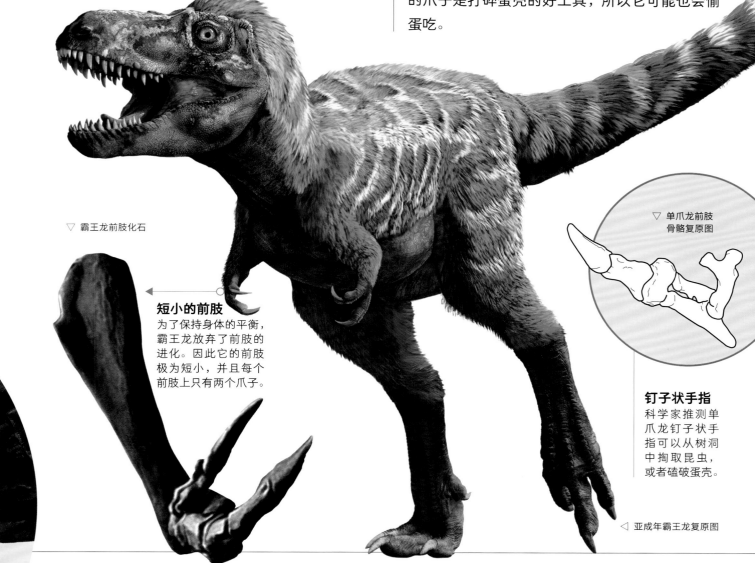

▽ 霸王龙前肢化石

短小的前肢
为了保持身体的平衡，霸王龙放弃了前肢的进化。因此它的前肢极为短小，并且每个前肢上只有两个爪子。

▽ 单爪龙前肢骨骼复原图

钉子状手指
科学家推测单爪龙钉子状手指可以从树洞中掏取昆虫，或者磕破蛋壳。

◁ 亚成年霸王龙复原图

强壮的后肢

娇小的肉食恐龙大多有着健壮修长的后肢，那被肌肉包裹着的双腿，能让它们飞速奔跑。

这也能算是它们的捕食工具吗？当然。

恐爪龙
恐爪龙是一种驰龙科恐龙，体长约 3 米，是一种迅捷的掠食者。

锋利的第 II 趾
恐爪龙后肢上长达 15 厘米的第 II 趾，是它捕猎的好工具。

恐爪龙趾骨化石

你见过一只慢吞吞的掠食者顺利抓捕猎物的景象吗？没有。所以，速度是很多小型掠食者的必备素质，有了风一般的速度，才能追得上那些飞奔的猎物。

而体形较大的肉食恐龙，后肢通常都很强壮，它们既能支撑起硕大的身体，又能当作直接的捕猎工具。想象一下，哪只猎物能经受得住对方粗壮的后肢给自己带来的致命一脚呢？

肉食恐龙的后肢上都长有锋利的爪子，可是驰龙类恐龙和伤齿龙类恐龙的爪子却别具一格。因为它们后肢的第 II 趾高高翘起，所以就有了一个远离地面的大爪子。这个爪子锋利极了，外形就像镰刀一样。而在它们捕猎时，这个爪子也会像镰刀一样直击要害，狠狠地插入猎物的喉咙。

有力的尾巴

很多大型肉食恐龙都有一条粗壮有力的尾巴，有时候尾巴的长度比身体总长的一半都要多。这条尾巴总是被粗大的肌肉紧紧地包裹着，力量十足。当肉食恐龙与猎物战斗的时候，尾巴也忍不住会上场征战。想象一下它们把尾巴甩向猎物的情景吧，一定非常吓人！

体形娇小的肉食恐龙，它们的尾巴虽然谈不上粗壮，但是很多都很修长，虽然不会作为直接的捕食工具，却是捕食过程中必不可少的。因为那条长长的尾巴能帮助身体保持平衡，如果没有这条尾巴，当肉食恐龙想要冲向猎物时，可能才刚出发就已经摔了个大跟头。如果连自己的身体都控制不了，又怎么去捕猎呢！

伶盗龙尾部化石 ▷

敏锐的感官

　　肉食恐龙通常都依靠锋利的牙齿和爪子来捕猎，可是成功捕猎还有一个重要的前提，那就是必须及时发现猎物。那么它们依靠什么来寻找猎物呢？

　　肉食恐龙往往都拥有优秀的立体视觉，这不仅能让它们第一时间发现周围的猎物，还能精确地计算出自己和猎物之间的距离，提高它们捕猎的准确度。很多肉食恐龙还具备极好的夜视能力，专门在漆黑的夜晚出动，捕食一些夜行性哺乳动物，因为大部分掠食者已经睡觉了，捕猎就变得相对容易一些。

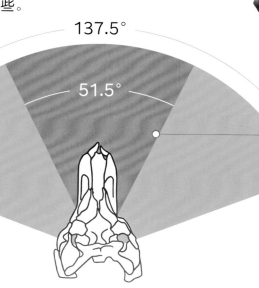

137.5°

51.5°

△ 霸王龙头部骨骼模型

立体视觉
立体视觉是感受三维空间、感知深度的能力。人的单眼视野范围最大约为 156°，双眼重合的视野范围约为 124°。双眼重合的视野范围即立体视觉范围，在立体视觉范围内看到的物体都具有立体感。霸王龙也拥有立体视觉。和很多大型肉食恐龙不同，霸王龙的眼睛像鹰一样朝向前方，而不是朝向左右两侧，加之它脑袋很宽，大大扩展了立体视觉的范围。这不仅能让它看清周围的猎物，还能准确地判断与猎物之间的距离，大大提升了捕食能力。

　　肉食恐龙还拥有灵敏的嗅觉和听觉，这能让它们循着空气中的味道寻找猎物的踪迹，比如它们能根据粪便的气味判断周围有没有自己喜欢的猎物。它们也不会放过任何一点声音，只要有猎物出现在四周，它们就会立刻警觉起来，随时准备出击。

南方巨兽龙
南方巨兽龙的脑袋和霸王龙比起来显得既长又窄，它锋利的牙齿较薄，更适合切割猎物的皮肉，而不会穿透猎物的骨头。它有着很好的嗅觉，总是能第一时间通过气味寻找到猎物。

△ 南方巨兽龙头部复原图

攀爬树木

　　恐龙是典型的陆生动物。可是一些小型肉食恐龙却拥有攀爬树木的本领，比如擅攀鸟龙科，它们是一群适应树栖或者半树栖生活的恐龙，把自己的栖息地从地面搬到了树上。

　　可是它们为什么要到树上去生活呢？这还得从它们的食物说起。

　　它们的祖先原本也像其他恐龙一样是生活在陆地上的，可是随着恐龙越来越多，竞争也越来越激烈，想要填饱肚子便愈加困难了。于是，聪明的祖先们想到了一个好主意，把自己的家搬到树上去。那里没有恐龙，却有着蜥蜴、昆虫等猎物，虽然小了点，可是多吃几只照样能填饱肚子。

　　这样看来，掌握了爬树的本领，其实也就掌握了一种独特的捕食本领。

中鸟
中鸟曾经被认为是一种古鸟，但目前它已被归入擅攀鸟龙类恐龙。它的前肢很长，脚爪也很长，这些都是适应树栖生活的表现。

奇翼龙
奇翼龙的翅膀主要由翼膜构成，飞翔是靠像蝙蝠一样的翼膜而不是羽毛。奇翼龙和鸟类有着很近的亲缘关系，它们大部分时间都待在树上。

学会飞翔

　　擅攀鸟龙类恐龙还只是学会了爬树，可是像小盗龙、奇翼龙这样的肉食恐龙，却已经能从树上起飞，在丛林间飞行或者滑翔了。

　　这对于肉食恐龙来说真是一个前所未有的改变，它们拥有了和其他恐龙完全不一样的生活方式，自然也有了不同的捕食方法。它们不再依靠修长的双腿快速奔跑来追击猎物，而是依靠那双轻巧的翅膀。

　　离开了竞争激烈的陆地，这群会飞的恐龙面对的竞争自然小了很多，不仅如此，因为它们会飞，也大大减少了自己成为猎物的可能。

　　飞翔成了它们捕食甚至是生存最好的法宝。

集体作战

除了依靠自己的本领，很多肉食恐龙为了提高捕食的成功率，总是喜欢集体作战，借助同伴的力量，共同对付猎物。

有时候，聪明的肉食恐龙还会在战斗中运用战略战术，比如伏击、跟踪、变换攻击队形等，它们总是能依靠集体的力量和聪明的头脑，捕获一只比自己大得多的猎物。

似驰龙捕食弯龙
似驰龙的体形娇小，面对体形比自己大许多的弯龙，它们会联合同伴力量，集体攻击。

残羹冷炙

捕猎总是要耗费大量的体力，可是有一些肉食恐龙，不需要费劲儿也能填饱肚子，它们被认为有食腐的习惯。

食腐就是进食已经死去的、腐烂的猎物。有这种饮食习惯的肉食恐龙，当然不需要战斗就能获得食物。虽然它们的食物看起来有些不太美味，可是对于它们来说这又何尝不是一种高效的捕食方式呢？

一些科学家曾经认为大名鼎鼎的霸王龙就是食腐动物，因为它们的身体过于沉重，高效地主动袭击猎物对它来说并非易事。同时，因为它们

异特龙
异特龙是最凶猛的肉食恐龙之一，它们身体粗壮，拥有很快的奔跑速度。科学家认为，异特龙可能有食腐行为，当它们抓不到新鲜的猎物时，便会寻找尸体填饱肚子。

拥有可以碾碎骨头的牙齿以及惊人的咬合力，这看起来似乎更善于吃掉尸骨。当然我们现在知道这个推断并不成立，因为人们已经发现留有伤痕的霸王龙化石，这分明就是它们在战斗中留下的。

现在，就让我们一起去欣赏那些捕猎者的风采吧！

头骨
艾雷拉龙头骨大约长 56
厘米，嘴中长有锋利的边
缘带有锯齿的牙齿。

△ 艾雷拉龙化石装架

前肢
艾雷拉龙的前肢可
以帮助它捕获猎物。

成年艾雷拉龙与成
年男性体形比较

1m

艾雷拉龙

学　　名	*Herrerasaurus*	
体　　形	体长约 6 米	
食　　性	肉食	
生存年代	三叠纪中晚期	
化石产地	南美洲，阿根廷	

艾雷拉龙——
早期肉食恐龙世界中的"巨无霸"

艾雷拉龙是世界上最早出现的恐龙之一，生存于三叠纪晚期，化石发现于南美洲阿根廷。恐龙在诞生之初都很弱小，不过艾雷拉龙有些不一样，最大的成年个体体长能达到 6 米，小一点的也有 3 米，算得上当时很大的掠食恐龙了。

艾雷拉龙的脑袋很长，头骨大约长 56 厘米，嘴中长有锋利的边缘带有锯齿的牙齿，这些牙齿大小不一，是它捕食猎物的重要工具。

艾雷拉龙的前肢较短，每个前肢上长有三指，手指末端拥有锋利的爪子，它们可以帮助艾雷拉龙控制猎物，它的后肢修长而健壮，能让它快速奔跑。

艾雷拉龙的捕猎过程，大概都是以速度取胜的，它是行动敏捷的掠食者。

你瞧，它现在盯上了那只躲在灌木丛中的始盗龙。和艾雷拉龙相比，始盗龙十分娇小，身长只有 1 米，是非常合适的猎物。艾雷拉龙找准时机，两只脚用力蹬地，身子便像弹出去一样，朝着始盗龙飞奔而去。它嘴里的牙齿和前肢上锋利的爪子，已经做好了准备，迫不及待地要上场了。

始盗龙
始盗龙十分娇小，身长只有 1 米。

V 字形头冠
双嵴龙的头冠又薄又脆弱，只能发挥展示的功能，是雄性双嵴龙吸引异性的工具。

双嵴龙——
它的头上长有漂亮的头冠

诞生于三叠纪晚期的恐龙，没过多久就经历了一场残酷的大灭绝事件。不过它们非常幸运，不仅是这场灾难的幸存者，还抓住时机很快发展壮大起来。

生活于侏罗纪早期今天北美洲美国地区的双嵴龙，成为当地的统治者，是当时最凶猛的掠食动物之一。

双嵴龙最特别的地方就是头上有一个漂亮的头冠，最初人们以为这也是它的捕猎工具，可是后来才发现这个头冠又薄又脆弱，根本不能打斗，只能发挥展示的功能，是雄性双嵴龙吸引异性的工具。

和早期的肉食恐龙相比，双嵴龙有着庞大的身体，平均体长能达到 6 米，这让它看起来没有

那么弱不禁风，而是健壮有力。它的脖子粗壮但很灵活，前肢长有锋利的爪子，后肢修长，奔跑速度很快。

双嵴龙的嘴很奇特，在它的前上颌骨和上颌骨之间有一个凹陷的部分，类似于棘龙。最初，人们因为这个结构觉得双嵴龙的嘴巴很脆弱，大概是吃腐肉的动物。可是最新的研究发现，双嵴龙的下颌非常粗壮，完全有能力像其他肉食恐龙一样捕食。不过，因为独特的嘴部结构，双嵴龙的食性还有特别的地方。研究人员曾经在双嵴龙的胃里发现了滑齿鲨的牙齿化石，这是双嵴龙食鱼的明确证据，它特别的嘴部结构正是为了防止滑溜溜的鱼儿从嘴里逃脱。

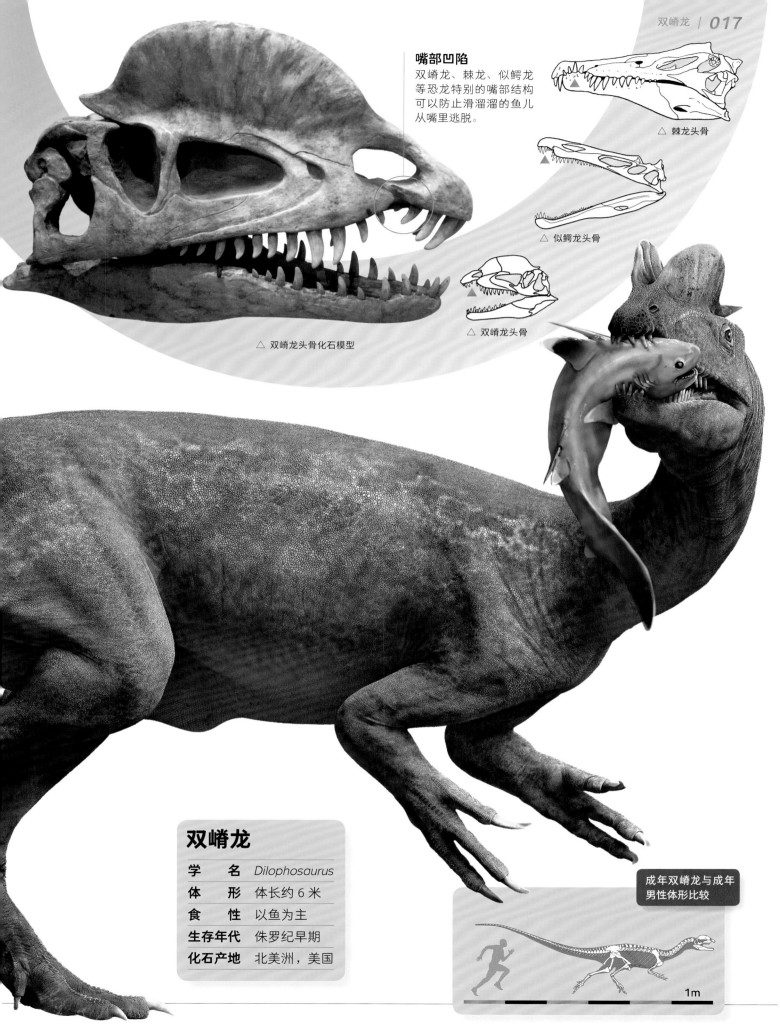

△ 双嵴龙头骨化石模型

嘴部凹陷

双嵴龙、棘龙、似鳄龙
等恐龙特别的嘴部结构
可以防止滑溜溜的鱼儿
从嘴里逃脱。

△ 棘龙头骨

△ 似鳄龙头骨

△ 双嵴龙头骨

双嵴龙

学　　名	*Dilophosaurus*
体　　形	体长约 6 米
食　　性	以鱼为主
生存年代	侏罗纪早期
化石产地	北美洲，美国

成年双嵴龙与成年
男性体形比较

1m

角鼻龙——
鼻子上长角的恐龙

生活于侏罗纪晚期今天北美洲美国的角鼻龙，是一种凶猛的掠食恐龙。它体长大约 6 米，脑袋又大又高，嘴里布满了锋利的边缘带有锯齿的牙齿，身体粗壮，尾巴很长，一副非常典型的肉食恐龙的模样。不过，角鼻龙也有自己独特的地方，在它的鼻子上长有一个明显的角状物，它的名字角鼻龙就是根据这个角而来的。除此以外，在它的眼睛上方也有两个角状物。

和早期的肉食恐龙相比，角鼻龙俨然一副顶级掠食者的模样，它拥有壮硕的身体和可怕的尖牙利爪。然而在角鼻龙生活的地方，它可算不上厉害的角色。

角鼻龙和异特龙、剑龙、梁龙等恐龙生活在一起，其中异特龙也是肉食恐龙，体长能达到 9 米，是真正处于食物链顶端的恐龙，不仅能对付大部分植食恐龙，就连角鼻龙一不小心也有可能沦为它的猎物。而剑龙、梁龙虽然都是植食恐龙，可是一个长有锋利的骨板和尖刺，另一个身长二三十米，像一座山一样巨大，角鼻龙想要捕食它们可没那么容易。

一边要小心自己不要成为别人的猎物，一边还要费尽心思去抓捕那些比自己大得多的猎物，这样的生活实在是太难了。于是，角鼻龙想出了一个好主意——群居。有了同伴的互相帮助，它们的生活终于轻松了一些。

牙齿
角鼻龙嘴里布满了锋利的边缘带有锯齿的牙齿。

△ 角鼻龙化石装架

角鼻龙

学　　名	*Ceratosaurus*	
体　　形	体长约 6 米	
食　　性	肉食	
生存年代	侏罗纪晚期	
化石产地	北美洲，美国	

成年角鼻龙与成年剑龙体形比较

1m

眼睛上方角状物

鼻角

角鼻龙头骨化石 ▷

玛君龙——
捕食同类的残暴恐龙

玛君龙也是一种角鼻龙类恐龙，是人们在非洲马达加斯加岛上发现的体形最大的肉食恐龙之一，身长达到了 6~7 米。

玛君龙有一个和身体极不相称的小脑袋，头顶有一个明显的角状物。它的鼻骨很厚，上面有一道低矮的鼻嵴。科学家推测它很可能会用头部和猎物或者竞争对手对撞。玛君龙的牙

齿很锋利，但是齿冠较短，不适合切割肉块，它喜欢紧紧咬住猎物撕扯肉块。它的脖子粗壮，前肢较短，后肢修长，有一条不算太长的尾巴。

大概是因为脑袋较小的缘故，玛君龙看起来似乎没有其他大型肉食恐龙那样可怕，可实际上，它才是最残忍的肉食恐龙之一。一开始，人们在很多玛君龙的化石上发现了同类的齿痕，便推测这类恐龙可能会因为争夺领导权或者配偶，经常在族群内部打斗。可是后来，人们竟然又在成年的玛君龙化石腹部发现有幼年玛君龙的残骸，这显然已经不是打斗了，而是同类相残。

玛君龙

学　　名	*Majungasaurus*
体　　形	体长 6~7 米
食　　性	肉食
生存年代	白垩纪晚期
化石产地	非洲，马达加斯加

同类相残
玛君龙在饥饿的时候可能会残忍地吞噬自己的孩子，以保全性命。

玛君龙幼崽

成年玛君龙头部所占身体比例

1m

小小的脑袋
玛君龙的脑袋很小，仅占全身长度的十分之一。

头顶角状物

▽ 玛君龙头骨化石

厚实的鼻骨
结实的鼻骨以及鼻骨上隆起的棱峰，是玛君龙防御和攻击的武器。

短小的前肢
胜王龙的前肢退化
得很厉害，非常短。

胜王龙——
印度最大的肉食恐龙

大约 7000 万年前，今天的印度半岛是一个森林繁茂、河流密布的热带或亚热带岛屿，岛上繁衍生息着数量庞大的恐龙，胜王龙就是其中一。

来自角鼻龙家族的胜王龙是当地最大的掠食者，体长大约 7~9 米，身体壮硕，喜欢捕食体形硕大的蜥脚类恐龙，比如耆那龙、伊希斯龙等。

胜王龙能捕到这么巨大的猎物，当然不仅仅是依靠体形上的优势，还有它引以为傲的捕食利器。

胜王龙

学　名	*Rajasaurus*
体　形	体长 7~9 米
食　性	肉食
生存年代	白垩纪晚期
化石产地	亚洲，印度

厚重的鼻骨
胜王龙的鼻子上
有凸起的棱嵴，
是它防御和攻击
的武器。

锋利的牙齿
胜王龙锋利的牙
齿是捕食中最重
要的工具。

胜王龙的脑袋不大，头骨大约只有 60 厘米长，但是它有着厚重的鼻骨，鼻骨表面还有角状物。这些能在它用头攻击猎物的时候，给它提供强有力的保护。胜王龙拥有数量众多的牙齿，虽然不算长，但很锋利，能轻松地撕咬下猎物的肉块。胜王龙的脖子不长，但很粗壮，能给它的头部带去巨大的力量。它的前肢很短，后肢修长健壮，身体粗壮。它跑得不快，但是力量十足，总能在猎捕中获得成功。

要是能捕获一只年老的伊希斯龙，胜王龙便可以美美地享用很多天，而这样的事情经常发生在胜王龙的生活里。

**成年胜王龙与小型
汽车比较**

1m

掠食伊希斯龙
胜王龙喜欢捕食体形硕大的蜥
脚类恐龙，比如伊希斯龙。

食肉牛龙——
速度与力量并存的猎手

食肉牛龙是一种大型的肉食恐龙，体长大约 9 米，化石发现于南美洲阿根廷。

体形巨大的食肉牛龙有着一个极不相称的小脑袋，看上去又短又高。在它的眼睛上方，长有两只粗短的角，这让它看起来就像一头威风凛凛的公牛。大

食肉牛龙拥有立体视觉，也就是说它能够准确地判断猎物和自己之间的距离，这对它成功猎捕非常重要。

身体壮硕的食肉牛龙拥有一对极小的前肢，但是它的后肢修长而健壮。它的腿和身体的比例，在整个肉食恐龙中都是数一数二的。因此，食肉牛龙拥有极快的奔跑速度，是跑得最快的大型肉食恐龙之一。

硕大的体形赋予了它强大的力量，修长的双腿又给予它风一般的速度，食肉牛龙就是凭借这两个优势，成功登顶食物链顶端。

多时候，食肉牛龙的这两只角都是在族群内部使用的，比如说它想要和同伴争夺喜欢的异性，或者领导权，就会用角和对方撞击。

食肉牛龙的脑袋虽然小，但是咬合力却很强，撕咬速度很快，配合细长的牙齿，它总是能以极快的速度不停地撕咬猎物，直至把对方制服。

粗壮的后肢
食肉牛龙的腿非常长，胫部还非常结实，踝关节也很高，这都说明它们真的很善于奔跑。

◁ 食肉牛龙后肢骨骼化石

食肉牛龙骨骼化石 ▷

食肉牛龙

学　名	*Carnotaurus*	
体　形	体长约9米	
食　性	肉食	
生存年代	白垩纪晚期	
化石产地	南美洲，阿根廷	

短小的前肢

食肉牛龙为了适应快速奔跑的生活，不给身体带来额外的阻力，它的前肢变得很短，存在退化现象。不过它们的手指倒是比霸王龙多，每个手都有四根指头。

成年食肉牛龙与成年男性体形比较

1m

▽ 单嵴龙骨骼化石

骨质头冠
骨质头冠是单嵴龙的标志性特征。

锋利的前爪
前肢长有锋利的爪子，是捕猎的重要工具。

单嵴龙

学　　名	*Monolophosaurus*
体　　形	体长约 5 米
食　　性	肉食
生存年代	侏罗纪中期
化石产地	亚洲，中国

成年单嵴龙与成年男性体形比较

1m

单嵴龙——
长有骨质头冠的恐龙

　　和双嵴龙一样，单嵴龙的头上也长有头冠，不过单嵴龙的头冠只有孤零零的一片。单嵴龙的骨质头冠是中空的，所以不能作为战斗武器，它最重要的功能大概就是能够成为种间识别或者吸引配偶的工具。

　　单嵴龙生活在侏罗纪中期，化石发现于中国新疆。它体形不大，身长大约 5 米。

　　单嵴龙的脑袋很大，脖子长而灵活，前肢长有锋利的爪子，可以辅助它像匕首一样的牙齿捕食猎物。它的后肢修长健壮，能给它提供较快的奔跑速度。所以，单嵴龙的个头虽然不大，但仍然能成为凶猛的猎手，这就得益于它敏捷的行动能力。

　　依靠这些优势，单嵴龙能够轻松地捕获很多猎物。有时候是小小的天池龙，那是一种原始的甲龙类恐龙，有时候是巧龙。巧龙虽然是蜥脚类恐龙，但是体形极小，只有 4 米，也不像天池龙那样有装甲保护，是理想的捕食对象。

单嵴龙捕杀巧龙
单嵴龙利用它前肢锋利的爪子，和像匕首一样的牙齿捕食体形较小的巧龙。

巨齿龙——
人类最早认识的恐龙之一

巨齿龙是一种发现于英国的大型肉食恐龙，体长大约 7~9 米。

在发现之初，科学家并不知道这是一种名为恐龙的动物，只觉得它类似于蜥蜴，但又超级大。关于巨齿龙的研究文章在 1824 年就发表了，而恐龙这一词的出现则要等到 1842 年。但不管怎样，巨齿龙仍旧是第一种被科学描述并命名的恐龙，也是人们最早认识的恐龙之一。

巨齿龙有着典型的大型肉食恐龙的特征。它有一个极大的脑袋，头骨长度大约有 1 米，这个脑袋又大又高，拥有极强的咬合力。它的牙齿锋利无比，边缘带有锯齿，能轻松地撕裂猎物的皮肉。

巨齿龙的身体非常强壮，前肢较短，长有锋利的爪子。它的后肢修长健壮，奔跑速度较快，但是不能长时间快速奔跑。不过，这并不影响它捕猎。它总是在发现目标后，抓住时机进行短距离冲刺，扑向猎物。它长而粗壮的尾巴可以保持身体平衡，以避免它在高速奔跑时摔倒。

巨齿龙喜欢捕食剑龙家族的锐龙。它们也会依靠集体的力量，捕食体形更大的猎物，比如蜥脚类恐龙家族的鲸龙。

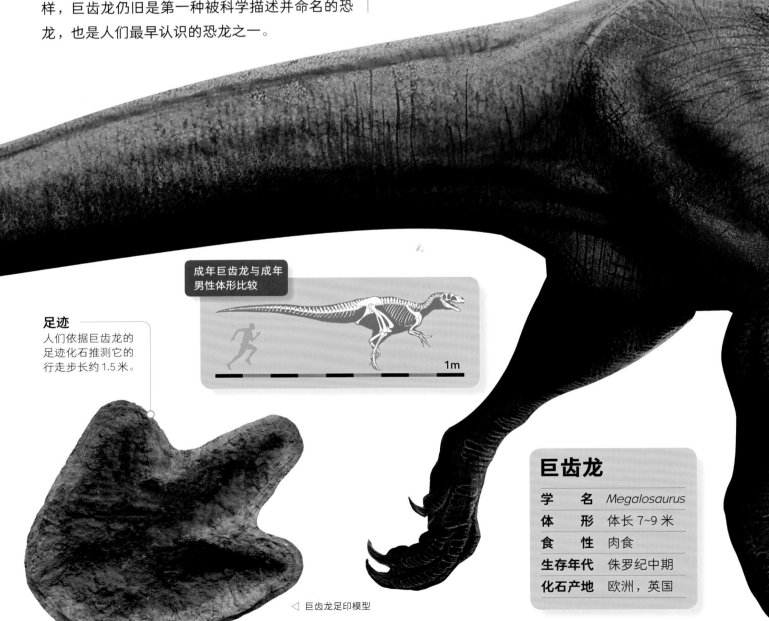

成年巨齿龙与成年男性体形比较

1m

足迹
人们依据巨齿龙的足迹化石推测它的行走步长约 1.5 米。

◁ 巨齿龙足印模型

巨齿龙

学　　名	*Megalosaurus*	
体　　形	体长 7~9 米	
食　　性	肉食	
生存年代	侏罗纪中期	
化石产地	欧洲，英国	

巨大的头骨
巨齿龙的脑袋很大，咬合力极强。为了平衡脑袋和身体的重量，它长有一条长长的尾巴。

锯齿状牙齿
和大部分肉食恐龙一样，巨齿龙拥有锋利的边缘带有锯齿的牙齿，用于撕咬猎物。

△ 巨齿龙头骨化石

巨齿龙最初的复原雕像
巨齿龙最初被复原为拥有巨大的脑袋，四足行走，尾巴拖地，背上长有隆肉的形象。

▽ 巨齿龙初始复原雕像

有效的捕食工具
巨齿龙是典型的双足行走的肉食恐龙，长有利爪的前肢可以帮助它捕食。

蛮龙——
侏罗纪王者

　　一只体长超过 30 米的梁龙，竟然能被蛮龙成功捕获。就算这只梁龙已经年老体衰，跟不上迁徙的队伍，所以才被蛮龙逮到了机会，那蛮龙也足够厉害了。

　　身长大约有 11 米的蛮龙，是侏罗纪晚期今天北美洲美国地区的顶级掠食者，它不仅身体壮硕，用于捕食猎物的武器也都很厉害。

　　蛮龙有一个巨大的脑袋，头骨长度超过了 1 米。蛮龙脑袋的外形和霸王龙非常相像，高大粗壮，能够承受很大的撞击。它有着巨大而锋利的牙齿，其中最大的牙齿长度大约 12.5 厘米，能够撕裂猎物的皮肉，甚至刺穿猎物的骨头。它的下颌肌肉强壮，有着极强的咬合力。

　　蛮龙的脖子相当粗壮，能够有效地减少头部撞击带来的巨大力量。它的前肢较短，手部长有三个锋利的爪子，特别是第 I 指像镰刀般巨大。它的后肢修长健壮，但是奔跑速度不算太快。

　　因为不能长时间快速奔跑，蛮龙更喜欢捕食行动缓慢的蜥脚类恐龙，即便猎物体形巨大，它们也并不害怕。

　　蛮龙的化石大部分都发现于北美洲美国，但是人们在欧洲葡萄牙和非洲坦桑尼亚与南非也曾经发现过蛮龙的踪迹。

成年蛮龙与成年男性体形比较

1m

蛮龙胚胎
科学家在葡萄牙发现了一个包含有恐龙胚胎的恐龙巢穴，他们依据其中一块较为完整的上颌骨判断这些恐龙蛋应该属于蛮龙。

蛮龙

学　名	*Torvosaurus*	
体　形	体长约 11 米	
食　性	肉食	
生存年代	侏罗纪中期	
化石产地	北美洲，美国	
	欧洲，葡萄牙	

幼年蛮龙
化石显示幼年蛮龙拥有锋利的长牙，说明它一出壳就是凶猛的食肉动物。

棘龙——
喜欢生活在水里的恐龙

棘龙是世界上最大的肉食恐龙之一，也是最特别的肉食恐龙。身长 15 米的它，不喜欢在陆地上捕食，而喜欢待在水里，过着捕鱼而生的生活。

恐龙本来是典型的陆生动物，而奇特的棘龙偏偏颠覆了这样的生活方式，将家搬到了水里。既然能适应完全不一样的水生生活，棘龙的身体结构就一定存在很多特殊的地方。

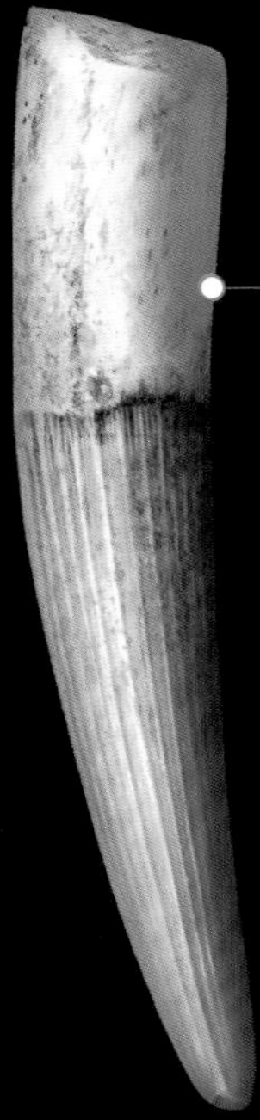

棘龙牙齿复原图
这是棘龙最大的牙齿，齿冠部分长约 13 厘米。

捕食小齿白垩鼠鲨
1 亿年前今天的非洲，棘龙捕获了一只小齿白垩鼠鲨。它巨大而锋利的牙齿像鱼叉一样深深地刺入了这只身长不到 2 米的猎物的身体，任凭猎物怎么挣扎都无济于事。

成年棘龙与成年小齿白垩鼠鲨体形比较

1m

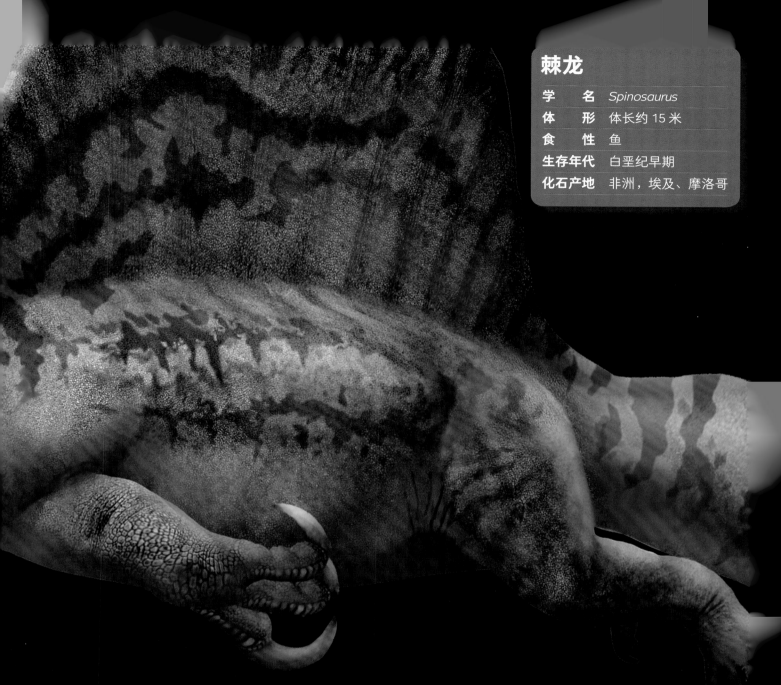

棘龙

学　　名	*Spinosaurus*	
体　　形	体长约 15 米	
食　　性	鱼	
生存年代	白垩纪早期	
化石产地	非洲，埃及、摩洛哥	

　　棘龙的脑袋与鳄鱼非常像，又窄又长，鼻口处有与鳄鱼类似的开口，可以感知水里的环境，也方便它固定猎物，防止鱼从嘴里逃脱。它的嘴里布满圆锥形的牙齿，鼻口前端的巨大牙齿更是能互锁在一起，非常适合捕食光溜溜的鱼儿。

　　几乎所有的大型肉食恐龙都是前肢较短，后肢修长，但棘龙却是个例外。棘龙的四肢几乎一样长，其中前肢比大部分肉食恐龙都要强壮，长有锋利的爪子，是捕鱼的利器，而变短的后肢，没有骨髓腔，类似于现代水生动物，有利于控制浮力，而且它的脚上还长有鸭子那样的蹼，能够让它轻松地在泥浆里行走或者在水中划动。

　　在棘龙的背上有着高耸的背帆，是由脊椎骨的神经棘延长而成的，高度长达 2.2 米。当它待在水里时，高高的背帆就是最好的视觉辨识物，能让同伴一下子就认出自己。

　　虽然体形庞大，可是棘龙却喜欢生活在水里，抓些小鱼，是真正的半水生动物。

▽ 重爪龙爪子化石

锋利的尖爪
重爪龙前肢上的第
Ⅰ指巨大锋利，是
高效的捕食工具。

闪鳞鱼
科学家推测闪鳞鱼是
重爪龙的食物之一。

重爪龙	
学 名	*Baryonyx*
体 形	体长 10~12 米
食 性	鱼
生存年代	白垩纪早期
化石产地	欧洲，英国、西班牙、葡萄牙

重爪龙——
爱吃鱼的恐龙

吃鱼可不只是棘龙的爱好，发现于欧洲的重爪龙也是爱吃鱼的大块头。

重爪龙和棘龙同属于棘龙超科家族，因此它们在外形上有一定的相似性。

重爪龙也有一个和鳄鱼十分相像的脑袋，呈窄长状，口鼻部细长低矮，上颌骨前端下缘有一个明显的凹陷，能够帮助它控制猎物，防止滑溜溜的鱼从嘴里挣脱。

不过相比棘龙，重爪龙有着数量庞大的牙齿，它们密密麻麻地排列着，俨然是高效的捕食工具。

重爪龙的体形很大，身长大约 10~12 米，前肢非常强壮，拥有巨大的镰刀般的第Ⅰ指，是它捕鱼的好帮手。它的后肢也较为强壮，但是无法为它提供快速奔跑的力量。

△ 禽龙复原图

禽龙
重爪龙的食物可能不限于鱼类，人们在重爪龙的胃里发现过幼年禽龙的遗骸。

成年重爪龙与成年男性体形比较

1m

科学家推测，重爪龙大部分时间都是生活在水边的，它不需要四处奔跑着去捕食猎物，而只要走进水里，抓捕那些温柔的小鱼就好了。人们曾经在重爪龙的胃部发现过鱼鳞和鱼骨残骸，证实了它食鱼的特性。

棱嵴

眼眶
异特龙的眼睛很
大，视觉良好。

角状物
异特龙眼睛上方
有两个角状物。

后肢
异特龙双腿修长健壮，能
够提供足够的力量和速度。

前爪
异特龙前肢较短，拥有锋利
的爪子，是捕猎的好工具。

异特龙——
侏罗纪最凶猛的恐龙之一

提到异特龙的名字，恐怕无人不知无人不晓。这种生活在侏罗纪晚期今天北美洲美国地区的肉食恐龙，堪称侏罗纪最凶猛的恐龙之一。

异特龙和蛮龙生活在同一个地方，但它们可不是友好的邻居，而是有着竞争关系的对手。

和蛮龙一样，异特龙也是一种大型肉食恐龙，身长能达到9米左右。它的脑袋很大，头骨长约80~90厘米，眼睛很大，视觉良好。它的眼睛上方有两个角状物，鼻子上有一对低矮的棱嵴，可能用来打斗。科学家推测，异特龙会先用头部撞击猎物，然后再用嘴巴撕咬。异特龙长有锋利弯曲的牙齿，在捕食过程中，这些牙齿很容易被折断，或者脱落，不过不用担心，很快它们就会长出新牙齿来代替这些损坏的牙齿。

异特龙前肢较短，但十分粗壮，手部长有三指，末端都具有弯曲的钩爪，其中最大的爪子长约25厘米，是它捕食猎物的重要工具。它的双腿健壮，拥有很快的奔跑速度。

位于食物链顶端的异特龙总是喜欢捕食硕大而行动缓慢的蜥脚类恐龙，比如梁龙或者迷惑龙，有时候它们也会袭击长满装甲的剑龙。一些科学家认为，异特龙可能有食腐行为，当它们抓不到新鲜的猎物时，便会寻找尸体填饱肚子。

异特龙

学 名	*Allosaurus*	
体 形	体长约9米	
食 性	肉食	
生存年代	侏罗纪晚期	
化石产地	北美洲，美国	

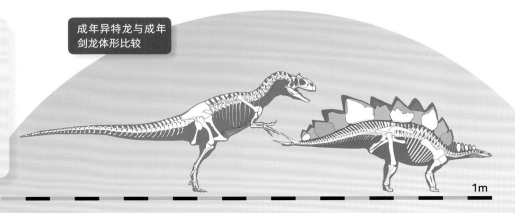

成年异特龙与成年剑龙体形比较

1m

鲨鱼的牙
鲨鱼的牙齿薄而
锋利，边缘拥有
细小的锯齿。

鲨齿龙牙齿
鲨齿龙的牙齿与
鲨鱼非常相像。

鲨齿龙

学　　名	*Carcharodontosaurus*	
体　　形	体长约 12 米	
食　　性	肉食	
生存年代	白垩纪中期到白	
	垩纪晚期	
化石产地	非洲，埃及、	
	摩洛哥、阿尔及利亚	

鲨齿龙——
长有鲨鱼牙的恐龙

　　鲨齿龙是一种体形巨大的肉食恐龙，来自鲨齿科家族，成员都有一个共同特征——长有鲨鱼般的牙齿，所以得名鲨齿龙科恐龙。

　　鲨齿龙体长超过了 12 米，是十分恐怖的主动捕猎者。它的脑袋非常大，头骨长约 1.6 米，几乎相当于一个成年人的身高。可惜，它的脑容量只有霸王龙的一半，这表明它并不是一种非常聪明的恐龙。

　　鲨齿龙的脑袋很窄，从上面看，口鼻部几乎是一个三角形。不过，这并不影响它捕猎，毕竟它的嘴巴很大，撕咬猎物的时候完全不受嘴巴形状的影响。

　　鲨齿龙的嘴中布满了锋利的牙齿，虽然这些牙齿并不像霸王龙的牙齿那样粗壮，但是并不会减少一丝一毫的威力，想想鲨鱼是如何在海洋中杀戮的就知道了，鲨齿龙也会以同样的威力对付陆地上的动物。它总是以极快的速度不停地撕咬猎物，直至对方失血过多而亡，再慢慢享用美味。

成年鲨齿龙与成年
男性体形比较

1m

▽ 鲨齿龙脑组织复原顶视图　　　　▽ 霸王龙脑组织复原顶视图

鼻腔后部

嗅球

嗅束

大脑半球

松果体

视叶

小脑

脑干

脑容量

鲨齿龙的脑袋非常大，
但它的脑容量只有霸王
龙的一半。

南方巨兽龙——
统治南方大陆的恐龙

南方巨兽龙也是最大的肉食恐龙之一，人们推测它的体长可能会达到 13 米，是名副其实的南方大陆统治者。

南方巨兽龙的化石发现于南美洲阿根廷，生存年代为白垩纪晚期。因为化石保存得较为完整，所以我们对它的了解也较为深入。

南方巨兽龙	
学　名	*Giganotosaurus*
体　形	体长约 13 米
食　性	肉食
生存年代	白垩纪晚期
化石产地	南美洲，阿根廷

牙齿
南方巨兽龙的牙齿，像匕首一样，露在外面的部分大约长 9 厘米，包含齿根在内的整个牙齿长约 20 厘米。

南方巨兽龙有一个巨大的脑袋，头骨长 1.6 米，但是和霸王龙比起来，南方巨兽龙的脑袋显得既长又窄。它长有锋利的牙齿，像匕首一样，露在外面的部分大约长 9 厘米，包含齿根在内的整个牙齿长约 20 厘米。因为牙齿不算长，而且较薄，所以更适合切割猎物的皮肉，而不会穿透猎物的骨头。不过这对于它来说不算什么缺憾，它只是采用了不同的猎食方法而已，同样能得到心仪的猎物。

南方巨兽龙的后肢强壮，运动能力很强，为它们捕食猎物带来了很多便利。

成年南方巨兽龙与成年男性体形比较

1m

虽然南方巨兽龙不如霸王龙聪明，但是它有着很好的嗅觉，总是能第一时间通过气味寻找到猎物，这时候它只要将自己的捕食工具派上战场，捕食猎物对它来说并不是一件很难的事情。

中华丽羽龙——
美颌龙家族的大块头

中华丽羽龙

学　　名	*Sinocalliopteryx*
体　　形	体长约 2.37 米
食　　性	肉食
生存年代	白垩纪晚期
化石产地	亚洲，中国，辽宁

原始羽毛
中华丽羽龙身上长有原始羽毛，可以起到保暖的作用。

　　中华丽羽龙来自美颌龙科恐龙家族，而且是该家族中体形最大的成员，体长能达到 2.37 米，生活在白垩纪早期今天的中国辽宁地区。

　　中华丽羽龙的体形很大，并且长有羽毛。人们在它的化石上发现了羽毛印痕，这些丝状皮肤衍生物分布在它的头骨、颈部、臀部、尾部两侧，以及四肢的部分区域。它们和中华龙鸟的原始羽毛的结构是一致的，这说明中华丽羽龙生前和中华龙鸟一样，都覆盖着原始的丝状羽毛。

　　中华丽羽龙有一个很大的脑袋，嘴里布满锋利的牙齿。前肢短小，但很强壮，长有三个锋利的爪子，可以抓取食物。后肢修长，奔跑速度很快。它的尾巴很长，能够在其奔跑时保持身体平衡。因为体形很大，中华丽羽龙的攻击性极强，人们曾经在它的肚子里发现一节不完整的驰龙科恐龙的腿骨，足以证明它是凶猛的猎手。

凶猛的猎手
中华丽羽龙攻击性强，会用锋利的牙齿撕咬驰龙类恐龙。

锋利的爪子
中华丽羽龙拥有短小却粗壮的前肢，锋利的爪子可以帮它抓取食物。

成年中华丽羽龙与成年猎豹体形比较

50cm

△ 中华丽羽龙化石

郊狼暴龙——
霸王龙的小亲戚

郊狼暴龙

学　　名	*Suskityrannus*
体　　形	体长约 3 米
食　　性	肉食
生存年代	白垩纪晚期
化石产地	北美洲，美国

暴龙类恐龙可以说是肉食恐龙家族中最厉害的族群，除了生存年代较早的祖先类型，家族几乎都是可怕的大个子。可是郊狼暴龙却是个例外，这种生活在早白垩世晚期的暴龙类恐龙，只有大约 3 米长，身高才 1 米。

虽然生存年代和霸王龙没有相差太远，但是郊狼暴龙和霸王龙的外形却有着明显不同。郊狼暴龙有一个又窄又长的脑袋，咬合力显然不算强大。它的牙齿很锋利，能轻松地撕裂猎物的皮肉。它的前肢不算很短，长有三个锋利的爪子，后肢修长，奔跑速度很快。

科学家推测，郊狼暴龙很可能像早期的暴龙类恐龙，比如冠龙、帝龙那样，全身上下都被羽毛覆盖着，这让它们看上去跟霸王龙截然不同，而像一只大号的火鸡。

郊狼暴龙出现后大约 1200 万年，霸王龙就诞生了，从体长约 3 米，体重 20~40 公斤的小不点，变成体长超过 12 米，体重 8 吨的大怪兽，并没有花去多长时间，这足见暴龙类恐龙的演化速度有多快。

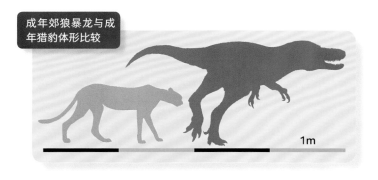

成年郊狼暴龙与成年猎豹体形比较

1m

下颌化石
目前科学家发现的郊狼暴龙下颌化石都是来自幼年个体的。

◁ 郊狼暴龙头骨化石

幼年霸王龙
科学家推测幼年霸王龙类似暴龙家族的祖先，全身长有羽毛。

成年霸王龙
成年霸王龙身体的大部分皮肤都被鳞片覆盖着，与它们的近亲郊狼暴龙很不一样。

大盗龙——
用有镰刀状爪子的
暴龙类恐龙

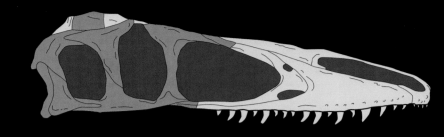

△ 大盗龙头骨化石投影图

大盗龙是一种发现于南美洲阿根廷的肉食恐龙，但是发现之初，它究竟应该被归到哪个家族就成了一个谜，这全都是因为它那个镰刀状的大爪子。

这样的爪子简直就是驰龙科恐龙的标志，它们后肢上高高翘起的第 II 趾就是这样的。虽然人们从化石上看不出大盗龙的这个爪子究竟长在哪里，但是他们还是依据经验判断大盗龙是一种驰龙科恐龙。可是不久之后，人们发现了一个完整的大盗龙前肢化石，化石显示它的第 I 指非常巨大，呈镰刀状。原来，之前那个大爪子不是长在后肢上的，而是前肢的第 I 指。即便弄清楚了这个问题，大盗龙还是历经一段漫长的时光，才兜兜转转地找到了真正的家——暴龙类恐龙家族。

成年大盗龙与小型汽车比较

1m

大盗龙

学 名	*Megaraptor*
体 形	体长约 8.5 米
食 性	肉食
生存年代	白垩纪晚期
化石产地	南美洲，阿根廷

没想到暴龙类恐龙竟然也有前肢长有巨大爪子的成员，这可真让人们感到惊讶，别忘了，霸王龙短小的前肢上可只有两个小小的爪子。

大盗龙体长大约 8.5 米，身体粗壮，前肢较长，长有三个锋利的爪子。其中这个镰刀状的第 I 指长达 35 厘米，是它捕食猎物最好的工具。大盗龙常常会成群结队地捕食年幼的蜥脚类恐龙，比如南极龙。

大盗龙爪子化石投影图 ▷

霸王龙前爪
暴龙类恐龙霸王龙前肢短小，只有两个爪子。

艾伯塔龙——
活跃于白垩纪加拿大的顶级掠食者

艾伯塔龙也来自暴龙类恐龙家族，生活在白垩纪晚期，但是相比霸王龙，生存年代要早一些，大约 7100 万年前就出现了。

艾伯塔龙并没有霸王龙那么庞大，体长大约只有 7 米，但是外形却和霸王龙十分相似。

艾伯塔龙

学　　名	*Albertosaurus*	
体　　形	体长约 7 米	
食　　性	肉食	
生存年代	白垩纪晚期	
化石产地	北美洲，加拿大	

成年艾伯塔龙与成年猎豹体形比较

1m

艾伯塔龙和霸王龙一样，有一个大而粗壮的脑袋，它的头骨上有许多孔洞，一方面可以为它减轻脑袋的重量，方便其行动和捕食，一方面又能为它提供很多肌肉附着点，增强咬合力。艾伯塔龙有着锋利的牙齿，虽然牙齿数量不如霸王龙多，但是外形相似，都是像香蕉一样的粗壮的圆锥形，能够轻松地撕咬猎物。

艾伯塔龙身体健壮，前肢较短，手部拥有两根手指，后肢修长，拥有较快的奔跑速度。

人们在北美洲加拿大艾伯塔省红鹿河边的马蹄峡谷组，发现过大量的艾伯塔龙化石，这说明它们当时的生存能力非常强大，种族十分繁盛，是毫无疑问的顶级掠食者。

艾伯塔龙捕食无鼻角龙
艾伯塔龙用锋利粗壮的牙齿紧紧地咬住了无鼻角龙的头盾，无鼻角龙痛苦地挣扎着，却没办法逃脱。

分支龙——
长脸猎手

分支龙是一种特别的暴龙类恐龙，相比其他大部分生活在白垩纪晚期的暴龙家族成员，它的脑袋显得又长又细，完全不是粗壮宽大的模样，它的身体也非常纤瘦，不是家族成员壮如水桶的样子。不过，这副特别的模样在暴龙家族中倒不是分支龙特有的，发现于中国江西的虔州龙也有着长长的脑袋和瘦瘦的身体。

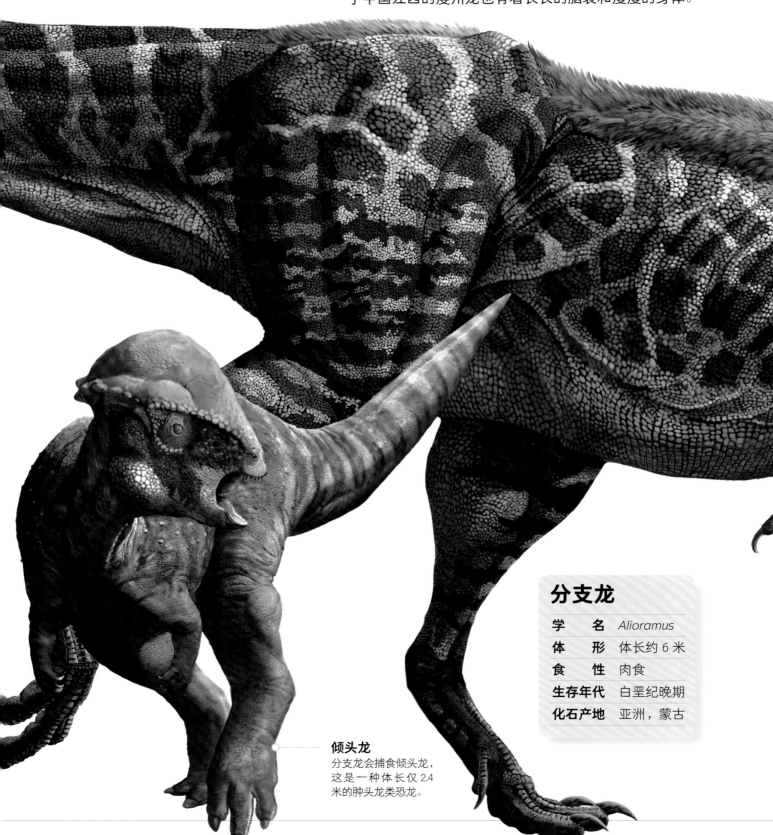

倾头龙
分支龙会捕食倾头龙，这是一种体长仅 2.4 米的肿头龙类恐龙。

分支龙

学　　名	*Alioramus*
体　　形	体长约 6 米
食　　性	肉食
生存年代	白垩纪晚期
化石产地	亚洲，蒙古

分支龙发现于蒙古，体形娇小，身长大约只有 6 米，它的脑袋很窄，鼻子奇长，鼻子上长着 5 个奇特的骨质瘤，高度大于 1 厘米，非常显眼。它的牙齿不像霸王龙那样如同香蕉一般粗壮，而是呈扁平状，虽然也很锋利，但是只能撕裂猎物的皮肉，而无法咬碎猎物的骨头。它的身体纤瘦，运动灵活。

特别的体形使得分支龙选择了不一样的捕猎方式，它不像其他身体壮硕的暴龙类恐龙那样直接和猎物对抗，而是会隐蔽在树丛中伏击。它纤瘦的身体，窄长的脑袋全都为这种独特的捕猎方式做好了准备。有时候分支龙也会和同伴一起出击，凭借集体的力量它们总是能捕获一只硕大的蜥脚类恐龙，比如纳摩盖吐龙，或者有"头盔"保护的肿头龙类恐龙倾头龙。

◁ 分支龙左上颌骨化石

分支龙头部形象特写 ▷

成年分支龙与成年男性体形比较

1m

霸王龙——
最凶猛的猎手

在所有的掠食性恐龙中，霸王龙毫无疑问是最凶猛的，它几乎能得到所有它想吃的猎物，是站在食物链最顶端的王者。

可是我们知道，霸王龙并不是肉食恐龙中体形最大的，那么它是靠什么登顶攻击力的冠军宝座的呢？

霸王龙有一个巨大的脑袋，不仅很长，头骨长度达到了 1.5 米，而且还很宽，大部分肉食恐龙的下颌都是 V 字形的，可是霸王龙的下颌却是 U 字形的。有这样一张宽大的嘴巴，加上它粗壮的脑袋和脖子，霸王龙便拥有了强大的咬合力。

霸王龙的牙齿粗壮得像一根根大香蕉，边缘带有锯齿，攻击力十足，不仅能轻松撕裂猎物的皮肉，还能刺穿它们的骨头，在几分钟内就把一只猎物吃得连骨头都不剩。

霸王龙的前肢虽然短小，但是它的后肢强壮，不仅能让它快速行走，还能当作武器，给猎物以致命的一击。它的尾巴长而粗壮，可以有效地平衡身体，有时候也能直接甩向它想要吃掉的猎物，是一种有效的攻击方法。

在霸王龙身上，我们几乎看不到什么缺点，它有着优秀的综合素质，处于肉食恐龙演化的最高峰，正因为如此，它才能当之无愧地成为最凶猛的猎手。

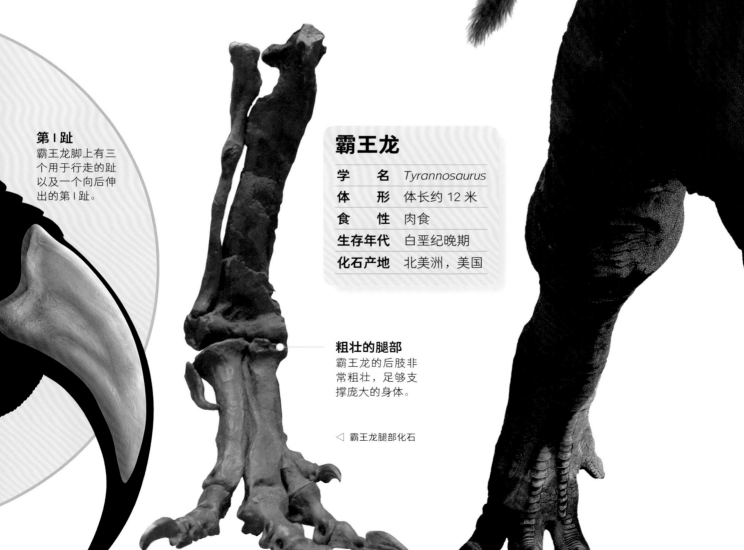

第 I 趾
霸王龙脚上有三个用于行走的趾以及一个向后伸出的第 I 趾。

霸王龙

学　　名	*Tyrannosaurus*	
体　　形	体长约 12 米	
食　　性	肉食	
生存年代	白垩纪晚期	
化石产地	北美洲，美国	

粗壮的腿部
霸王龙的后肢非常粗壮，足够支撑庞大的身体。

◁ 霸王龙腿部化石

成年霸王龙与成年
男性体形比较

1m

牙齿

霸王龙的牙齿呈圆锥形，
粗壮锋利，仅仅是露在外
面的部分就长达 15 厘米。

换牙

霸王龙的牙齿一旦损坏，就会有新
牙生长出来替换旧牙。它的牙齿时
刻都保持在最锋利的状态，以便让
它随时都能捕食到喜欢的猎物。

特暴龙——
前肢最短的暴龙类恐龙

1m

进步的暴龙类恐龙前肢都发生了退化，变得十分短小，霸王龙那双和成年人手臂一样长的前肢就给人们留下了深刻的印象。不过，在暴龙家族中，霸王龙并不是前肢最短的成员，发现于蒙古和中国内蒙古的特暴龙才是。

特暴龙

学　　名	*Tarbosaurus*
体　　形	体长约 11 米
食　　性	肉食
生存年代	白垩纪晚期
化石产地	亚洲，蒙古、中国

特暴龙幼崽

根据科学家推测，特暴龙幼年时全身长有羽毛，用来抵御寒冷。

△ 特暴龙骨骼化石

短小的前肢
相比于霸王龙的前肢，人们发现特暴龙的前肢更为短小。

特暴龙
特暴龙脑袋较为细长，下颌窄而坚硬。

霸王龙
霸王龙脑袋粗壮，下颌宽且灵活。

　　特暴龙也生活在白垩纪晚期，外形和霸王龙已经十分相似了。特暴龙的脑袋大而粗壮，但下颌比霸王龙要窄一些，也坚硬一些。这大概是因为它的生存环境和霸王龙有所差异，它需要用坚硬的下颌来对付大型蜥脚类恐龙，比如纳摩盖吐龙，而霸王龙的猎物的体形则没有这么巨大。

　　和霸王龙一样，特暴龙的体形也非常壮硕。虽然前肢很短小，但是因为它们并不发挥实质性的功能，所以对捕猎并没有影响。特暴龙有着很好的嗅觉，能轻松地从周围的气味中辨别出猎物所在的位置。它的牙齿粗壮，咬合力惊人。后肢健壮，有极强的行动能力。这些都为它成功猎捕做好了准备。

白熊龙——
生活在北极圈里的恐龙

白熊龙是一种非常特别的暴龙类恐龙，因为它生活在寒冷的北极圈里。

白熊龙的化石发现于美国阿拉斯加州，这里拥有全世界最多的活动冰川，常常会有极寒天气。在白熊龙生活的 7100 万年前至 6800 万年前，这里虽然比现在要暖和一点，但是因为位于北极圈内，所以依旧相当寒冷。

为了抵御寒冷的天气，白熊龙很可能像北极熊一样长有一身白色的厚重毛发，牢牢地把自己包裹起来。虽然到目前为止人们还没有发现确凿的羽毛证据，但这恐怕是人们能想到的御寒的唯一方法了。

阿拉斯加头龙
阿拉斯加头龙是白熊龙的食物，这是一种小型的肿头龙类恐龙。

　　白熊龙的体形非常小，身长大约只有 5 米，和同一时代其他地区的暴龙类恐龙相差甚远。不过，即便如此，拥有尖牙利爪以及优秀的立体视觉的白熊龙仍然是当地的顶级掠食者。它们会在夏季捕食从南方涌入的角龙类恐龙厚鼻龙，而冬季，则会以尚未迁徙的阿拉斯加头龙为食。

成年白熊龙与成年男性体形比较

1m

白熊龙

学　　名	*Nanuqsaurus*
体　　形	体长约 5 米
食　　性	肉食
生存年代	白垩纪晚期
化石产地	北美洲，美国

嗅觉灵敏
从白熊龙头骨化石看，其嗅球区域较大，表明它嗅觉灵敏。科学家推测它可能是依靠气味来捕猎的。

宽大的下颌
白熊龙的咬合力很强大。它的下颌宽大，牙齿粗壮而锋利，撕咬起猎物来一点也不逊色于霸王龙。

半爪龙——
它揭示了家族手指演化的秘密

10cm

　　阿瓦拉慈龙类恐龙是一种非常特别的恐龙类群，目前发现的最早的成员生活在侏罗纪晚期，而最晚的成员一直生存至白垩纪晚期。它们最别致的特征就是前肢极短却很强壮，每个前肢上有一个特化的大型指爪。它们的前肢和指爪究竟是怎么演化而来的？因为缺少早期和晚期之间的过渡物种，这个问题一直都是谜。

　　不过，2009 年，人们在中国内蒙古发现了一种名为半爪龙的阿瓦拉慈龙类恐龙，生存年代为白垩纪早期，介于早期和晚期阿瓦拉慈龙类恐龙之间。从化石上看，半爪龙的前肢并不如进步的家族成员那样短，每个前肢上还保留有三个指爪，只是外侧的两个指爪明显地变短变细了。

　　从半爪龙身上，科学家似乎看到了阿瓦拉慈龙类恐龙前肢演化的秘密：早期成员前肢较长，有三指，便于抓握；中间成员仍有三指，但外侧两个已经开始退化；而晚期成员前肢变短，多数还是三个手指，但能用的只有一个大拇指，其他两个非常小，个别成员甚至只剩一个手指。

　　两个手指已经退化的半爪龙，就是依靠那个大型拇指破坏朽木和蚁穴，捕食白蚁或者蚂蚁。

半爪龙

学　　名	*Bannykus*
体　　形	体长约 1 米
食　　性	食虫
生存年代	白垩纪早期
化石产地	亚洲，中国，内蒙古

△ 半爪龙前肢复原图

▽ 鸟面龙前肢复原图

▽ 简手龙前肢骨骼复原图

▽ 半爪龙前肢骨骼复原图

阿瓦拉慈龙类恐龙前肢的演化

简手龙的前肢拥有三指，第 II、III 指虽然像多数兽脚类一样长于第 I 指，但是指骨很细，有了弱化的迹象。半爪龙的前肢也有三指，但是第 II、III 指比简手龙短了很多。而鸟面龙这类晚期阿瓦拉慈龙的前肢第 II、III 指就已经非常特化，变得很小，只有大拇指比较发达。

▽ 鸟面龙前肢骨骼复原图

鸟面龙——
像鸟一样的恐龙

鸟面龙是一种体形娇小的恐龙，比火鸡还小，也来自阿瓦拉慈龙家族。不过，它比半爪龙的生存年代要晚，身体结构也更进步。鸟面龙的化石保存得较好，特别是头骨化石十分完整，使得人们对它的了解非常深入。

从化石上看，鸟面龙的脑袋很小，前端拥有尖利的嘴喙，喙中还布满锋利的牙齿。它的前肢短而粗壮，不像半爪龙一样有三个手指，而是只剩一个钉子状的手指，以及两个已经退化了的手

嘴喙
鸟面龙具有尖利的嘴喙。

头骨化石
鸟面龙保存有完整的头骨化石。

指的残余痕迹。科学家认为它们可能会用这个锋利的手指从树洞中掏取一些昆虫来吃，或者可以磕破蛋壳，偷吃蛋宝宝。

鸟面龙的后肢修长而健壮，这表明它们的奔跑速度很快，是行动迅捷的掠食者。

鸟面龙的化石发现于蒙古，从化石上看，它们全身布满了原始的管状羽毛。因为与现代鸟类有很近的亲缘关系，人们曾经想将它们归入鸟类。

鸟面龙

学　　名	*Shuvuuia*
体　　形	体长约 0.6 米
食　　性	肉食
生存年代	白垩纪晚期
化石产地	亚洲，蒙古

钉子状手指
科学家推测鸟面龙的钉子状手指可以从树洞中掏取昆虫。

成年鸟面龙与杰克森变色龙体形比较

10cm

单爪龙
单爪龙有和鸟面龙类似的钉子状手指。

中鸟——
为了食物而选择
在树上生活的恐龙

中鸟是一种体形娇小的擅攀鸟龙科恐龙，和其他恐龙在陆地上生活不同，它喜欢待在树上。到目前为止人们只发现了一件幼年中鸟标本，不过就是在这件标本上，还是能清晰地看到其前肢和尾部保存有羽毛印痕。

中鸟的脑袋短而高，前肢很长，脚爪也很长，这些都是它适应树栖生活的表现。它的尾巴很长，大约拥有 20 节尾椎，尾巴末端具有羽毛扇。其尾巴的形态和身体的比例都与尾羽龙类似。

中鸟曾经被归为鸟类，但是现在已经被归入擅攀鸟龙科。因为中鸟同时还具有一些原始的窃蛋龙类恐龙的特征，比如头骨的形状，小手指退化等，所以科学家认为擅攀鸟龙科和原始的窃蛋龙类恐龙之间有着较近的亲缘关系。

适应树栖生活是很多擅攀鸟龙科恐龙的共同特征，它们选择生活在树上，并不是为了飞翔，而是为了寻找食物或者躲避敌人。

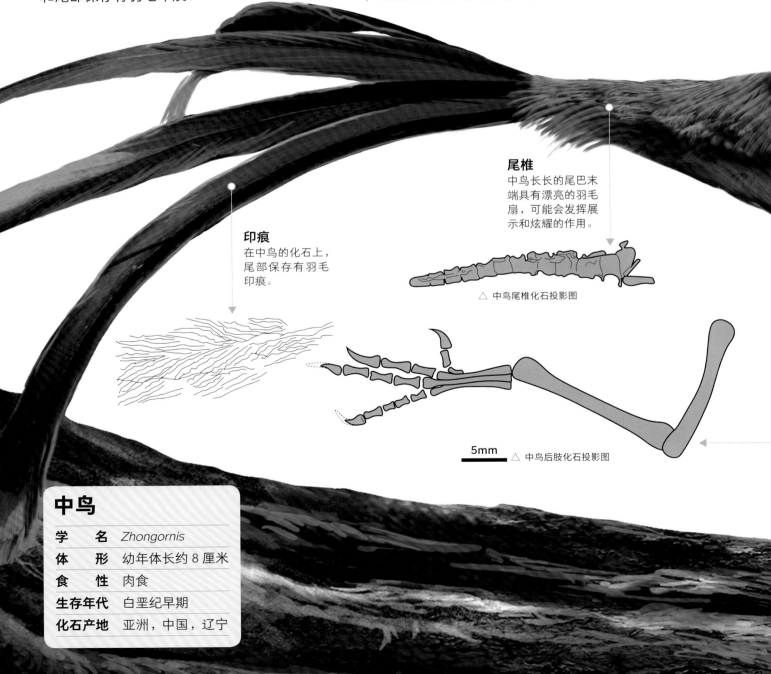

印痕
在中鸟的化石上，尾部保存有羽毛印痕。

尾椎
中鸟长长的尾巴末端具有漂亮的羽毛扇，可能会发挥展示和炫耀的作用。

△ 中鸟尾椎化石投影图

5mm　△ 中鸟后肢化石投影图

中鸟

学　名	*Zhongornis*
体　形	幼年体长约 8 厘米
食　性	肉食
生存年代	白垩纪早期
化石产地	亚洲，中国，辽宁

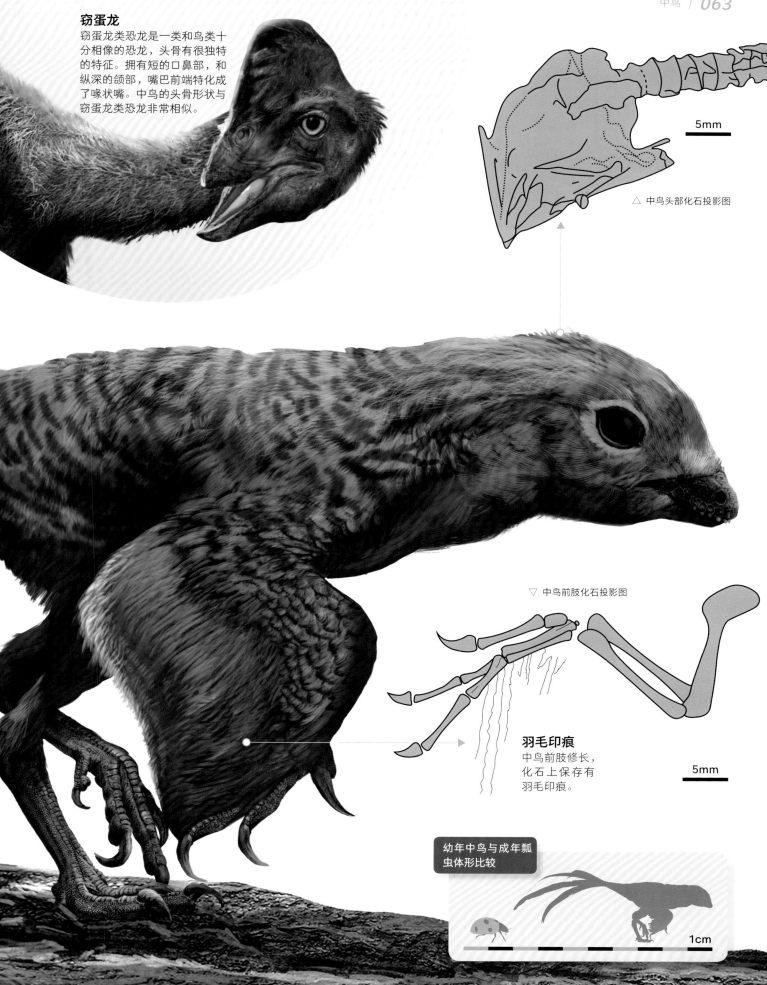

窃蛋龙
窃蛋龙类恐龙是一类和鸟类十分相像的恐龙，头骨有很独特的特征。拥有短的口鼻部，和纵深的颌部，嘴巴前端特化成了喙状嘴。中鸟的头骨形状与窃蛋龙类恐龙非常相似。

5mm

△ 中鸟头部化石投影图

▽ 中鸟前肢化石投影图

羽毛印痕
中鸟前肢修长，化石上保存有羽毛印痕。

5mm

幼年中鸟与成年瓢虫体形比较

1cm

义县龙——
拥有很强
抓握能力的恐龙

成年义县龙与成年
猎豹体形比较

1m

　　义县龙的化石非常少，到目前为止人们只发现了它的前肢和肩带，但即便如此，人们还是在它身上发现了很多新的特点，并最终将它定义为一个新的物种。

　　从化石上看，义县龙的前肢很强壮，手部也很长，它手部的长度以及手指指节的相对比例与树息龙最为接近。加长的指节、长长的手部和强壮的前肢都表明义县龙拥有很强的抓握能力，它很可能栖息在树上。而且科学家推测，强壮的前肢也能帮它捕食猎物。

　　因为发现的化石极少，所以究竟该把义县龙归到哪个家族，成了一个很大的难题。不过最终，科学家通过义县龙的化石上保存的片状羽毛印痕，以及与近鸟龙、晓廷龙等恐爪龙类恐龙具有共同的特征，认为它应该属于一种进步的手盗龙类恐龙，很可能是基干恐爪龙类恐龙，是一种行动敏捷的掠食者。

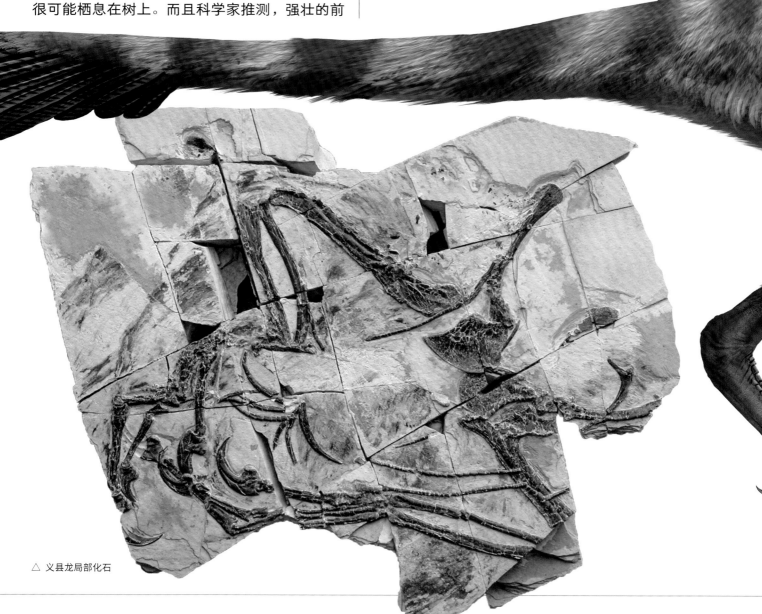

△ 义县龙局部化石

义县龙

学　　名	*Yixianosaurus*
体　　形	体长约 1 米
食　　性	肉食
生存年代	白垩纪早期
化石产地	亚洲，中国，辽宁

强壮的前肢
义县龙的前肢强壮，拥有很强的抓握能力。

近鸟龙
义县龙的前肢上也长有片状羽毛，就像近鸟龙一样。

成年曙光鸟与杰克森
变色龙体形比较

10cm

曙光鸟——
它不是鸟是恐龙

曙光鸟被发现之初，一度被认为是世界上最古老的鸟，因此被科学家以"曙光鸟"命名，意味着它开启鸟类世界的黎明。然而，在随后更加深入的研究中，科学家推翻了之前的结论，他们认为曙光鸟并不是一种古老的鸟，而是一种和近鸟龙、晓廷龙一样的伤齿龙科恐龙。伤齿龙科恐龙是一群体形娇小的掠食者，后肢上也有大型的镰刀状第II趾，不过相比驰龙科恐龙的爪子要小一些。

曙光鸟身披羽毛，可是起初，人们并没有在化石上看到羽毛印痕。随着对化石一点点的修复，留存在它颈部、胸部和尾巴等部位的柔软的羽毛才显露了出来。

曙光鸟是近鸟龙的邻居。它体形很小，身长大约只有50厘米，拥有短而高的脑袋，坚硬的喙状嘴，大大的眼睛，锋利的牙齿，修长的后肢以及长长的骨质尾巴。虽然体形娇小，但却是行动灵活的掠食者，从不会轻易放过那些美味的猎物。

曙光鸟化石
埋藏状态投影图 ▷

是鸟还是恐龙？

曙光鸟的化石发现于中国辽宁髫髻山组地层，距今大约 1.6 亿年前。对于曙光鸟的归属，研究人员有不同的观点，一些研究人员认为它是绝大部分鸟类最古老的直系物种，另一些研究人员则认为它只是有羽毛恐龙的祖先。

曙光鸟

学　　名	*Aurornis*
体　　形	体长约 50 厘米
食　　性	肉食
生存年代	侏罗纪晚期
化石产地	亚洲，中国，辽宁

镰刀状第 II 趾

和大多数伤齿科恐龙一样，曙光鸟的后肢上也有锋利的第 II 趾，能够帮助它捕猎。

△ 近鸟龙复原图

始中国羽龙——
不擅爬树喜欢奔跑的恐龙

始中国羽龙是一种原始的伤齿龙科恐龙，体形十分娇小，身长大约只有 30 厘米，头骨长度还不足 5 厘米，是世界上最小的恐龙之一。和其他伤齿龙科恐龙相比，它的嘴巴较短，尾巴也非常短。除此之外，它的脚和脚趾纤细平坦，没有其他家族成员那样弯曲的可供捕食猎物或攀爬树木的爪子，这说明它可能更善于奔跑，捕食的猎物当然也是陆地上比它更小的小动物。

始中国羽龙的身体被丝状羽毛覆盖着，前肢则具备飞羽，不过小腿和脚上没有羽毛，尾巴上也没有复杂的片状羽毛，所以和同样长有四翼的晓廷龙相比，它们两者的样貌大相径庭。

在始中国羽龙生活的地方，同时生活着多种体形娇小的带羽恐龙，比如近鸟龙、晓廷龙等。科学家推测，它们可能占据着不同的生态位，捕食不同的猎物，过着各自相对独立的生活。

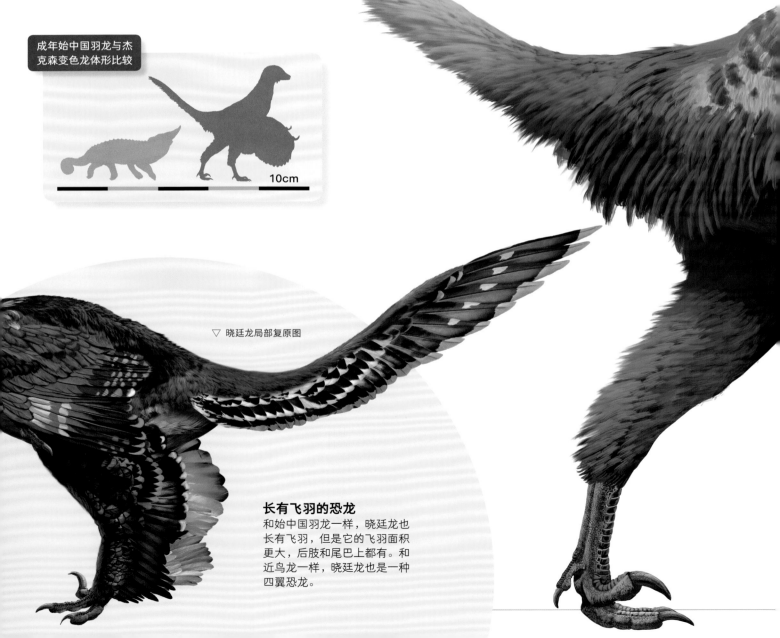

成年始中国羽龙与杰克森变色龙体形比较

10cm

▽ 晓廷龙局部复原图

长有飞羽的恐龙
和始中国羽龙一样，晓廷龙也长有飞羽，但是它的飞羽面积更大，后肢和尾巴上都有。和近鸟龙一样，晓廷龙也是一种四翼恐龙。

△ 始中国羽龙化石埋藏复原图

爪子
始中国羽龙前肢也长有爪子，但因前肢结构的限制，爪子不能高度弯曲，这可能不利于其捕食或攀爬。

不善飞翔
始中国羽龙的前肢虽然长有飞羽，但是羽毛不发达，不能像鸟类一样翱翔天空。不过，因为它们的后肢羽毛短，足部羽毛少，所以适合在陆地上行走，它们的奔跑速度应该很快。

始中国羽龙

学　　名	*Eosinopteryx*
体　　形	体长约 30 厘米
食　　性	肉食
生存年代	侏罗纪晚期
化石产地	亚洲，中国，辽宁

▽ 恐爪龙骨骼化石

恐爪龙——
迅捷的捕猎者

恐爪龙是非常优秀的猎手，虽然身长只有 3 米，在掠食性恐龙里只能算是个小不点，但是它拥有迅捷的奔跑速度、优秀的弹跳能力，还有聪慧的大脑，让很多植食恐龙不寒而栗。

恐爪龙来自驰龙科家族，因此它最明显的特征就是后肢上那个巨大而锋利的镰刀状第 II 趾，长达 15 厘米，科学家据此给它起名为恐爪龙，意为恐怖的爪子。

因为体形娇小，骨骼中空，恐爪龙的身体十分轻巧，加之它双腿修长，踝关节粗壮，具备优秀的运动能力。它不仅奔跑速度很快，弹跳力也极好，它总是依靠这样的优势追逐快速奔跑的猎物。它的尾巴长而僵直，像一根骨棒，不能弯曲，能够在它奔跑时为它控制平衡和方向。

恐爪龙的视力很好，总是能及时发现猎物。为了提高捕猎的成功率，它喜欢和同伴一起作战，捕杀比它们大得多的猎物，比如鸟脚类恐龙家族的腱龙。捕获这样一只猎物，往往能让两三只恐爪龙吃上一个星期。

恐爪龙

学　　名	*Deinonychus*
体　　形	体长约 3 米
食　　性	肉食
生存年代	早白垩世晚期到晚白垩世早期
化石产地	北美洲，美国

叉骨雏形

叉骨是鸟类肩带中特有的骨骼，由左右锁骨和退化的间锁骨在腹中线处愈合成 "V" 形。叉骨可以增加肩带的弹性，也可以避免鸟类在剧烈振翅时挤压气管。恐爪龙也具有和鸟类相似的叉骨。

第 II 趾

像其他驰龙科恐龙一样，恐爪龙后肢第 II 趾也非常大，长 15 厘米，像一把大镰刀。

成年恐爪龙与成年猎豹体形比较

1m

长羽盗龙

学　名	*Changyuraptor*
体　形	体长约 1.32 米
食　性	肉食
生存年代	白垩纪早期
化石产地	亚洲，中国，辽宁

长羽盗龙——
体形最大的四翼恐龙

　　小盗龙是人们发现的第一个拥有四翼的恐龙，可是四翼并不是它的专属特征，它的发现似乎打开了通向这群奇特生物的大门，此后人们又发现了很多长有四个翅膀的恐龙，其中就有长羽盗龙。

　　和小盗龙鸽子大小的体形相比，长羽盗龙就像一个巨无霸，它的体长达到了 1.32 米，是目前发现的体形最大的四翼恐龙。长羽盗龙全身都长有漂亮的羽毛，羽毛结构与现代鸟类非常相近。它的前肢和后肢同时具有飞羽，形成两对翅膀。

　　长羽盗龙最特别的地方就是尾巴上覆盖的长长的尾羽，它们长达 30 厘米，是目前知道的所有带羽毛恐龙中最长的。而超长的尾羽并不是装饰品，它们能给长羽盗龙提供额外的升力，帮助其飞行，还能在它滑翔时帮助其快速制动、快速降落、安全着陆。

　　因为长有四翼、长长的尾羽以及中空的、拥有超薄骨壁等和鸟类相近的特殊的骨骼结构，科学家推测长羽盗龙可能是一种真正可以飞翔的恐龙，而它正是依靠飞翔的本领来捕捉猎物的。

羽毛印痕
长羽盗龙化石上呈现出羽毛痕迹，特别是后肢和尾部的羽毛印痕，非常长。

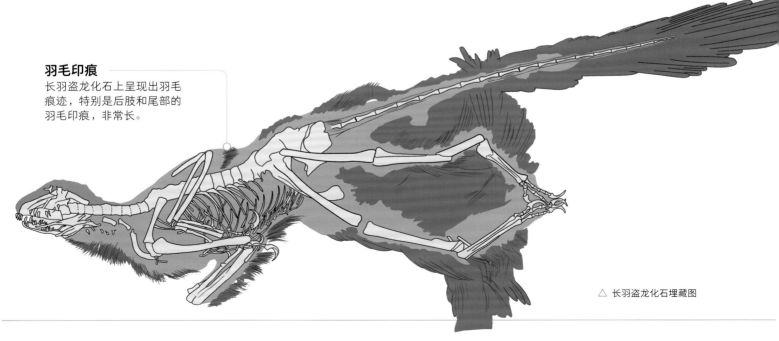

△ 长羽盗龙化石埋藏图

尾羽

长羽盗龙尾部的羽毛非常长，是目前发现的最长的恐龙羽毛，长度相当于成年人的前臂。之前发现的体形巨大的带羽恐龙——羽王龙，羽毛平均长度也仅为 16 厘米。

长羽盗龙尾部羽毛复原图 ▷

双翅

长羽盗龙的羽毛结构与现代鸟类非常相近。它的前肢和后肢同时具有飞羽，形成两对翅膀。

成年长羽盗龙与成年家猫体形比较

10cm

辽宁猎龙——
有奇怪睡姿的恐龙

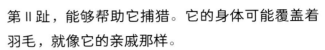

辽宁猎龙

学　　名	*Liaoningvenator*
体　　形	体长约 1 米
食　　性	肉食
生存年代	白垩纪早期
化石产地	亚洲，中国，辽宁

辽宁猎龙也是一种伤齿龙科恐龙，和始中国羽龙有很近的亲缘关系。不过，它的生存年代要比始中国羽龙晚一些，化石发现于白垩纪早期。事实上，目前已经发现的绝大多数伤齿龙科恐龙都来自白垩纪，只有一小部分发现于侏罗纪中晚期，比如大家熟知的长有四翼的近鸟龙、晓廷龙等。

辽宁猎龙的化石保存得非常完整，包括头骨、下颌等，让人们对它有了更加深入的了解。辽宁猎龙的体形非常小，头骨窄而长，从侧面看呈三角形。它有数量众多的牙齿，这些锋利的牙齿是它捕食猎物最有效的工具。它的后肢上有锋利的第 II 趾，能够帮助它捕猎。它的身体可能覆盖着羽毛，就像它的亲戚那样。

辽宁猎龙化石的保存姿态比较特别，它既不像大多数恐龙那样，头向后仰，靠近背部，也不像伤齿龙家族中的寐龙那样，将头埋在前肢下，类似于鸟类，它的头向躯干卷曲，而四肢也向内折叠，这似乎预示着它会以一种特殊的姿势来睡觉或者休息。

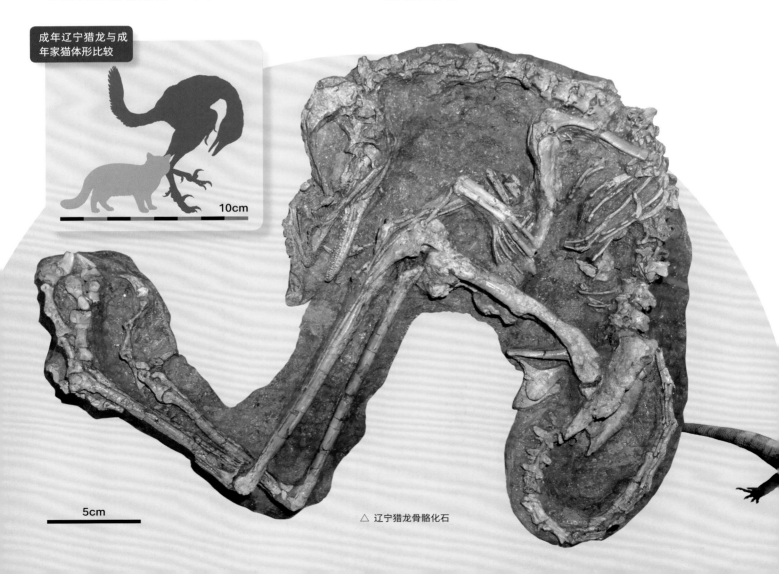

成年辽宁猎龙与成年家猫体形比较

10cm

5cm

△ 辽宁猎龙骨骼化石

锋利的牙齿

辽宁猎龙与拜伦龙一样，有着相似的锋利牙齿，它们数量众多，是捕食猎物有效的工具。

△ 辽宁猎龙头骨化石

▽ 拜伦龙头骨化石

天宇盗龙——
短臂猎手

　　驰龙科恐龙除了后肢都具有镰刀状的爪子以外，前肢也有共同点，那就是长而强壮。可是生活在白垩纪早期的天宇盗龙却是个另类，它的前肢非常短小。

　　天宇盗龙的化石发现于中国辽宁，那里发现了很多驰龙科恐龙，和它们相比，天宇盗龙的体形不算特殊，属于中等大小，身长 1.5~2 米，但是它的前肢非常短，只有后肢长度的一半。因为人们已经发现了很多有羽毛证据的驰龙科恐龙，所以也推测天宇盗龙的身上布满了羽毛。但是因为它的前肢很短，即便有羽毛也并不能让它飞上天空。

短小的前肢
天宇盗龙较短的前肢、细小的叉骨及横向较阔的喙突，都显示它们不适合滑翔或飞行。

天宇盗龙	
学　　名	*Tianyuraptor*
体　　形	体长 1.5~2 米
食　　性	肉食
生存年代	白垩纪早期
化石产地	亚洲，中国，辽宁

　　和前肢相比，天宇盗龙的后肢极为修长，这让它拥有极快的奔跑速度，能够捕获行动敏捷的猎物。

　　天宇盗龙有一条很长的尾巴，这条僵直的尾巴能够帮助其保持身体平衡，并掌控方向。

　　短小的前肢并没有给天宇盗龙带来多少困难，依靠迅捷的行动能力以及锋利的牙齿和爪子，它的捕猎生活依旧很顺利。

修长的后肢
天宇盗龙后肢极为修长，奔跑迅速，能够捕获行动敏捷的猎物。

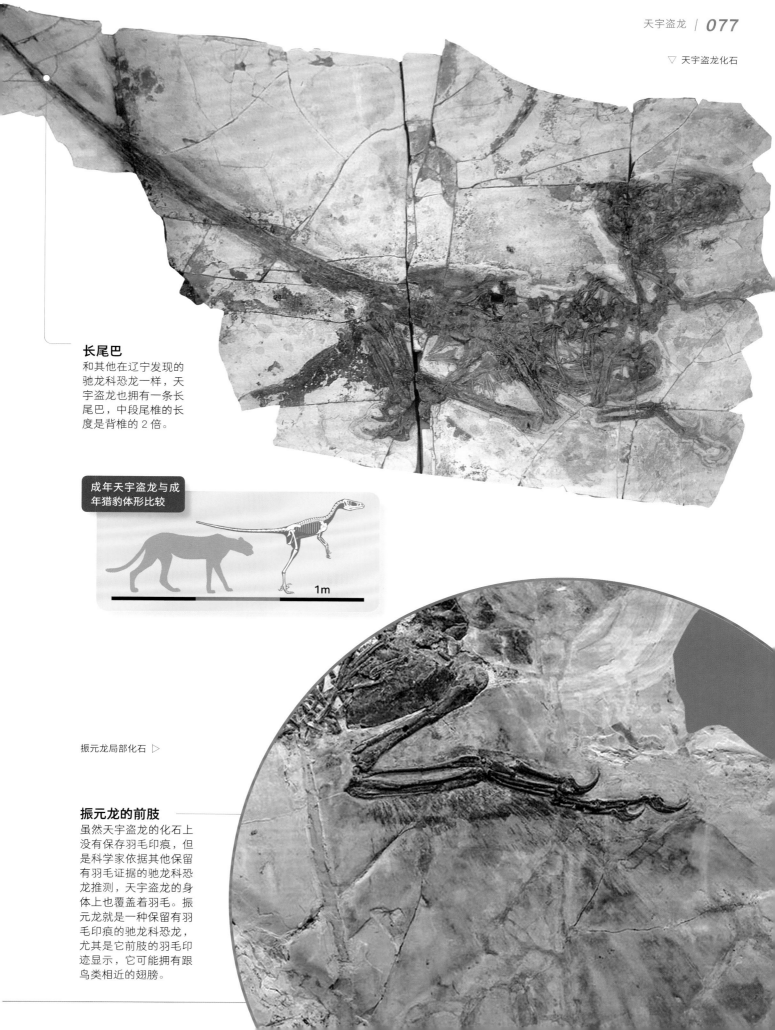

▽ 天宇盗龙化石

长尾巴
和其他在辽宁发现的驰龙科恐龙一样，天宇盗龙也拥有一条长尾巴，中段尾椎的长度是背椎的 2 倍。

成年天宇盗龙与成年猎豹体形比较

1m

振元龙局部化石 ▷

振元龙的前肢
虽然天宇盗龙的化石上没有保存羽毛印痕，但是科学家依据其他保留有羽毛证据的驰龙科恐龙推测，天宇盗龙的身体上也覆盖着羽毛。振元龙就是一种保留有羽毛印痕的驰龙科恐龙，尤其是它前肢的羽毛印迹显示，它可能拥有跟鸟类相近的翅膀。

犹他盗龙——
体形最大的驰龙科恐龙之一

驰龙科恐龙大部分都是体形娇小的猎手，但是犹他盗龙却不同，个体体长能达到 5.5 米，是体形最大的驰龙科恐龙之一。

这个大个子和其他驰龙科恐龙有着很大的不同，比如它的脑袋非常大，后肢并不修长却很粗壮，尾巴也比较短，而且尾巴上没有骨化肌腱，所以很灵活。

犹他盗龙

学　　名	*Utahraptor*
体　　形	体长约 5.5 米
食　　性	肉食
生存年代	白垩纪早期
化石产地	北美洲，美国

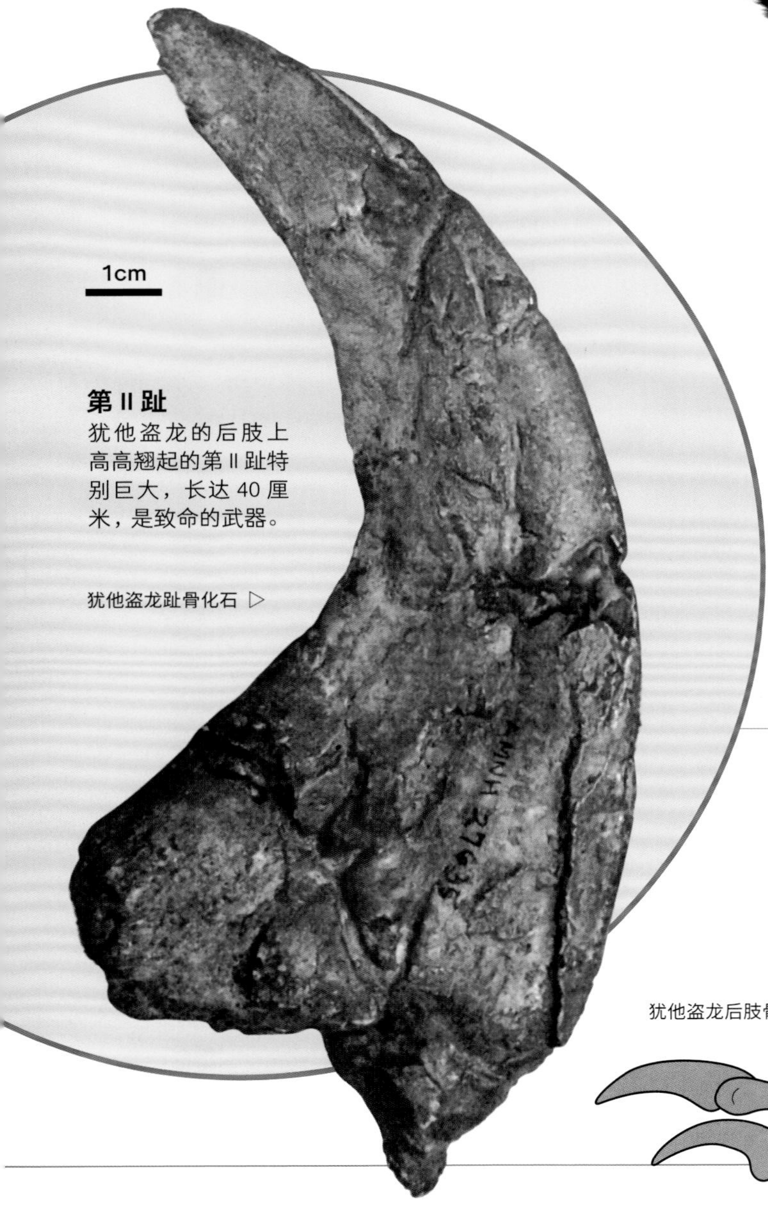

1cm

第 II 趾
犹他盗龙的后肢上高高翘起的第 II 趾特别巨大，长达 40 厘米，是致命的武器。

犹他盗龙趾骨化石 ▷

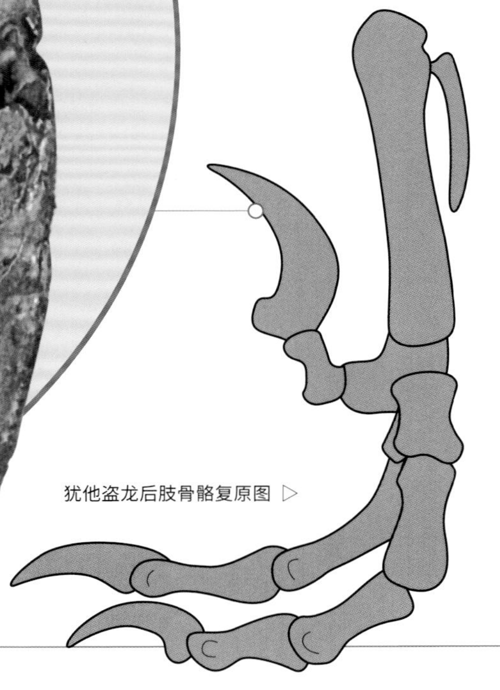

犹他盗龙后肢骨骼复原图 ▷

犹他盗龙生活在白垩纪早期今天的美国犹他州，和它生活在一起的有甲龙类恐龙，比如加斯顿龙，也有一些早期的鸭嘴龙类恐龙，比如雪松山龙，这些都是犹他盗龙喜欢的猎物。

因为有着独特的身体结构，犹他盗龙选择了特别的捕食方式。它不像其他家族成员那样是速度型猎手，它跑得一点也不快，所以便采用了伏击战术。当它出其不意地将那些猎物控制住之后，才会使用强大的"武器"：锋利的牙齿以及后肢

上像镰刀一般的大爪子。它会用自己的尖牙利爪刺向猎物，带去致命的一击。

成长
犹他盗龙幼年时期嘴部骨骼较为纤细修长，但随着成长，嘴部会渐渐粗壮，下颌前排的牙齿逐渐向前倾。

10cm

△ 成年犹他盗龙头骨复原图

幼年犹他盗龙头骨复原图 ▷

成年犹他盗龙与成年男性体形比较

1m

粗壮的前肢
犹他盗龙的前肢长且粗壮，前肢上拥有锋利的爪子，是捕食的有力工具。

成年胁空鸟龙与成
年家猫体形比较

10cm

强壮的前肢
胁空鸟龙具有强壮
的前肢，科学家推
测它可以像现代鸟
类那样扇动翅膀。

5cm

胁空鸟龙——
翱翔在非洲上空的恐龙

胁空鸟龙也是一种驰龙科恐龙，生活在白垩纪晚期，化石发现于非洲马达加斯加。

胁空鸟龙体形很小，体长大约只有 0.6 米。虽然人们并没有在胁空鸟龙身上发现确凿的羽毛证据，但是却在它的尺骨上发现了羽茎瘤，有了附着羽毛的结构，它生前自然是被羽毛覆盖的。胁空鸟龙的前肢非常强壮，肩胛骨上还有韧带附着的痕迹，科学家据此推测，它能够像鸟类一样扇动翅膀，很可能具有很强的飞行能力。

胁空鸟龙的双腿很强壮，当然也具备家族显著的特征——第 II 趾上那个高高翘起的镰刀状的爪子，这是它捕食猎物的利器。除此之外，它还有锋利的牙齿，能帮助它们捕获美味的猎物。

胁空鸟龙最初被认为是一种鸟类，与始祖鸟的关系非常近，但是现在科学家已经确认它是一种驰龙科恐龙了。

△ 胁空鸟龙化石投影图

胁空鸟龙

学　名	*Rahonavi*
体　形	体长约 0.6 米
食　性	肉食
生存年代	白垩纪晚期
化石产地	非洲，马达加斯加

第 II 趾
胁空鸟龙具有驰龙
家族显著的特征——
第 II 趾上那个高高翘
起的镰刀状的爪子。

螃蟹
胁空鸟龙会捕食
螃蟹等水生甲壳
类动物。

鹫龙——
喜欢吃藏在
洞穴里的哺乳动物

鹫龙实在是太小了，就算是在体形大多都很娇小的驰龙科恐龙家族，体长 1 米的鹫龙也是个不折不扣的小不点。不过体形虽小，鹫龙的捕食能力可一点也不弱。

鹫龙的脑袋非常细长，嘴巴前端很尖，像极了鸟嘴，它的嘴中布满小小的尖牙，可惜这些牙齿上没有锯齿，似乎并不能像大部分肉食恐龙那样撕裂猎物。

这样的鹫龙看起来好像十分弱小，可是科学家并不这么认为，他们说鹫龙之所以有这样独特的结构，是因为它有特别的饮食结构。

鹫龙并不习惯依靠群体的力量捕食较大的猎物，它们更喜欢吃鱼、蜥蜴和哺乳动物这样的小家伙。而且，因为它的嘴巴又细又尖，似乎很容易把藏在洞穴中的小哺乳动物抓出来，所以它们便把捕猎的精力都放到了这些小家伙身上。

除了嘴巴，后肢上锋利的爪子也是鹫龙的捕食工具，它们会配合它像鸟一样的嘴以及尖利的小牙齿，对付那些娇小而狡猾的猎物。

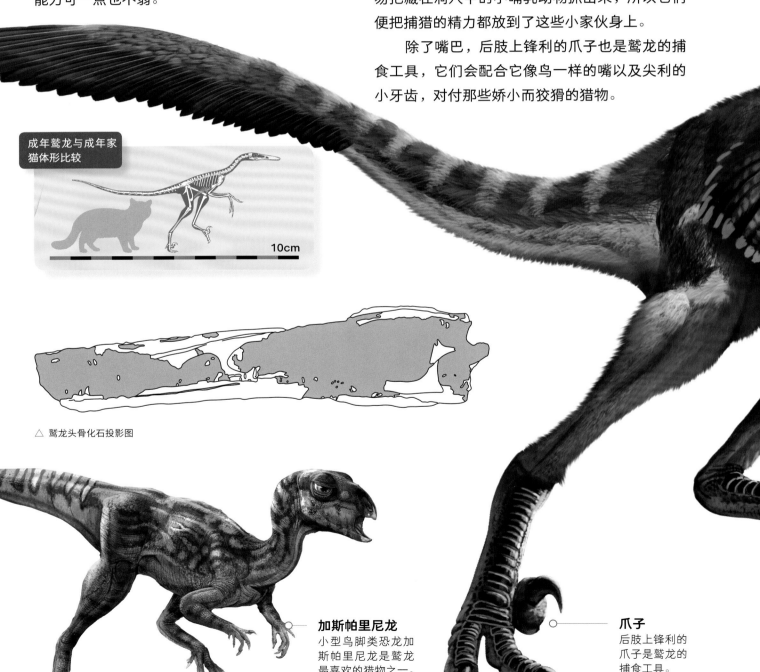

成年鹫龙与成年家猫体形比较

10cm

△ 鹫龙头骨化石投影图

加斯帕里尼龙
小型鸟脚类恐龙加斯帕里尼龙是鹫龙最喜欢的猎物之一。

爪子
后肢上锋利的爪子是鹫龙的捕食工具。

南方盗龙
南方盗龙也是发现于南美洲阿根廷的驰龙科恐龙,体形比鹫龙要大,身长大约 5 米。它的头骨细长,前肢短小,后肢修长。它可能是鹫龙的近亲。

鹫龙

学　　名	*Buitreraptor*	
体　　形	体长约 1 米	
食　　性	肉食	
生存年代	白垩纪晚期	
化石产地	南美洲,阿根廷	

半鸟——
既像鸟又像恐龙

作为娇小迅捷的捕猎者，驰龙科恐龙几乎都生活在北半球，然而人们仍然在南半球发现过它们的踪迹，比如生活在马达加斯加的胁空鸟龙，再比如生活在南美洲阿根廷的半鸟。

半鸟	
学　　名	Unenlagia
体　　形	体长约 3 米
食　　性	肉食
生存年代	白垩纪晚期
化石产地	南美洲，阿根廷

光是从名字上就能看出半鸟与鸟类非常相似，虽然人们并没有在半鸟的化石上发现羽毛印痕，但是却发现它有着与鸟类相似的肩带结构。这样的肩带结构使得半鸟的前肢可以做出拍打的动作，就像同样来自驰龙科家族发现于中国辽宁的中国鸟龙。因为化石证据显示中国鸟龙全身都被羽毛覆盖着，前肢上也有，形成了一对翅膀，所以半鸟的前肢大概也是一对可以拍打的翅膀，能够帮助它在高速奔跑中平衡身体并且及时调整方向。

半鸟的体形不大，身长大约 3 米，拥有锋利的牙齿和爪子，身体极有可能被羽毛覆盖着，是一种高效的掠食者。

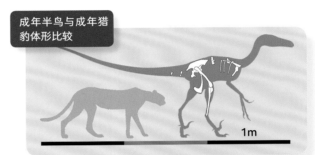

成年半鸟与成年猎豹体形比较

1m

半鸟是一种特别的驰龙科恐龙，和发现于北半球的家族成员相比有着很多独特性。科学家以半鸟作为模式属建立了半鸟亚科，同样发现于南美洲的鹫龙、内乌肯盗龙等，都属于半鸟亚科家族。

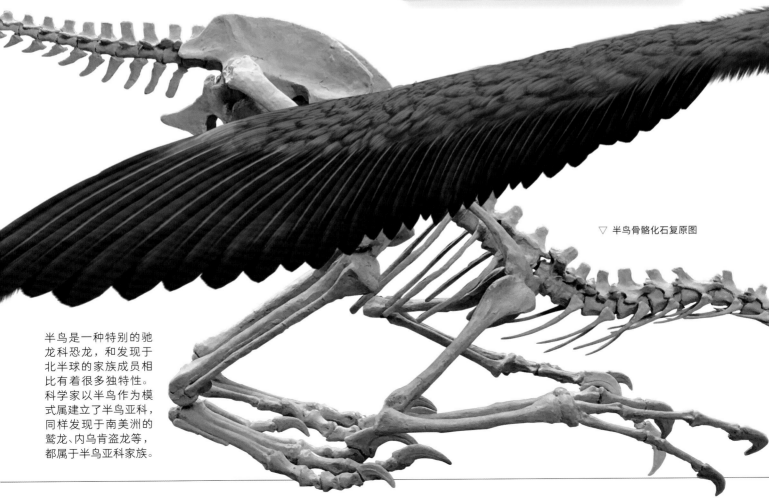

▽ 半鸟骨骼化石复原图

鸵鸟前肢与肩胛骨化石

拍打翅膀
半鸟有着与鸵鸟等鸟类相似的肩带结构，使得它的前肢能做出拍打的动作。

全身覆有羽毛
半鸟所具有的与鸟类相似的肩带结构，在中国鸟龙身上也曾发现过。人们推测半鸟可能也像中国鸟龙一样，全身都覆盖着羽毛。

▽ 中国鸟龙局部化石

一半是鸟一半是恐龙
半鸟的名字意思为"一半的鸟"，从这个名字就可看出它和鸟类很像。在研究半鸟化石的那个年代，科学家还极少见到一种恐龙会和鸟类有着那么多相似的生理结构，因此才给它取了这个形象的名字。

地狱风神龙——
双刀猎手

驰龙科恐龙最引以为傲的当然就是后肢高高翘起的第 II 趾，那里有一个镰刀状的巨大爪子，是它们捕食的利器。可是家族中的地狱风神龙却是个例外，它也拥有镰刀爪，只不过它的每只脚上不只有一个镰刀爪，而是两个，是特别可怕的双刀猎手。

地狱风神龙的两个大爪子是怎么来的呢？我们知道其他驰龙科恐龙后肢上的第 I 趾都不是功能趾，它们退化成一个小小的指头，指向后方，但是地狱风神龙的第 I 趾却不同，它们似乎再次发育了，不仅变得很大，而且方向也指向了前方。如此一来，地狱风神龙后肢上的第 I 趾和第 II 趾就都变成了镰刀状大爪，成为它无与伦比的捕食利器。

地狱风神龙的体形不大，身长大约只有 2 米，但是攻击力很强，是当地的顶级掠食者。到目前为止，科学家都没有在它的化石发现地发现更大的肉食恐龙。它们在捕食时几乎完全依靠长有利爪的后肢，会将锋利的爪子砍向猎物，而它们的前肢已经变得比较脆弱，无法再辅助捕猎了。

伶盗龙前肢化石 ▷

伶盗龙
伶盗龙是著名的驰龙科恐龙，它拥有锋利的牙齿，镰刀状的爪子。

◁ 伶盗龙后肢化石

△ 伶盗龙复原图

地狱风神龙

学　　名	*Balaur*
体　　形	体长约 2 米
食　　性	肉食
生存年代	白垩纪晚期
化石产地	欧洲，罗马尼亚

锋利的牙齿
地狱风神龙的体形不大，但是攻击力很强，它锋利的牙齿便是高效的捕食工具。

▽ 地狱风神龙前肢骨骼投影图

第 III 指
地狱风神龙前肢第 III 指萎缩，这可能是由于它适应所在的环境而产生的独立演化。

◁ 地狱风神龙后肢骨骼图

两个镰刀爪
地狱风神龙的后肢，前两个脚趾都变得巨大化，因此它拥有两个镰刀爪，与其他驰龙科恐龙如伶盗龙有着明显区别。

成年地狱风神龙与成年猎豹体形比较

1m

临河盗龙——
化石保存最完整的驰龙科恐龙

临河盗龙是一种发现于中国内蒙古的驰龙科恐龙，这是一种体形娇小、行动敏捷的掠食者。

临河盗龙的化石保存得非常完整，它可能遭遇了沙尘暴而死。化石甚至保存了它死亡时的姿态，这让人们对它有了深入的了解。

从化石上看，临河盗龙的体形中等，身长大约 2.5 米。它有一双很大的眼睛，拥有良好的立体视觉，善于发现猎物。它的嘴中布满锋利的边缘带有锯齿的牙齿，是捕食的利器。它的脖子细长而灵活，拥有强壮的肌肉。它的前肢长而强壮，拥有锋利的爪子；后肢修长，后肢上的第 II 趾大如镰刀，能够轻易刺穿猎物的身体。它身体纤瘦，奔跑速度很快，是非常聪明的猎手。

虽然人们没有发现它的羽毛印痕，但是科学家推测临河盗龙也像很多驰龙科恐龙一样被羽毛覆盖着。

强壮的前肢
临河盗龙的前肢长而强壮，拥有锋利的爪子。配合有力的后肢和锋利的牙齿，增加了捕食成功的概率。

临河盗龙

学　　名	*Linheraptor*
体　　形	体长约 2.5 米
食　　性	肉食
生存年代	白垩纪晚期
化石产地	亚洲，中国，内蒙古

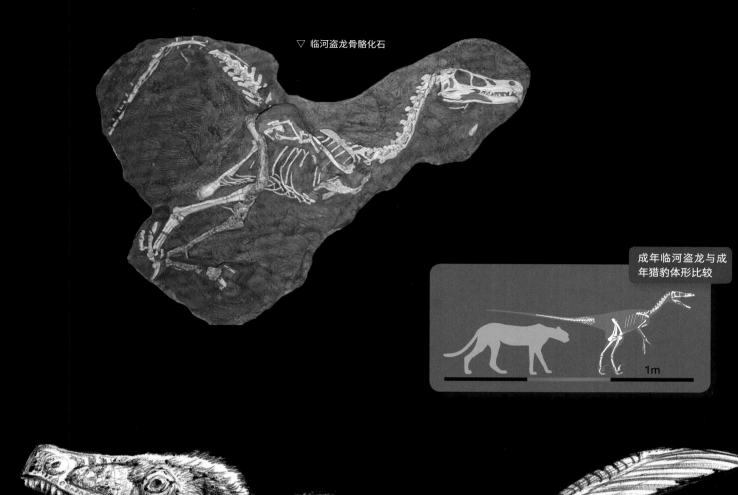

▽ 临河盗龙骨骼化石

成年临河盗龙与成
年猎豹体形比较

1m

◁ 临河盗龙生命形象复原素描

达科塔盗龙——
最高的驰龙科恐龙

1m

达科塔盗龙是凶猛的霸王龙的邻居，生活在6700万年前至6600万年前今天的北美洲美国。它们来自驰龙科家族，是体形巨大的驰龙科恐龙，体长大约4.5~5.5米。而且，因为它们的双腿极长，特别是胫骨很长，所以是目前发现的最高的驰龙科恐龙。在此之前，人们还没有在这个区域发现过如此巨大的驰龙科恐龙。

科学家在达科塔盗龙的尺骨上发现了羽茎瘤，这是鸟类附着飞羽的结构，因此科学家推测，达科塔盗龙的前肢上可能拥有飞羽，而身体上也可能覆盖着羽毛。

达科塔盗龙和霸王龙生活在同一个地方，但却处于不同的生态位。达科塔盗龙凭借极快的速度，捕食一些体形娇小、行动更加灵活的猎物。但是因为和霸王龙相比体形要小得多，所以它们仍然有可能成为霸王龙的猎物。

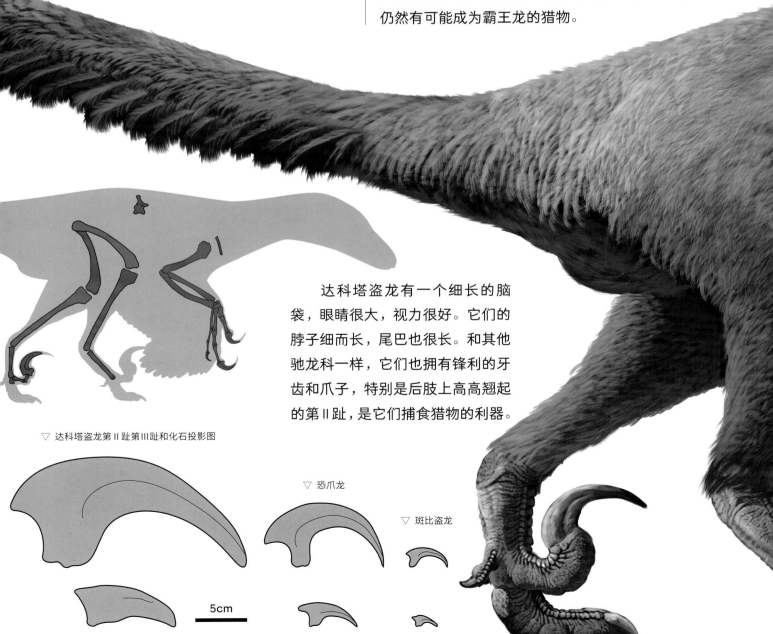

达科塔盗龙有一个细长的脑袋，眼睛很大，视力很好。它们的脖子细而长，尾巴也很长。和其他驰龙科一样，它们也拥有锋利的牙齿和爪子，特别是后肢上高高翘起的第II趾，是它们捕食猎物的利器。

▽ 达科塔盗龙第II趾第III趾和化石投影图

▽ 恐爪龙

▽ 斑比盗龙

5cm

10cm

前肢飞羽
达科塔盗龙前肢上
可能拥有飞羽，而
身体上也可能覆盖
着羽毛。

◁ 达科塔盗龙翅膀结构

达科塔盗龙

学 名		*Dakotaraptor*
体 形		体长 4.5~5.5 米
食 性		肉食
生存年代		白垩纪晚期
化石产地		北美洲，美国

尺骨复原图 ▷

羽茎瘤
羽茎瘤原本是鸟类身上固定羽
毛的结构，之前科学家已经在一
些虚骨龙类恐龙身上发现过这
样的结构，它证明了那些恐龙身
上覆盖着羽毛。人们就是据此
推测出达科塔盗龙身覆羽毛的。

△ 羽茎瘤凸起结构模型

弱肉强食——
永远的丛林法则

　　捕食是肉食恐龙最重要的日常活动，却也是时刻都会危及生命的活动。每一只要去猎捕的恐龙，无论是否强大，当它出战之时，都会做好随时面对死亡的准备。它们不需要我们的同情，弱肉强食是丛林中谁都逃不掉的生存法则，生命在这样的运行规则中得以不断地演化，强大的个体会生存下来，而弱小的个体则会被自然无情地淘汰。

　　我们以为也许像霸王龙这样的顶级掠食者不会有这样的烦恼，它们永远不会在捕猎活动中战战兢兢，它们想吃什么就能吃到什么，而从不担心自己会沦为猎物。可是我们错了，一只幼年的霸王龙随时都会成为其他成年肉食恐龙的猎物，而一只成年霸王龙也要时刻避免让自己处在危险之中，不管是成群结队的小型掠食者，还是长有尖角的三角龙、拥有尾锤的甲龙，都有让它们丧命的危险。因此为了能够在激烈的竞争中生存下来，为了自己能够成为捕食者而不是被捕获的对象，每一只肉食恐龙都在不断地努力着。哪怕是霸王龙，它们奋力让自己变得更加强大的模样正是我们在这本书中欣赏到的样子。

索引

赵闯和杨杨

赵闯和杨杨是一个科学艺术创作组合，其中赵闯先生是一位科学艺术家，杨杨女士是一位科学童话作家。2009 年两人成立"PNSO 啄木鸟科学艺术小组"，开始职业化的科学艺术创作与研究事业。

过去多年，赵闯和杨杨接受全球多个重点实验室的邀请，为人类前沿科学探索提供科学艺术专业支持，作品多次发表在《自然》《科学》《细胞》等顶尖科学期刊上，并在全球数百家媒体科学报道中刊发，PNSO 与世界各地的博物馆合作推出展览，帮助不同地区的青少年了解科学艺术的魅力。

本书的全部作品来自"PNSO 地球故事科学艺术创作计划（2010—2070）"之"达尔文计划：生命科学艺术创作工程"的研究成果。赵闯在创作过程中每一步都严格遵循着科学依据，在化石材料和科学家的研究数据基础上进行艺术构架，完成化石骨骼结构科学复原、化石生物形象科学复原和化石生态环境科学复原，既有科学的考据与严谨，又有艺术的创意与美感。杨杨基于最新的恐龙研究，生动地描绘了气势磅礴的恐龙世界。

PNSO 儿童恐龙百科：恐龙是如何捕食的

产品经理 / 聂　文　　　　责任印制 / 梁拥军

艺术总监 / 陈　超　　　　技术编辑 / 陈　杰

装帧设计 / 曾　妮　　　　产品监制 / 曹俊然

　　　　　杨岩周　　　　出 品 人 / 于　桐

PNSO CHILDREN'S ENCYCLOPEDIA OF DINOSAURS

PNSO 儿童恐龙百科
恐龙
怎么防御敌人

赵闯 __ 绘

杨杨 __ 文

[美] 马克·A·诺瑞尔博士 __ 科学顾问

山东画报出版社

果麦文化 出品

目录

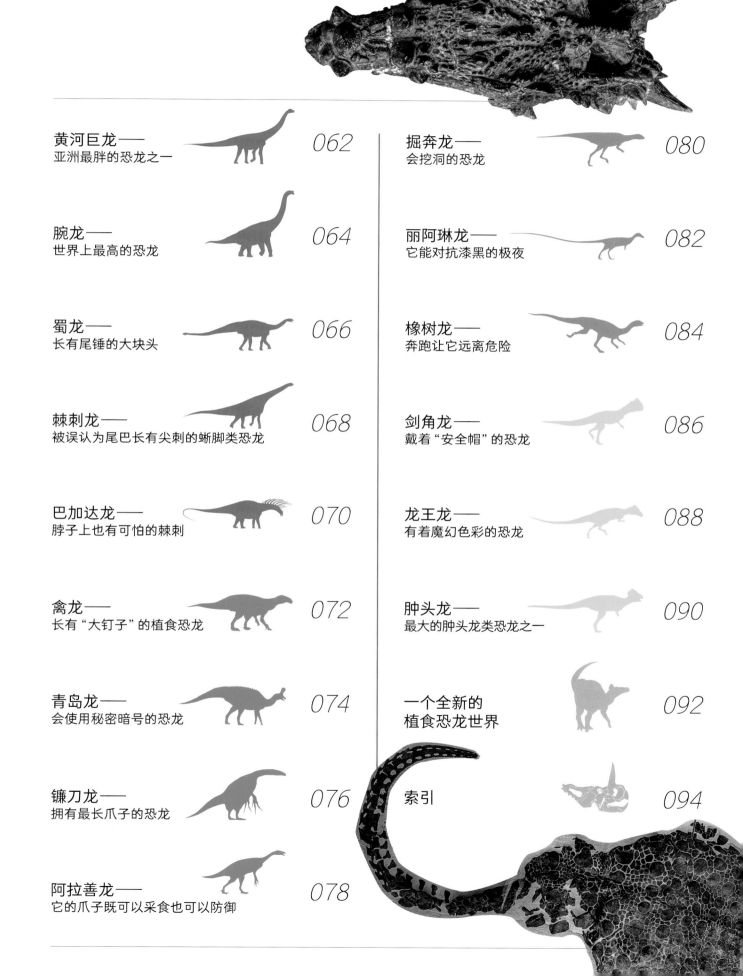

004 PNSO 儿童恐龙百科 恐龙怎么防御敌人

威猛无比的恐龙
需要害怕敌人吗？

在竞争激烈的丛林中生活，想要安全地生存下来不是一件容易的事情。凶猛的肉食动物希望把所有的素食动物都当成自己的美食，体形庞大的动物希望征服所有比它们小的动物，就算只是素食动物之间，也会因为争夺领地、配偶打得头破血流。

那些会危及自己安全的家伙们，通通都可以算作自己的敌人。想要顺利存活下来，就要想办法抵御敌人的攻击，这是所有动物都必须要面对的，恐龙也不例外。

虽然一提到恐龙，我们就觉得它们是这个世界上最厉害的动物，就算是现在最凶猛的掠食者熊、狮子、老虎，都拿它们没办法。可是你别忘了，恐龙要对付的可不是熊、狮子、老虎，而是凶猛的同类。

不过幸好，恐龙生活在一个丰富多彩的世界，不仅数量众多，种类更是千奇百怪。不同种类的恐龙都有着各自的独门秘器，以便对付可怕的敌人。也正因为如此，它们才能互相制衡，进而确保自己和族群的安全。

中国龙
中国龙体形大约 6 米，拥有锋利的牙齿和爪子，头上长有特别冠饰，是当地的顶级掠食者。

卞氏龙
卞氏龙是原始的鸟臀类恐龙，很可能是剑龙类和甲龙类恐龙的共同祖先。虽然身体覆盖着甲片，还长有突起的尖刺，可以起到防御作用，但是遇到中国龙这样强大的掠食者，最好的选择还是躲避。

恐龙世界都有哪些族群？

恐龙按照其不同的骨盆结构，可以划分为两大类：蜥臀类和鸟臀类。其中，蜥臀类主要包括兽脚类、基干蜥脚形类和蜥脚类，鸟臀类则主要包括剑龙类、甲龙类、角龙类、肿头龙类、鸟脚类。

这其中，所有的肉食恐龙都来自兽脚类家族，而其余的七大家族则全都是植食恐龙，是掠食者的捕食对象，因此它们需要更多的本领来防御敌人。

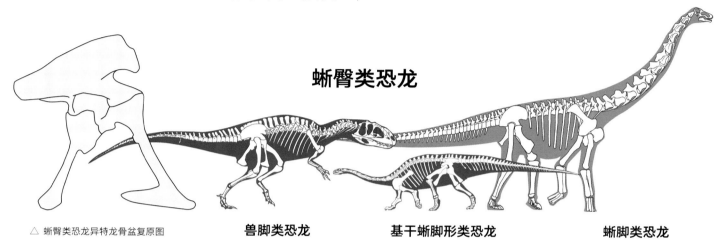

蜥臀类恐龙

△ 蜥臀类恐龙异特龙骨盆复原图　　兽脚类恐龙　　基干蜥脚形类恐龙　　蜥脚类恐龙

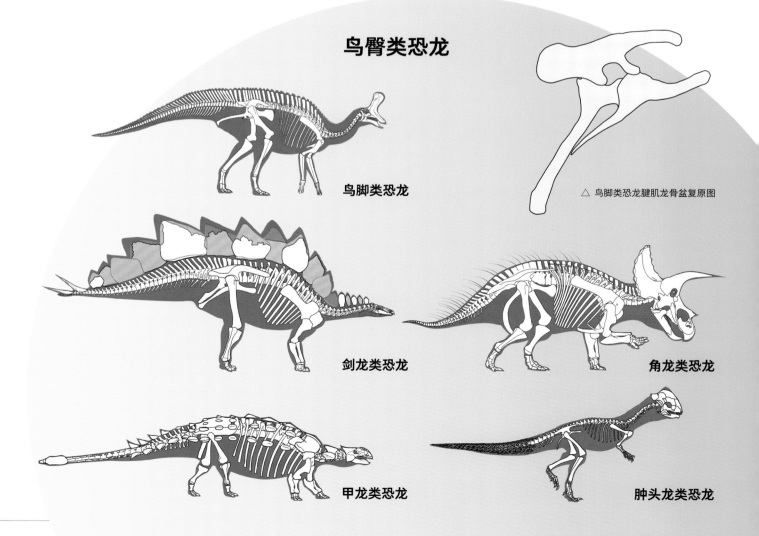

鸟臀类恐龙

鸟脚类恐龙

△ 鸟脚类恐龙腱肌龙骨盆复原图

剑龙类恐龙　　角龙类恐龙

甲龙类恐龙　　肿头龙类恐龙

威风凛凛的 "刺"

剑龙类恐龙是一群特别的植食恐龙，因为背上长有锋利的骨板，尾巴上长有可怕的尖刺，一些成员的肩膀上还长有长矛般的肩棘，成为第一群面对掠食者的攻击时可以主动防御的植食恐龙。

剑龙类恐龙主要生活在北半球的劳亚大陆，在南半球的冈瓦纳大陆，只有非洲有零星的化石发现。从目前发现的化石看，最早的剑龙家族成员是大地龙，生活在侏罗纪早期今天的中国云南。那时候，剑龙身上只有一些不起眼的突起的鳞甲，还没有骨板和尖刺。不过很快，剑龙家族成员就拥有了威风凛凛的装备，并且在侏罗纪晚期步入了全盛时期。

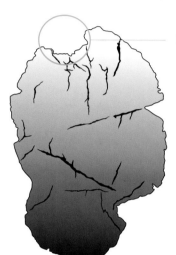

咬痕位置

推测被肉食恐龙咬伤的
剑龙颈部骨板化石投影图 ▷

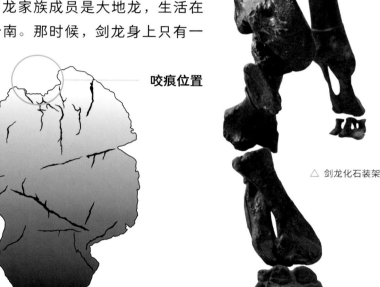

△ 剑龙化石装架

长 "刺" 的动物们

长有尖刺似乎是很多动物保护自己的好办法。

小刺猬遇到危险时，也会用刺把自己包裹起来。不过，刺猬的刺和剑龙的刺可不一样。刺猬的身上大约长有 5000 根刺，这些刺是毛发的变异，是由表皮角质化形成的。它们不光能起到保护自己的作用，也有保温的作用，有时候也能当作运输工具，帮刺猬运送食物。

但剑龙背上的 "刺" 并不是毛发，而是一种特化的皮内成骨，只能在遇到危险时保护自己。

豪猪的身上也有刺，如果你见过豪猪打架就会发现，一场战斗下来，地上到处都是豪猪的刺。不过这可不是被对方咬下来的，而是自己掉落的。豪猪的刺就像头发一样，很容易掉，也很容易长。

但是剑龙类恐龙的骨板或者尖刺就没有这么幸运了，要是在战斗中折断了，就永远都是残缺的模样了。

剑龙防御姿态
剑龙遭遇肉食恐龙的攻击
时，会扬起尾巴用锋利的
尾刺进行反击。

剑龙类恐龙会
怎么保护自己？

长有骨板和尖刺的剑龙类恐龙究竟是怎么保护自己的呢？

人们曾经认为剑龙类恐龙可以通过改变骨板的颜色，来达到防御的目的。比如当它们遇到掠食者时，它们的骨板会瞬间充血变红，以此来吓退敌人。但是后来人们研究发现，剑龙类恐龙的骨板很可能并不像之前想象的那样被皮肤覆盖着，而是由角质包裹着，并且边缘非常锋利，也就是说它们的骨板不可以改变颜色，却能够直接上场征战，是非常有效的防御武器。

而它们长在肩膀上的肩棘和尾巴上的尖刺，当然也是名副其实的武器，可以深深地刺入敌人的身体。

剑龙尾刺

△ 剑龙骨板皮肤特写

△ 剑龙尾部特写

结结实实的"盔甲"

　　剑龙类恐龙生存至白垩纪早期就消亡了，甲龙类恐龙取代剑龙家族，成为防御能力最强的植食恐龙。

　　甲龙类恐龙看起来像是一辆辆游荡在中生代土地上的坦克，没有锋利的骨板，却有着结结实实的盔甲。它们从脑袋到尾巴都被坚硬的鳞甲覆盖着，这些鳞甲有大有小，犹如战衣一般，牢牢地把脆弱的身体包裹在内。甚至很多成员，就连眼皮也有甲片保护。所以，就算它们不能像剑龙类恐龙那样和敌人战斗，只要有了这套盔甲装备，敌人也拿它们毫无办法。

　　不过，甲龙类恐龙的防御也有一个薄弱的部位——腹部。在它们柔软的肚子上，并没有鳞甲覆盖。但是你也别太过担心，因为它们的四肢较短，肚子距离地面的距离很近，想要攻击那里并不容易。

北方盾龙
北方盾龙是一种甲龙类恐龙，体长大约 5.5 米，身上覆盖有大型鳞甲和尖刺，特别是肩膀两侧有两根非常醒目的尖刺。

甲龙
甲龙全身上下都被鳞甲细致地包裹着，鳞甲交错排列，将甲龙的头部、颈部、背部和尾部牢牢地保护了起来。甲龙的尾巴末端长有一个重约 50 千克的尾锤，是应对肉食恐龙的强大武器。

长有"盔甲"的动物们

给自己穿上一件战斗力极强的外衣，其实一直都是很多动物的选择，比如现生的甲壳类动物，比如我们熟悉的虾、螃蟹等，它们都有一个坚硬的外壳。但是和甲龙类恐龙不同的是，它们大部分都生活在海洋里，只有少数栖息在淡水中或者居住在陆地上。它们的盔甲类似于节肢动物的外骨骼，而甲龙类恐龙的盔甲只是一件外衣而已，它们的身体内部还拥有坚硬的骨骼。

古老的龟家族也拥有结实的盔甲，大部分成员在遇到危险时还能将头和四肢缩到龟壳里，避免受伤。而甲龙类恐龙就不一样了，它们没办法也不需要把自己的身体缩起来，因为它们的头部、四肢和尾巴也全都覆盖着鳞甲。

海神盔虾
生活在古生代的海神盔虾、三叶虫等，已经演化出坚固的外骨骼来防御掠食者。

海龟
海龟具有坚硬的背甲和腹甲，不过它无法将头部和四肢缩入甲壳内。

与"盔甲"配合的武器

除了鳞甲，一些甲龙类恐龙身上还长有尖刺，而另一些的尾巴末端则有一个巨大的尾锤。和鳞甲相比，它们的攻击力十足，对于任何一个掠食者或者想要争夺配偶、领地的同类来说，都是可怕的武器。

甲龙尾锤特写 ▷

锋利无比的"角"

在恐龙世界中，要说最厉害的植食恐龙，三角龙一定榜上有名，因为就连凶猛的霸王龙也有可能被它打败。而三角龙就是靠锋利无比的"角"赢得战斗的胜利的。

角龙家族是一支特别的植食恐龙，最早的成员诞生于侏罗纪晚期，是发现于中国新疆的隐龙。在隐龙身上你似乎看不出这个家族的厉害，它长有一个大大的脑袋，但是没有角，头后部也没有头盾，只有一个不明显的膨起。可就是它，开启了这个伟大的族群。后来的角龙家族成员们，凭借面部锋利无比的角以及颈部上方巨大的头盾，成为让掠食者最头痛的植食恐龙。

隐龙

△ 大角鹿化石

大角鹿
大角鹿的角以展示功能为主，但同类之间打斗时两只雄鹿会将角卡在一起相互推动角力。

长"角"的动物们

我们认识的长角的动物非常多，角马、犀牛、羚羊、长颈鹿、梅花鹿、山羊、水牛、驯鹿……它们长着形状各异、大小不一的角，但功能却大致相同，大概都是用来保护自己的。

只要我们细心观察就会发现，长角的动物几乎都是素食动物，因为它们没有锋利的牙齿和爪子，于是角就成了它们保护自己的最好武器。

除了能作为防御工具，这些角有时候也会在求偶时发挥作用。比如，一些雄鹿长有漂亮的角，而一些雌鹿却没有角，这种两性差异说明鹿角有一种重要的功能——吸引异性。

当然，这两种功能，角龙类恐龙的角也都具备。

头盾的作用

长角的动物不少，可是长有头盾的动物就极其少见了。头盾作为角龙类恐龙最明显的特征之一，它们和锋利的角一样，拥有强大的战斗力。

在较量当中，它们不仅可以保护主人脆弱的脖子和肩膀不受伤害，有时候也能作为武器直接攻击对方。

三角龙
三角龙是体形最大的角龙类恐龙，体长约8米，在它的颈部上方长有巨大的头盾，面颊上则有3根锋利的角。它的身体健壮，四肢强劲，防御能力极强。

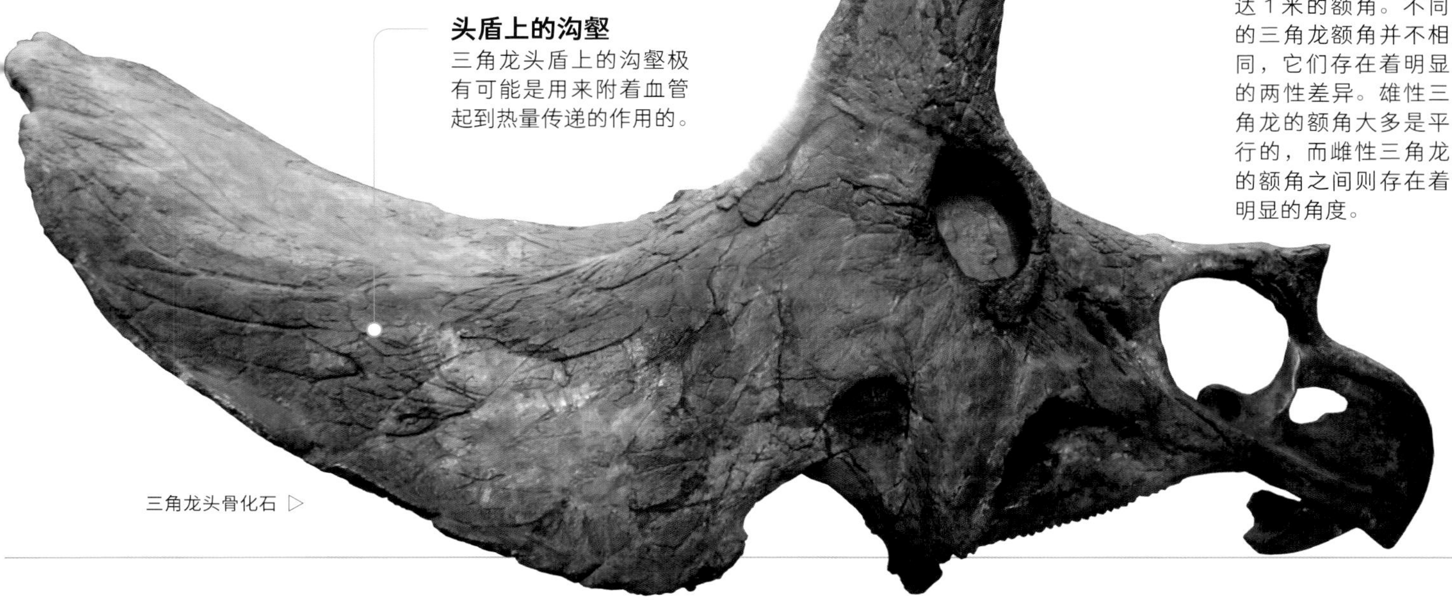

长长的额角
三角龙眼睛上方有长达1米的额角。不同的三角龙额角并不相同，它们存在着明显的两性差异。雄性三角龙的额角大多是平行的，而雌性三角龙的额角之间则存在着明显的角度。

头盾上的沟壑
三角龙头盾上的沟壑极有可能是用来附着血管起到热量传递的作用的。

三角龙头骨化石 ▷

庞大的身体

在动物界中，体形从来都是战斗的工具之一，体形越大，战斗力就越强。恐龙世界也是如此，只不过你可能想象不到恐龙究竟有多大。

非洲象大概是现在最大的陆地动物了，体长能达到 8 米，可是你知道吗，有一群恐龙的身长却可以达到二三十米；长颈鹿是现在最高的陆地动物，身高大约有 6 米，可是有一群恐龙的身高能达到十几米。它们就是蜥脚类恐龙，是这个世界上出现过的最大的陆地动物。它们拥有极其庞大的身体，极长的脖子和尾巴，粗壮有力的四肢，像传说中的巨人一般游荡在平原上、山谷中。它们喜欢成群结队地出行，浩浩荡荡，根本没有谁敢轻易把它们当作猎物。它们只依靠身体就能保护自己，庞大的体形就是它们最致命的武器。

◁ 非洲象科学艺术复原模型

锋利的爪子

　　拥有锋利的爪子是肉食动物最引以为傲的地方，它们能凭借这个可怕的武器轻松捕获自己喜欢的猎物。你知道吗，有一些恐龙，它们虽然吃植物，但是也拥有锋利的大爪子，就像镰刀龙类恐龙。

　　镰刀龙类恐龙来自兽脚类家族，和大部分喜欢吃肉的亲戚不同，是不折不扣的素食主义者。在它们修长的前肢上长有可怕的利爪，这些爪子既可以帮它们抓取食物，也可以阻挡掠食者的进攻。

镰刀龙爪子
镰刀龙有可怕的利爪，这些爪子既可以帮它们抓取食物，也可以阻挡掠食者的进攻。

◁ 肿头龙头部

奇特的"安全帽"

　　人们在建筑工地工作的时候会戴安全帽，在骑摩托车的时候也会戴安全帽，因为安全帽是保护自己的有效装备。在恐龙家族中，有这样一群恐龙，它们一出生就戴着"安全帽"。它们的头顶有着高高的隆起，这隆起看起来和"安全帽"大同小异。它们就是著名的肿头龙类恐龙，能凭借脑袋上这个特殊的装备保护自己。

会挖洞　跑得快

　　除了这些看起来威风无比的防御武器之外，有一些植食恐龙还有一些另类的防御办法，比如会挖洞，再比如跑得快。这些恐龙大多身体十分娇小，也没有什么称得上是武器的东西，为了躲避掠食者，它们能做的就只有挖个洞让自己躲起来，或者快点逃跑，让自己远离危险。虽然这些方法听起来不那么厉害，但是却很有效，也体现出了这些恐龙的智慧。

　　现在，就让我们去领略一下恐龙们神奇的防御本领吧！

鹦鹉嘴龙
鹦鹉嘴龙是一种非常原始的角龙类恐龙，体形很小，体长约2米，颈部还没有长出头盾，脸很短，面部长有短短的角。鹦鹉嘴龙行动敏捷，会挖洞。

华阳龙——
剑龙家族的开创者

虽然很多科学家认为大地龙是最早的剑龙类恐龙，但是我们的确无法在大地龙身上领略到剑龙家族的风采，而生活在侏罗纪中期，今天中国四川地区的华阳龙，则是剑龙家族的真正开创者。

华阳龙体长大约 4.5 米，在植食恐龙家族中，算是中等体形。它的身体较为细长，四肢粗壮，前后肢相差不大，行动比较灵活。

在华阳龙的背上，高高耸立着 32 块又细又尖的骨板，它们沿着背部中线对称分布，让华阳龙看起来十分高大威猛。在面对危险时，这些骨板发挥的更多是震慑作用。而华阳龙真正的武器是肩膀上那两根锋利的肩棘，以及尾巴上 4 根长达 40 厘米的可怕的尖刺。

华阳龙生活在植被丰茂的丛林中，喜欢集体行动，会三五成群地结队一起觅食、散步。在华阳龙生活的地方，四川龙和气龙是最常见的掠食者，当遭遇它们的攻击时，华阳龙会用尽全力将尖刺刺向敌人的身体。

成年华阳龙与成年男性体形比较

1m

▽ 华阳龙化石装架

△ 华阳龙头骨化石科学艺术复原素描

华阳龙

学　　名	*Huayangosaurus*	
体　　形	体长约 4.5 米	
食　　性	植食	
生存年代	侏罗纪中期	
化石产地	亚洲，中国，四川	

尾刺
华阳龙尾刺向斜上方生长，长度可达40cm，甩动尾巴可以抵御掠食者。

华阳龙尾刺生长方向示意图 ▷

华阳龙肩棘化石 ▷

沱江龙——
行动缓慢的战士

和华阳龙生活在同一地区，但生存时代稍晚一些的沱江龙，比华阳龙大了许多，体长达到了7.5 米，算是植食恐龙中的大个子了。

沱江龙也是剑龙家族成员，自然也具备家族威风凛凛的"剑"。像华阳龙一样，沱江龙的骨板也是对称地排列在背上，这是早期剑龙类恐龙的特征，后期进步的剑龙类

后肢长，沱江龙在走路时尾巴会高高地翘在空中，而脑袋则会距离地面很近，这不仅导致它走路的姿势与华阳龙不同，走路的速度也会慢很多。好在它拥有厉害的武器，否则一只行动缓慢的植食恐龙简直就是掠食者最好的猎物。

成员，骨板都是交错排列的。沱江龙的骨板数量比华阳龙略少，有 30 块，但并不影响它的防御能力。

沱江龙的尾巴上也有 4 根长约 40 厘米的尖刺，它依靠这些武器所要对付的掠食者通常情况下都会是永川龙。永川龙身长 8 米，看起来要比四川龙和气龙凶猛得多。好在沱江龙的个头也比华阳龙大出不少，所以仍然可以自信地面对与永川龙的战斗。

如果你有幸看到沱江龙走路，会发现它和华阳龙的姿态相差很多，这是由于沱江龙前肢远远短于后肢所致。因为前肢短，

沱江龙

学　　名	*Tuojiangosaurus*	
体　　形	体长约 7.5 米	
食　　性	植食	
生存年代	侏罗纪晚期	
化石产地	亚洲，中国，四川	

永川龙化石 ▷

成年沱江龙与成年
男性体形比较

1m

沱江龙化石装架 ▷

缓慢的速度
沱江龙的后肢远长于它
的前肢，这导致它的行
进速度很慢，无法快速
逃离掠食者。

20cm

△ 沱江龙骨骼复原图

20cm

米拉加亚龙——
长脖子的剑龙类恐龙

米拉加亚龙	
学 名	*Miragaia*
体 形	体长 5.5~6 米
食 性	植食
生存年代	侏罗纪晚期
化石产地	欧洲，葡萄牙

　　米拉加亚龙是生活在侏罗纪晚期，今天欧洲葡萄牙地区的一种剑龙类恐龙，它拥有和其他剑龙家族成员完全不同的一种特征——长脖子。

　　剑龙类恐龙的脖子普遍都很短，可是米拉加亚龙却是个例外，它长长的脖子拥有至少 17 块颈椎，不仅比所有的剑龙家族成员都多，甚至比很多以长脖子著称的蜥脚类恐龙都要多。如此长的脖子让米拉加亚龙比其他家族

成员更容易填饱肚子，因为它们的取食范围会因为脖子增长而变大。

　　米拉加亚龙背上的骨板数量众多，而且，这些骨板的形状也很有特色，前半身的骨板基本呈三角形，而后半身的骨板则越来越窄，像长长的钉子一样插在背上。

　　米拉加亚龙的尾巴末端长有 4 根尖刺，它们比后背上方钉子状的尖刺要长很多，是保护自己的利器。

　　米拉加亚龙生活的地方是一片富饶的三角洲，这里不仅养育了它们的族群，还抚育着更加庞大的动物——身长 25 米的葡萄牙巨龙。可是对于凶猛的蛮龙来说，不管是米拉加亚龙还是葡萄牙巨龙，都是可口的猎物，只要有合适的机会，就能把它们变成腹中美食。因此，米拉加亚龙和同伴们只能时刻为了自己的生存而抗争着！

成年米拉加亚龙与成年男性体形比较

1m

凶猛的掠食者
蛮龙体形巨大，长有锋利的牙齿和爪子，成年蛮龙体长能达到 11 米，体重约 8 吨。 是欧洲侏罗纪晚期顶级的掠食者。

长脖子的演化
因为脖子较长的个体拥有更开阔的视野和更大的取食范围，容易在激烈的竞争中生存下来。经过一代又一代的演化，米拉加亚龙家族中短脖子的成员逐渐被淘汰，最终造就了它们长长的脖子。

△ 米拉加亚龙颈椎骨与头骨科学复原图

20cm

重庆龙——
最小的剑龙类恐龙

重庆龙是目前发现的体形最小的剑龙类恐龙，身长大约 3 米。

重庆龙的脑袋很小，从上面看起来窄而高。小小的脑袋意味着它的脑容量不会很大，也就不那么聪明。不过没关系，它有武器可以弥补这个缺憾。

重庆龙虽然小，但是剑龙类恐龙特有的骨板和尖刺它可一样都不少。从目前发现的骨板化石上看，重庆龙的骨板呈三角形，又大又厚，类似北美洲的剑龙。这些高耸的骨板让它看起来高大威猛了不少。

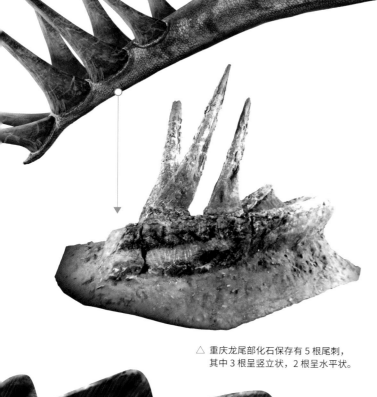

当然，骨板并不是直接能派上战场的武器，不过没关系，重庆龙的尾巴上还有锋利的尖刺。通常情况下，剑龙类恐龙的尾刺都只有 4 根，可是科学家发现的重庆龙尾部化石则保存有 5 根尾刺。一些科学家据此认为重庆龙生前并不同于其他家族成员，尾部是长有 6 根尾刺的。而另外一些科学家认为，重庆龙和钉状龙类似，尾部近端骨板逐渐变窄，到远端过渡成为尾刺，所以它的尾刺一共有 8 根。

不管小小的重庆龙究竟拥有多少根尾刺，反正当它遭遇掠食者攻击时，就会以后肢作为中轴支撑身体，然后不停地摆动带刺的尾巴，给敌人以致命的一击。

△ 重庆龙尾部化石保存有 5 根尾刺，其中 3 根呈竖立状，2 根呈水平状。

▽ 剑龙长有 4 根尾刺，与重庆龙不同。

钉状龙

钉状龙是体形中等的剑龙类恐龙，脑袋细长，嘴巴前部已经特化成角质喙，它的背上长有骨板，但骨板的形状与大部分剑龙类恐龙都不相同。

成年重庆龙与成年家猫体形比较

50cm

△ 重庆龙头骨化石

重庆龙

学 名	*Chungkingosaurus*
体 形	体长约 3 米
食 性	植食
生存年代	侏罗纪晚期
化石产地	亚洲，中国，重庆

剑龙——
最厉害的"佩剑武士"

成年剑龙与成年男性体形比较

1m

在整个剑龙家族中，生活于侏罗纪晚期今天美国地区的剑龙是最强大的，堪称最厉害的"佩剑武士"。

剑龙类恐龙并不聪明，因为它们的脑袋都很小，但是没关系，它们总有与生活抗争的办法。剑龙是最大的剑龙类恐龙，体长约 7~9 米，加之它们的身体非常粗壮，看起来更是雄壮威武。

剑龙的脖子很短，但却是掠食者极易攻击的地方。不过剑龙有办法解决这个问题，它的下颌到脖子处长有一排小骨片排列成的骨板，形成了颈部完美的装甲。

剑龙尾刺
在剑龙的尾巴末端长有 4 根长而锋利的尖刺，这4根尖刺长约0.8~1米，对称分布于尾巴末端，与地面保持接近水平的角度。

折断的剑龙尾刺
科学家推测这些尾刺是在与掠食者的争斗中受损的。

完整的剑龙尾刺

剑龙

学　　名	*Stegosaurus*
体　　形	体长约 7~9 米
食　　性	植食
生存年代	侏罗纪晚期
化石产地	北美洲，美国

　　剑龙的背上有高大的骨板，其中最高的高达76厘米。如果剑龙遇到危险，比如可怕的异特龙，这些高大而锋利的骨板就会给对方带来很大的震慑。可是如果异特龙并不害怕这只高大的剑龙怎么办？这时候，剑龙就需要将自己的尾刺派上用场了。剑龙会以自己的后肢为轴心，用力甩动尾巴，只要一有合适的机会，就会将尾巴狠狠地插入异特龙的身体，给其带来致命的打击。

10cm

剑龙喉甲模型 ▷

剑龙头骨上的眶前孔 ▷
已经严重退化

乌尔禾龙——
剑龙家族的最后成员

　　乌尔禾龙是为数不多的存活至白垩纪的剑龙家族成员，和绝大多数生存在侏罗纪的家族成员不同，乌尔禾龙在外形上发生了不小的变化。

　　乌尔禾龙的体形较大，长约 7 米，和剑龙类似，但是身体要低矮不少，科学家推测这和它们生活的环境中多为低矮的植物有关。

　　和大多数剑龙类恐龙一样，乌尔禾龙的脑袋很小，头骨前部特化成了角质喙，细小的叶片状牙齿长在面颊部。它们的后肢长于前肢，行动缓慢。

乌尔禾龙

学　　名	*Wuerhosaurus*
体　　形	体长约 7 米
食　　性	植食
生存年代	白垩纪早期
化石产地	亚洲，中国，新疆、内蒙古

平坦乌尔禾龙躯干化石 ▷

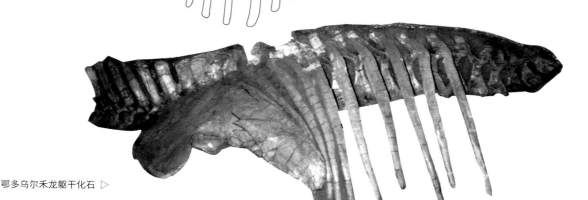

鄂多乌尔禾龙躯干化石 ▷

平坦乌尔禾龙骨板化石 ▷

矮胖的骨板
乌尔禾龙的骨板呈低矮的长方形，与其他剑龙类恐龙三角形或高耸的钉状骨板很不一样。

剑龙骨板化石 ▷

乌尔禾龙当然也有骨板，可是它们的骨板形状却和大家都不同。它们的骨板不是三角形，也不是细长形，而是又矮又胖，像两排长方形排列在背上。可惜因为发现的化石数量有限，我们无法确定这些骨板的数量和排列方式。乌尔禾龙的尾巴上长有 4 根尖刺，这是它们对抗掠食者的绝佳武器。

乌尔禾龙的化石最初发现于中国新疆，但是科学家也在内蒙古发现过它们的化石。

▽ 平坦乌尔禾龙荐椎与肠骨化石

辽宁龙——
最小的甲龙类恐龙

长有装甲的甲龙类恐龙，有三个大家族。第一是肢龙科，娇小原始，是家族中的原始成员；第二是结节龙科，体形不大，但身体结构先进，家族兴旺，一直从白垩纪早期生活至白垩纪晚期；第三是甲龙科，包含了大部分甲龙类恐龙。

辽宁龙体形非常小，只有0.5米长，4千克重，是目前发现的最小的甲龙类恐龙。不过，这并不妨碍它拥有甲龙家族的标志性特征——装甲。

几乎所有的甲龙类恐龙的装甲都长在头部、背部和尾部，唯独腹部没有保护，但是辽宁龙不同，它就像乌龟一样，不仅背部有装甲，腹部也有装甲。

如此奇特的辽宁龙和其他甲龙类恐龙有着完全不一样的生活方式，它游泳技术极好，喜欢待在水里。它长有锋利的爪子，可以轻松地抓住那些滑溜溜的鱼儿。

在几乎都生活在陆地上，以植物为食的甲龙家族中，辽宁龙绝对是最特别的，也许就是因为体形太小的缘故，它才想出了这样独特的保护自己的办法。毕竟没有谁愿意到水里和它争抢食物，也没有谁愿意到水里捕食它。

成年辽宁龙与成年杰克森变色龙体形比较

10cm

锋利的爪子
辽宁龙长着和所有甲龙类恐龙都不一样的锋利的爪子，正好可以穿透鱼儿滑溜溜的皮肤。

辽宁龙

学　名	*Liaoningosaurus*
体　形	体长约 50 厘米
食　性	杂食
生存年代	白垩纪早期
化石产地	亚洲，中国，辽宁

◁ 辽宁龙化石
埋藏状态投影图

5cm

▽ 辽宁龙骨骼复原图

游泳健将

辽宁龙和乌龟一样喜欢生活在水里，而且游泳技术还不错，只要划动四肢，就能让自己快速前进。辽宁龙喜欢吃落入水里的果子，也喜欢吃鱼。

类似龟类的腹甲

▽ 建昌辽龟腹甲骨骼复原图

10cm

传奇龙——
最大的原始甲龙类恐龙

原始的甲龙类恐龙大多生活在侏罗纪晚期，它们身材娇小，最大的也不过 3 米，在当时遍布体形硕大的植食恐龙的环境中，它们只能算是些无足轻重的小不点。从目前发现的化石看，这种境况一直到白垩纪早期都没有得到改变，甲龙家族似乎并没有创造出什么令我们刮目相看的奇迹。

可是，2014 年科学家却在中国辽宁发现了一种体形庞大的原始甲龙类恐龙。从化石的骨骼愈合程度来看，它仍然处于幼年阶段，可即便是这样，它的体长就已经达到 4.5 米。科学家推测，当它成年后，体长能达到 8 米，几乎和生活在白垩纪晚期的进步的甲龙一样大。

这种奇特的恐龙叫传奇龙，全身上下都有装甲保护，这让它们能够轻松地对付当地凶猛的羽王龙。

传奇龙的体形虽然很大，但身体结构还较为原始，与发现于同一地区的辽宁龙关系很近，是目前发现的最大的原始甲龙类恐龙。

在白垩纪早期的辽宁，生活着很多种甲龙类恐龙，除了传奇龙，还有辽宁龙、克氏龙，这说明甲龙家族在当时已经开始繁盛了。

◁ 传奇龙化石
埋藏状态投影图

50cm

华丽羽王龙
华丽羽王龙拥有强壮的脑袋、较短的前肢和修长的后肢，成年后体长约 9 米，体重约 1.4 吨。

传奇龙

学　　名	*Chuanqilong*
体　　型	体长约 8 米
食　　性	植食
生存年代	白垩纪早期
化石产地	亚洲，中国，辽宁

▽ 传奇龙牙齿化石投影图

5mm

△ 传奇龙头骨化石投影图

5cm

中原龙——
除了装甲，也许它还有鼻角

　　中原龙生活在白垩纪早期今天的中国河南地区，是一种结节龙科恐龙。在它生活的地方，有着数量庞大、种类丰富的大型蜥脚类恐龙，比如汝阳龙、岘山龙、汝阳云梦龙等，它们体形庞大，并不是一般的猎食者敢觊觎的捕食对象。

　　相比较而言，体长约 5 米的中原龙只能算是个小不点。不过即便是这样，中原龙在竞争中也并不是没有任何优势，它一身的装甲就是自己最大的竞争力。

　　中原龙从头到尾都覆盖着甲板，甲板在身体的不同位置有着不一样的大小和形状，包括大而薄的不规则四边形、大而厚的不规则四边形、空心的圆锥体形、亚圆形等。有意思的是，人们在中原龙的鼻骨周围发现了一个长大约 22.5 厘米的棒状骨，一些研究人员推测，这极有可能是洛阳中原龙鼻骨上的角，它同背部的甲板一样可以用来防御或攻击。不过，因为到目前为止并没有发现更加确凿的证据，所以这一推断还无法被最终证明。

◁ 中原龙头骨化石

光秃秃的尾部
与甲龙不同，中原龙的尾巴末端没有硕大的骨质尾锤。

◁ 甲龙尾锤化石

◁ 中原龙尾部化石

△ 中原龙头部特写

鼻角

▽ 中原龙甲片化石

中原龙

学 名	*Zhongyuansaurus*
体 形	体长约 5 米
食 性	植食
生存年代	白垩纪早期
化石产地	亚洲，中国，河南

蜥结龙——
长有尖刺的甲龙类恐龙

蜥结龙生活在白垩纪早期今天的北美洲美国，是一种最原始的结节龙科恐龙，但是却拥有极为完美的装甲。

蜥结龙的化石保存得非常完好，不仅保留有较为完整的身体骨骼，就连身上的鳞甲也都在生前的位置上，这为人们提供了更多的了解甲龙类恐龙鳞甲的证据。从化石上看，蜥结龙有一个呈三角形的脑袋，嘴巴前端特化成了角质喙，头顶看起来较为平坦，没有颅缝，上面包裹着坚硬的甲片，确保它的脑袋不易遭到攻击；它脖子上的甲片很大，背部的甲片较小，臀部上方则交错排列着大型鳞甲和小型鳞甲。它的尾巴很长，尾椎骨大约超过 50 节，尾巴上方依然有甲片保护。

除了完善的鳞甲，蜥结龙最厉害的地方是拥有尖刺。蜥结龙的尖刺并不像剑龙类恐龙那样长在尾巴末端，而是分布在臀部以前的身体两侧。如果说装甲能够很好地保护自己不受侵害，那么这些锋利的尖刺则是它们遇到危险时可以主动反击的最好的武器。

成年蜥结龙与成年男性体形比较

1m

▽ 蜥结龙尖刺化石投影图

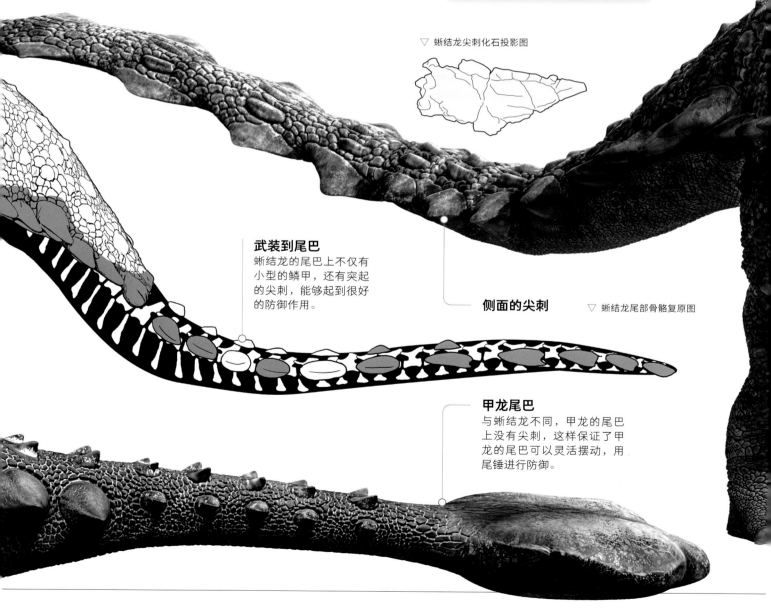

武装到尾巴
蜥结龙的尾巴上不仅有小型的鳞甲，还有突起的尖刺，能够起到很好的防御作用。

侧面的尖刺

▽ 蜥结龙尾部骨骼复原图

甲龙尾巴
与蜥结龙不同，甲龙的尾巴上没有尖刺，这样保证了甲龙的尾巴可以灵活摆动，用尾锤进行防御。

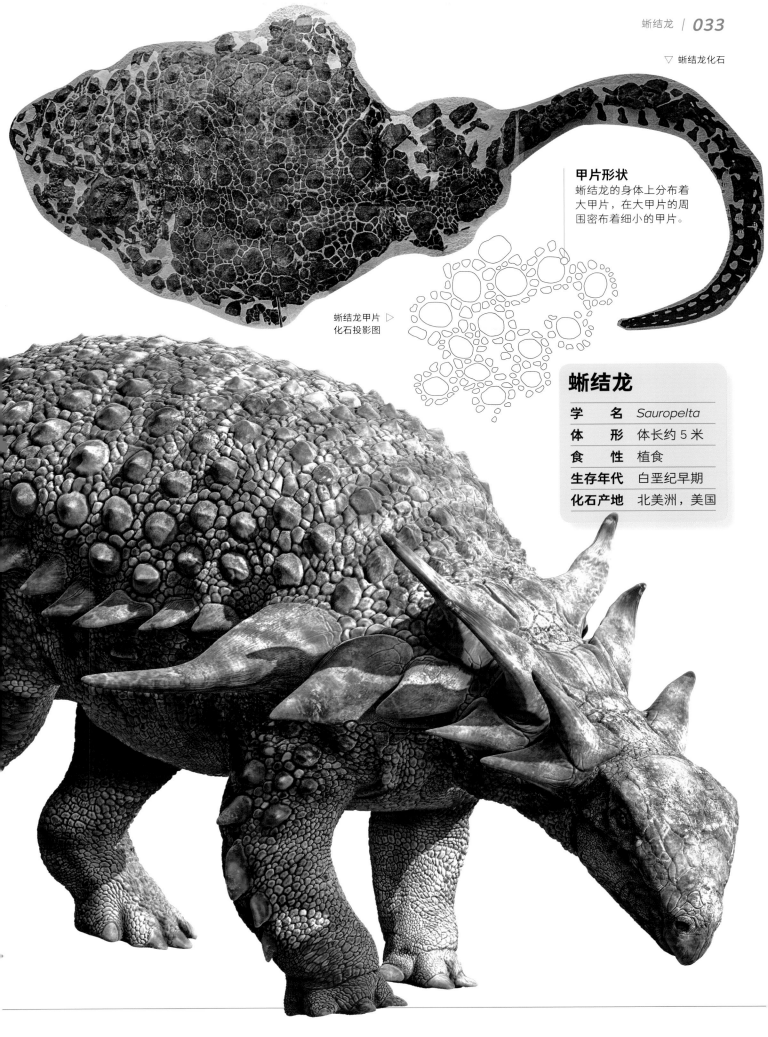

▽ 蜥结龙化石

甲片形状
蜥结龙的身体上分布着
大甲片，在大甲片的周
围密布着细小的甲片。

蜥结龙甲片 ▷
化石投影图

蜥结龙

学　　名	*Sauropelta*	
体　　形	体长约 5 米	
食　　性	植食	
生存年代	白垩纪早期	
化石产地	北美洲，美国	

埃德蒙顿甲龙——
最大的结节龙科恐龙

埃德蒙顿甲龙的个头很大，体长能达到 7 米，是最大的结节龙科恐龙。唉，它不大一点怎能行呢？它总得想想办法提防着那可怕的艾伯塔龙和惧龙吧！那两个可怕的家伙和霸王龙来自同一个家族，都是大名鼎鼎的暴龙类恐龙。它们拥有锋利的牙齿和爪子，好像随时都能把埃德蒙顿甲龙吞到肚子里。

可是埃德蒙顿甲龙也不是那么好惹的，除了个头大，它的身体上还覆盖着装甲。它的脖子和肩膀上有盾牌一样大的甲片，它的身体上有紧密排列在一起的坚硬厚实的甲片，甲片之间还有锋利的刺状突起。不仅如此，它也像蜥结龙一样长有骨质尖刺。这些尖刺分布在脖子和肩膀两侧，像一根根长矛，时刻为它站岗放哨。

有了这些装甲的保护，埃德蒙顿甲龙心里踏实多了。虽说它的前

肢比后肢短不少，导致它行动不灵活，再加上它有一身装甲，体重较重，遇到危险时根本不可能及时逃跑，但是没关系，因为有了装甲和尖刺，它终于可以勇敢地直面危险了。

成年埃德蒙顿甲龙与
成年男性体形比较

1m

◁ 埃德蒙顿甲龙
头部特写

▽ 埃德蒙顿甲龙化石

▽ 埃德蒙顿甲龙化石投影图

50cm

埃德蒙顿甲龙

学　　名	*Edmontonia*
体　　形	体长 6~7 米
食　　性	植食
生存年代	白垩纪晚期
化石产地	北美洲，加拿大

▽ 埃德蒙顿甲龙
肩棘化石投影图

10cm

绘龙——
喜欢集体行动的甲龙类恐龙

绘龙是一种体形中等的甲龙科恐龙，身长大约 5 米，它有一个很特别的地方，那就是在它的鼻孔附近有 2~5 个额外的洞，不过科学家们也不清楚这些洞究竟是用来做什么的。

甲龙科恐龙和结节龙科恐龙最大的区别就是，甲龙科恐龙的尾巴末端有一个骨质尾锤。虽然每种甲龙科恐龙的尾锤形状并不相同，但却发挥着同样的功能，它们就像一把把锤子，可以砸向想要攻击自己的掠食者。绘龙当然也不例外，它总是时刻准备着，将尾锤甩向凶猛的特暴龙。那是一种和霸王龙看起来十分相似的暴龙类恐龙，有着庞大的身体和可怕的尖牙利爪。

绘龙的身体当然也被甲片覆盖着，正因为有装甲的保护，它才能更加勇敢地与特暴龙搏斗。不过，绘龙往往不会单打独斗，特别是在它年龄还比较小的时候，它习惯和同伴们在一起寻找一些柔软的植物，或者共同对付可怕的敌人。人们曾经发现过两块有数只未成年绘龙埋葬在一起的化石，它们因为遭遇到了沙尘暴而丢掉了性命。

成年绘龙与成年男性体形比较

1m

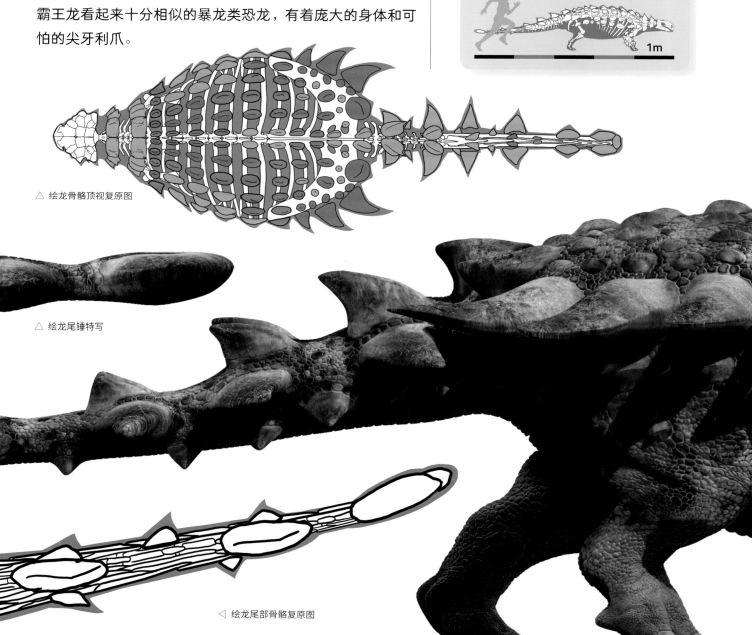

△ 绘龙骨骼顶视复原图

△ 绘龙尾锤特写

◁ 绘龙尾部骨骼复原图

特暴龙

特暴龙身形庞大，体长
约 11 米，脖子、身体、
后肢和尾巴都很粗壮，
和很多先进的暴龙类恐
龙一样，它的前肢非常
短小。

幼年绘龙化石 ▷

绘龙

学　　名	*Pinacosaurus*	
体　　形	体长约 5 米	
食　　性	植食	
生存年代	白垩纪晚期	
化石产地	亚洲，蒙古、中国	

甲龙——
能和霸王龙较量的
甲龙类恐龙

　　甲龙家族中最著名也最厉害的成员非甲龙莫属，因为这种生活在白垩纪晚期今天北美洲美国的植食恐龙，竟然能和世界上最凶猛的恐龙——霸王龙——较量一番。

　　甲龙体形庞大，身长能达到 7 米，全身上下都被鳞甲细致地包裹着，大型的甲板连同小型的结节，它们交错排列，将甲龙的头部、颈部、背部和尾部牢牢地保护起来。甲龙的装甲在整个家族中都是最完备的，科学家曾经研究过甲龙鳞片的显微组织，发现它们拥有异常复杂的结构，最终才造就了这套既坚韧又轻便的战衣。

　　不过光有这套战衣，甲龙还是没办法对付常常出现在它周围的霸王龙，它还需要更加厉害的武器，那就是尾锤。

△ 甲龙背部
甲片排列方式

甲龙尾锤
科学家曾经发现过甲龙保存有尾锤和末端尾椎骨的化石，从化石上可以清晰地看到尾锤的外形。

甲龙尾部
甲龙尾部具有骨化的肌腱，它的尾巴僵直不易弯曲。

▽ 甲龙尾部骨骼复原图

20cm

▽ 霸王龙

　　在甲龙的尾巴末端长有一个重约 50 千克的尾锤，它虽然不是实心的，但是将这么大的重量以高速运动的状态砸向对方，也没有谁能承受得了。因为甲龙尾锤距离地面的高度大约 1~1.5 米，正好能够到霸王龙的腿部，这样一来，在甲龙和霸王龙的对战中，只要甲龙甩动尾巴，它的尾锤便极有可能快速砸到霸王龙的腿上，让霸王龙身负重伤。所以，即便霸王龙是这个世界上最凶猛的动物，甲龙也有办法对付它。

成年甲龙与成年男性体形比较

1m

甲龙

学　　名	*Ankylosaurus*
体　　形	体长约 7 米
食　　性	植食
生存年代	白垩纪晚期
化石产地	北美洲，美国

泰坦角龙——
头骨最大的陆地动物之一

角龙类恐龙都有一个巨大的脑袋，而生活在白垩纪晚期的泰坦角龙的脑袋则大得令人诧异。泰坦角龙的头骨长达 2.9 米，比最大的三角龙的头骨还要大出 15%，是世界上出现的脑袋最大的陆地动物之一。

泰坦角龙的化石发现于美国新墨西哥州，由于同一地层还发现过五角龙，所以最开始科学家将泰坦角龙划归到了五角龙家族。但是后来科学家经过重新研究，发现了它和五角龙的区别，于是将它重新命名为泰坦角龙。

泰坦角龙

学 名	*Titanoceratops*
体 形	体长约 9 米
食 性	植食
生存年代	白垩纪晚期
化石产地	北美洲，美国

头盾骨骼上的孔洞所在的位置
角龙类恐龙的头盾骨骼上大多具有大型孔洞，这样能在保持头盾拥有巨大表面积的同时减轻头部的重量。

长长的额角

较短的鼻角

脸颊两侧的角

鼻角

额角

五角龙头骨 ▷
侧视复原图

50cm

孔洞

脸颊两侧的角

五角龙头骨顶视复原图 ▷

和五角龙一样，泰坦角龙的脸上也有 5 根锋利的角。其中笔直的两根额角最厉害，长达 105 厘米；脸颊两侧的角不算长，只有 12 厘米；鼻子上的角则更短一点。这 5 根角是泰坦角龙最有利的防御工具。

泰坦角龙的体形很大，身长大约 9 米。因为它比三角龙的生存时间大约早了 500 万年，所以科学家认为角龙的大型化时间或许比原先认为得还要早。

成年泰坦角龙与成年男性体形比较

1m

孔洞

△ 泰坦角龙头骨与人类女孩体形比较

弯剑角龙——
发现于美国犹他州的角龙战士

体长约 4 米的弯剑角龙是角龙家族的大个子，它们身体粗壮敦实，像一辆大卡车一般。它们有一个大大的脑袋，脑袋前端特化成了锋利的角质喙，能够轻松地切割低矮的植物。它们粗短的脖子上有一个大而薄的头盾，头盾中间有两根长长的向下弯曲的角，而这两根角从根部到顶部都有一条凹槽，这是它们最独特的地方。至于凹槽的作用，科学家目前也并不清楚。它们的眼睛上方也有两根长长的角，微微向上弯曲。它们的脸颊两侧一点也不光滑，有两根向外突出的角状物。它们的鼻子也不是光溜溜的，有一个低矮的呈三角形的鼻角。

样貌奇特的弯剑角龙发现于美国犹他州，此前这里发现过的角龙类恐龙化石较少。弯剑角龙是当地最厉害的植食恐龙之一，它们凭借锋利的尖角和巨大的头盾，抵御掠食者的攻击，同时也会毫不畏惧地为了领地和权力在同伴间挑起战斗，它们似乎就是天生的战士。

向下弯曲的角

额角

鼻角

◁ 弯剑角龙头盾特写

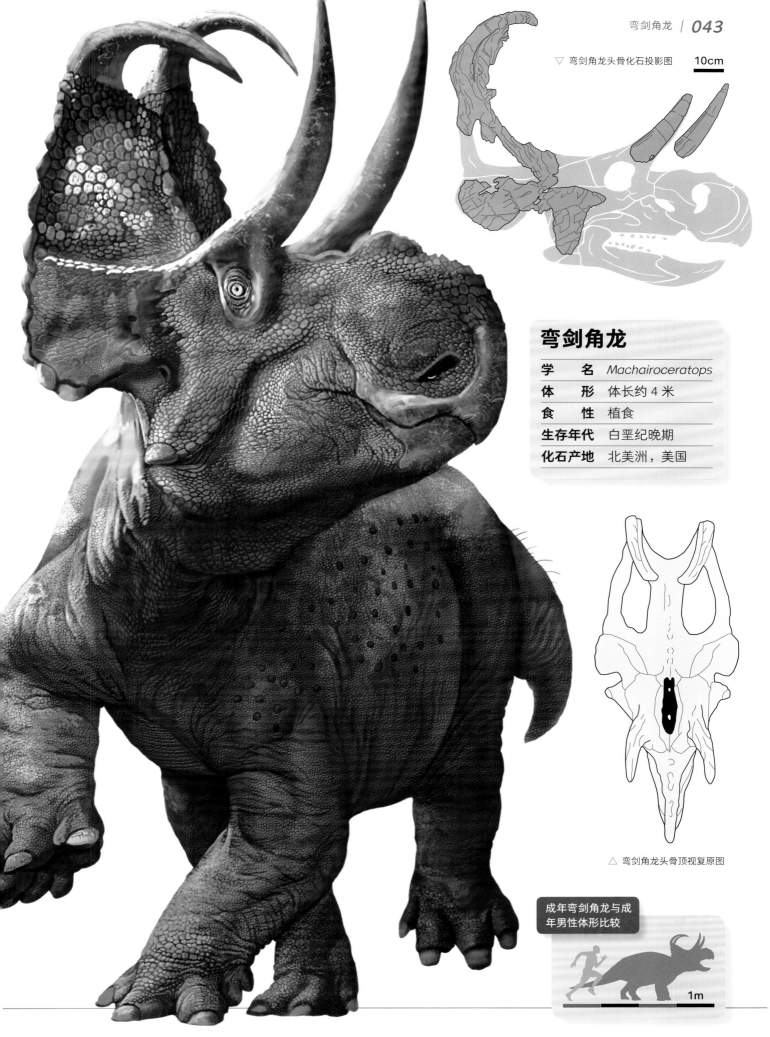

▽ 弯剑角龙头骨化石投影图　**10cm**

弯剑角龙

学　　名	*Machairoceratops*
体　　形	体长约 4 米
食　　性	植食
生存年代	白垩纪晚期
化石产地	北美洲，美国

△ 弯剑角龙头骨顶视复原图

成年弯剑角龙与成
年男性体形比较

1m

戟龙——
头盾装饰最复杂的角龙类恐龙之一

角龙类恐龙的外形非常独特，它们不仅长有锋利的角，还拥有巨大的头盾。头盾不仅能保护它们脆弱的脖子和肩膀，还能在战斗时发挥巨大的作用。

生活在白垩纪晚期今天北美洲加拿大地区的戟龙，也有一个大大的头盾，不仅如此，它头盾上还有着极其复杂的装饰。

戟龙的头盾最特别的地方是长有 4 根非常明显的尖角，其中最中间的两根向两侧弯曲，靠外的两根也向两侧散开。它们高高地耸立在原本已经非常高大的头盾上，时刻震慑着想要攻击它们的掠食者。当然，在生活平静的时候，戟龙华丽的头盾也能在求偶时发挥作用，会吸引来自己喜欢的异性。

除了头盾上的尖角，戟龙的面部也有尖角。只不过和泰坦角龙相反，它最为明显的是鼻子上方长达 57 厘米的尖角，而眼睛上方额角的位置上只有两个突起，并没有形成锋利的角状物。

不过，拥有头盾和尖角的戟龙并没有满足于此，为了提高自己的防御能力，它们总是习惯和同伴们结伴出行，彼此照应。而科学家们就曾经发现过戟龙被集体埋葬在一起的尸骨层，印证了戟龙这样的行为特征。

戟龙

学 名	*Styracosaurus*
体 形	体长 5.5~6 米
食 性	植食
生存年代	白垩纪晚期
化石产地	北美洲，加拿大

成年戟龙与成年男性体形比较

1m

头盾顶端的尖角
具有很好的防御
功能

头盾顶端较
长的尖角

鼻角位置

◁ 戟龙头骨复原图

20cm

头盾孔洞

眼睛上方没有
明显的角状物

长而锋利的鼻角

△ 戟龙前肢化石

戟龙头骨化石 ▷

艾伯塔角龙——
头盾短额角长的角龙类恐龙

艾伯塔角龙

学　　名	*Albertaceratops*
体　　形	体长 5~6.5 米
食　　性	植食
生存年代	白垩纪晚期
化石产地	北美洲，加拿大

成年艾伯塔角龙与
成年男性体形比较

1m

驰龙

驰龙体形娇小，行动
灵活，是敏捷的掠食
者。它们喜欢三五只
一起行动，用集体的
力量捕杀猎物。

锋利的第 II 趾

体长大约 6.5 米的艾伯塔角龙在角龙家族中只能算作中等大小，没有庞大的体形，让它的生活多了一丝难处。

艾伯塔角龙最害怕的是惧龙，这种外形和霸王龙非常相像，体长能达到 10 米的暴龙类恐龙，有 60 颗粗壮锋利的牙齿，总是会张着血盆大口，对艾伯塔角龙露出虎视眈眈的眼神。

除了要提防庞大的惧龙，那群身体娇小但行动敏捷的驰龙，也不能被忽视。它们体长虽然才 2 米，可是同样有锋利的牙齿，后肢上还有镰刀般巨大而锋利的爪子，更恐怖的是它们习惯于集体作战，一只艾伯塔角龙根本对付不了它们。

所以，艾伯塔角龙不得不高昂着自己的脑袋，它大大的脑袋后方有一个不算很大的头盾，头盾的边缘布满了很多对称的小骨嵴，头盾的正中间则有两个方向向外的大钩角。它长长的脸上也有一对很长的角，就位于眼睛上方，直勾勾地对准敌人。它的体形不大，但够结实，四肢粗壮，尾巴有力。

有了这些，艾伯塔角龙踏实多了。

△ 惧龙

▽ 艾伯塔角龙头骨顶视复原图

10cm

△ 艾伯塔角龙头骨化石投影图

△ 艾伯塔角龙头骨侧视复原图

尖角龙——
鼻角像长矛的恐龙

尖角龙是生活在白垩纪晚期今天北美洲加拿大的一种常见的角龙类恐龙，它们体形中等，身长大约 6 米，身体粗壮，四肢有力，单是身体的外形和其他角龙类恐龙似乎差别不大。

尖角龙最显著的特点就是拥有一根长而锋利的鼻角，像是一根长矛一般。不过因为它的化石发现之初，科学家并不知道它的鼻子上有如此锋利的角，所以它名字中的尖角也就不是特指鼻角，而是指它头盾上的小尖角。

不同的尖角龙鼻角也不尽相同，有一些向前弯曲，有一些则向后弯曲。

和著名的三角龙不同，尖角龙的眼睛上方缺乏额角，只有两个不起眼的突起。

尖角龙的头盾较短，不过非常特别，因为雄性尖角龙通常有更加华丽的花纹，而雌性尖角龙头盾的花纹则要暗淡或者简单许多。这样的两性差异说明尖角龙的头盾不光有防御掠食者，或者同伴间打斗的功能，也能发挥展示的作用。

长而锋利的鼻角

头盾边缘的小尖角

眼睛上方的突起

头盾孔洞

◁ 尖角龙头骨化石正面

喙状的嘴

尖角龙	
学　　名	*Centrosaurus*
体　　形	体长约 6 米
食　　性	植食
生存年代	白垩纪晚期
化石产地	北美洲，加拿大

△ 尖角龙头部

冠饰角龙

冠饰角龙是一种体形中等的角龙类恐龙，面部长有三只角，其中额角向两侧弯曲，鼻角较为短粗。在其头盾顶端的两个尖角周围，各有一圈小角装饰，很像皇冠。冠饰角龙曾经被认为是一种尖角龙。

△ 冠饰角龙头部

成年尖角龙与成年男性体形比较

1m

尖角龙头骨化石侧面 ▷

厚鼻龙——
"没有"鼻角的角龙类恐龙

一只角龙类恐龙拥有了锋利的鼻角，就像佩带了刀或者剑，是连掠食者都会害怕的战士。可是就有一群这样的角龙家族成员，它们根本没有鼻角。

角龙类恐龙会没有鼻角？是的，在它们本该有额角的地方，只有两个低矮的突起，像是额角已经被砍断了；在它们本该长鼻角的地方，也没有锋利的角，只有一块巨大而扁平的突起物，几乎要覆盖了下半张脸。它们叫作厚鼻龙，是一种发现于北美洲加拿大和美国的角龙类恐龙。

没有鼻角的厚鼻龙要怎么保护自己？科学家说它们依靠的就是那个扁平的鼻子，它们可以用鼻子上平坦的隆起物去推撞对手。它们硕大的身体会向头部传递巨大的力量，用以对付想要攻击它们的掠食者。

成年厚鼻龙与成年
男性体形比较

1m

△ 培罗特厚鼻龙头骨复原图

△ 加拿大厚鼻龙头骨复原图

△ 拉库斯厚鼻龙头骨复原图

厚鼻龙

学　　名	*Pachyrhinosaurus*
体　　形	体长 5.5~6 米
食　　性	植食
生存年代	白垩纪晚期
化石产地	北美洲，加拿大、美国

白熊龙

白熊龙的外形和霸王
龙很像，脑袋很大，
脖子粗壮，身体结实，
但是它体形很小，只
有 5 米，是娇小的暴
龙类恐龙。

△ 厚鼻龙头盾正面

　　厚鼻龙的脸上虽然没有鼻角，但是它的头盾上却有不少的角。
厚鼻龙的头盾很大，边缘拥有骨质突起，而顶上则有两对尖角，
其中中间的一对向内卷曲，外侧的一对则向两侧弯曲。除此之外，
在它的眼睛后方沿着头骨中线还有三个小尖角。虽然这些角无法
直接参与和掠食者的战斗，但是如果要参加争夺配偶的角逐，则
会派上大用场。那些角更大更漂亮的厚鼻龙，总是能胜出。

钉盾龙——
它的头盾像长有钉子的盾牌

成年钉盾龙与成年
男性体形比较

1m

20cm

△ 钉盾龙头骨化石顶视投影图

钉盾龙

学 名	*Spiclypeus*
体 形	体长 4.5~6 米
食 性	植食
生存年代	白垩纪晚期
化石产地	北美洲，美国

钉盾龙是生活在白垩纪晚期今天北美洲美国的一种体形较大的角龙类恐龙，虽然到目前为止人们只发现了一具标本，包括完整度大约 50% 的头骨，以及部分脊椎骨、肋骨等，但仍然可以依据这些化石判定它是一个之前没有发现过的新的物种。

钉盾龙名字的寓意为"长有钉子的盾牌"，指的是它的头盾边缘有一圈钉子状的凸起，至少有 7 对，看起来就像一个长有钉子的盾牌。钉盾龙的头盾其实并不算大，除了周围的褶皱结构，头盾的顶端还有两对较为明显的尖角，一对向内弯曲，一对向外弯曲。而头盾的正中间，则有类似于华丽角龙的"刘海"状结构，向内折叠了下来。钉盾龙的头盾上有两个大大的孔洞，可以有效地减轻它的重量。

钉盾龙的脸上有 3 根尖角，都不算长，其中两根额角较长一些，超过了 20 厘米，而鼻角要短不少，还不足 20 厘米。

从化石上看，钉盾龙头盾的左侧边缘有一个受伤后留下的圆孔状的印迹，科学家推测这是它和同伴打斗时，被其尖角所刺，这也证实钉盾龙锋利的角的确是它战斗的有力武器。

华丽角龙
华丽角龙头部有超过 10 根角，是目前发现的头部"装饰"最多的恐龙。钉盾龙与犹他角龙、五角龙、华丽角龙、迷乱角龙是近亲关系。

△ 华丽角龙头骨复原图

20cm

△ 钉盾龙头骨化石侧视投影图

阿古哈角龙——
被误认为开角龙的角龙类恐龙

阿古哈角龙

学　　名	*Agujaceratops*
体　　形	体长约 4 米
食　　性	植食
生存年代	白垩纪晚期
化石产地	北美洲，美国

△ 成年阿古哈角龙
头骨侧视复原图

20cm

△ 幼年阿古哈角龙
头骨侧视复原图

△ 成年阿古哈角龙
头骨顶视复原图

蛇发女怪龙
蛇发女怪龙是一种与阿古哈角龙生活在同一时代与地域的暴龙类恐龙，体形庞大，非常凶猛。

开角龙
开角龙是体形中等的角龙类恐龙，体长大约4~5米，体形壮硕，拥有超大的头盾。

阿古哈角龙是一种体形较小的角龙类恐龙，身长只有4米，和开角龙有些相像。最初被发现时，还被划分到了开角龙家族。直到后来发现了更多的化石，可以进行更深入的研究，人们才重新将它命名为阿古哈角龙。

阿古哈角龙有一张短而宽的脸，脸上有3根锋利的角。其中眼睛上方的额角笔直修长，相比开角龙的额角更长一些，相比五角龙的额角更直一些，它鼻子上方没有显著的鼻角，只有一个隆起的被角质包裹的骨片。它的脑袋前端已经特化成了角质喙，喙中没有牙齿，它所有的牙齿都集中在面颊部，具有咀嚼能力。阿古哈角龙以低矮的植物为食，锋利的喙状嘴能轻松地完成切割的动作，结实的牙齿也能磨碎纤维较粗的植物。

阿古哈角龙的头盾大而薄，有丰富的装饰物，除了尖刺，至少有三对像样的角。它的头盾有两个大型开孔，能很好地帮助它减轻重量，方便它行动或者战斗。

成年阿古哈角龙与成年男性体形比较

1m

三角龙——
最厉害的植食恐龙之一

　　要论最厉害的植食恐龙，三角龙绝对榜上有名。这种能打得过霸王龙的角龙类恐龙，几乎达到了植食恐龙演化的最高峰。

　　三角龙身长 8 米，虽然不是角龙家族体形最大的成员，但也是不容忽视的大块头，再加上它身体粗壮，四肢发达，本来就不是一般肉食恐龙能对付得了的。

　　三角龙的头骨巨大，长度超过 2 米，几乎占了身长的 1/3。三角龙当然也有角龙家族的标志性特征——锋利的角和头盾。在它的脸上长有 3 根可怕的角，其中眼睛上方的额角长达 1 米，鼻子上的角虽然较短，但也坚实锋利。这些角是它对抗霸王龙的有力武器。

　　三角龙的头盾很大，和很多角龙类恐龙拥有孔洞的头盾不同，三角龙的头盾是实心的，这似乎让它的攻击力更强了一些。在这个巨大的头盾边缘，有一圈波浪状突起，这些突起在三角龙生前曾经被角质物包裹，看起来要比化石中呈现的更加巨大。

　　三角龙的头盾和角会因为年龄、性别及个体的不同有所差异，不过这并不影响它们的攻击力。

成年三角龙与成年
男性体形比较

1m

头盾边缘波浪状突起

尖刺

三角龙

学　　名	*Triceratops*	
体　　形	体长约 8 米	
食　　性	植食	
生存年代	白垩纪晚期	
化石产地	北美洲，美国	

除了这些出色的防御工具，三角龙还有很多独特的武器，比如它有着一张像龟壳一样的脸，也就是说它的脸不是被光溜溜的鳞片覆盖的，而是由一张硬硬的壳保护着；它的背部到尾部还像豪猪一样长着尖刺，让掠食者无从下口。

长达 1 米的额角

没有孔洞的
实心的头盾

◁ 三角龙前肢化石

△ 三角龙头骨化石

巴塔哥巨龙——
世界上最大的恐龙之一

巴塔哥巨龙

学　名	*Patagotitan*	
体　形	体长约 40 米	
食　性	植食	
生存年代	白垩纪中期	
化石产地	南美洲，阿根廷	

在恐龙世界中，有这样一群植食恐龙，它们的身体上没有高耸的骨板、锋利的尖刺、坚硬的铠甲和可怕的尖角，它们仅仅依靠光溜溜的身体就能让掠食者退避三舍。它们是蜥脚类恐龙，是世界上曾经出现过的最大的陆地动物。

巴塔哥巨龙是蜥脚类恐龙中个头最大的成员，也是目前发现的世界上最大的恐龙，体长能达到 40 米，臀高 6 米，体重能达到 80 吨。

蜥脚类恐龙都有一条长长的脖子，巴塔哥巨龙也不例外，它的脖子长 12 米，完全抬起后，头部距离地面的高度达到 14 米。

巴塔哥巨龙的身体非常粗壮，长达 5 米的肚子圆滚滚的，能够容纳超大量的食物。它的四肢长而粗壮，光是股骨就有 2.4 米，在此之前人们从没发现过有任何一种动物拥有如此长的股骨。它的尾巴也很长，一甩动起来似乎就能带来巨大的风，要是砸到某个掠食者的身上，准会把它砸伤。

稳当当地坐在最大陆地动物之一的宝座上，巴塔哥巨龙实在不再需要其他任何武器来保护自己了。

成年巴塔哥巨龙与成年白犀牛体形比较

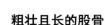

5m

粗壮且长的股骨
巴塔哥巨龙的后肢长而粗壮，光是股骨就长达 2.4 米，在此之前，人们从未发现过如此巨大的恐龙股骨。　　巴塔哥巨龙股骨化石 ▷

△ 巴塔哥巨龙头骨与
局部颈椎复原图

◁ 巴塔哥巨龙头颈部特写

肩胛骨

肱骨

◁ 巴塔哥巨龙前肢骨骼化石

尺骨

桡骨

◁ 巴塔哥巨龙头骨复原模型

汝阳龙——
和 10 头大象
一样重的恐龙

汝阳龙

学 名	*Ruyangosaurus*	
体 形	体长约 38 米	
食 性	植食	
生存年代	白垩纪晚期	
化石产地	亚洲，中国，河南	

背椎椎弓

背椎椎体

巨大的背锥

汝阳龙巨大的体态从它的化石上能够清晰地显现出来，它单个背椎椎体宽达 60cm，背荐椎椎体宽度更是达到了 68cm。汝阳龙背椎椎弓的侧面具有大的、不规则的三角形凹，背椎上还存在有气腔，能帮它减轻体重。

△ 汝阳龙背椎复原图
▽ 汝阳龙背椎化石

汝阳龙也来自蜥脚类恐龙家族，是一种体重相当于 10 头大象那么重的恐龙！

在巴塔哥巨龙被发现之前，汝阳龙曾经是世界上最大的恐龙。人们完成了化石装架后发现，它的骨架长达 38.1 米，光是脖子就长 17 米；它的单个背椎椎体宽度达到 0.6 米，体宽更是有 3.3 米；它的肩高 6 米，头部离地面的高度达到 14.5 米，而体重重达 50~70 吨。

为了满足如此庞大的身体的需要，汝阳龙一整天几乎都在吃东西。也正因为如此，汝阳龙才有足够的力气去对付那些想要攻击它的掠食者。它只要足够强壮，光是用身体去撞击，而不需要用别的方法，就能抵御攻击。

虽然汝阳龙现在已经不是最大的恐龙了，但仍然是地球上曾经出现过的最重量级的素食动物，掠食者在通常情况下都不会把它当成捕食的对象。

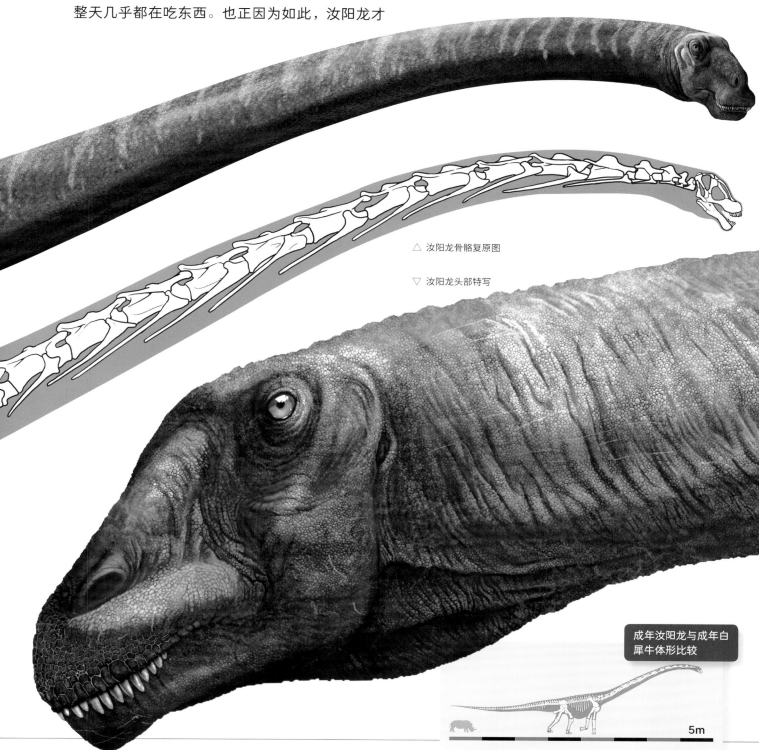

△ 汝阳龙骨骼复原图

▽ 汝阳龙头部特写

成年汝阳龙与成年白犀牛体形比较

5m

黄河巨龙——
亚洲最胖的恐龙之一

生活在白垩纪早期的黄河巨龙，最厉害的防御武器是自己的屁股。屁股？你没听错。因为黄河巨龙的屁股有 2.8 米宽，这让它成为亚洲最胖的恐龙之一。所以，如果有掠食者想要打它的主意，它只要撅起屁股撞向它们就好了。

黄河巨龙也是蜥脚类恐龙家族的成员之一，它的体形虽然没有汝阳龙那么大，可也有 18 米长，比一般的植食恐龙大多了。它很高，头部距离地面高约 8 米，肩膀到地面高 6 米，臀部距离地面 5.1 米。最重要的是，它还很壮，大约有 10 头大象那么重。它的脖子很粗壮，肚子圆滚滚，屁股更是大得不得了，四肢像柱子，尾巴又粗又长，要是甩到哪个倒霉鬼身上，可是不得了。

就像巴塔哥巨龙、汝阳龙一样，黄河巨龙身上也没有什么更为特别的武器，它们就是依靠庞大的身体来保护自己的。

不过，黄河巨龙家族有两个不同的族群，我们所说的这群胖胖的家伙是发现于中国河南地区的汝阳黄河巨龙，而另一群则发现于中国甘肃，名叫刘家峡黄河巨龙，它们和汝阳黄河巨龙比起来要瘦小一些。虽然如此，刘家峡黄河巨龙的防御工具也是自己的身体。

成年黄河巨龙与成年白犀牛体形比较

2m

黄河巨龙前部椎体化石 ▷

△ 黄河巨龙几乎完整的荐椎和关联在一起的部分尾椎化石

◁ 黄河巨龙头骨与
颈椎骨化石

黄河巨龙

学 名	*Huanghetitan*	
体 形	体长约 18 米	
食 性	植食	
生存年代	白垩纪早期	
化石产地	亚洲，中国，河南、甘肃	

20cm

△ 黄河巨龙头骨复原图

▽ 黄河巨龙头部特写

腕龙——
世界上最高的恐龙

蜥脚类恐龙不仅个个体形巨大，其中一些成员还非常高，就像今天的长颈鹿一样。它们能呼吸到最新鲜的空气，吃到最高处的食物，看到最远处的风景。

腕龙是高个子的蜥脚类恐龙代表，生活在侏罗纪晚期今天的北美洲美国地区。腕龙的体形很大，身长26 米。像其他蜥脚类恐龙一样，腕龙也有一条很长的脖子，大约有 9 米长，由 13 节颈椎构成。可是和大多数蜥脚类恐龙的脖子都没办法抬高不同，腕龙的脖子能高高地抬起，使得脑袋距离地面的距离超过 10 米，看起来像极了加长版的长颈鹿。

站立的腕龙好像直插云霄一般，高高地俯视着那些低矮的动物们。这样的个头给它带来了不少好处，比如它可以尽情地享用树顶上新鲜的嫩叶，而不用担心谁跟它争抢；它也可以提前发现危险，及时地离开。

腕龙和同样来自蜥脚类恐龙家族的波塞冬龙、长颈巨龙等，都是世界上最高的恐龙，除了硕大的身体，它们还可以依靠无与伦比的身高来保护自己。

成年腕龙与成年白犀牛体形比较

5m

蛮龙
蛮龙是与腕龙生活在同一地区的肉食恐龙。它体形巨大，长有锋利的牙齿和爪子，成年蛮龙体长能达到 11 米，体重约 5 吨。

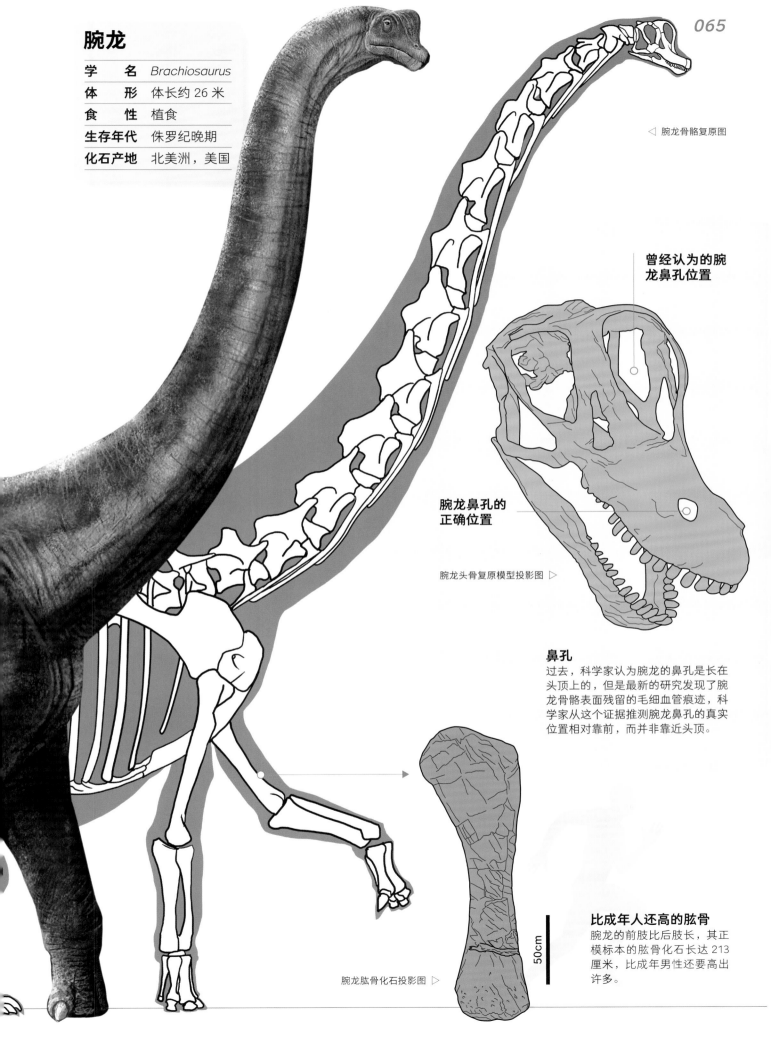

腕龙

学　名	*Brachiosaurus*
体　形	体长约 26 米
食　性	植食
生存年代	侏罗纪晚期
化石产地	北美洲，美国

◁ 腕龙骨骼复原图

曾经认为的腕龙鼻孔位置

腕龙鼻孔的正确位置

腕龙头骨复原模型投影图 ▷

鼻孔

过去，科学家认为腕龙的鼻孔是长在头顶上的，但是最新的研究发现了腕龙骨骼表面残留的毛细血管痕迹，科学家从这个证据推测腕龙鼻孔的真实位置相对靠前，而并非靠近头顶。

50cm

比成年人还高的肱骨

腕龙的前肢比后肢长，其正模标本的肱骨化石长达 213 厘米，比成年男性还要高出许多。

腕龙肱骨化石投影图 ▷

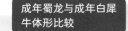

成年蜀龙与成年白犀
牛体形比较

2m

蜀龙——
长有尾锤的大块头

　　现在我们知道了蜥脚类恐龙家族的最大武器
就是自己庞大的身体。可是你知道吗，有一群独
特的蜥脚类恐龙家族成员，它们并不满足大块头
给自己带来的安全感，它们在自己的尾巴上安装
了另外一样神秘的武器。

　　蜀龙是生活在侏罗纪中晚期今天中国四川的
一种蜥脚类恐龙，它的体形不大，大约只有 8~12
米，体重只有 5 吨左右，在家族中算是个小不点，
可是它却有着令大家羡慕的神秘武器——一个长
在尾巴末端的椭圆形骨质尾锤。

　　在尾巴上长有防御武器的恐龙并不多，之前
我们知道剑龙类恐龙的尾巴上具有尖刺，甲龙类
恐龙的尾巴上长有尾锤，而蜀龙是人们发现的第
一种拥有尾锤的蜥脚类恐龙。

蜀龙化石装架 ▷

　　既有硕大的身体又有结实的尾锤，蜀龙终于
可以轻松自如地对付当地的掠食者——气龙。聪
明的气龙当然也知道蜀龙的厉害，所以除非找不
到其他猎物，气龙是不会轻易和蜀龙较量的。这
样一来，蜀龙的生活过得轻松自在了很多，它们
家族成为当地最繁盛的植食恐龙之一。

蜀龙		
学　　名	*Shunosaurus*	
体　　形	体长 8~12 米	
食　　性	植食	
生存年代	侏罗纪晚期	
化石产地	亚洲，中国，四川	

气龙

气龙是体形中等的掠食者，身长大约 3.5 米。它的脑袋很大，但十分轻巧，眼睛也很大，视力敏锐，它的下颌十分坚固，嘴里布满锋利的边缘带有锯齿的牙齿。它的前肢稍短，手部拥有三个锋利的爪子，后肢修长，能快速奔跑。

▽ 蜀龙尾锤化石

▽ 蜀龙头骨化石

棘刺龙——
被误认为尾巴长有尖刺的蜥脚类恐龙

棘刺龙是一种蜥脚类恐龙。蜥脚类恐龙的身体上几乎都是光秃秃的，但是之前人们一直认为棘刺龙的尾巴末端会像剑龙一样长有骨质尖刺，这些尖刺在靠近尾巴的一端呈圆形，远离尾巴的一端则锋利无比，是它保护自己的武器。可是最新的研究发现，原本被认为是尖刺的化石其实只是棘刺龙的骨质棘刺，所以它根本没有尖刺。

棘刺龙的体长只有 13 米，在蜥脚类恐龙中，只能算是中等，现在它又失去了尖刺这样的独门秘器，会不会让它陷入艰难的处境呢？

其实，你不必为它担心。棘刺龙虽然体形不大，但是有着奇特的向上倾斜的脖子和背部，这使得它的脑袋能抬得较高，它甚至能吃到距离地面 7 米高的树叶。这种为了进食高处食物产生的适应性演变，减少了它与其他同伴的竞争，大大提高了它的生存概率。

▽ 剑龙尾部特写

◁ 棘刺龙腿骨化石投影图

棘刺龙

学　　名	*Spinophorosaurus*	
体　　形	体长约 13 米	
食　　性	植食	
生存年代	侏罗纪中期	
化石产地	非洲，尼日尔	

50cm

云龙

云龙是一种原始的蜥脚类恐龙，生活在侏罗纪中期，与棘刺龙有较近的亲缘关系。

◁ 云龙枕骨化石

成年棘刺龙与成年白犀牛体形比较

2m

◁ 棘刺龙颈椎扭转角度示意图

◁ 棘刺龙肋骨化石投影图

50cm

巴加达龙——
脖子上也有可怕的棘刺

阿马加龙是背上长有棘刺的蜥脚类恐龙，但并不是唯一长有棘刺的蜥脚类恐龙。一种名为巴加达龙的蜥脚类恐龙也长有棘刺，只是它最明显的棘刺是长在脖子上的。巴加达龙的脖子上长有长长的、向前倾斜的棘刺，这让它成了蜥脚类恐龙家族中样貌最奇特的成员。

巴加达龙生活在白垩纪早期今天的南美洲阿根廷，那里是巨龙的故乡，有众多体形庞大的蜥脚类恐龙。和它们比起来，巴加达龙就显得逊色多了，它的体长大约只有 9 米。可是让大家想不到的是，娇小的体形依然掩饰不住巴加达龙的光芒，因为它太特别了，竟然在短短的脖子上长出了长而弯曲的棘刺，这些棘刺不是笔直地耸立着的，不是向后倾斜的，而是一股脑地弯向了前方，形成了非常奇特的造型。科学家说，巴加达龙棘刺所呈现出来的特别的弯曲方向证明了它们具备被动防御的功能。也就是说，如果谁想要攻击它，它就低下头，朝着对手冲过去就好了。

不过，因为巴加达龙的棘刺，也就是神经棘纤细脆弱，受到外力的作用时，会很容易折断。因此在巴加达龙生前，这些棘刺的外面都包裹着长长的角质鞘，以此来保护这些神经棘，从而让它们顺利地发挥防御功能。

巴加达龙

学　　名	*Bajadasaurus*
体　　形	体长约 9 米
食　　性	植食
生存年代	侏罗纪早期
化石产地	南美洲，阿根廷

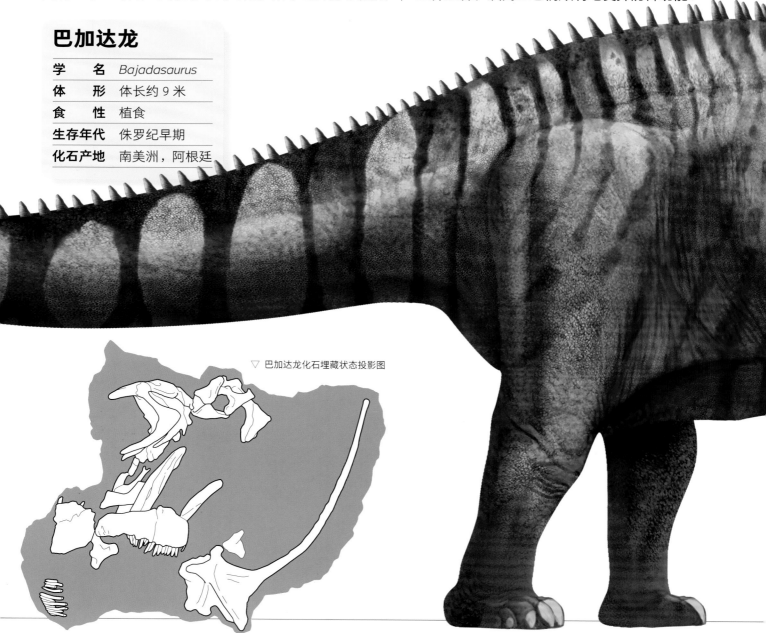

▽ 巴加达龙化石埋藏状态投影图

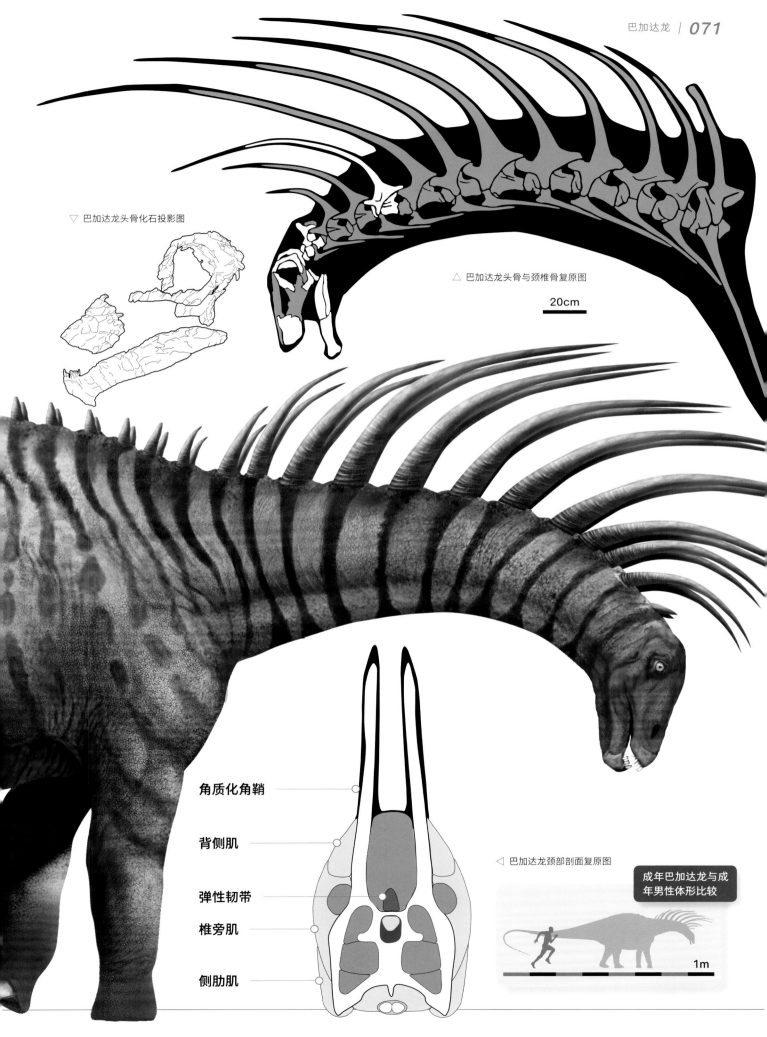

▽ 巴加达龙头骨化石投影图

△ 巴加达龙头骨与颈椎骨复原图

20cm

角质化角鞘

背侧肌

弹性韧带

椎旁肌

侧肋肌

◁ 巴加达龙颈部剖面复原图

成年巴加达龙与成年男性体形比较

1m

禽龙——
长有"大钉子"的植食恐龙

禽龙是人类最早发现的恐龙之一，是一种非常常见的植食恐龙。

和蜥脚类恐龙相比，禽龙的体形并不大，平均身长大约 10 米。禽龙的脑袋形状和马有些相像，嘴巴扁宽，前端已经特化成了角质喙。禽龙的身体粗壮，前肢细长短小，后肢强壮，宽大的脚上长有三根蹄子形的脚趾，用以支撑沉重的身体。禽龙常用四条腿走路，但有时也用后肢奔跑。

禽龙

学　名	*Iguanodon*	
体　形	体长 6~12 米	
食　性	植食	
生存年代	白垩纪早期	
化石产地	欧洲，比利时、英国	

禽龙化石装架 ▷

▽ 禽龙后肢化石

如果禽龙只是这样的话，那我们不禁要为它担心了，因为我们在它身上似乎看不到什么特别的地方，体形不大，也没有尖刺或者鳞甲保护自己，它应该很容易被掠食者当作猎物。可事实并不是这样的。

禽龙有一双特别的手，手上有一根像钉子一样锋利的大拇指，长达 19 厘米，这可是禽龙最好的防御工具。只要有掠食者想要捕食禽龙，禽龙就会毫不客气地将这根钉子状的大拇指刺入对方的身体。所以看似温和的禽龙，实际上也是名副其实的战士。

重爪龙
重爪龙与禽龙生活在同一个地域。它的脑袋与鳄鱼十分相像，嘴中生满细齿，前肢的拇指上有锋利的大爪子，是捕鱼高手。

成年禽龙与成年白犀牛体形比较

2m

特殊的前爪
禽龙的前爪长有五根手指，大拇指演化成钉状用来防御，中间三根指头被皮肤包裹成蹄状，用来行走，而最后一根指头则能帮助抓取食物。

禽龙前爪化石 ▷

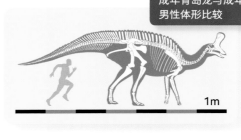

成年青岛龙与成年
男性体形比较

1m

青岛龙——
会使用秘密暗号的恐龙

　　鸭嘴龙类恐龙都有一张扁扁的鸭子状的嘴，可是这张嘴除了能够较为方便地采集植物之外，并不能用作防御的武器。那么，当鸭嘴龙类恐龙遇到危险后，它们会怎么保护自己呢？

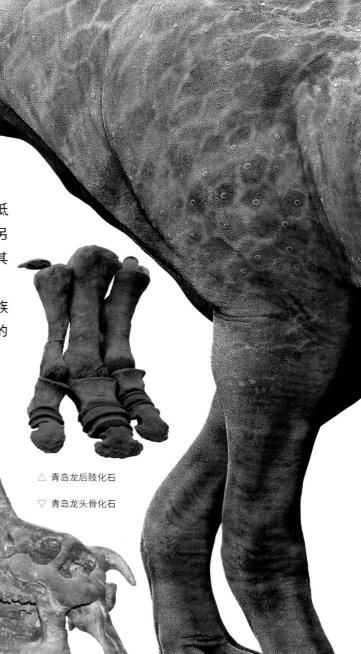

　　有一类鸭嘴龙家族成员会利用自己庞大的体形抵御袭击，比如山东龙，它们的体长达到 14 米，而另外一些成员，则会使用"秘密暗号"，青岛龙就是其中之一。

　　会使用"秘密暗号"的鸭嘴龙类恐龙都来自家族中的赖氏龙亚科，头顶上长有奇特的头冠，而它们的"秘密暗号"就是通过头冠发出的声音。

　　青岛龙特别的头冠和家族中的赖氏龙很像，较为宽大，向前方伸展，并不是之前认为的像一根直直的骨棒一样。因为这个头冠的内部是中空的，可以发出不同的声音，而这些声音的含义又是只有青岛龙之间才能够听得懂，所以便成了它们的"秘密暗号"。

　　青岛龙既可以通过这些"秘密暗号"警告龙群危险来袭，也可以在战斗的时候互相商量战术，这为它们应对危险提供了极大的帮助。

△ 青岛龙后肢化石

▽ 青岛龙头骨化石

头冠

青岛龙特别的头冠和家族中的赖氏龙很像，较为宽大，向前方伸展，并不是之前认为的像一根直直的骨棒一样。因为这个头冠的内部是中空的，可以发出不同的声音。

△ 青岛龙头部特写

鼻远端突

鼻腔

前额骨

青岛龙

学 名	*Tsintaosaurus*
体 形	体长约 7 米
食 性	植食
生存年代	白垩纪晚期
化石产地	亚洲，中国，山东

前颌骨

青岛头骨复原图 ▷
包含有灰色部分的头冠才是青岛龙头冠真实的模样。

前齿骨　　齿骨　　上隅骨

镰刀龙——
拥有最长爪子的恐龙

兽脚类家族中绝大部分族群都是无肉不欢的，可也有一些另类，比如镰刀龙类恐龙，它们也长有锋利的爪子，但更爱吃新鲜的植物。

镰刀龙是镰刀龙类恐龙中最著名的成员。这种身长 10 米的恐龙，有着奇特的样貌。它全身可能覆盖着羽毛，有一个小小的脑袋，脖子细长，肚子圆滚，后肢修长，看起来就像在陆地上奔跑的一只超大号的鸵鸟。不过，这还不算最特别的，它最显眼的地方是那双长长的手臂。

镰刀龙的手臂长达 2.5 米，每个手臂上长有 3 个长 75 厘米的锋利的大爪子，这几乎是恐龙世界中最长的爪子了。长有利爪的恐龙大都喜欢吃肉，它们凭借锋利的爪子捕食合适的猎物，可是镰刀龙喜欢吃植物呀，如果说它还保留着一点点吃肉的喜好的话，也只能吃一些虫子，完全不需要这么大的爪子。那么它的爪子是用来做什么的呢？

镰刀龙的爪子最重要的作用其实也和获取食物有关。它会用长长的爪子抓取树上的叶子，而不必用嘴去咬，这大大增加了进食效率。当然，如果有掠食者想要攻击它，它也会用锋利的爪子去反击，那可是让大家望而生畏的武器呀！

镰刀龙

学　　名	*Therizinosaurus*
体　　形	体长 10 米
食　　性	以植物为主
生存年代	白垩纪晚期
化石产地	亚洲，蒙古、中国

成年镰刀龙与成年男性体形比较

2m

▽ 龟类骨骼示意图

肋骨

早期镰刀龙复原
早期镰刀龙的复原背部有类似龟类肋骨的结构，且四肢着地。

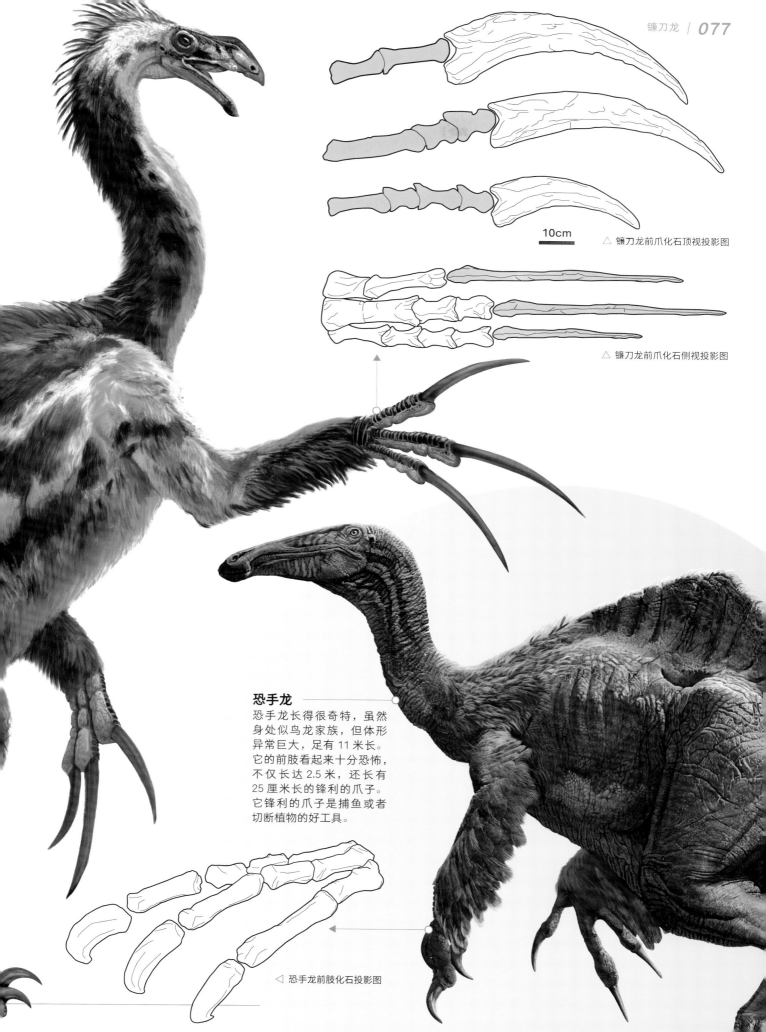

10cm

△ 镰刀龙前爪化石顶视投影图

△ 镰刀龙前爪化石侧视投影图

恐手龙

恐手龙长得很奇特，虽然身处似鸟龙家族，但体形异常巨大，足有 11 米长。它的前肢看起来十分恐怖，不仅长达 2.5 米，还长有 25 厘米长的锋利的爪子。它锋利的爪子是捕鱼或者切断植物的好工具。

◁ 恐手龙前肢化石投影图

阿拉善龙——
它的爪子既可以采食也可以防御

阿拉善龙也是一种镰刀龙类恐龙，发现于中国内蒙古，是在一次名为中加恐龙考察计划（1986—1990）的途中发现的。此次规模巨大的考察活动，从中国内蒙古出发，经丝绸之路，最后到达北极。科考活动硕果累累，仅在中国就采集了60余吨标本，阿拉善龙就是其中一种。

阿拉善龙的手臂非常灵活，它能用爪子夹住树上的叶子然后喂到嘴里，这不仅能扩大它的取食范围，也能增加进食效率，提高阿拉善龙的竞争力。

在阿拉善龙生活的地方，有娇小机敏的临河猎龙，它们喜欢集体出击，攻击力极强。当遇到来自临河猎龙的危险时，阿拉善龙会用锋利的爪子保护自己。

相比镰刀龙，阿拉善龙的体形要小很多，体长大约只有3.8米。它和镰刀龙一样，长有极长的手臂，手臂伸展后几乎和后肢一样长。在它的手臂上长有巨大而锋利的爪子，这些爪子便是它吃饭和防御的工具。

临河猎龙
临河猎龙是一种伤齿龙科恐龙，生存于白垩纪晚期的中国。

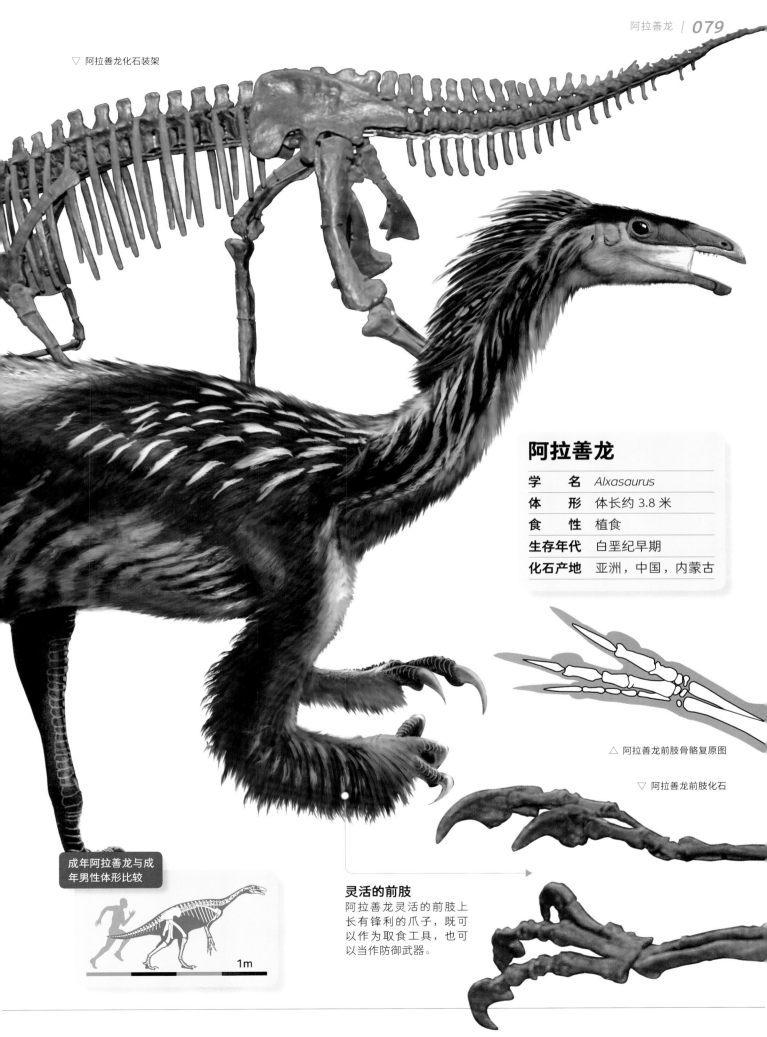

▽ 阿拉善龙化石装架

阿拉善龙

学 名	*Alxasaurus*
体 形	体长约 3.8 米
食 性	植食
生存年代	白垩纪早期
化石产地	亚洲，中国，内蒙古

△ 阿拉善龙前肢骨骼复原图

▽ 阿拉善龙前肢化石

灵活的前肢

阿拉善龙灵活的前肢上长有锋利的爪子，既可以作为取食工具，也可以当作防御武器。

成年阿拉善龙与成年男性体形比较

1m

掘奔龙——
会挖洞的恐龙

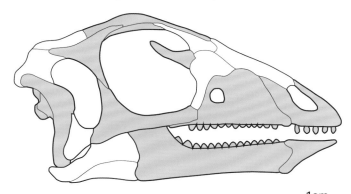

△ 掘奔龙头骨复原图　　1cm

植食恐龙遇到危险后除了奋力反抗，还有其他保护自己的办法吗？当然有。聪明的掘奔龙在危险面前会选择尽快钻到洞穴里。

掘奔龙是一种小型的鸟脚类恐龙，身长大约只有 2 米，长长的尾巴占据了身体的大部分。这个瘦小灵活的恐龙是挖洞的高手，它拥有宽宽的嘴巴、强壮的前肢，这些都是挖洞的好工具。它挖掘的洞穴会有一个倾斜角度，在进入主洞穴之前，它会设计两个弯道，大概都是为了安全考虑。它的身体宽度大约只有 30 厘米，在设计洞穴通道的直径时，它会以自己的身体为标准，准确地建造出一个合适的洞穴。虽然它的尾巴很长，但缺乏骨质肌腱，所以能够灵活弯曲，让其更适合在洞穴中生活。

掘奔龙

学　名	*Oryctodromeus*
体　形	体长约 2 米
食　性	植食
生存年代	白垩纪晚期
化石产地	北美洲，美国

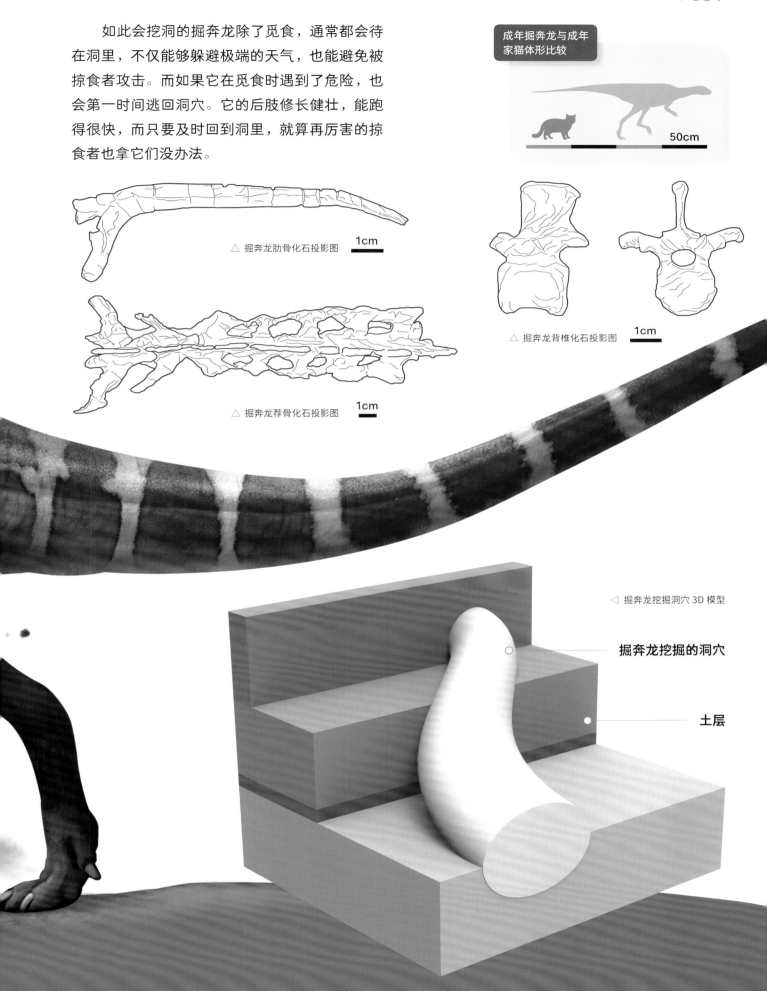

　　如此会挖洞的掘奔龙除了觅食，通常都会待在洞里，不仅能够躲避极端的天气，也能避免被掠食者攻击。而如果它在觅食时遇到了危险，也会第一时间逃回洞穴。它的后肢修长健壮，能跑得很快，而只要及时回到洞里，就算再厉害的掠食者也拿它们没办法。

成年掘奔龙与成年
家猫体形比较

50cm

△ 掘奔龙肋骨化石投影图   1cm

△ 掘奔龙背椎化石投影图   1cm

△ 掘奔龙荐骨化石投影图   1cm

◁ 掘奔龙挖掘洞穴 3D 模型

掘奔龙挖掘的洞穴

土层

丽阿琳龙——
它能对抗漆黑的极夜

丽阿琳龙也是一种小型的鸟脚类恐龙，和掘奔龙一样，它可能也拥有挖洞的本领。

丽阿琳龙的体形很小，身长大约只有 70 厘米，而其中的一大部分都被那条细长的尾巴占据了。丽阿琳龙的尾巴不像大部分恐龙的尾巴那样僵硬，它柔软极了，能够轻易地卷到身体前面。这正是它适应洞穴生活的标志。

丽阿琳龙的化石发现于澳大利亚，在它生活的白垩纪晚期，这里更靠近南极，每年都会有 6 个月的极夜。很多恐龙都会赶在极夜到来之前向北迁徙，

可是丽阿琳龙却会继续留在这儿，因为它有着极好的视力，能够适应漆黑的环境。

事实上，丽阿琳龙并不是唯一选择留下的恐龙，身长 3 米的澳大利亚霸王龙也会待在这里，而那时娇小的丽阿琳龙就成了它最合适的食物。为了避免被捕食，丽阿琳龙一方面会依靠它敏锐的双眼发现危险，一方面还要凭借其极快的奔跑速度让自己迅速逃回洞中。有了这两种能力的庇护，它的处境便安全多了。

库拉鳄螈
库拉鳄螈是大型的离片椎目动物，生活方式很像鳄鱼。它体长约 5 米，可以捕食在水边喝水的丽阿琳龙。

极夜降临

1.1 亿年前，今天的大洋洲澳大利亚，长达 6 个月的极夜降临了，大多数恐龙都已经迁徙到北方。娇小的丽阿琳龙因无法承受长距离行进，只得留在黑暗中，小心谨慎地度过每一天。

成年丽阿琳龙与成年家猫体形比较

50cm

丽阿琳龙头骨 ▷
化石投影图

丽阿琳龙

学　名	*Leaellynasaura*	
体　形	体长约 0.7 米	
食　性	植食	
生存年代	白垩纪晚期	
化石产地	大洋洲，澳大利亚	

灵活的尾巴

丽阿琳龙的尾巴极长，大概相当于身体其他部分长度的 3 倍，而它的尾椎数量，超过了大部分鸟臀类恐龙。科学家没有在丽阿琳龙长长的尾巴上发现骨化的肌腱，这说明它的尾巴相对比较灵活。

▽ 丽阿琳龙化石
埋藏状态投影图

橡树龙——
奔跑让它远离危险

在植食恐龙的世界中，有一大部分都是体形娇小又没有武器的成员，当它们遇到危险时该怎么办呢？当然是逃跑。

逃跑可不是什么丢脸的事情，在生死攸关的时刻，所有能远离危险的办法都是好的。而对于那些身体小而灵活的恐龙，奔跑就是它们最擅长的保护自己的方法了。

橡树龙就是常常以奔跑对抗危险的恐龙，它是一种不大的鸟脚类恐龙，有一个小小的脑袋，嘴巴前端特化成了角质喙。它的脖子细长，身体纤瘦，后肢强壮而修长，长有 3 根脚趾，还有一条长长的尾巴。它的双腿能给它带来巨大的力量，尾巴则能帮它保持平衡，把控方向，所以当它以每小时 40 公里的高速奔跑时，根本不用担心自己的身体支撑不了。

橡树龙浑身上下都光溜溜的，没有鳞甲也没有尖刺，奔跑是它唯一擅长的事情。所以当它遇到硕大的异特龙，或者略小一点但同样可怕的角鼻龙时，只能飞快地奔跑，尽最大的努力快速从它们眼前消失，这是它抵御掠食者的最好办法。

异特龙
异特龙是一种大型肉食恐龙，身长能达到 9 米左右。它的脑袋很大，头骨长约 80~90 厘米，眼睛很大，视觉良好。它的眼睛上方有两个角状物，鼻子上有一对低矮的棱嵴。

橡树龙	
学 名	*Dryosaurus*
体 形	体长 2.4~4.3 米
食 性	植食
生存年代	侏罗纪晚期
化石产地	北美洲，美国

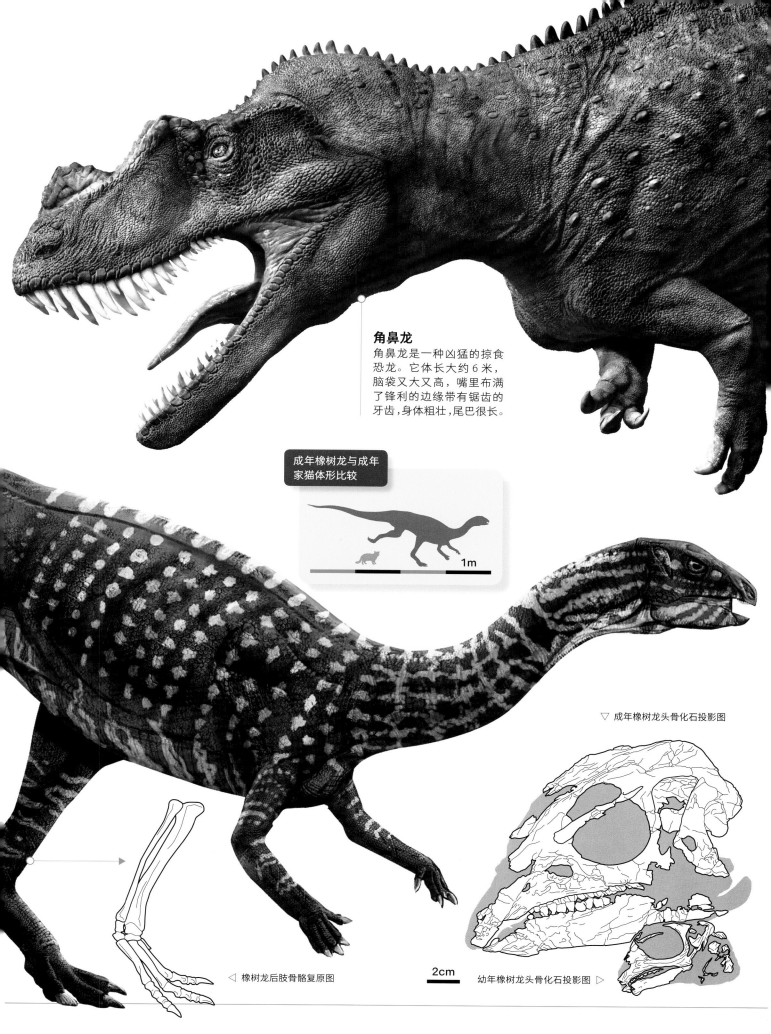

角鼻龙

角鼻龙是一种凶猛的掠食恐龙。它体长大约 6 米，脑袋又大又高，嘴里布满了锋利的边缘带有锯齿的牙齿，身体粗壮，尾巴很长。

成年橡树龙与成年家猫体形比较

1m

▽ 成年橡树龙头骨化石投影图

◁ 橡树龙后肢骨骼复原图

2cm

幼年橡树龙头骨化石投影图 ▷

成年剑角龙与成年
家猫体形比较

50cm

剑角龙——
戴着"安全帽"的恐龙

　　剑角龙的体形也很小，但是它不像橡树龙一样，在危险面前选择逃跑，因为它有自己的秘密武器——头盔。

　　剑角龙来自肿头龙家族，这是一个奇特的植食恐龙家族，它们有着很厚的头颅骨，就像给自己戴了一个安全帽一般，剑角龙也不例外。

　　剑角龙的体形很小，体长只有 2 米多。它的脑袋不大，大约 25 厘米长，但脑袋顶有些厚，周围还长有一圈骨质小瘤和小棘。这个造型奇特的脑袋就是剑角龙所拥有的全部防御武器。

　　剑角龙会用它的武器做什么呢？反抗掠食者的攻击？当然。不过它们不会低着头使劲儿将自己戴着"安全帽"的脑袋撞到敌人身上，因为它们的头顶并不像想象的那么结实，太过剧烈的正面冲撞会给它们带来麻烦。它们常用的办法是用脑袋的侧面攻击对方，那些围着脑袋排满了一圈的骨质小瘤和棘刺这时候也能派上用场。

　　除了对付掠食者，剑角龙的"安全帽"还会在同伴间争斗时冲锋陷阵。它们会用脑袋跟对方角力，直到较量出最后的胜负。

△ 剑角龙尾部骨骼复原图

骨化的肌腱
剑角龙的尾部有很多骨化的肌腱将它的尾部骨骼连在一起，这使得剑角龙尾部不是特别灵活。

剑角龙

学　　名	*Stegoceras*
体　　形	体长 2~2.5 米
食　　性	植食
生存年代	白垩纪晚期
化石产地	北美洲，美国、加拿大

▽ 剑角龙化石装架

头部对撞
剑角龙具有坚固结
实的头骨，它们同
类间会用头部对撞
角力来相互竞争。

头部的鳞片
剑角龙头骨隆起的
周围有明显的鳞片
痕迹，证明剑角龙
生前整个面部都被
鳞片包裹着，科学
家推测这些鳞片具
有颜色，可以起到
装饰作用。

△ 剑角龙头骨 3D 模型

龙王龙——
有着魔幻色彩的恐龙

龙王龙也是一种肿头龙类恐龙，不过它的"安全帽"不像大部分家族成员那样圆滚滚的，而是平平的。

龙王龙的体形比剑角龙要大一些，身长能达到 3~4 米。它的脑袋比较长，有 41 厘米，也比较扁，没有隆起，只是坚硬而结实。可即便如此，龙王龙的攻击力一点也不会被削弱，因为它的头顶四周有着数量众多的尖刺和骨质小瘤，这让它看起来多了一丝魔幻色彩，而它的名字也同样蕴含了这样的意味。

◁ 龙王龙头骨化石前视

成年龙王龙与成年家猫体形比较

1m

▽ 龙王龙头骨复原图

龙王龙

学 名	Dracorex
体 形	体长 3~4 米
食 性	植食
生存年代	白垩纪早期
化石产地	欧洲，捷克

当初，科学家第一次看到它的头骨化石时，就完全被它装饰繁复的脑袋所震惊了，它看起来就像来自魔法世界的动物。因此，科学家就给它起了一个带有魔幻色彩的名字——霍格沃兹龙王龙，它的种名霍格沃兹就是取自魔幻小说《哈利·波特》当中霍格沃兹魔法学校。而它就凭借着这个威风的脑袋抵御着掠食者的攻击。

除此之外，我们似乎看不出来龙王龙身体的其他部分有什么特别的地方，它的脑袋前端特化成了角质喙，嘴里有牙齿，但是只能切割食物，不能咀嚼食物。它的身体较为纤瘦，后肢修长，有一条结实的尾巴。

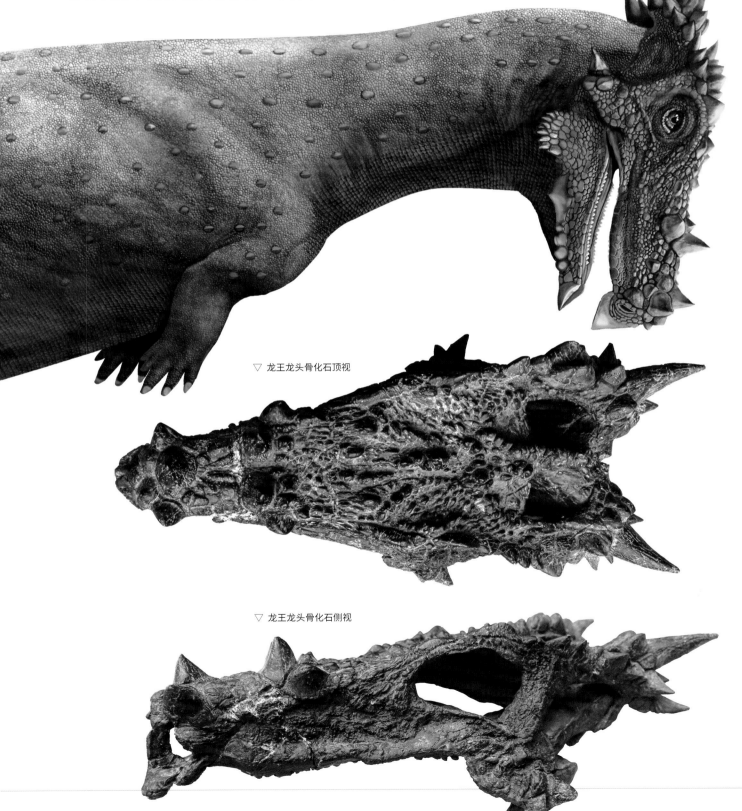

▽ 龙王龙头骨化石顶视

▽ 龙王龙头骨化石侧视

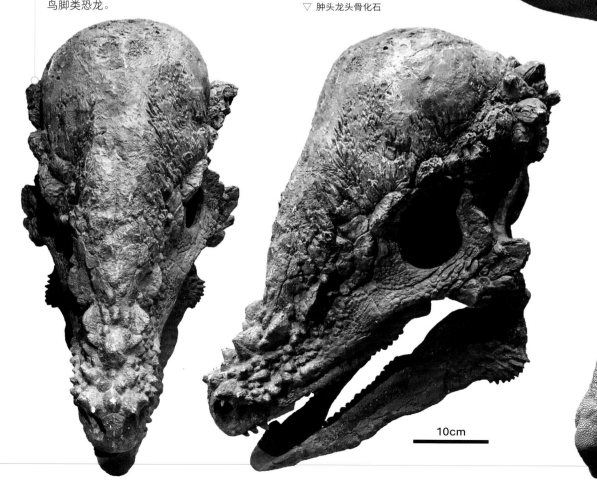

肿头龙——
最大的肿头龙类恐龙之一

肿头龙是肿头龙家族体形最大的成员之一，正因为如此，它圆鼓鼓的颅顶看起来似乎也更大一些。它的颅顶四周布满小瘤和棘刺，看上去是对付掠食者的好武器。

从目前发现的化石看，肿头龙颅顶周围的骨质小瘤和棘刺并不都是相同的。雄性肿头龙的小瘤和尖刺要尖锐一些，特别是脑袋后部的装饰物非常明显，而雌性肿头龙的装饰物则要圆滑得多；幼年肿头龙和成年肿头龙的装饰物也不一样，幼年肿头龙的

肿头龙

学　名	*Pachycephalosaurus*
体　形	体长 4.5~6 米
食　性	植食
生存年代	白垩纪晚期
化石产地	北美洲，美国

特别的头部
肿头龙最特别的地方就是头部，它的面颊一点都不光滑，在眼睛上方、鼻子、颧骨等处全都布满了钝刺，它的嘴巴前端长有牙齿，就像原始的角龙类恐龙和鸟脚类恐龙。

▽ 肿头龙头骨化石

10cm

骨质小瘤和棘刺圆滑一些，而随着年龄的增长，它们开始
逐渐变得尖锐起来；除此之外，即便是同一性别、同一年
龄的不同个体之间，装饰物也会有一些不同，满足了它们
将别致的颅顶发挥展示作用的需要。

　　肿头龙除了将颅顶作为防御武器之外，还有许多保护
自己的工具，比如它的视力非常好，听觉敏锐，嗅觉也很
灵敏，所以只要周围有一点不同寻常的动静或者气味，它
都能第一时间捕捉到，并做出及时的反应，这大大提高了
它的自我保护能力。

　　这样看来，有着全方位防御措施的肿头龙能成为最著
名的家族成员，真是一点也不令人意外。

很小的大脑
肿头龙的脑袋很
大，头骨很厚，但
大脑却很小，这表
明它并不是一种特
别聪明的恐龙。

成年肿头龙与成年
家猫体形比较

1m

肿头龙头部特写 ▷

一个全新的植食恐龙世界

在丰富多彩的植食恐龙世界中，剑龙类、甲龙类、角龙类和肿头龙类是四个非常特别的群体，它们虽然以植物为生，但是因为长有不同的"武器"，或是尖刺、装甲，或是尖角、"头盔"，一改温顺的个性，成了凶猛的类群。当掠食者的攻击无情地落在它们身上的时候，它们不再只会懦弱地逃跑，它们凭借自己强大的武器奋起反抗，它们和掠食者之间的争斗不再只有毫无悬念的结局。

当然，植食恐龙的世界并非只有它们，防御敌人的本领也并非只有这些。庞大的蜥脚类恐龙可以凭借巨大的体形抵挡掠食者的攻击，娇小的鸟脚类恐龙可以凭借速度躲避危险，天生的美食家鸭嘴龙类恐龙光凭吃饭就能让自己在激烈的竞争中脱颖而出……每一种植食恐龙都有自己的生存法宝，而我们在这本书里看到的仅仅只是冰山一角。希望书中的恐龙能够为你打开一扇新的大门，让你走进一个全新的植食恐龙世界。

PNSO CHILDREN'S ENCYCLOPEDIA OF DINOSAURS

PNSO 儿童恐龙百科
恐龙
的诞生和灭亡

赵闯 _ 绘

杨杨 _ 文

[美] 马克·A·诺瑞尔博士 _ 科学顾问

山东画报出版社

目录

 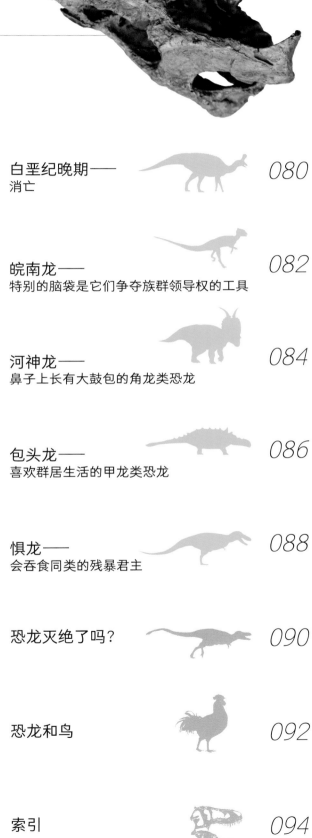

让人着迷的恐龙

世界上什么生命最神秘？什么生命最令人好奇？什么生命最有魔力，吸引着人们不断地去了解和探索它们？你的头脑中或许会浮现出很多答案，但是在这些答案中，一定会有恐龙的一席之地。

我们大概没有谁真正知道自己为什么会对恐龙那么着迷，也许是因为它们太大了，有一些恐龙竟然能长到 40 米，我们从来没有见过那么大的陆生动物；也许是因为它们太勇猛了，我们很难想象今天的狮子、老虎和它们战斗一番会是什么情景；也许是因为它们的样子太奇怪了，有的长角，有的长装甲，有的长尖刺，有的长羽毛，好像它们拥有所有动物的特征；也许是因为它们生存得时间太长了，毕竟它们在地球上存活了 1.65 亿年，而我们人类呢，从智人算起，来到这个世界的时间也不足 20 万年……不管究竟是什么原因，恐龙的确成了我们最想认识也最想了解的生命之一。

我们想知道恐龙是如何诞生的，奇幻的恐龙王国究竟是什么样的，恐龙是如何演化的，最终又是怎样离开了地球。

接下来，就让我们一起来为这些问题寻找答案吧！

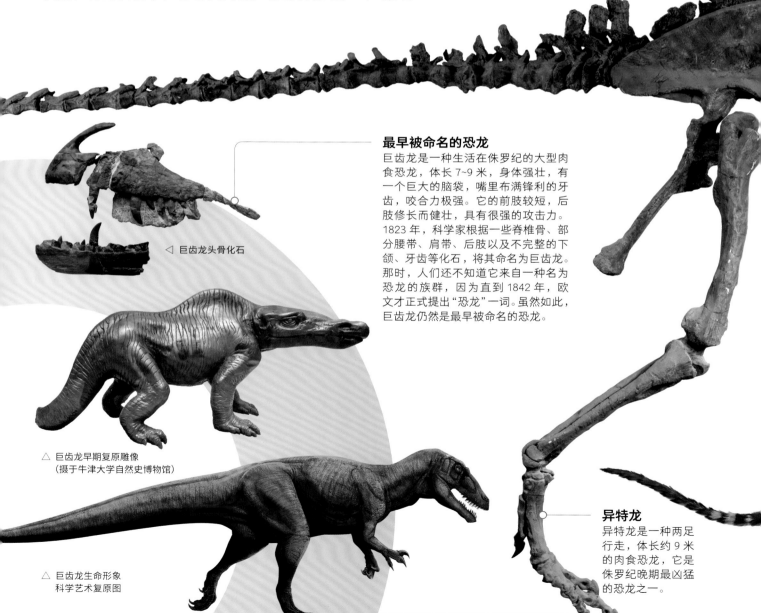

最早被命名的恐龙

巨齿龙是一种生活在侏罗纪的大型肉食恐龙，体长 7~9 米，身体强壮，有一个巨大的脑袋，嘴里布满锋利的牙齿，咬合力极强。它的前肢较短，后肢修长而健壮，具有很强的攻击力。1823 年，科学家根据一些脊椎骨、部分腰带、肩带、后肢以及不完整的下颌、牙齿等化石，将其命名为巨齿龙。那时，人们还不知道它来自一种名为恐龙的族群，因为直到 1842 年，欧文才正式提出"恐龙"一词。虽然如此，巨齿龙仍然是最早被命名的恐龙。

◁ 巨齿龙头骨化石

△ 巨齿龙早期复原雕像
（摄于牛津大学自然史博物馆）

△ 巨齿龙生命形象
科学艺术复原图

异特龙

异特龙是一种两足行走，体长约 9 米的肉食恐龙，它是侏罗纪晚期最凶猛的恐龙之一。

恐龙究竟是什么动物？

恐龙是一种爬行动物，这个名字最早是由英国著名的古生物学家理查德·欧文于 1842 年提出的，名字的寓意为"恐怖的蜥蜴"。因为当时人们发现了很多与蜥蜴相似的巨大化石，从化石上看，它们属于爬行动物，但是相较于一般的爬行动物而言，它们的体形更大，可以直立行走，于是欧文将它们归为一类，并创建了"Dinosauria"一词来称呼这些家伙，意思是"恐怖的蜥蜴"。恐龙是中国的古生物学家对"Dinosauria"的翻译，之所以名字中含有龙，是因为在中国的传说中，龙为鳞虫（蜥蜴、蛇、鳄等）之长，恐龙的形象似乎与之比较契合。

欧文对恐龙的理解在很长一段时间内左右着人们的思想，以至于人们一直以为恐龙都是和蜥蜴关系极近的一种体形巨大的动物。可实际上，在恐龙家族中也有很多体形很小的成员，它们很多都只有鸟那么大。与恐龙关系最近的现代动物也并不是蜥蜴，恐龙属于爬行动物中的主龙类，蜥蜴属于鳞龙类，亲缘关系其实很远。它们在身体结构上，尤其是在头骨上有极大的差异。真正与恐龙有着很近亲缘关系的是鸟类，因为恐龙中的一支演化成了鸟。

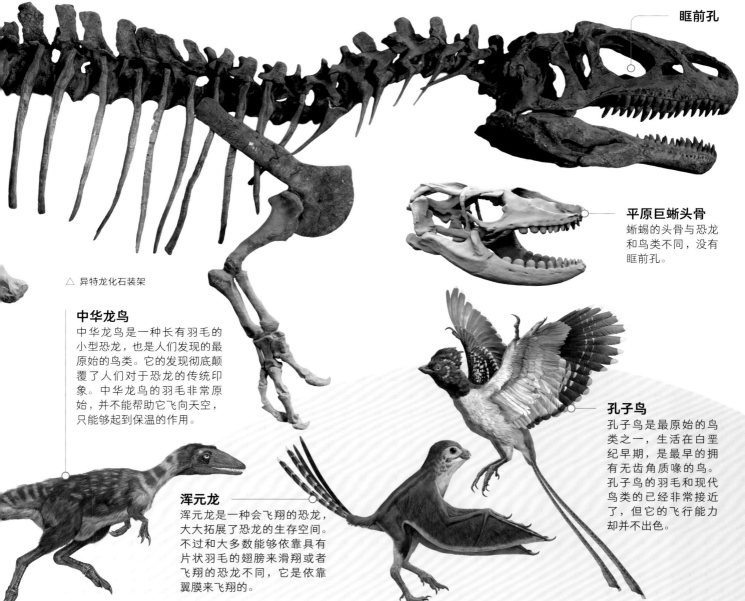

眶前孔

△ 异特龙化石装架

平原巨蜥头骨
蜥蜴的头骨与恐龙和鸟类不同，没有眶前孔。

中华龙鸟
中华龙鸟是一种长有羽毛的小型恐龙，也是人们发现的最原始的鸟类。它的发现彻底颠覆了人们对于恐龙的传统印象。中华龙鸟的羽毛非常原始，并不能帮助它飞向天空，只能够起到保温的作用。

浑元龙
浑元龙是一种会飞翔的恐龙，大大拓展了恐龙的生存空间。不过和大多数能够依靠具有片状羽毛的翅膀来滑翔或者飞翔的恐龙不同，它是依靠翼膜来飞翔的。

孔子鸟
孔子鸟是最原始的鸟类之一，生活在白垩纪早期，是最早的拥有无齿角质喙的鸟。孔子鸟的羽毛和现代鸟类的已经非常接近了，但它的飞行能力却并不出色。

恐龙的诞生

恐龙诞生于大约2.3亿年前,也就是三叠纪晚期。人们目前并不是十分清楚它们究竟是由哪一类动物进化而来的。不过科学家们推测,恐龙的祖先极有可能是一种小型的主龙类动物,比如假鳄类的兔鳄或者假兔鳄。

它们是一类体形非常小的肉食动物,身长大约1米。因为前肢短后肢长,所以运动姿态和当时的其他动物不太一样,它们能够在快速奔跑时抬起前肢,只用后肢支撑身体。长此以往,它们的身体结构发生了变化,身体重心转移到了臀部,腰带变得强壮,彼此愈合得很牢固,后肢直立了起来。这样,它们慢慢演化成了恐龙。

恐龙的四肢位于身体的正下方,能够利用后肢支撑身体直立行走,这是它们与其他四肢位于身体两侧、只能匍匐前进的爬行动物的不同之处。

兔鳄
兔鳄的后肢较长,能用后肢快速奔跑、捕捉猎物。

▽ 帝王鳄后肢骨骼复原图

▽ 似鳄龙后肢骨骼复原图

帝王鳄与似鳄龙
似鳄龙等恐龙的后肢位于身体的正下方,帝王鳄等其他爬行动物的四肢位于身体两侧。

恐龙的分类

恐龙数量庞大，种类丰富。因此想要了解奇幻的恐龙王国，必须要先弄清楚它们的分类。

1887 年，英国古生物学家哈利·丝莱根据恐龙骨盆的不同构造，将恐龙分为两大类：蜥臀类和鸟臀类。这并不是我们俗称的肉食恐龙和植食恐龙，因为除了蜥臀类下的兽脚类恐龙包含肉食恐龙之外，其余全部属于植食恐龙。

蜥臀类恐龙主要包括兽脚类恐龙和蜥脚形类恐龙两大类，其中兽脚类绝大部分都是肉食恐龙，比如我们熟悉的霸王龙、异特龙，它们拥有锋利的牙齿和爪子，但是人们现在也发现了很多兽脚类家族中的素食者，比如镰刀龙类恐龙，它们虽然也长有利爪，却不用来抓捕猎物，而是来采集植物。蜥脚形类恐龙是世界上出现的最大的陆生动物，它们拥有长长的脖子和尾巴，有一些物种的体长甚至超过了 40 米。

和蜥臀类恐龙相比，鸟臀类恐龙的分类更加多样化，包括装甲亚目和角足亚目。其中装甲亚目包含长有骨板和尖刺的剑龙类恐龙，覆盖装甲的甲龙类恐龙。角足亚目则包含头饰龙类，比如长有尖角和头盾的角龙类恐龙，头顶隆起的肿头龙类恐龙，以及鸟脚下目，比如鸭嘴龙。

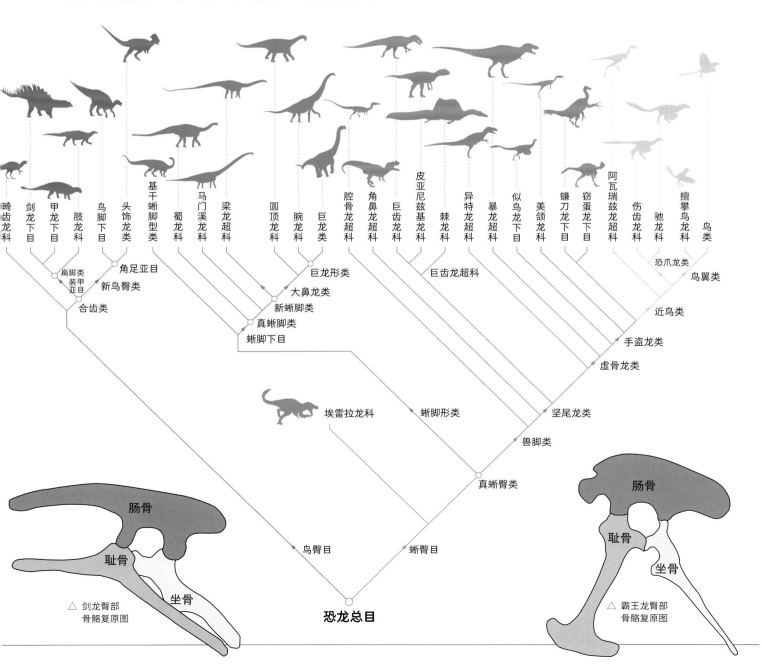

△ 剑龙臀部骨骼复原图

恐龙总目

△ 霸王龙臀部骨骼复原图

三叠纪——初生

虽然一提起恐龙，我们就会想到"凶猛、健壮"这类词，可是在诞生之初，它们却并不是这副模样。

在如今南美洲阿根廷西北部的伊斯巨拉斯托盆地，广阔的沙漠上荒无人烟。可是在大约 2.3 亿年前，这里却是一片湿润繁茂的山谷，恐龙就诞生在这里。

在大约 2.5 亿年前的二叠纪末期，地球经历过一场大灭绝事件。这场灾难让大约 96% 的海洋生物以及 70% 的陆地脊椎动物都消亡了，整个世界一片荒凉，恐龙正是在这个竞争的真空期来到了世界。

恐龙诞生于三叠纪晚期，那时候的地球并非像现在这样，所有的大陆都还连在一起，被称为盘古大陆，而广阔的大陆周围是浩瀚的海洋。温暖湿润的海风无法到达盘古大陆腹地，那里形成了广袤的沙漠，温暖干燥。不需要太多水分的蕨类植物和针叶植物在这样的环境中茁壮成长起来。

主宰着当时陆地的是一些槽齿类动物，比如波斯特鳄、亚利桑那龙、链鳄等，还有庞大的似哺乳爬行动物，比如扁肯氏兽，它们身体粗壮，匍匐于地面。

身体娇小的恐龙在它们的夹缝中生存着，虽然弱小，但也正因为如此而更加灵活，加之它们可以双足行走，身体直立，视线较高，使得捕食和躲避危险变得比其他动物轻松不少。

凭借着这样优越的条件，恐龙得以迅速发展。到了三叠纪末期，又一次大灭绝灾难降临时，包括槽齿类动物在内的陆地上大部分物种都灭绝了，可是独具优势的恐龙却在灾难中存活下来，并借此机会真正地壮大了自己的家族。

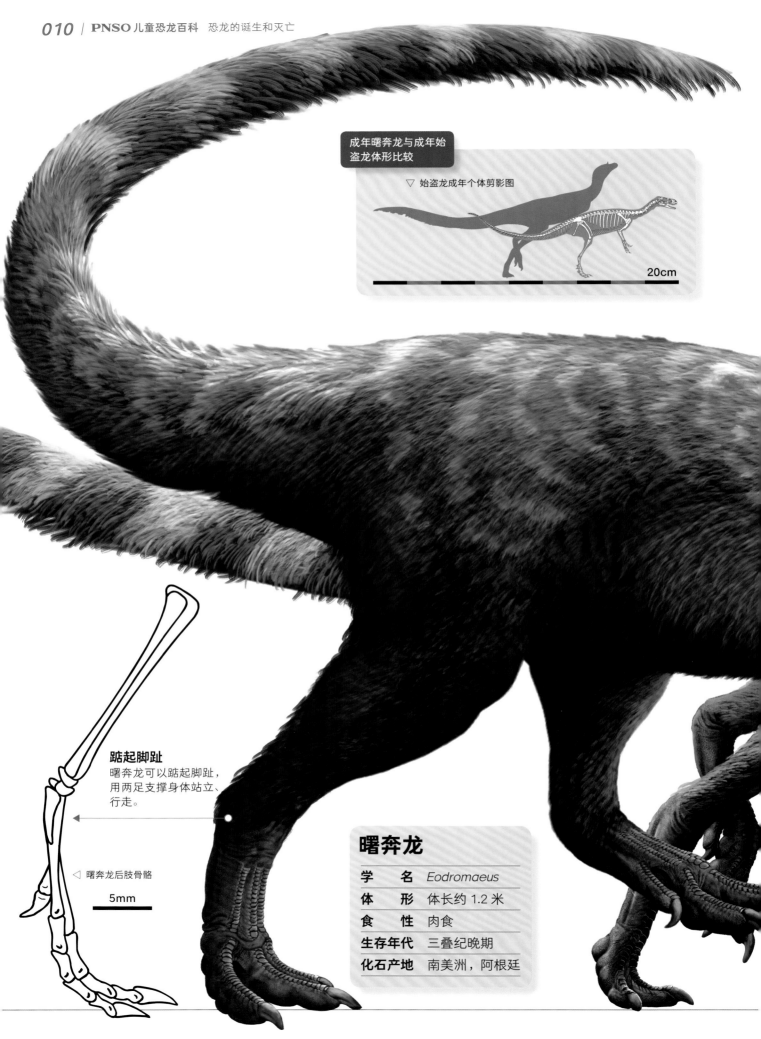

成年曙奔龙与成年始
盗龙体形比较

▽ 始盗龙成年个体剪影图

20cm

踮起脚趾
曙奔龙可以踮起脚趾，
用两足支撑身体站立、
行走。

◁ 曙奔龙后肢骨骼

5mm

曙奔龙

学 名	*Eodromaeus*
体 形	体长约 1.2 米
食 性	肉食
生存年代	三叠纪晚期
化石产地	南美洲，阿根廷

曙奔龙——
人类已知最早的恐龙

曙奔龙是目前人们发现的生存年代最早的恐龙，其化石发现于南美洲阿根廷，在它之前，人们在同一地层还曾发现过始盗龙，它们两者颇为相似。

曙奔龙生活在大约 2.3 亿年前，那时候统治陆地的仍然是一些大型的四足爬行动物，身长大约只有 1.2 米的曙奔龙在它们面前显得那么微不足道。然而，就是这个小家伙被认为是肉食恐龙的早期祖先。

始盗龙

学　　名	*Eoraptor*
体　　形	体长约 1.5 米
食　　性	肉食
生存年代	三叠纪晚期
化石产地	南美洲，阿根廷

曙奔龙身体纤瘦，脑袋细长，眼睛很大，可能拥有优秀的视力，它的嘴里布满锋利弯曲的牙齿，可以捕捉小型猎物；它的脖子纤细而弯曲，非常灵活；它的后肢修长健壮，有一条长长的僵直的尾巴。

虽然瘦小，但是曙奔龙却有着其他四足爬行动物所不具备的独特优势——它能以两足支撑身体站立、行走。

直立起来的曙奔龙看到了更广阔的风景，也能更早地感知危险，虽然围绕在周围的都是些大块头，但它总是能凭借这样的优势和极快的奔跑速度面对并不轻松的生活。

◁ 曙奔龙右前肢骨骼

5mm

农神龙——
喜欢吃肉的蜥脚形类恐龙

农神龙也是最古老的恐龙之一，生活在三叠纪晚期，化石发现于南美洲巴西。

农神龙的体形很小，身长大约 1.5 米，它的脑袋小而尖，脖子细长，尾巴也很长，身体纤瘦，四肢都非常强壮，行动很灵活。

农神龙目前被归类为原始的蜥脚形类恐龙。我们知道蜥脚形类恐龙都是些大块头，拥有长长的脖子和尾巴，体形最大的成员身长超过了 40 米，以植物为食。而作为家族中的原始成员，农神龙不仅体形很小，而且食性也和其他成员不同，它们似乎并不是素食者，反而热衷于捕猎。

科学家通过微断层扫描技术，对农神龙的头骨化石进行了扫描，并重建了其大脑组织，发现它的大脑里有大量絮状物和半絮状物，这些特别的物质是神经系统的一部分，用来控制头部视觉器官和颈部的快速移动，因此科学家推测农神龙是一种活跃的掠食性恐龙，它们修长的脖子和缩小的脑袋是为了适应捕食猎物的生活。

成年农神龙与成年家猫体形比较

20cm

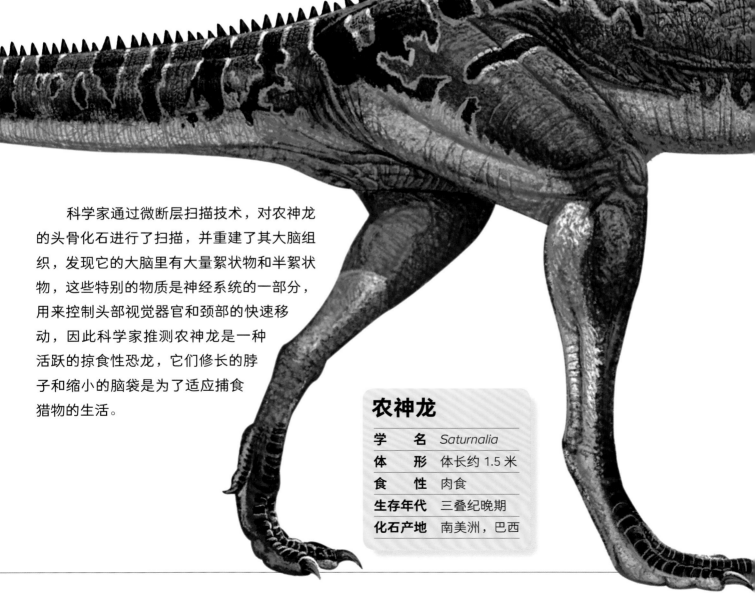

农神龙

学　名	*Saturnalia*	
体　形	体长约 1.5 米	
食　性	肉食	
生存年代	三叠纪晚期	
化石产地	南美洲，巴西	

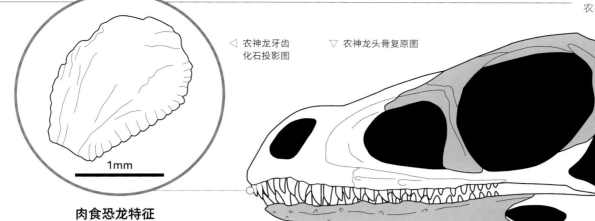

◁ 农神龙牙齿
化石投影图

▽ 农神龙头骨复原图

1mm

肉食恐龙特征

农神龙牙齿上的锯齿垂直于牙齿
边缘，具有肉食恐龙的特征。其
头骨比较短，头部灵活，能够以
很快的速度捕食小动物。

蜥脚形类恐龙脑腔结构比较

从农神龙、板龙和鲸龙的脑腔结构上看，农神龙脑腔
中的絮状物较宽，具有肉食恐龙的特征。而随着蜥脚
形类恐龙的演化，它们脑腔中的絮状物变得越来越窄，
它们不再适合于捕食，而成了完全的植食动物。

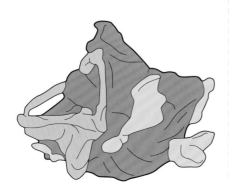

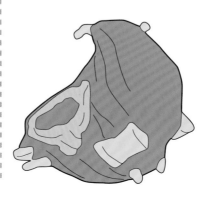

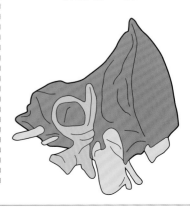

农神龙脑腔结构　　　　**板龙脑腔结构**　　　　**鲸龙脑腔结构**

滥食龙——
什么都能吃的杂食者

恐龙诞生后不久，蜥臀类恐龙和鸟臀类恐龙就已经开始了分化。蜥臀类中的蜥脚形类恐龙和兽脚类恐龙也已经开始分化，但是这期间，处于过渡性的物种很多。

滥食龙是最原始的蜥脚形类恐龙之一，虽然身处以植物为食的蜥脚形类恐龙家族，但是却依然有着很多肉食恐龙的特征，比如它的脑袋细长，

嘴里长有一部分锋利的牙齿；它的前后肢长度相差较大，前肢较短，有三根灵活的功能指，后肢长而健壮，通常依靠后肢行走和奔跑；它的体形很小，身长只有 1.3 米，完全看不到后期蜥脚形类恐龙硕大的模样；它身体轻巧，行动非常灵活；还有，它可能并不像绝大部分家族成员那样仅仅以植物为食，它可能是一种杂食恐龙。

科学家认为，滥食龙很可能是由一种肉食恐龙进化而来的，它们的牙齿呈现出一种过渡性特征，嘴巴前部的牙齿像肉食恐龙一样锋利、弯曲、边缘带有锯齿，能撕裂猎物的皮肉，而嘴巴后部的牙齿则呈树叶状，能够处理植物。

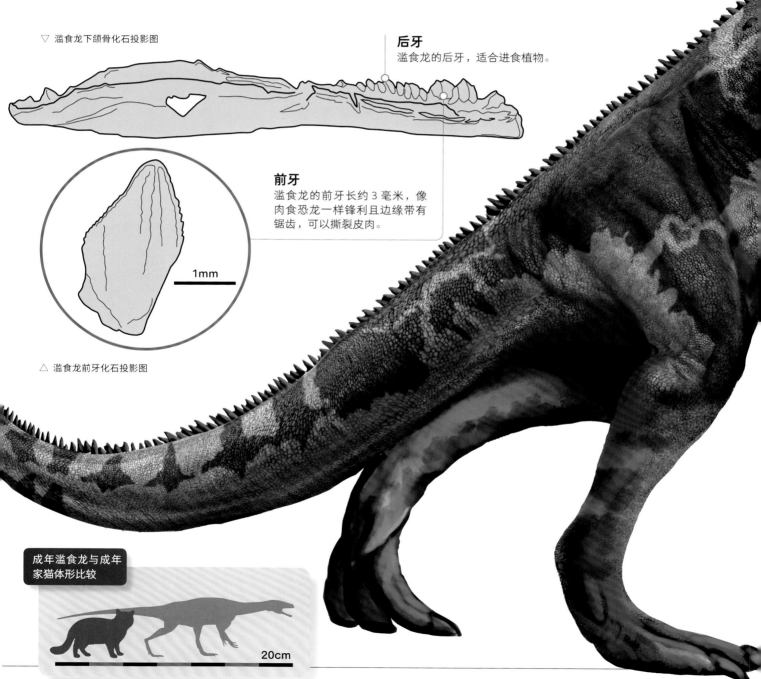

▽ 滥食龙下颌骨化石投影图

后牙
滥食龙的后牙，适合进食植物。

前牙
滥食龙的前牙长约 3 毫米，像肉食恐龙一样锋利且边缘带有锯齿，可以撕裂皮肉。

1mm

△ 滥食龙前牙化石投影图

成年滥食龙与成年家猫体形比较

20cm

细长的脑袋
滥食龙的脑袋细长，具有肉食恐龙的特征。

滥食龙

学　　名	*Panphagia*
体　　形	体长约 1.3 米
食　　性	杂食
生存年代	三叠纪晚期
化石产地	南美洲，阿根廷

灵巧的前肢
滥食龙前肢灵活，具有锋利的爪子，可以抓住树干。

侏罗纪早期——
恐龙大分化

从 2.01 亿年前开始，地球进入了侏罗纪时代，恐龙家族也迎来了大发展期。

盘古大陆不再像三叠纪时期那样稳定，原本大陆中心干燥炎热的气候也得到了改善，变得温暖潮湿。

良好的气候环境使得植被迅速发展，蕨类、针叶林、苏铁等裸子植物遍布全球，到处都是郁郁葱葱的景象。恐龙在这一时期飞速发展，开始呈现出多样化的态势。

其实在三叠纪落幕之前，恐龙便开始了多样性演化适应。到了侏罗纪早期，蜥臀类恐龙已经分化成兽脚类恐龙和蜥脚形类恐龙两大类。其中兽脚类恐龙中的一些类群，比如角鼻龙类恐龙迅速崛起，成为当时全球的顶级掠食者，而蜥脚形类恐龙则以体形较小的基干蜥脚形类为主。鸟臀类恐龙大多都体形娇小，但种类已经开始增多。恐龙成为广泛分布于陆地上的优势物种。

从目前的恐龙发掘与研究状况来看，中国云南省禄丰县是早侏罗世陆相地层出露最好、恐龙化石发现最多的地区之一，我们从那里可以一窥侏罗纪早期恐龙世界的全貌。

芦沟龙——
轻巧的猎食者

芦沟龙是一种角鼻龙类恐龙，其化石发现于中国云南禄丰。

起源于侏罗纪早期的角鼻龙类恐龙，是当时地球上的主要掠食者。除了芦沟龙，发现于非洲的柏柏尔龙以及发现于澳大利亚的澳大利亚盗龙，都是该家族中的原始成员。

和早期的肉食恐龙相比，芦沟龙的体形还没有太大的变化，体长 1.3~1.5 米，身体依然十分纤细，行动灵活，能以极快的奔跑速度捕食小型猎物。

芦沟龙

学　　名	*Lukousaurus*	
体　　形	体长 1.3~1.5 米	
食　　性	肉食	
生存年代	侏罗纪早期	
化石产地	亚洲，中国，云南	

芦沟龙的脑袋小而尖，有一双大大的眼睛，视力很好，嘴里布满匕首状、边缘带有锯齿的牙齿，这是它捕食的利器。它的脖子很长，且呈 S 型，看起来很像鸵鸟，使得它的视线处于较高的位置，能够及时发现猎物和危险。它的前肢较短，具有一定的抓握能力，后肢修长健壮，有一条较长的尾巴，能够保持身体平衡。

芦沟龙泪骨角状物
目前，科学家普遍认为芦沟龙属于角鼻龙类恐龙，它的泪骨角状物特征与角鼻龙非常相似。但是因为芦沟龙化石材料很少，也有一些科学家认为它极有可能是一种基础的坚尾龙类恐龙。

**角鼻龙
泪骨角状物**

△ 芦沟龙头骨复原图

角鼻龙头骨 ▷
科学艺术复原雕像

　　在芦沟龙生活的地方，人们发现了数量众多的恐龙，比如著名的蜥脚形类恐龙禄丰龙、云南龙，镰刀龙类恐龙峨山龙，兽脚类恐龙中国龙等，它们共同组成了禄丰蜥龙动物群，芦沟龙也是其中的一员。这其中，禄丰龙、云南龙的体形已经十分巨大，和早期原始的蜥脚形类恐龙相比，它们能算得上是庞然大物。兽脚类家族中也出现了特化的镰刀龙类恐龙，而体形较大、拥有尖牙利爪的中国龙，则是当时的顶级掠食者，和芦沟龙占据着不同的生态位。

成年芦沟龙与成年中国龙、成年禄丰龙、成年云南龙体形比较

禄丰龙
禄丰龙体长约 5~8 米。

中国龙
中国龙体长约 6 米。

芦沟龙

云南龙
云南龙体长约 5~7 米。

1m

盘古盗龙——
亚洲首个腔骨龙类恐龙

盘古盗龙也是发现于中国云南禄丰的肉食恐龙，不过它并非来自角鼻龙家族，而是一种腔骨龙类恐龙。

腔骨龙类恐龙是一类基干兽脚类恐龙，体形非常小，化石记录只见于三叠纪晚期到侏罗纪早期。在盘古盗龙之前，人们发现的腔骨龙类恐龙化石都集中在北美洲和非洲，这是人们第一次在亚洲发现该家族成员。

盘古盗龙体形很小，身长大约 2 米，身体纤细。它的头骨长约 14 厘米，眼睛很大，嘴里布满尖利的牙齿。它的前肢上长有锋利的爪子，后肢修长，看上去小巧灵活，它就是依靠极快的速度以及灵活的身体来捕食猎物。

盘古盗龙的外形和生活习性与在北美洲发现的腔骨龙非常相像，腔骨龙的脑袋也很大，视力很好，也拥有尖牙利爪，强壮有力的后肢，以及能保持身体平衡的长而半僵直的尾巴，只是腔骨龙的体形比盘古盗龙大不了多少。

盘古盗龙的发现，对研究腔骨龙类恐龙的演化和分布，乃至早期兽脚类恐龙的演化具有重要意义，也进一步支持了在早侏罗世时期盘古大陆上的恐龙具有密切的关系这一观点。

大大的眼眶
在盘古盗龙 14 厘米长的头骨化石上，有着直径约 3.5 厘米的眼眶，这代表着它长有一双硕大的眼睛。

尖利的牙齿
盘古盗龙的嘴里布满尖利的牙齿，每颗牙齿长约 9 毫米。

1cm

△ 盘古盗龙头部化石

成年盘古盗龙与成年家猫体形比较

50cm

腔骨龙
腔骨龙与盘古盗龙相似，它的头部长而窄，它的眼睛很大，牙齿小而锐利，是主动掠食者。

完整的化石
盘古盗龙的化石非常完整，为人们了解这种恐龙提供了珍贵的证据。

盘古盗龙

学　　名	*Panguraptor*
体　　形	体长约 2 米
食　　性	肉食
生存年代	侏罗纪早期
化石产地	亚洲，中国，云南

云南龙——
有着长脖子、长尾巴的大块头

进入侏罗纪以后，蜥脚形类恐龙有了较大的发展，数量众多的基干蜥脚形类恐龙广泛分布于各地。

来自禄丰蜥龙动物群的云南龙就是体形庞大的基干蜥脚形类成员，体长约 5~7 米，不过研究人员推测云南龙家族中还有体形更大的个体。

云南龙的外形代表了绝大多数基干蜥脚形类恐龙，它们拥有一个三角形的脑袋，眼睛位于脑袋两侧，能够观察到较为广阔的范围，它们的脖子较长，尾巴也很长，四肢都很发达。云南龙较为特别的地方是拥有类似于进步的蜥脚类恐龙的先进的牙齿，牙齿边缘扁平，像凿子一般，有着特别的咀嚼面。不过，因为它的身体结构很原始，所以科学家推测它先进的牙齿只是和进步的蜥脚类恐龙趋同演化的结果。

在云南龙生活的地方，有着可怕的掠食者中国龙，这种体长大约 6 米、拥有锋利的牙齿和爪子、头上长有特别冠饰的肉食恐龙，是当地的顶级掠食者。云南龙必须十分谨慎，否则很容易被它们捕获，特别是龙群中的幼龙，更是中国龙喜欢的猎捕对象。

中国龙
中国龙是当地的顶级掠食者。

三角形的脑袋

彝州龙、云南龙等部分基干蜥脚形类恐龙都拥有三角形的脑袋，眼睛位于脑袋两侧，视野范围很广。

△ 彝州龙头部化石投影图   **5cm**

凿子状的牙齿

云南龙虽然是基干蜥脚形类恐龙，但是它的牙齿比较先进，和进步的蜥脚类恐龙类似，牙齿边缘扁平，像凿子一般，有着特别的咀嚼面。

△ 云南龙头部化石

云南龙

学　　名	*Yunnanosaurus*	
体　　形	体长 5~7 米	
食　　性	植食	
生存年代	侏罗纪早期	
化石产地	亚洲，中国，云南	

蜥脚类恐龙的牙齿

黄河巨龙等蜥脚类恐龙的牙齿也呈凿子状，适合处理植物，这被科学家视为是与云南龙趋同演化的结果。

成年云南龙与成年男性体形比较

1m

大地龙——
剑龙家族的开创者

剑龙类恐龙是植食恐龙家族非常特别的一个类群，因为它们的背上长有骨板，尾巴上长有尖刺，肩膀上还有像长矛一样的肩棘。和光秃秃的蜥脚形类恐龙不同，它们的身体拥有了威风的"武器"，不仅可以保护自己，还能在遭遇掠食者的攻击时进行有效的反抗。在剑龙家族出现之后，才陆续出现了同样拥有"武器装备"的甲龙家族、肿头龙家族、角龙家族等，因此它们算得上开启了一个特别的植食恐龙世界。

那么剑龙类恐龙家族起源于什么时候呢？目前研究人员认为，发现于中国云南的生活在侏罗纪早期的大地龙是剑龙家族的开创者，不过也有一些研究人员认为应该将大地龙归入甲龙家族，或者将它视作剑龙类恐龙和甲龙类恐龙的共同祖先。要明确这个问题的答案，还需要发现更多的大地龙的化石。

大地龙的体形很小，身长大约 2 米，虽然它还没有像后期的剑龙类恐龙那样拥有明显的武器装备，但也已经有了装甲的雏形。它的背上、尾巴上虽然没有骨质尖刺，但也不像大部分植食恐龙那样由鳞片覆盖，而是长有坚硬的甲片，这些甲片是它防御掠食者的有效武器，娇小迅捷的芦沟龙和硕大凶猛的中国龙，都喜欢把它当作猎物。

极少的化石
大地龙的化石发现得极少，只有一块不太完整的下颌骨。

1cm

△ 大地龙下颌化石左侧投影图　　△ 大地龙下颌化石右侧投影图

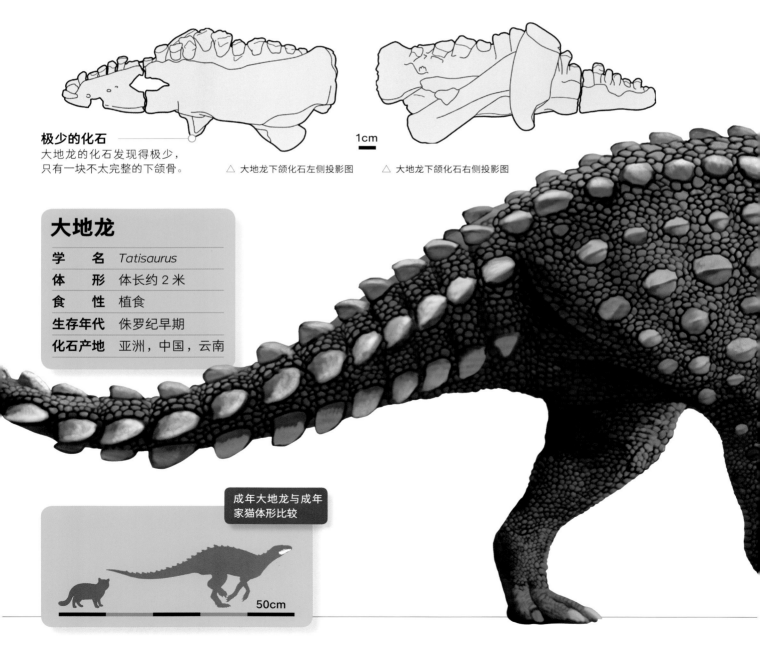

大地龙	
学　　名	*Tatisaurus*
体　　形	体长约 2 米
食　　性	植食
生存年代	侏罗纪早期
化石产地	亚洲，中国，云南

成年大地龙与成年家猫体形比较

50cm

剑龙类恐龙
剑龙类恐龙的背上长有高耸的骨板，尾巴上长有长长的尾刺，有一些成员，如钉状龙，其肩膀上还长有长矛般的肩棘。

甲龙类恐龙
甲龙类恐龙矮壮笨拙，全身被骨质鳞甲所包裹。北方盾龙就是一种甲龙类恐龙，它的身上除了覆盖有大型鳞甲，还长有醒目的尖刺。

甲片
科学家推测大地龙身上覆盖着坚硬的甲片。

卞氏龙
卞氏龙与大地龙亲缘关系较近，这类原始鸟臀类恐龙接近剑龙类与甲龙类的共同祖先。

肢龙——
最原始的甲龙家族成员

侏罗纪早期的恐龙当然不仅仅发现于中国云南，全世界都有它们的踪影。

相比剑龙类恐龙夸张的骨板和尖刺，甲龙类恐龙的"武器"显得要低调得多，它们全身被坚硬的甲片包裹了起来，虽然攻击力降低了，但防御能力变得极强，让掠食者几乎无从下口。况且，一些甲龙类恐龙的身体两侧也有尖刺，有一些尾巴末端还有尾锤，这样看来，它们的攻击力一点也不弱。

被称为"中生代坦克"的甲龙类恐龙起源于侏罗纪早期，目前最早的化石记录是发现于英国和美国的肢龙。

肢龙的化石最早发现于英国，科学家们早在 1861 年就对其命名，但是关于它的归属问题曾有过不小的争论，有人认为它应该属于鸭嘴龙超科，也有人认为它应该属于剑龙类，因为它臀部较高，背上存在平行骨板的特征与剑龙类似。不过，目前研究人员普遍认为肢龙应该属于甲龙家族。

肢龙的体形较大，身长大约 4 米，脑袋呈三角形。一项最新的研究表明，肢龙的头骨被一系列角质的鳞片或骨板包裹，这使得它的脑袋周围形成了一层坚硬的壳，就像海龟一样。它的脖子和尾巴都比较长，前肢短于后肢，以四足行走，运动能力一般。

肢龙的身体被装甲覆盖着，其中，颈部、背部、臀部上有大而厚的甲片，四肢和尾巴上则有小而圆的甲片。

成年肢龙与成年家猫体形比较

1m

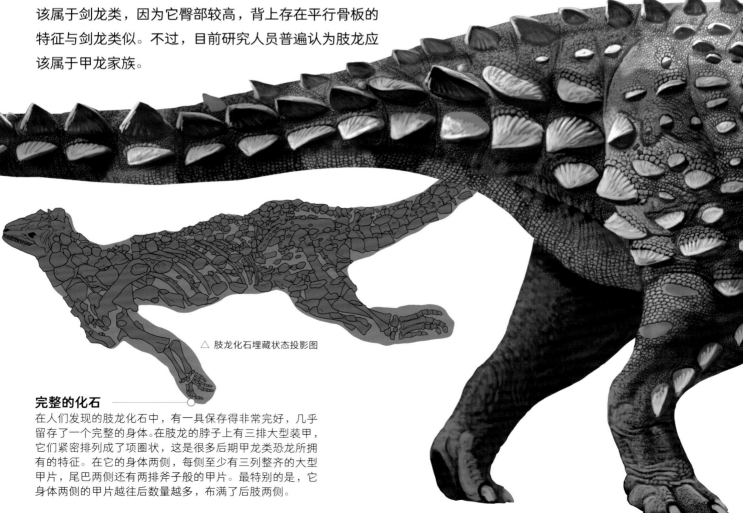

△ 肢龙化石埋藏状态投影图

完整的化石

在人们发现的肢龙化石中，有一具保存得非常完好，几乎留存了一个完整的身体。在肢龙的脖子上有三排大型装甲，它们紧密排列成了项圈状，这是很多后期甲龙类恐龙所拥有的特征。在它的身体两侧，每侧至少有三列整齐的大型甲片，尾巴两侧还有两排斧子般的甲片。最特别的是，它身体两侧的甲片越往后数量越多，布满了后肢两侧。

头部甲片分布

肢龙的头顶上长有两个类似山羊的角，头骨外面包裹着大小不一的甲片，其中额部分布着四块近似于长方形的甲片，两眼之间有一块近似倒三角形的大型甲片，眼睛和鼻孔之间有一些小型甲片以及一块大型甲片。由上颌骨和前颌骨形成的鼻侧壁被一个巨大的上颌鳞片覆盖着，下颌也有甲片包裹。这些甲片上还有凸起的棱嵴，比如一些棱嵴横向穿过鼻部的顶部，向下延伸到鼻部两侧。

◁ 肢龙头部顶面特写

▽ 肢龙头部侧面特写

肢龙

学 名	*Scelidosaurus*
体 形	体长约 4 米
食 性	植食
生存年代	侏罗纪早期
化石产地	欧洲，英国；北美洲，美国

△ 肢龙头骨顶视复原图

▽ 肢龙头骨侧视复原图

侏罗纪中期——
多样化的时代

　　和之前恐龙生存的时代相比，侏罗纪中期的世界显得有些不一样，盘古大陆分裂成北方的劳亚大陆和南方的冈瓦纳大陆，只有一小部分还相连。气候依旧温暖，湿润的海风为大陆腹地带来了降雨，真蕨类和裸子植物繁盛于大地，这都为恐龙提供了优越的生存条件。

　　恐龙在这一时期继续分化，并分别在两个大陆上各自演化，家族一定非常繁盛。但是这一时期的恐龙化石记录却非常少，目前只在中国四川省自贡市的大山铺、新疆的准噶尔盆地以及阿根廷的帕塔贡盆地发现了较为集中的侏罗纪中期化石记录。而在这些记录中，蜥脚形类恐龙的发展最为繁盛，这一家族中的基干蜥脚形类成员早已经灭绝，取而代之的是进步的蜥脚类成员。兽脚类恐龙开始向大型化发展，而鸟臀类恐龙中的剑龙类恐龙与甲龙类恐龙正式登上舞台。

峨眉龙——
四足行走的大块头

峨眉龙是发现于四川大山铺的蜥脚类恐龙，家族中有多个种，不同种之间体形相差较大，小一些的长 11 米，大一点的超过 20 米，是名副其实的巨无霸。

和后期进步的蜥脚类恐龙一样，峨眉龙有一条很长的脖子。不过，当时在研究峨眉龙的时候，人们对蜥脚类恐龙长脖子的了解并没有那么深刻，认为它可以像今天的长颈鹿一样高高地抬起，因此那时候在博物馆中看到的峨眉龙都是昂首挺胸的姿态。当然现在我们知道，峨眉龙和大部分蜥脚类恐龙一样，脖子与地面的夹角并不大，大约只有 20°。这虽然限制了它在垂直高度上的取食范围，但是水平方向上的取食范围却增加了不少，因此长长的脖子还是提高了它的进食效率。

峨眉龙的脑袋很小，身体粗壮，脖子和尾巴都很长，它的前肢较短，后肢较长，以四足行走。

之前，人们一直认为峨眉龙的尾巴末端长有一个骨质尾锤，是它们独特有效的防御武器，就像和它们生活在一起的亲戚蜀龙一样。但后来人们确认原本属于峨眉龙的那个骨质尾锤似乎应该属于蜀龙。蜀龙也是发现于大山铺的蜥脚类恐龙，体形比峨眉龙略小，尾部长有一个尾锤。蜀龙是人们发现的第一种拥有尾锤的蜥脚类恐龙。峨眉龙的尾巴末端是光秃秃的，并不具备防御武器。

成年峨眉龙与成年白犀牛体形比较

4m

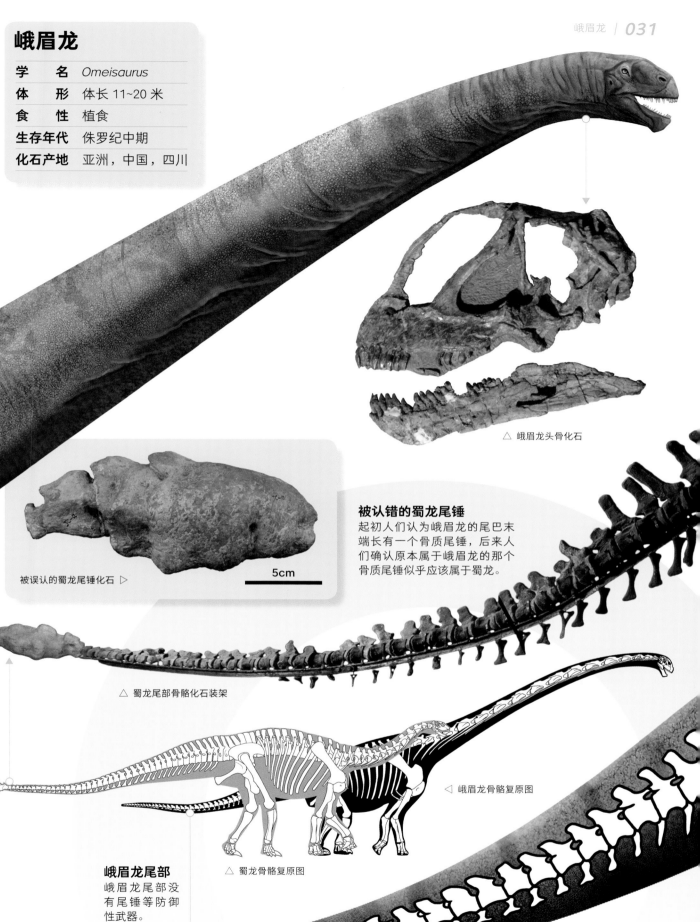

峨眉龙

学　　名	*Omeisaurus*
体　　形	体长 11~20 米
食　　性	植食
生存年代	侏罗纪中期
化石产地	亚洲，中国，四川

△ 峨眉龙头骨化石

被误认的蜀龙尾锤化石 ▷

5cm

被认错的蜀龙尾锤
起初人们认为峨眉龙的尾巴末端长有一个骨质尾锤，后来人们确认原本属于峨眉龙的那个骨质尾锤似乎应该属于蜀龙。

△ 蜀龙尾部骨骼化石装架

◁ 峨眉龙骨骼复原图

△ 蜀龙骨骼复原图

峨眉龙尾部
峨眉龙尾部没有尾锤等防御性武器。

灵龙——
迅捷的奔跑者

灵龙是发现于中国四川大山铺的一种原始的鸟臀类恐龙，体形娇小，身长大约 1.2 米，因为其骨骼轻盈，双腿修长，行动敏捷，所以取名为灵龙。

灵龙的化石保存得非常完整，是当时修建四川自贡恐龙博物馆的时候发现的，化石保存了 90% 以上的骨骼，包括完整精美的头骨、下颌骨、关联的脊椎以及大多数肢带骨骼，仅缺失部分左前肢和左后肢。

灵龙有一个短而高的脑袋，呈三角形，眼睛很大，视力很好，前上颌骨的牙齿呈锥状，后面的牙齿呈树叶状，齿冠有不同程度的磨蚀面，它的脖子和躯干都较短，但是尾巴特别长，占了身体总长的 1/2。

目前灵龙属下有劳氏灵龙一个种，之前研究人员曾经命名过另外一个种——多齿灵龙，但现在它已经被确认属于何信禄龙，也是一种原始的鸟臀类恐龙。

和灵龙生活在一起的恐龙除了硕大的峨眉龙、蜀龙、酋龙等蜥脚类恐龙，还有剑龙家族的华阳龙，以及掠食性恐龙气龙等，而灵龙是气龙最喜欢的捕食对象，不过因为它身体轻巧，奔跑速度很快，气龙想要追上它也要费一番力气。

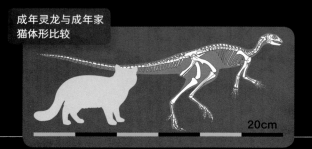

成年灵龙与成年家猫体形比较

20cm

灵龙

学　　名	*Agilisaurus*
体　　形	体长约 1.2 米
食　　性	植食
生存年代	侏罗纪中期
化石产地	亚洲，中国，四川

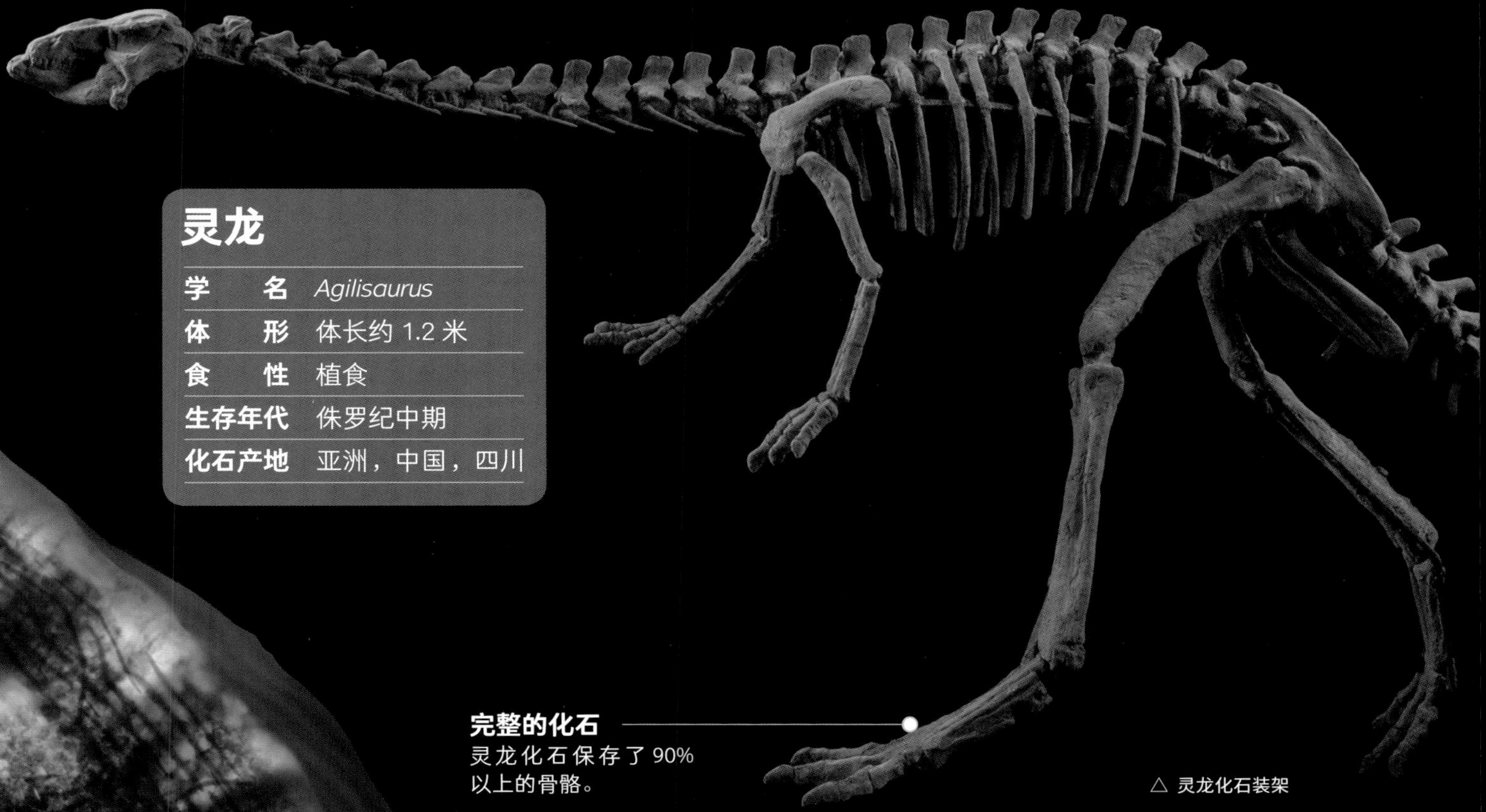

完整的化石
灵龙化石保存了 90%
以上的骨骼。

△ 灵龙化石装架

灵龙头骨化石 ▷

始阿贝力龙——
生存年代最早的阿贝力龙科恐龙

角鼻龙类恐龙在侏罗纪中期得到了进一步的发展，演化出了阿贝力龙科。

阿贝力龙科一直都是令人着迷的恐龙类群。在白垩纪晚期，暴龙类恐龙统治北方大陆的时候，阿贝力龙科恐龙正稳坐于南方大陆统治者的宝座上。它们不仅和暴龙类恐龙有着相似的生态位，甚至连外形也有些相像，脑袋短而高，嘴巴较宽，前肢短小，曾经被误认为是南方大陆的暴龙类恐龙。

虽然人们知道这群凶猛的掠食者在白垩纪尤其是白垩纪晚期非常繁盛，但是对于它们的起源却不是十分清楚。之前，人们一直认为生活在白垩纪早期今天非洲中部地区的隐面龙是最早的阿贝力龙科成员，但是始阿贝力龙的发现，却让阿贝力龙科恐龙家族的出现时间向前推了 4000 万年，来到了侏罗纪中期。

始阿贝力龙是发现于南美洲阿根廷的阿贝力龙科恐龙，是目前发现的家族中最原始的成员。它体形十分庞大，身长大约能达到 7.5 米，身体壮硕，脑袋又短又高，后肢强健，尾巴很长。和后期的阿贝力龙科成员一样，始阿贝力龙的前肢非常短，不过从化石上看，它的上臂还在正常长度范围内，而前臂的长度却缩短了，爪子也很小。所以，科学家推测，包括始阿贝力龙在内的阿贝力龙科成员，它们的前肢都是从末端开始退化的，而这个退化现象从侏罗纪时期就已经开始了。

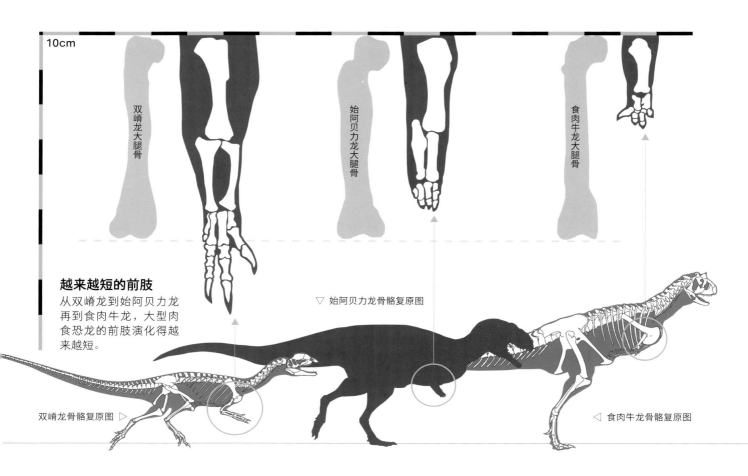

10cm

双崤龙大腿骨

始阿贝力龙大腿骨

食肉牛龙大腿骨

越来越短的前肢
从双崤龙到始阿贝力龙再到食肉牛龙，大型肉食恐龙的前肢演化得越来越短。

▽ 始阿贝力龙骨骼复原图

双崤龙骨骼复原图 ▷

◁ 食肉牛龙骨骼复原图

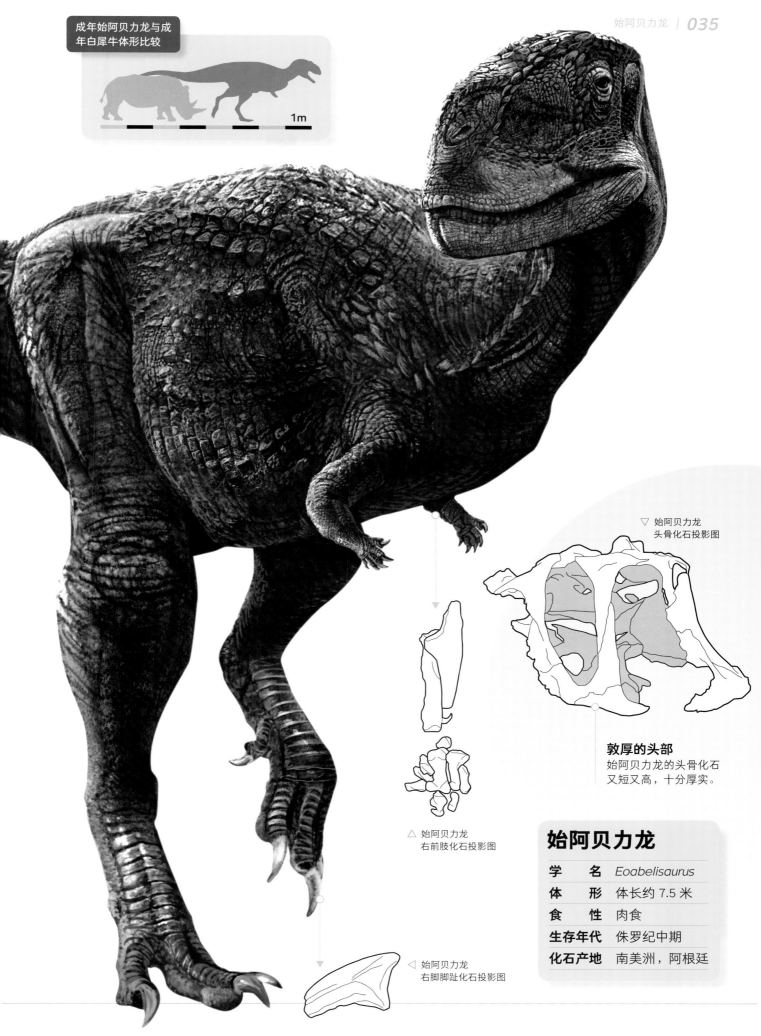

成年始阿贝力龙与成
年白犀牛体形比较

1m

▽ 始阿贝力龙
头骨化石投影图

敦厚的头部
始阿贝力龙的头骨化石
又短又高，十分厚实。

△ 始阿贝力龙
右前肢化石投影图

◁ 始阿贝力龙
右脚脚趾化石投影图

始阿贝力龙

学 名	*Eoabelisaurus*
体 形	体长约 7.5 米
食 性	肉食
生存年代	侏罗纪中期
化石产地	南美洲，阿根廷

天池龙——
生活在侏罗纪中期的原始的甲龙类恐龙

侏罗纪早期出现在欧洲和美洲的肢龙，很快就把甲龙家族的种子播撒到了世界各地，到侏罗纪中期的时候，真正的甲龙类恐龙已经在中国扎根了。人们在新疆准噶尔盆地发现了天池龙，这是目前甲龙类恐龙在亚洲的最早记录。

天池龙体形不大，身长大约 5 米。它的化石保存得不算特别完整，包含头骨碎片，5 个颈椎，6 个背椎，一个完整的荐部，3 个尾椎，四肢骨骼以及众多甲片。从化石上看，它的头骨较高，有较小的膜质甲片覆盖，下颌高，外侧没有甲片覆盖。它的身体被大小不同，形状各异的甲片包裹，尾巴末端愈合成一个小而扁的骨质尾锤。

天池龙属下目前只有一个种，叫作明星天池龙，它的种名取自电影《侏罗纪公园》中的主要演员的名字，中文翻译为"明星"。

在天池龙生活的地方，有一种非常凶猛的掠食性恐龙——单嵴龙，它们体长超过了 5 米，拥有锋利的牙齿和爪子，头顶上还长有一个特别的冠饰。从体形上看，单嵴龙算不上非常威风的肉食恐龙，但是它身体灵活，行动敏捷，是一种以速度取胜的掠食者。天池龙虽然有装甲保护，但是面对单嵴龙，它们不得不小心谨慎，否则极有可能成为对方的猎物。

天池龙右大腿骨 ▷
化石

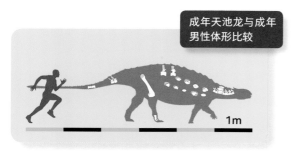

成年天池龙与成年
男性体形比较

1m

天池龙右后肢 ▷
脚趾骨化石

单嵴龙
单嵴龙体长超过了 5 米，
是一种凶猛的掠食者。

△ 天池龙甲片化石

△ 天池龙颈椎化石

天池龙

学　　名	*Tianchisaurus*
体　　形	体长约 5 米
食　　性	植食
生存年代	侏罗纪中期
化石产地	亚洲，中国，新疆

费尔干纳头龙——
最早的肿头龙类恐龙成员

从侏罗纪中期开始，恐龙的种类趋向多元化，一些全新的面孔出现在恐龙世界中，肿头龙类恐龙就是在这时候以奇特的样貌走进人们视线的。

肿头龙类恐龙家族诞生于侏罗纪中期，一直延续到晚白垩世的大灭绝，生存时代超过了1亿年，在恐龙家族中绝对算是长寿型的。

发现于亚洲吉尔吉斯斯坦的费尔干纳头龙，

亚洲与北美洲之间出现了路桥，肿头龙类恐龙又开始向美洲扩散。在中生代最后的2000万年里，肿头龙家族涌现出一大批新面孔，占到了整个肿头龙家族的90%，它们主要分布在亚洲蒙古和北美洲西部，而欧洲的家族成员已经全部消亡了。

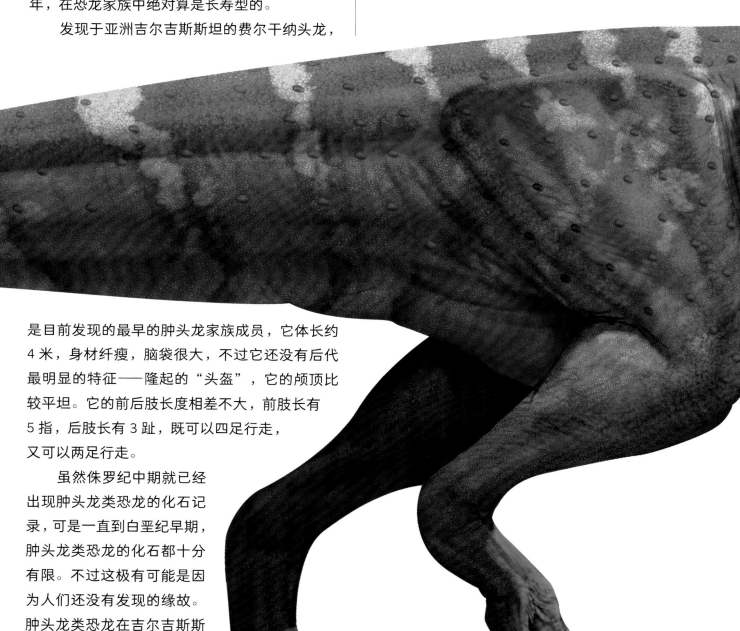

是目前发现的最早的肿头龙家族成员，它体长约4米，身材纤瘦，脑袋很大，不过它还没有后代最明显的特征——隆起的"头盔"，它的颅顶比较平坦。它的前后肢长度相差不大，前肢长有5指，后肢长有3趾，既可以四足行走，又可以两足行走。

虽然侏罗纪中期就已经出现肿头龙类恐龙的化石记录，可是一直到白垩纪早期，肿头龙类恐龙的化石都十分有限。不过这极有可能是因为人们还没有发现的缘故。肿头龙类恐龙在吉尔吉斯斯坦诞生之后，开始向欧洲和东亚扩散，到8000万年前，

费尔干纳头龙

学　　名	*Ferganocephale*
体　　形	体长约 4 米
食　　性	植食
生存年代	侏罗纪中期
化石产地	亚洲，吉尔吉斯斯坦

难以分辨的牙齿

费尔干纳头龙只保存了部分牙齿
化石，这些牙齿没有锯齿，没有
太多的肿头龙类恐龙的牙齿特征，
因此科学家很难分辨这些化石。

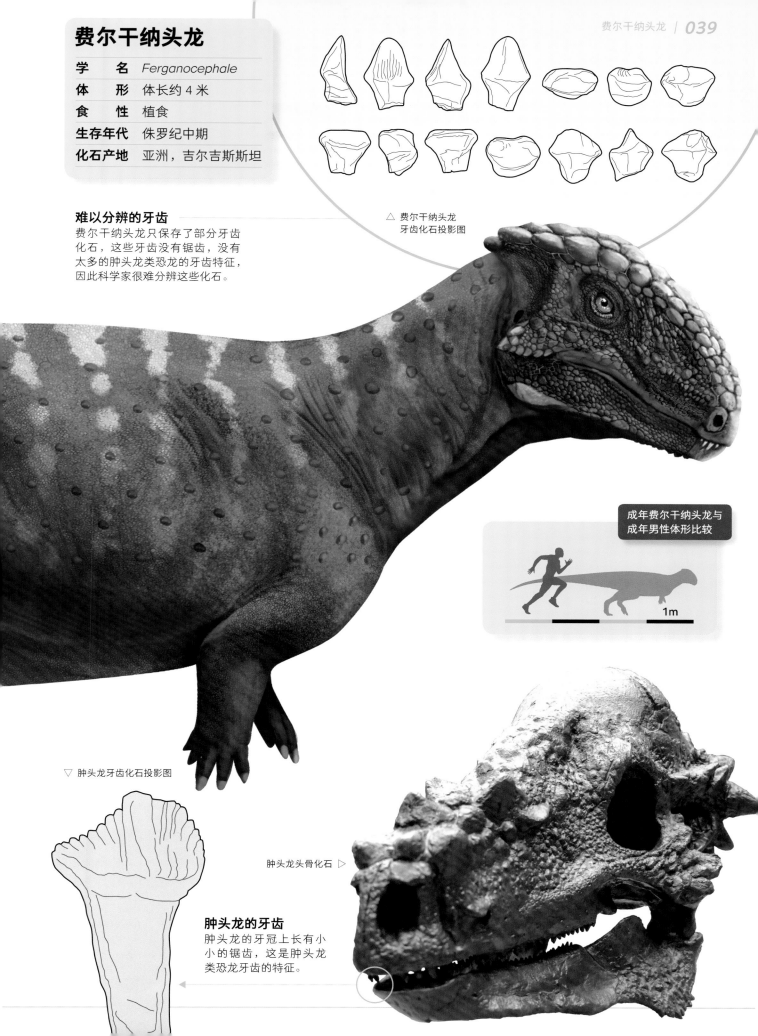

△ 费尔干纳头龙
牙齿化石投影图

成年费尔干纳头龙与
成年男性体形比较

1m

▽ 肿头龙牙齿化石投影图

肿头龙头骨化石 ▷

肿头龙的牙齿

肿头龙的牙冠上长有小
小的锯齿，这是肿头龙
类恐龙牙齿的特征。

侏罗纪晚期——
恐龙大发展

　　时间来到侏罗纪晚期，恐龙也进入了一个高速发展的时期，无论是在种类、数量还是地理分布上，都进入了一个全新的时期，它们真正成为地球的统治者。

　　在这个丰富多彩的恐龙世界中，将要活跃于白垩纪的恐龙类群几乎都在这个时期出现了。兽脚类恐龙家族中的角鼻龙类恐龙持续发展，食肉龙类、巨齿龙类、坚尾龙类等其他类群也不甘落后；蜥脚类恐龙继续向大型化方向发展，种类也越来越多。鸟臀类恐龙家族的种类变得异常丰富，

剑龙类开始衰退，但甲龙类、原始角龙类、肿头龙类、鸟脚类等都各自蓬勃发展着。

　　恐龙在侏罗纪晚期的发展离不开当时优越的气候环境。从现在已经发现的化石资料分析，侏罗纪晚期是地球上最为重要的造煤时期之一，这一方面说明当时的气候温暖、湿润，并且这种气候是全球性分布的；另一方面也说明当时的植被繁茂，苏铁类，松、柏、银杏类等植物遍布各地，为植食恐龙提供了丰富的食物，进而也满足了肉食恐龙的需求，使得它们进入了一个快速发展期。

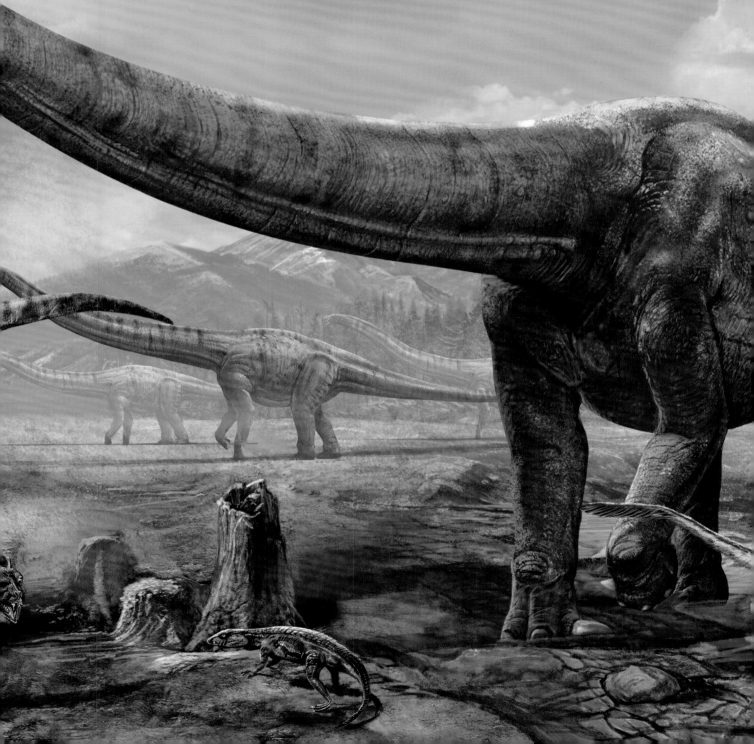

中华盗龙——
开启大型猎手的时代

在侏罗纪晚期，兽脚类恐龙家族的食肉龙类开始向大型化方向发展，在当时的亚洲，出现了这样一群可怕的掠食者——中华盗龙科恐龙，它们体形巨大，占据着当地食物链的顶端，中华盗龙就是其中的一员。

中华盗龙的正模标本发现于中国新疆准噶尔盆地石树沟组，它身长大约 7~9 米，脑袋很大，眼睛也很大，视力良好，善于追踪猎物，它的前肢长有三个锋利的爪子，后肢修长健壮，有一条长尾巴，是庞大的掠食者。

中华盗龙目前有两个有效种，一个是在新疆发现的董氏中华盗龙，另一个名为和平中华盗龙，发现于四川。

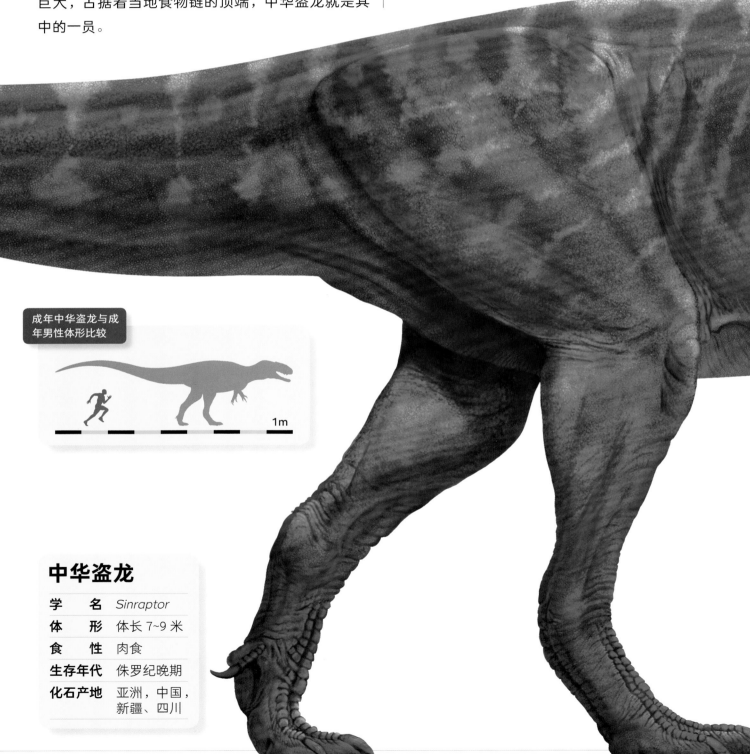

成年中华盗龙与成年男性体形比较

1m

中华盗龙

学　名	*Sinraptor*	
体　形	体长 7~9 米	
食　性	肉食	
生存年代	侏罗纪晚期	
化石产地	亚洲，中国，新疆、四川	

体形硕大的中华盗龙开启了大型猎手的时代，它们很可能是更加大型的掠食者——异特龙科恐龙的祖先，或者其祖先的近亲。

异特龙科家族的代表物种就是生活在侏罗纪晚期今天北美洲的异特龙，体形比中华盗龙更大，身体壮硕，拥有锋利的牙齿和爪子，其前肢上最大的爪子长达 25 厘米，能刺穿任何猎物的皮肉，非常恐怖。

◁ 中华盗龙头骨化石

异特龙捕食迷惑龙
异特龙是一种体形硕大的掠食者，它们拥有锋利的牙齿和爪子，可以捕食体长超过 20 米的迷惑龙。

永川龙——
侏罗纪中国最大的掠食者

永川龙的化石发现于中国四川和重庆，是侏罗纪晚期当地最大的掠食性恐龙，它和中华盗龙一样，也来自中华盗龙科。

永川龙属下有多个有效种，不同种之间体形差异较大，但总体上看，永川龙的体形十分庞大，是可怕的掠食者。

以永川龙家族中的上游永川龙来看，它们体长约 8 米，脑袋巨大，头骨长度达到了 80 厘米，不过它们的脑袋并不重，因为其头骨上有很多大型孔洞，可以减轻脑袋的重量。它们的嘴里布满锋利的边缘带有锯齿的牙齿，

上颌齿长于下颌齿，所以即便紧闭嘴巴，上颌齿仍然暴露在外面，看起来相当可怕。它们身体很健壮，前肢长有利爪，非常灵活，能够抓捕控制猎物，后肢健壮修长，奔跑速度很快，它们有一条长长的尾巴，能够在它们奔跑时帮助身体保持平衡。

在永川龙生活的地方有很多植食恐龙，比如最小的剑龙类恐龙重庆龙，体形较大的剑龙类恐龙沱江龙、巨棘龙，行动灵活的鸟脚类恐龙盐都龙，体形硕大的蜥脚类恐龙马门溪龙等，永川龙凭借庞大的身体和尖牙利爪，总是能将它们变成自己的猎物。

背部尖刺
永川龙的背部长有保护自己的尖刺。

▽ 永川龙生命形象
科学艺术复原雕像

永川龙

学　名	*Yangchuanosaurus*
体　形	体长 7~9 米
食　性	肉食
生存年代	侏罗纪晚期
化石产地	亚洲，中国，重庆、四川

眶前孔
永川龙的头骨上有眶前孔等孔洞，可以减轻头部重量。

成年永川龙与成年男性体形比较

1m

△ 永川龙化石装架

马门溪龙
马门溪龙是一种生活在侏罗纪晚期的大型蜥脚类恐龙，拥有约占身长一半的脖子。

沱江龙
沱江龙会用尾刺和肩刺防御永川龙等掠食者。

美颌龙——
娇小的掠食者

侏罗纪晚期的兽脚类恐龙，不只有体形硕大的掠食者，它们的种类越来越多元化，出现了非常特别的一个类群——原始虚骨龙类恐龙。这支恐龙和当时占据食物链顶端的大型肉食恐龙完全不同，拥有娇小的体形，身体轻盈，善于奔跑，体表还覆盖着羽毛，更像是鸟类而非传统意义上的恐龙。它们和那些大型肉食恐龙占据着不同的生态位，拥有不一样的生活方式。

美颌龙就是原始虚骨龙类恐龙中的一员，来自美颌龙科家族。它体长约 1.4 米，曾经被认为是最小的恐龙，不过后来这个纪录被小盗龙、近鸟龙等更加娇小的恐龙打破了。

美颌龙

学　　名	*Compsognathus*
体　　形	体长约 1.4 米
食　　性	肉食
生存年代	侏罗纪晚期
化石产地	欧洲，德国、法国

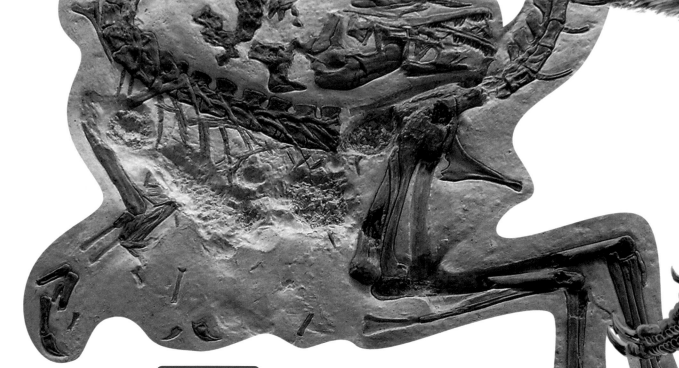

△ 美颌龙化石

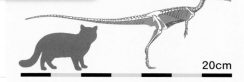
成年美颌龙与成年家猫体形比较

20cm

小盗龙
小盗龙体长 55~70 厘米，是已知体形最娇小的非鸟类兽脚类恐龙。

美颌龙的食物
美颌龙会捕食小型哺乳动物、蜥蜴、昆虫等动物。

美颌龙虽然体形小，但是像其他肉食恐龙一样，它拥有边缘带有锯齿的锋利牙齿，后肢健壮，善于奔跑，细长的尾巴能在奔跑中为它保持平衡。不过，它不依靠这些本领捕食植食恐龙，因为它太小，只能吃一些蜥蜴或者小型哺乳动物。人们曾经在它的胸腔内发现过蜥蜴的残骸，这是美颌龙食性的直接证据。

美颌龙生活在热带的小岛上，到目前为止，人们都没有在那些岛屿上发现过其他肉食恐龙，可见美颌龙虽然娇小，但仍然是当地的主宰者。

健壮的后肢
美颌龙后肢健壮，配合灵活的身形和可以保持平衡的尾巴，令它能够快速奔跑。

冠龙头骨科学复原雕像 ▷

冠龙——
霸王龙的祖先

冠龙也是一种娇小的掠食恐龙,不过它和美颌龙并不是同一个家族,它来自赫赫有名的暴龙家族。

目前关于暴龙类恐龙最早的化石证据来自侏罗纪中期的原角鼻龙,它和大名鼎鼎的霸王龙几乎没有什么共同之处,人们还曾经因为它鼻子上那个可爱的角将它归入了角鼻龙家族。

冠龙比原角鼻龙的生活时代稍晚,处于侏罗纪晚期,是原始的暴龙类恐龙之一。

从外形上看,冠龙和霸王龙简直大相径庭。冠龙体形小,身长只有 4~5 米,而霸王龙体形硕大,身长 12 米;冠龙体表覆盖着羽毛,霸王龙体表主要是鳞片;冠龙的头上长有华丽的可以用于吸引异性的头冠,霸王龙没有;冠龙的前肢较长,霸王龙的前肢则非常短。虽然冠龙看起来和霸王龙一点也不一样,可是在身体结构上冠龙的确已经具备了暴龙类恐龙的明显特征,它是名副其实的霸王龙的祖先。

冠龙虽然娇小,但拥有锋利的牙齿和爪子,强壮修长的后肢,身体灵活,行动敏捷,能够轻松地捕获体形娇小的鸟脚类恐龙工部龙、原始的角鼻龙类恐龙泥潭龙等,是非常优秀的小型猎手。

冠龙

学　　名	*Guanlong*	
体　　形	体长 4~5 米	
食　　性	肉食	
生存年代	侏罗纪晚期	
化石产地	亚洲,中国,新疆	

成年冠龙与成年家猫体形比较

50cm

冠龙头冠

原角鼻龙嵴冠

羽王龙嵴冠

较长的前肢
和后期进步的霸王龙相比，冠龙的前肢仍然较长，是有力的捕猎武器。

霸王龙不具有嵴冠

明显的嵴冠
除了冠龙，还有一些暴龙类恐龙拥有嵴冠，比如原角鼻龙、羽王龙。

葡萄牙巨龙——
发现于葡萄牙的大块头

葡萄牙巨龙是生活在侏罗纪晚期的一种蜥脚类恐龙，体长约 25 米，硕大无比。它来自蜥脚类家族的腕龙科，外形与发现于北美洲的腕龙非常相似。大部分蜥脚类恐龙的脖子都和地面呈一个不太大的夹角，使得它们的脑袋不会抬得很高，但是腕龙不一样，它就像长颈鹿一样，能将脖子高高竖起，使得脑袋距离地面高达 12 米。与腕龙十分相像的葡萄牙巨龙也是如此，它的前肢长于后肢，脖子能高高抬起，所以它能吃到高处最新鲜的叶子。

葡萄牙巨龙的化石发现于葡萄牙，这个如今被大西洋环绕着的欧洲国家，在侏罗纪晚期时也有着迷人的海岸线，温暖的海风滋养着一块块三角洲，使得这里成了恐龙的天堂。除了葡萄牙巨龙，这里还生活着甲龙类恐龙龙胄龙，以长脖子著称的剑龙类恐龙米拉加亚龙等。因为它个子高，和这些低矮的植食恐龙之间并不存在竞争关系，因此它们相处得很融洽。可是如果遇到凶猛的蛮龙，画面就不会这么和谐了。体形硕大又拥有尖牙利爪的蛮龙，常常会把葡萄牙巨龙当作猎物，它们得十分小心才行。

葡萄牙巨龙

学　　名	*Lusotitan*
体　　形	体长约 25 米
食　　性	植食
生存年代	侏罗纪晚期
化石产地	欧洲，葡萄牙

20cm

葡萄牙巨龙 ▷
左胫骨化石投影图

成年葡萄牙巨龙与成
年白犀牛体形比较

4m

蛮龙
蛮龙体形巨大，长有锋
利的牙齿和爪子，成年
蛮龙体长能达到 11 米，
体重约 5 吨。它可以用
前肢牢牢地控制住猎物，
再一口咬下去。

米拉加亚龙
剑龙类恐龙米拉加亚
龙体长只有 6 米，可
光脖子就长达 1.8 米。
它的背上有许多骨板，
尾巴上还有尖刺。

龙胄龙
甲龙类恐龙龙胄龙所保留
的化石残缺不全，因此很
难估算它的尺寸，人们推
测它体长大约 2 米。

盐都龙——
用速度来保护自己的恐龙

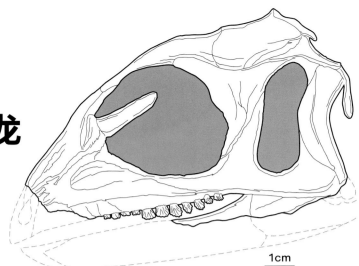

△ 盐都龙头骨化石投影图

1cm

管状毛
科学家推测盐都龙的
尾巴上方局部可能长
有原始的管状毛。

中国四川盆地的上沙溪
庙组是侏罗纪晚期恐龙化石保存得极好
的地区，人们在这里发现了数量庞大、种类丰富的恐龙化
石，并命名了马门溪龙动物群，我们已经介绍过的永川龙，
以及将要介绍的盐都龙就是该动物群的成员之一。

　　盐都龙是小型的鸟脚类恐龙，体长约 2 米，身体纤细，
非常轻巧。它的脑袋很小，前端已经特化成角质喙，眼睛
很大，视力良好。它的前肢很短，后肢修长健壮，有一条
很长的尾巴，奔跑速度极快。

　　和盐都龙生活在一起的植食恐龙有剑龙类的沱江龙，
蜥脚形类的马门溪龙等，它们都拥有各自独特的生存秘籍。
比如沱江龙不仅体形大，还长有锋利的骨板和尖刺，并不
是什么掠食者都能对付得了的；马门溪龙就更不用说了，
体长超过 20 米，就像一座大山，掠食者也不敢轻易打它的
主意。和它们比起来，盐都龙不仅很小，而且什么装备都
没有，所以它只能用极快的奔跑速度来保护自己。一旦遇
到可怕的猎手，比如凶猛的永川龙，它只管拼命地逃就是了。

成年盐都龙与成年
家猫体形比较

20cm

盐都龙生命形象 ▷
科学艺术复原雕像

角质喙
科学家推测盐都龙的嘴巴前部
已经特化成角质喙，喙前端可
能具有牙齿。它的喙比较敏感，
能够感受温度，也方便取食，
有助于摄取多元化食物。

硕大的眼睛
盐都龙的眼睛很大，视
力很好。眼睛上方有骨
质凸起，能遮挡阳光，
保护眼睛。

盐都龙

学　　名	*Yandusaurus*
体　　形	体长约 2 米
食　　性	植食
生存年代	侏罗纪晚期
化石产地	亚洲，中国，四川

嘉陵龙——
行动敏捷的剑龙类恐龙

诞生于侏罗纪早期的剑龙类恐龙，发展到侏罗纪晚期时已经出现了衰退的迹象，到白垩纪早期，只剩下零星几种，其余的成员都走向了消亡。

嘉陵龙是生活在侏罗纪晚期的剑龙类恐龙，化石发现于中国四川。它并不是当地唯一一种剑龙类恐龙，和它生活在一起的亲戚还有沱江龙和巨棘龙。

嘉陵龙在整个剑龙家族中都算是非常特别的成员，因为大部分剑龙的身体都很笨重，行动缓慢，但是嘉陵龙却很瘦、很轻巧，身体灵活，行动敏捷。

嘉陵龙的体形较小，身长大约 4 米，头骨极为高耸、狭长，下颌厚重而深，牙齿很稀疏。它的前肢短于后肢，但相差不大，这也是它行走灵活的原因之一。

四川龙
四川龙是一种凶猛的肉食恐龙，它体形很大，体长约 8 米。

成年嘉陵龙与成年家猫体形比较

50cm

嘉陵龙股骨 ▷
化石投影图

10cm

和其他剑龙类恐龙一样，嘉陵龙的背上也长有骨板。其身体前半部分的骨板呈三角形，而后半部分则是细长的骨刺，外形类似于在非洲发现的钉状龙。嘉陵龙的尾巴上长有锋利的骨质尖刺，这是它防御掠食者最好的武器。

在嘉陵龙生活的地方，有凶猛的永川龙和四川龙，虽然有骨板和尖刺可以保护自己，但是嘉陵龙依然不能掉以轻心，否则不知道什么时候就会变成它们的猎物。

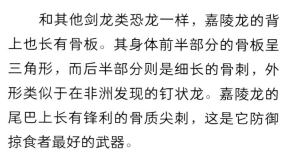

永川龙生命形象 ▷
科学复原雕像

嘉陵龙

学　名	*Chialingosaurus*
体　形	体长约 4 米
食　性	植食
生存年代	侏罗纪晚期
化石产地	亚洲，中国，四川

稍短的前肢
嘉陵龙的前肢仅仅稍短于后肢，这保证了它可以敏捷地行动。

隐龙——
最原始的角龙类恐龙

曾经横行于侏罗纪的武士 —— 剑龙类恐龙 —— 正慢慢退出历史的舞台，而堪称植食恐龙中演化得最完美的角龙类恐龙，则刚刚拉开生命

的序幕。

发现于中国新疆的隐龙是目前已知最原始的角龙类恐龙，它的体形非常小，身长大约 1.5 米，脑袋倒是非常大，头后部有一个凸起，似乎是角龙类恐龙头盾的雏形。隐龙的眼睛很大，视力很好，嘴巴前端还没有像后期成员那样特化成鹦鹉般的喙状嘴，它的嘴巴前部拥有尖利的犬状齿，后部则是密集排列的小牙齿。人们曾经在隐龙的腹部发现过胃石，这证明它只能在嘴里简单地处理一下食物便将它们吞到肚子里，然后再通过胃石来消化这些食物。隐龙的身体较为纤细，前肢

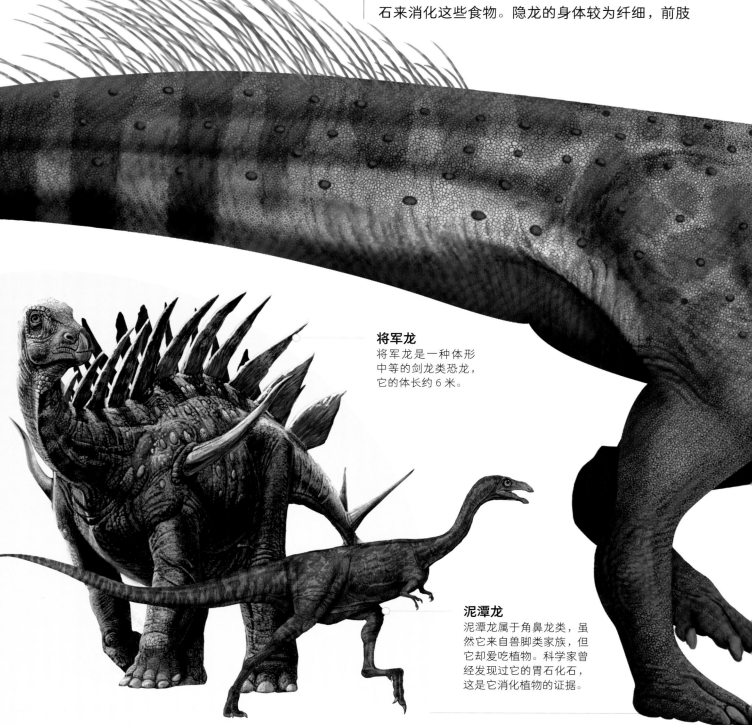

将军龙
将军龙是一种体形中等的剑龙类恐龙，它的体长约 6 米。

泥潭龙
泥潭龙属于角鼻龙类，虽然它来自兽脚类家族，但它却爱吃植物。科学家曾经发现过它的胃石化石，这是它消化植物的证据。

短小，后肢修长，通常依靠后肢行走。

在隐龙的发现地，人们还发现过剑龙类的将军龙，角鼻龙类的泥潭龙，以及可怕的霸王龙的祖先冠龙。隐龙还没有锋利的角和硕大的头盾可以保护自己，所以常常会成为冠龙的猎物。

冠龙
体长可达 5 米的冠龙是霸王龙的祖先，它们经常捕食隐龙。

头盾的雏形
隐龙作为原始的角龙类恐龙，它没有锋利的角，也没有巨大的头盾，仅在头骨后端有一点凸起。

2cm

△ 隐龙头骨化石投影图

隐龙

学 名	*Yinlong*
体 形	体长约 1.5 米
食 性	植食
生存年代	侏罗纪晚期
化石产地	亚洲，中国，新疆

成年隐龙与成年家猫体形比较

20cm

简手龙——
最原始的阿瓦拉慈龙类恐龙

简手龙也是发现于中国新疆的一种娇小的恐龙，它来自一个非常特别的家族——阿瓦拉慈龙类恐龙。这是一群和鸟类有着亲缘关系的原始手盗龙类，有着修长的双腿和非常特化的前肢。虽然它们没有飞行能力，却因为在形态上和鸟类的相似性，被认为是鸟类起源的证据之一。

简手龙是目前发现的最原始的阿瓦拉慈龙类恐龙成员，体形十分娇小，身长 1.9~2.3 米，却仍然是阿瓦拉慈龙类恐龙家族中的大块头，这表明该家族成员有着小型化的演化趋势。

我们知道后期进步的阿瓦拉慈龙科恐龙有着退化的前肢，它们的前肢长度缩短，手指发生退化，有一些成员的前肢上仅剩下一个手指，比如单爪龙。但是简手龙的前肢仍然较长，手部拥有三个手指，只是其中两个略小，它们的手指拥有一定的抓握能力。像其他阿瓦拉慈龙类恐龙一样，简手龙的前肢具有挖掘或者撕裂的功能。它们很可能以昆虫为食，比如蚂蚁。

简手龙的双腿十分修长，奔跑速度很快。

成年简手龙与成年家猫体形比较

40cm

▽ 简手龙化石

▽ 简手龙头骨化石投影图

5cm

简手龙

学　　名	*Haplocheirus*
体　　形	体长 1.9~2.3 米
食　　性	昆虫
生存年代	侏罗纪晚期
化石产地	亚洲，中国，新疆

5cm

简手龙前肢 ▷
骨骼复原图

1cm

△ 单爪龙前肢
骨骼复原图

退化的前肢
单爪龙是先进的阿瓦拉慈龙类恐龙，它的前肢演化至只有一根手指。

单爪龙化石装架 ▷

叉龙——
娇小的蜥脚类恐龙

叉龙是一种蜥脚类恐龙，化石发现于非洲。虽然到侏罗纪晚期时，蜥脚类恐龙家族的成员个个都像吃了膨大剂一样，体形越来越大，身长超过 30 米已经不是什么稀奇的事情了，可是叉龙却是个例外，它的体长只有十几米。更加特别的是，在叉龙的脊椎背面长有叉子形状的神经棘，十分显眼。这种结构在阿马加龙身上也有，那是一种发现于南美洲的蜥脚类恐龙。和叉龙相比，阿马加龙背上的棘刺更加夸张醒目。

发现叉龙的地层为非洲敦达古鲁组，这里所发现的恐龙和北美洲的莫里森组动物群非常相似，比如这里发现有剑龙类家族的钉状龙，莫里森组则有剑龙；这里发现有蜥脚类家族梁龙超科的叉龙，莫里森组则有梁龙、迷惑龙。这说明这两个地方曾经连在一起，虽然后来随着大陆的分裂分开了，但仍旧保持着十分相似的气候条件。不过，随着晚侏罗世到白垩纪早期地球气候的变化，两个大陆的物种开始向不同的方向发展，这也就解释了为什么北美洲莫里森组并没有出现像叉龙这样特化的梁龙超科恐龙，那里的蜥脚类恐龙依然是传统印象中的大块头。

叉龙

学　名	*Dicraeosaurus*	
体　形	体长 12~20 米	
食　性	植食	
生存年代	侏罗纪晚期	
化石产地	非洲，坦桑尼亚	

成年叉龙与成年白犀牛体形比较

2m

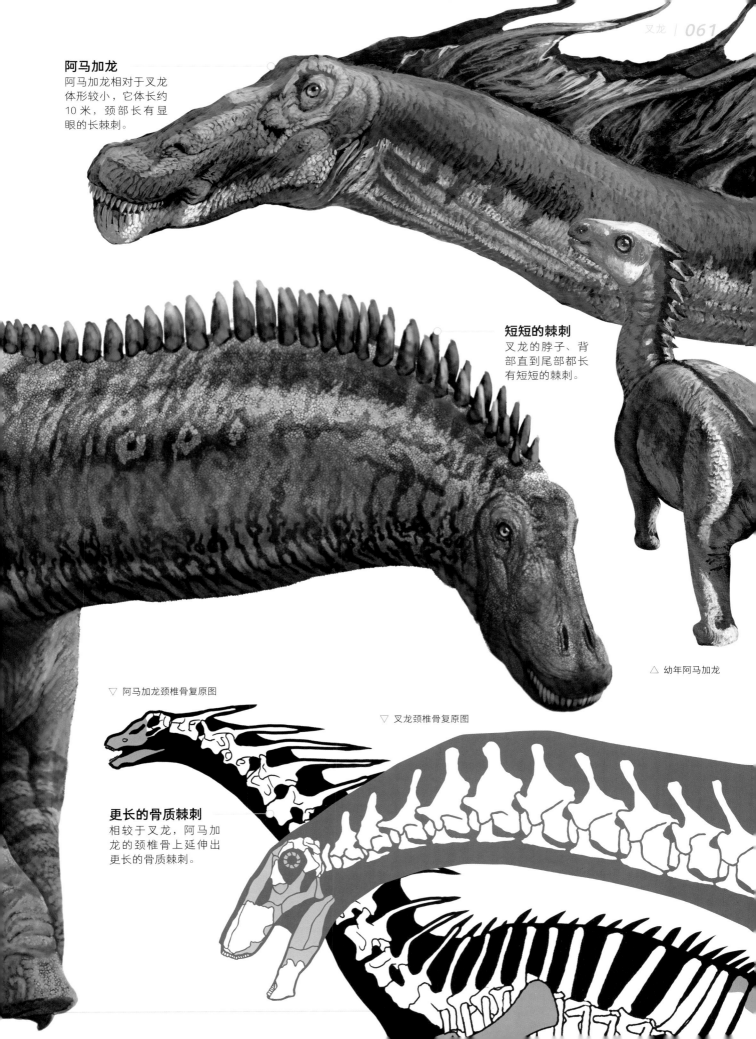

阿马加龙
阿马加龙相对于叉龙
体形较小，它体长约
10 米，颈部长有显
眼的长棘刺。

短短的棘刺
叉龙的脖子、背
部直到尾部都长
有短短的棘刺。

△ 幼年阿马加龙

▽ 阿马加龙颈椎骨复原图

▽ 叉龙颈椎骨复原图

更长的骨质棘刺
相较于叉龙，阿马加
龙的颈椎骨上延伸出
更长的骨质棘刺。

白垩纪早期——
恐龙的辉煌

从1.45亿年前开始,地球进入了白垩纪时代,恐龙的发展也步入了辉煌时期。

在白垩纪初期,南方顽固的冈瓦纳大陆还牢牢地连在一起。但是,没过多长时间,剧烈的动荡就开始了。现在的南极洲、澳大利亚、南美洲逐渐远离了曾经紧密相连的非洲。南大西洋和印度洋开始出现,而西部内陆海道将北美洲分为东西两部分。剧烈的板块运动造就了众多的海底山脉,海平面被迫抬高。在白垩纪海平面最高的时候,海洋曾经侵占过地表 1/3 的陆地。

地壳运动当然直接影响到了气候的变化,整个地球不再是单调的温暖、干燥。在纬度较高的地区,降雪增加,而纬度较低的地方,则出现了季节性降雪的现象。

被子植物成为环境中最重要的植物类群,有花植物出现了。

恐龙的种类越来越多样,蜥脚类恐龙中的巨龙类崛起,鸟臀类恐龙家族中的剑龙类恐龙逐渐消亡,甲龙类恐龙、肿头龙类恐龙、角龙类恐龙则开始繁盛。兽脚类恐龙除了原有的类群继续发展外,也出现了许多新的变化,特别的棘龙科恐龙开始在今天的非洲、亚洲和南美洲崭露头角,诞生于侏罗纪中晚期的暴龙类恐龙发展极为迅速,身体娇小、身披羽毛的手盗龙类恐龙变得异常繁盛,它们中的一些甚至拓展了恐龙的栖息地,成功地在天空翱翔。当时谁都未曾想到,这些不起眼的娇小的个体,竟然能成为对抗白垩纪大灭绝这场灾难的中坚力量。

暹罗龙——
喜欢待在水里的恐龙

棘龙科恐龙是一类非常特别的兽脚类恐龙，它们体形庞大，却不像大部分大型肉食恐龙那样热衷于捕食陆地上的动物，很多棘龙科恐龙更喜欢的捕猎活动是抓鱼。

既然能当"渔夫"，它们一定有适合抓鱼的工具，没错，棘龙科恐龙的脑袋不像大部分肉食恐龙那样高大，而是非常狭长，看起来和鳄鱼很像，在它们的上颌骨前端下缘，有一个明显的豁口，也和鳄鱼很像，这能防止滑溜溜的鱼从嘴里逃脱。它们粗壮的牙齿，以及前肢上锋利的爪子，都是捕鱼的工具，鱼儿一旦被抓住，便无从逃脱。它们中的一些成员，比如棘龙，更是彻底的半水生动物，不仅喜欢吃鱼，平时也喜欢生活在水里，脚上甚至长有方便在水中划动的蹼。

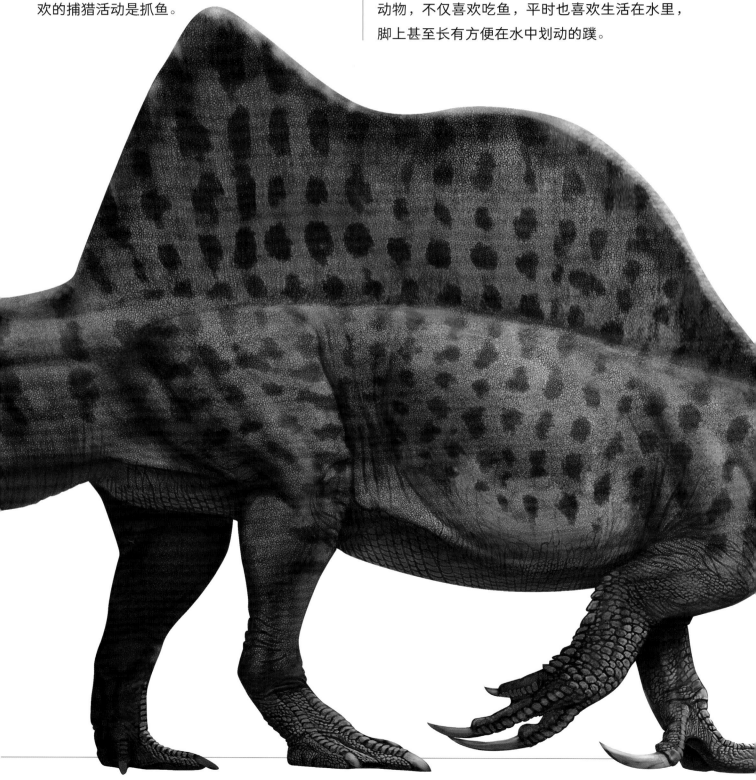

暹罗龙也是一种棘龙科恐龙，化石发现于亚洲泰国，体形并不大，身长大约 9 米。和其他棘龙科恐龙一样，它的脑袋也和鳄鱼类似，前肢上也拥有像鱼叉一样的利爪，大部分时间也都喜欢待在水中。

和其他大型掠食性恐龙相比，棘龙科恐龙显然是选择了一种特别的生存方式，避免了激烈的竞争，这使得它们家族在白垩纪早期非常繁盛，广泛分布于今天的欧洲、非洲、南美洲及亚洲。

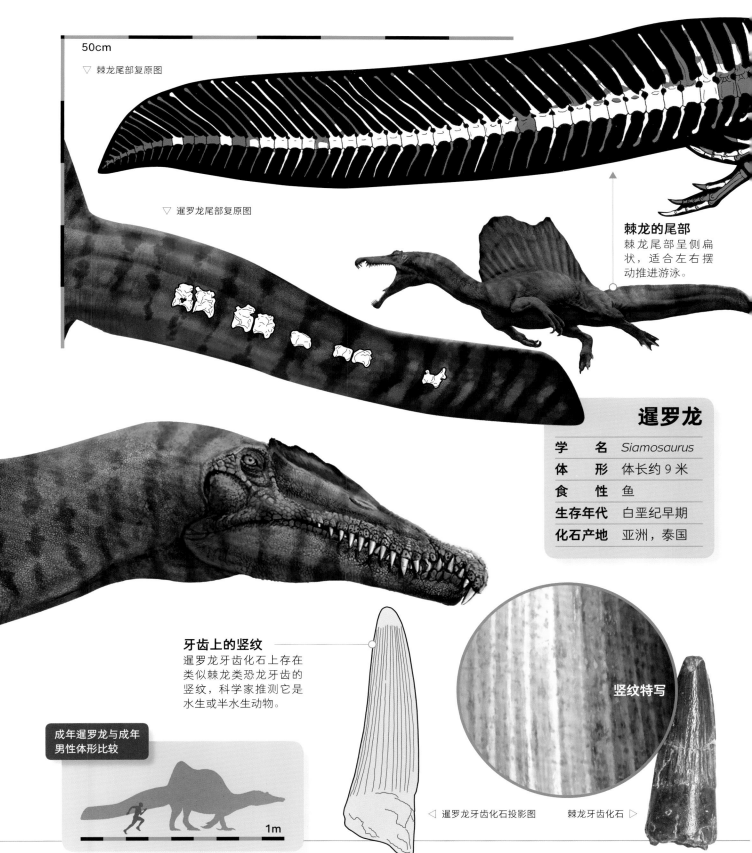

50cm

▽ 棘龙尾部复原图

▽ 暹罗龙尾部复原图

棘龙的尾部
棘龙尾部呈侧扁状，适合左右摆动推进游泳。

暹罗龙

学　　名	*Siamosaurus*
体　　形	体长约 9 米
食　　性	鱼
生存年代	白垩纪早期
化石产地	亚洲，泰国

牙齿上的竖纹
暹罗龙牙齿化石上存在类似棘龙类恐龙牙齿的竖纹，科学家推测它是水生或半水生动物。

竖纹特写

成年暹罗龙与成年男性体形比较

1m

◁ 暹罗龙牙齿化石投影图　　棘龙牙齿化石 ▷

始鲨齿龙——
拥有鲨鱼般牙齿的掠食者

到了白垩纪早期，占据着南方冈瓦纳大陆顶级掠食者位置的是鲨齿龙科恐龙，它们普遍体形巨大，嘴里布满像鲨鱼一样的牙齿，因此名字和鲨鱼相关。目前最早的鲨齿龙科恐龙化石记录来自侏罗纪晚期，家族发展非常迅速，到了白垩纪早期已经是最具攻击力的掠食性恐龙之一了。

始鲨齿龙是发现于非洲的一种鲨齿龙科恐龙，体形巨大，身长超过 10 米，拥有家族中特别的鲨鱼般的牙齿，这样的牙齿虽然不能刺穿猎物的骨头，但是能轻松地撕裂猎物的皮肉。始鲨齿龙的外形和生存年代较晚的鲨齿龙非常像，鲨齿龙也是发现于非洲的鲨齿龙科恐龙。始鲨齿龙的前肢长有三个锋利的爪子，后肢修长健壮，奔跑速度很快。

始鲨齿龙并不是当时当地唯一的大型掠食性恐龙，棘龙科恐龙似鳄龙以及阿贝力龙科恐龙皱褶龙，也都生活在那里。曾经统治地球的角鼻龙类恐龙，因为异特龙超科的竞争以及坚尾龙类恐龙的崛起，而被迫退出了北方劳亚大陆，此时，家族中的阿贝力龙科恐龙正在南方冈瓦纳大陆上重振雄风。不过，因为大型鲨齿龙科恐龙的存在，它们的生活也并不容易。就像现在，虽然都是掠食者，可是始鲨齿龙因为巨大的体形，牢牢地占据着食物链顶端的位置，皱褶龙并不敢与之抗衡。

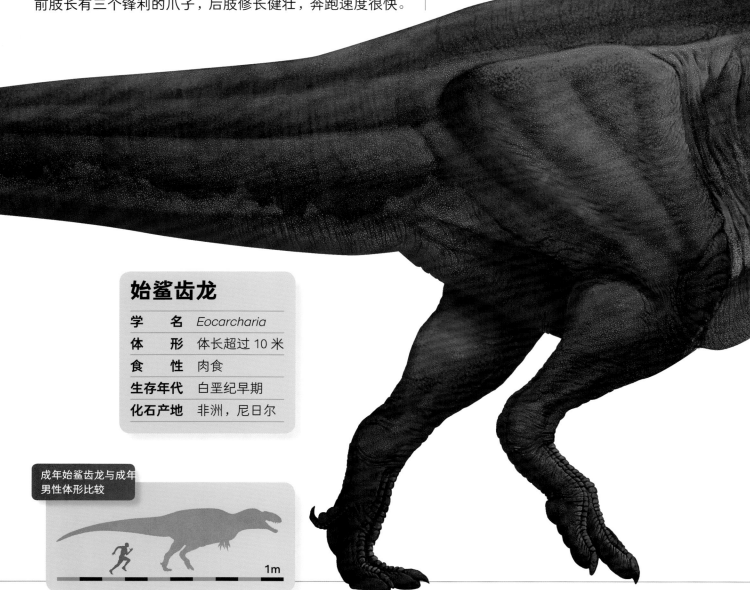

始鲨齿龙	
学　名	*Eocarcharia*
体　形	体长超过 10 米
食　性	肉食
生存年代	白垩纪早期
化石产地	非洲，尼日尔

成年始鲨齿龙与成年男性体形比较

1m

鲨齿龙
鲨齿龙的脑袋又窄又长，身体强壮，拥有粗壮有力的后肢和尾巴，成年鲨齿龙体长超过了 12 米。

大白鲨牙齿
大白鲨的牙齿边缘有细小的锯齿，帮助它切割肉类。鲨齿龙类恐龙的牙齿与大白鲨牙齿类似。

▽ 始鲨齿龙头骨复原图

10cm

▽ 鲨齿龙类恐龙牙齿化石

帝龙——
长有羽毛的
霸王龙的祖先

暴龙类恐龙在白垩纪早期持续发展着，虽然它们在体形上还没有显现出任何优势，但是它们正在不断地积蓄着力量。

帝龙就是生活在白垩纪早期的暴龙家族成员，是人们发现的第一种有确凿的羽毛证据的暴龙类恐龙，正因为它的发现，人们才推测霸王龙的早期祖先可能都是长有羽毛的。

身披羽毛的恐龙是早白垩纪恐龙世界中一道亮丽的风景线，人们最早知道恐龙也会长有羽毛是因为发现了中华龙鸟，从那之后，不断地有带羽恐龙被发现，它们几乎全都来自手盗龙类恐龙家族，使得人们逐渐证实了英国博物学家赫胥黎提出的"鸟类是由恐龙演化而来的"假说。

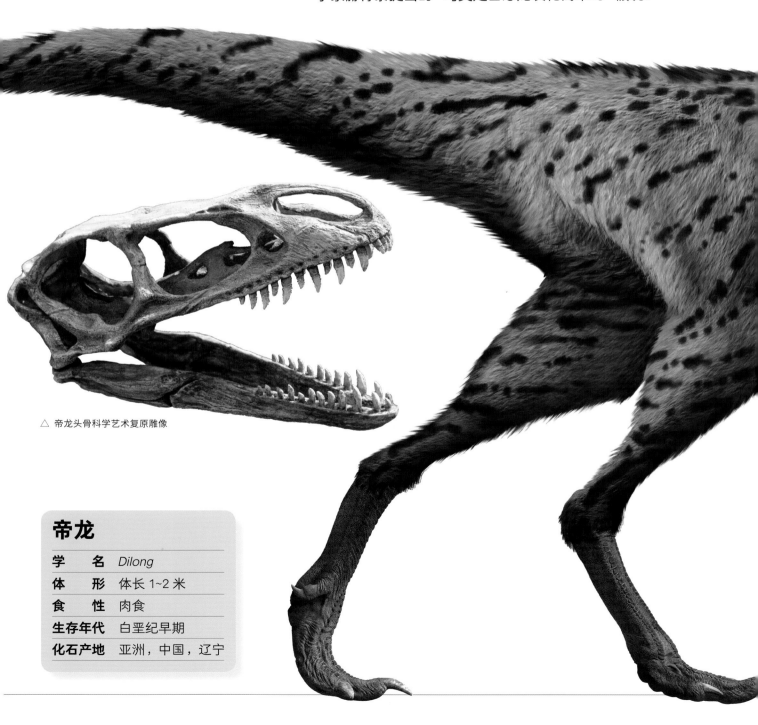

△ 帝龙头骨科学艺术复原雕像

帝龙	
学　　名	*Dilong*
体　　形	体长 1~2 米
食　　性	肉食
生存年代	白垩纪早期
化石产地	亚洲，中国，辽宁

虽然帝龙不属于手盗龙类恐龙，但是它们和手盗龙类恐龙一样，都来自更大的虚骨龙类家族，拥有轻盈的骨骼，与鸟类的关系很近。人们在帝龙的下颌和尾巴末端等处发现有羽毛印痕，其中尾巴末端的羽毛长约 2 厘米，以大约 40°的角度向尾巴两侧散开。这些羽毛非常原始，并不像现代鸟类的羽毛，所以不能让它飞翔。科学家推测，白垩纪早期的辽宁，气温虽然不像现在这样寒冷，但是已经有了明显的冬季，帝龙的羽毛显然是用来保暖的。

帝龙的体形非常小，身长大约 1~2 米，头部窄长，前肢也较长。

帝龙在暴龙家族中占据着重要的地位，它不仅揭示了暴龙类恐龙与鸟类的关系，也再一次证明了亚洲曾经是暴龙家族非常重要的演化区域。

▽ 帝龙头骨化石

成年帝龙与成年家猫体形比较

20cm

帝龙捕食
1.3 亿年前，今天的中国辽宁，帝龙捕获了一只小型哺乳动物。

纤细盗龙——
最原始的驰龙类恐龙之一

驰龙科恐龙来自手盗龙类恐龙家族，是一种身披羽毛，与鸟类有着极近亲缘关系的恐龙，家族中的很多成员甚至像鸟类一样长有翅膀，拥有飞翔的本领。

纤细盗龙是目前发现的有确凿证据的最早的驰龙科恐龙之一，化石发现于中国辽宁。它的体形很小，身长大约 1.5 米，身材纤细灵巧。它的脑袋很大，眼睛也很大，视力不错，嘴里布满锋利的边缘带有锯齿的牙齿。它的后肢修长，有着驰龙科恐龙共同的特征——像镰刀般的第 II 趾，这是它捕食的利器。它总是能用这个锋利的爪子，狠狠刺入猎物的喉咙，给对方致命的一击。

纤细盗龙是目前发现的最原始的驰龙科恐龙之一，因此在它的身上还有很多原始的特征，与同样发现于辽宁，但较为进步的驰龙科恐龙——中国鸟龙及小盗龙有很大的不同。

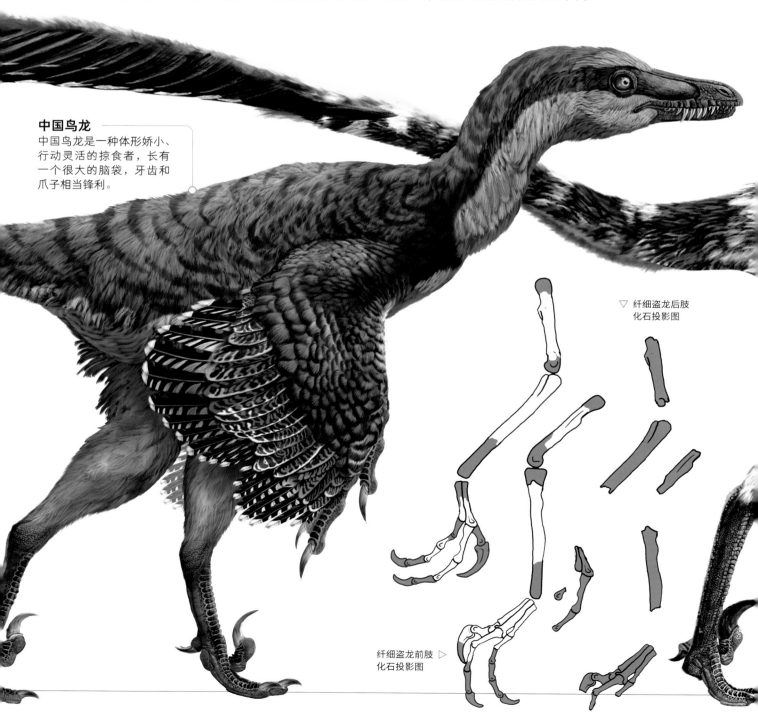

中国鸟龙
中国鸟龙是一种体形娇小、行动灵活的掠食者，长有一个很大的脑袋，牙齿和爪子相当锋利。

▽ 纤细盗龙后肢化石投影图

纤细盗龙前肢 ▷
化石投影图

　　中国鸟龙的前肢非常像鸟类的翅膀，已经具备了拍打翅膀的功能，而小盗龙则拥有四个翅膀，长有飞羽，掌握了飞行的本领，是人们发现的第一种会飞的恐龙，虽然飞翔技能还不纯熟，但是已经能够熟练地在林间滑翔了。小盗龙代表一支像鸟一样能够飞行的驰龙科恐龙，它们大大拓宽了恐龙的生存范围，开辟了一条全新的生存之路。

　　从纤细盗龙开始，驰龙科恐龙开始快速地向全世界扩散，这一点从纤细盗龙和鹫龙具有很大的相似性上就能看得出来，鹫龙是发现于南美洲、生存于白垩纪晚期的一种驰龙科恐龙，很可能是由纤细盗龙演化而来的。

鹫龙

鹫龙也是驰龙科恐龙，体长约 1.5 米，擅长团队协作，是优秀的猎手。

纤细盗龙

学　　名	*Graciliraptor*
体　　形	体长约 1.5 米
食　　性	肉食
生存年代	白垩纪早期
化石产地	亚洲，中国，辽宁

▽ 纤细盗龙前肢化石

第Ⅱ趾

成年纤细盗龙与成年家猫体形比较

20cm

原巴克龙——
它的发现说明鸭嘴龙类恐龙可能起源于亚洲

鸟脚类恐龙在白垩纪早期变得更加多样化，诞生于侏罗纪早期的禽龙类恐龙持续发展，而更为进步的鸭嘴龙类恐龙也在这一时期出现了。鸭嘴龙类恐龙是一群非常特别的植食恐龙，有着像鸭子一样扁平的嘴，主要分布在北美洲、亚洲及欧洲，在南美洲只发现有零星的物种。一些科学家认为鸭嘴龙类恐龙起源于亚洲，这个观点正是基于在中国西北部发现的原巴克龙而得出的。

原巴克龙的脑袋低平，牙齿呈树叶状，会咀嚼。能够咀嚼是植食恐龙一个特别重要的进步，并不是每种植食恐龙都拥有这样的功能，它能更好地帮助消化，大大减轻了胃的负担。

原巴克龙的脖子短而粗壮，背部有一道小小的隆起，四肢都很强壮，通常依靠四肢行走，但是也能双足奔跑，并且奔跑的速度很快。

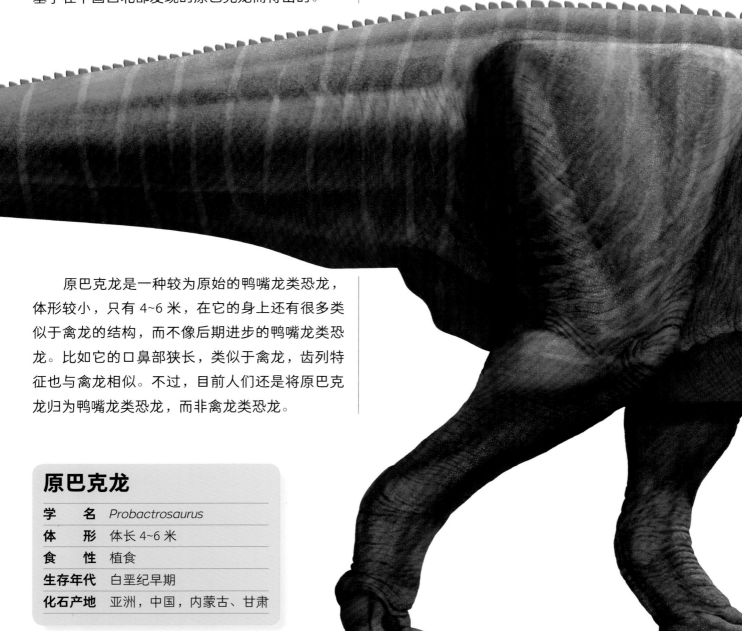

原巴克龙是一种较为原始的鸭嘴龙类恐龙，体形较小，只有 4~6 米，在它的身上还有很多类似于禽龙的结构，而不像后期进步的鸭嘴龙类恐龙。比如它的口鼻部狭长，类似于禽龙，齿列特征也与禽龙相似。不过，目前人们还是将原巴克龙归为鸭嘴龙类恐龙，而非禽龙类恐龙。

原巴克龙

学　　名	*Probactrosaurus*
体　　形	体长 4~6 米
食　　性	植食
生存年代	白垩纪早期
化石产地	亚洲，中国，内蒙古、甘肃

成年原巴克龙与成
年男性体形比较

50cm

◁ 禽龙牙齿化石

禽龙

禽龙是一类体形较大的植食恐
龙，体长约 10 米，前肢的拇指
形似巨大的钉子，非常锋利，
后肢修长健壮，拥有像鸟类一样
的喙状嘴。

原巴克龙正模标本 ▷

▽ 原巴克龙头骨化石

黎明角龙——

最原始的 新角龙类恐龙之一

角龙类恐龙在白垩纪早期也有了显著的发展，仅仅是在中国，人们就发现了很多生活在白垩纪早期的角龙家族成员，比如在辽宁、山东、内蒙古等地都发现有鹦鹉嘴龙，这是一种在当时极其繁盛的恐龙族群，数量庞大，种类繁多，因嘴部特化成鹦鹉状的喙嘴而得名；除了鹦鹉嘴龙，人们在辽宁还发现了红山龙，这种体形大约只有 1 米的角龙类恐龙，前上颌骨已经像后期进步的角龙类恐龙那样没有牙齿了，它的牙齿完全集中于面颊部。

成年黎明角龙与成年家猫体形比较

20cm

黎明角龙

学　　名	*Auroraceratops*
体　　形	体长约 1.6 米
食　　性	植食
生存年代	白垩纪早期
化石产地	亚洲，中国，甘肃

鹦鹉嘴龙

黎明角龙也是生活于白垩纪早期的角龙类恐龙，化石发现于甘肃省酒泉市马鬃山地区公婆泉盆地，是目前发现的最原始的新角龙类恐龙之一。在当地，人们还发现过另一种名为古角龙的原始新角龙类恐龙。

黎明角龙体形不大，身长大约 1.6 米。它有一个大大的脑袋，头顶平而宽，脑袋后方已经开始发育有头盾。它的脸较短，颧骨突出。和大部分新角龙类拥有长而窄的嘴喙不同，黎明角龙的嘴喙短而宽，而且除了分布在面颊部的牙齿，前上颌骨至少具有两对长牙。

黎明角龙身体强壮，后肢修长，它通常以后肢行走，运动非常灵活。

△ 黎明角龙头部化石复制品

大大的脑袋
黎明角龙头顶平而宽，脑袋后方已经开始发育有头盾。

△ 黎明角龙化石

多刺甲龙——
拥有完美防御系统的甲龙类恐龙

拥有装甲的甲龙类恐龙在白垩纪早期涌现出了更多的种类，以及数量庞大的家族成员，它们不断地完善着自己的装甲，成为掠食者最难对付的植食恐龙之一。

多刺甲龙是一种发现于欧洲的甲龙类恐龙，体长 4~5 米，脑袋较小，身体宽大，四肢较短，尾巴很长。

多刺甲龙拥有完美的防御系统，颈部、背部、尾巴上覆盖有圆形骨片，臀部则有巨大的盾牌般的骨板，这是它最有效的防御武器，当它遇到掠食者时，常常只凭借这些装甲就能让它们放弃，因为这简直让掠食者无从下口；如果掠食者非常执着地想要把它当作猎物，那也没什么可怕的，它的背上长有两排大型的骨刺，和剑龙类恐龙的骨板一样，可是比那些骨板更加锋利，不管扎到谁的身体里，都会痛苦不堪；而如果真的和掠食者发生战斗，多刺甲龙就会将它尾巴上的骨刺派上用场，这些像长矛、大刀一般的武器，会随着尾巴的摆动带来巨大的杀伤力。

多刺甲龙会在不同的战斗中，根据不同的状况，灵活运用它的武器，而那些可怕的掠食者，早已经领教过这些武器的厉害，从不轻易将它当作猎食的对象。

盾牌般的臀部骨板
多刺甲龙的臀部长有巨大的骨板，是它应对掠食者强有力的防御武器。

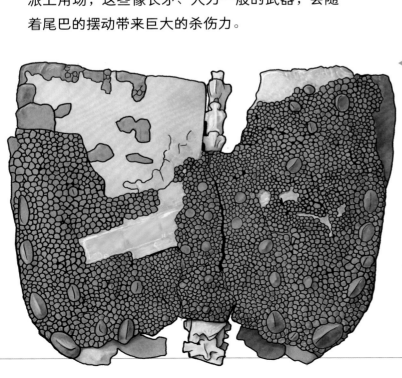

◁ 多刺甲龙臀部骨板
化石投影图

成年多刺甲龙与成
年男性体形比较

50cm

◁ 多刺甲龙背部骨板
化石投影图

▽ 剑龙骨板结构特写

剑龙骨板
剑龙的骨板与甲龙的
尖刺都是皮内成骨。

多刺甲龙

学 名	*Polacanthus*
体 形	体长 4~5 米
食 性	植食
生存年代	白垩纪早期
化石产地	欧洲，英国

▽ 多刺甲龙胫骨化石投影图

东北巨龙——
热河生物群发现的第一种蜥脚类恐龙

体形巨大的蜥脚类恐龙在白垩纪早期有衰退的迹象，不过家族中的巨龙形类恐龙开始崛起，到白垩纪中期，巨龙形类几乎取代了所有其他蜥脚类恐龙，比如之前非常繁盛的梁龙科、腕龙科等。巨龙形类恐龙分布非常广泛，特别是在南方大陆发展迅速，成为白垩纪末期大灭绝事件来临之前地球上出现过的最大的动物。

东北巨龙是一种基础的巨龙形类恐龙，化石发现于中国辽宁，是著名的热河生物群发现的第一种蜥脚类恐龙，和它生活在一起的大多都是长有羽毛的小型兽脚类恐龙、小型的角龙类恐龙及鸟脚类恐龙。

东北巨龙的化石保存得并不完整，是研究人员基于一具不完整的头后骨架命名的。它体长大约 11 米，在蜥脚类恐龙家族中并不算大，身体粗壮，头部小而宽，脖子较短，胸腔很宽，骨盆较窄。

东北巨龙并非热河生物群发现的唯一一种蜥脚类恐龙，人们曾经在那里发现过辽宁巨龙，它也是一种巨龙形类恐龙，比梁龙和盘足龙更为进步。

东北巨龙和辽宁巨龙的发现表明，巨龙形类是中国白垩纪早期最主要的一个蜥脚类恐龙支系。

成年东北巨龙与成年男性体形比较

2m

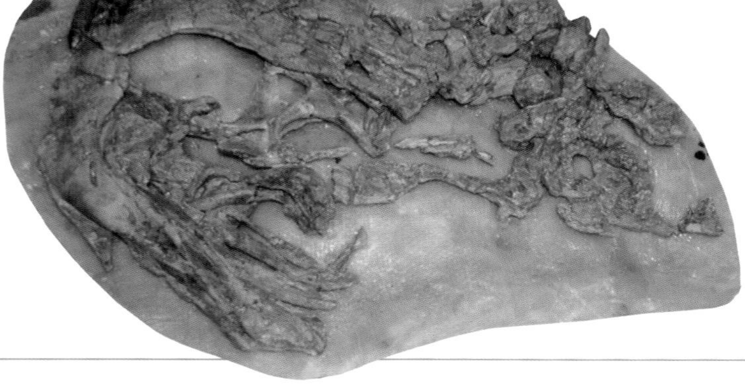

◁ 辽宁巨龙头骨化石

东北巨龙

学　名	*Dongbeititan*
体　形	体长约 11 米
食　性	植食
生存年代	白垩纪早期
化石产地	亚洲，中国，辽宁

小盗龙
小盗龙是体形最小的恐龙之一，大小和一只鸽子差不多，长有四翼，擅长在树林间滑翔。

▽ 一枚肉食恐龙牙齿嵌入东北巨龙肋骨化石投影图

肉食恐龙的牙齿

东北巨龙的战斗
1.25 亿年前，今天的中国辽宁，一只 7.9 米长的羽王龙正准备攻击一只 11 米长的东北巨龙。

白垩纪晚期——
消亡

从大约 1 亿年前开始，地球进入了白垩纪晚期，地球生态系统发生了剧烈变化。

被子植物繁盛起来，与之相伴的昆虫也发生了巨变。脊椎动物中的爬行类、哺乳类等都发生了大规模的辐射演化，恐龙也不例外。

兽脚类中鲨齿龙类、阿贝力龙科等成员繁盛于南半球，暴龙类恐龙则位居北半球食物链顶端；小型化成为兽脚类恐龙演化的另外一个方向，长有羽毛体形娇小的手盗龙类恐龙数量庞大，种类繁多；蜥脚类恐龙中的大部分类别都已经消失，只剩下巨龙类依然繁盛，它们大多集中在南半球；多样化的角龙类恐龙以及具有复杂的进食方式的鸭嘴龙类恐龙，取代了蜥脚类恐龙的位置，成为最重要的植食恐龙类群；长有装甲的甲龙类恐龙、头戴"头盔"的肿头龙类恐龙发展到了顶峰。

恐龙的世界似乎看不到任何衰败的迹象，然而 6600 万年前，一场可怕的大灭绝却再次降临了。这次，恐龙还能像三叠纪时那样，幸运地从灾难中逃生吗？

皖南龙——
特别的脑袋是它们争夺族群领导权的工具

皖南龙	
学　　名	*Wannanosaurus*
体　　形	体长不足 1 米
食　　性	植食或杂食
生存年代	白垩纪晚期
化石产地	亚洲，中国，安徽

　　起源于亚洲中部的肿头龙类恐龙，在侏罗纪中期到白垩纪早期一直没有什么大的作为，因为到目前为止古生物学家发现的属于这个时期的肿头龙类恐龙化石的数量非常少。而从化石记录来看，直到大概8000 万年前，亚洲与北美洲之间的路桥出现，大量恐龙在两大洲之间迁移，肿头龙家族才迎来了它们的黄金时期。

　　皖南龙生活在白垩纪晚期，化石发现于中国安徽，在肿头龙家族中几乎算是个头最小的成员，体长不足1 米。它的头顶虽然较平，但是骨骼很厚。像其他肿头龙类一样，它的顶饰发达，头骨上长有小而密的骨质棘刺。皖南龙有群居的生活习性，当族群内部年轻的皖南龙想要争夺领导权时，会通过相互撞击布满装饰的脑袋来一决胜负。

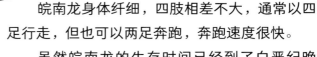

　　皖南龙身体纤细，四肢相差不大，通常以四足行走，但也可以两足奔跑，奔跑速度很快。

　　虽然皖南龙的生存时间已经到了白垩纪晚期，可依然是家族中较为原始的成员。和后期进步的肿头龙、冥河龙、龙王龙、剑角龙等相比，还有着不少原始的特征，那些更为进步的家族成员不仅拥有更大的身体，而且有着更厚的颅顶以及更为复杂的头部装饰，这是它们炫耀、展示以及防御掠食者最有效的武器。

成年皖南龙与成年家猫体形比较

20cm

▽ 皖南龙头骨化石投影图

1cm

皖南龙下颌骨化石 ▷

肿头龙
肿头龙是体形最大的肿头龙
类恐龙，身长大约 6 米，头
顶极厚，像顶着一个超大的
鼓包，边缘还长有棘刺。

冥河龙头部 ▷
科学艺术复原雕像

河神龙——
鼻子上长有大鼓包的角龙类恐龙

　　角龙类恐龙在白垩纪晚期达到了演化的最高峰，它们呈现出难以置信的多样化。一些角龙类恐龙虽然没有锋利的额角，但头盾有着复杂而夸张的装饰，比如尖角龙类恐龙，而另一些角龙类恐龙的头盾装饰虽然稍显低调，但头盾更大，面部的额角也极其锋利，比如开角龙类恐龙。但是不管是哪一支系，它们都凭借自己特别的造型，拥有了独特的防御能力。

　　河神龙有一个大大的头盾，不仅边缘布满波浪形的凸起，中间还有大大的弯角，头盾上的装饰极其复杂，这一点和其他尖角龙类恐龙类似。

　　河神龙的体形不大，身长大约 6 米，在它生活的地方还发现有另一种角龙类恐龙野牛龙、甲龙类恐龙包头龙以及鸭嘴龙类恐龙慈母龙。

　　河神龙是一种尖角龙类恐龙，不过它的模样和大部分尖角龙类恐龙又不一样，它的鼻子上没有巨大而锋利的尖角，只有一个像是被砍断的尖角的"底座"，这个"底座"又大又长，上面还有排列紧密的纹路。除此之外，它的眼睛上方也长有两个类似的结构。这些特别的结构虽然看起来不像尖角那样拥有强大的攻击力，不能用来和掠食者冲撞，但是对付同伴间的冲突却足够用，它们在争夺领导权或者配偶时，便可以通过脑袋的撞击来决定胜负。

成年河神龙与成年男性体形比较

1m

野牛龙

野牛龙的口鼻部狭窄，前端是尖利的角质喙，成年个体与一个低矮的、大幅向前弯曲的鼻角。

◁ 野牛龙头部
科学艺术复原图

◁ 河神龙头骨复原图

鼻子上的
大鼓包

河神龙

学　名	*Achelousaurus*	
体　形	体长约 6 米	
食　性	植食	
生存年代	白垩纪晚期	
化石产地	北美洲，美国	

◁ 河神龙头部
科学艺术复原图

包头龙——
喜欢群居生活的甲龙类恐龙

1m

甲龙类恐龙和角龙类恐龙一样，也是具备很强的防御能力的植食恐龙类群，它们在白垩纪发展迅速，到白垩纪晚期，演化出了甲龙这样装备完善、体形巨大，成为能与恐龙世界的终极掠食者——霸王龙一拼高下的成员。

包头龙也和甲龙一样同属于甲龙家族的甲龙科，只是它的出现时间更早，体形也更小一些，身长大约6米。

包头龙的装甲十分完美，大小不一的甲片覆盖全身，就连脑袋甚至是眼皮也被包裹了起来，于是科学家才为它起名为包头龙。包头龙不仅有

甲片保护，在它的颈部、背部及尾巴根部上方还长有多对骨质尖刺，它们像是站立在包头龙身上的护卫，时刻警告掠食者不要靠近。

包头龙和甲龙都属于甲龙科，这一族群和其他甲龙家族成员最不一样的地方，就是在尾巴末端长有一个可怕的尾锤，包头龙也不例外。这个骨质尾锤会随着僵硬的尾巴左右摆动，带来可怕的威力。

因为有着完美的装甲，人们通常认为甲龙科恐龙都是独来独往的，但是科学家在加拿大的阿尔伯塔省和美国的蒙大拿州发现了众多包头龙埋藏在一起的化石，这似乎表明它们喜欢集体生活，是有群居的习惯的，这给掠食者的猎捕带来了更大的困难。

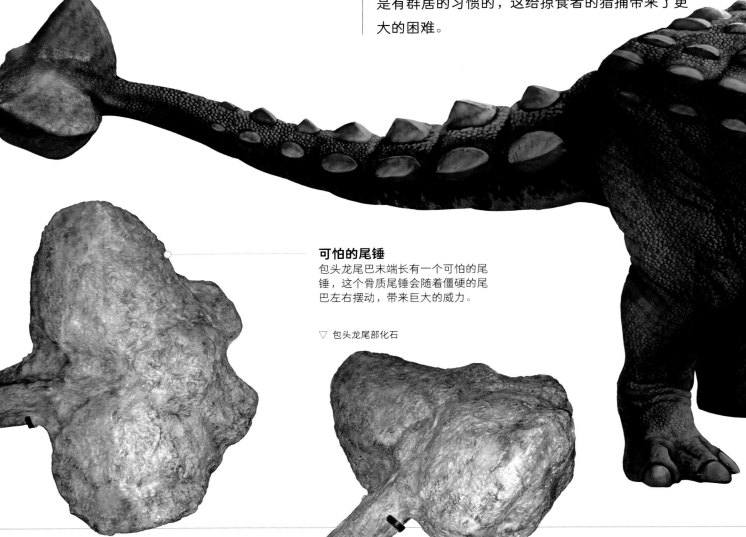

可怕的尾锤
包头龙尾巴末端长有一个可怕的尾锤，这个骨质尾锤会随着僵硬的尾巴左右摆动，带来巨大的威力。

▽ 包头龙尾部化石

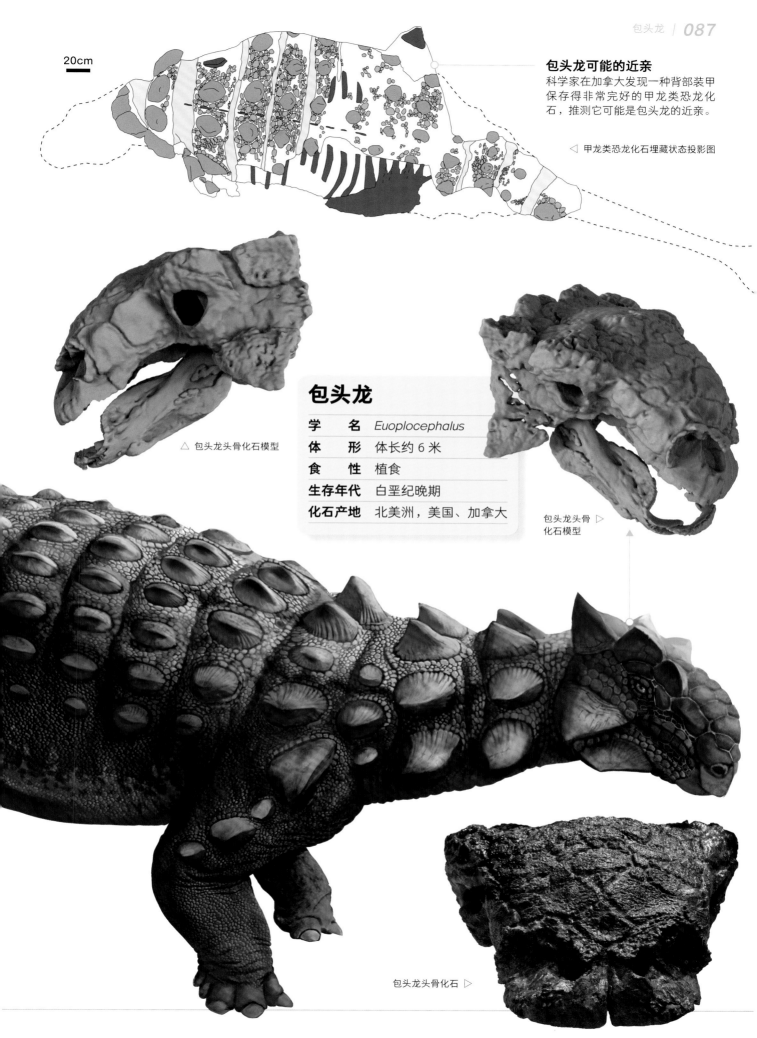

包头龙可能的近亲

科学家在加拿大发现一种背部装甲保存得非常完好的甲龙类恐龙化石,推测它可能是包头龙的近亲。

◁ 甲龙类恐龙化石埋藏状态投影图

20cm

△ 包头龙头骨化石模型

包头龙

学 名	*Euoplocephalus*
体 形	体长约 6 米
食 性	植食
生存年代	白垩纪晚期
化石产地	北美洲,美国、加拿大

包头龙头骨 ▷
化石模型

包头龙头骨化石 ▷

惧龙——
会吞食同类的残暴君主

1m

在恐龙时代接近尾声的时候，暴龙类恐龙成为整个世界中最为亮眼的类群。它们发展极为迅速，在白垩纪中期时，它们还只是体长大约 3 米的小不点，可是短短 1200 万年以后，它们便演化出恐龙世界有史以来最凶猛的霸主——霸王龙，体长 12 米，体重超过 8 吨，它们以自己无与伦比的攻击力，见证了恐龙时代最后的辉煌。

我们接下来要介绍的这个暴龙家族成员，比霸王龙的生存时代稍早一些，它名为惧龙，是发现于加拿大阿尔伯塔省的暴龙类恐龙，生存于大约 7500 万年前，一些研究人员称在美国也发现了惧龙化石。

惧龙的外形看起来和霸王龙非常相像，只是体形略小一些，体长最大能达到 10 米。它的脑袋又宽又高，长度大约 1 米，脖子粗壮，前肢短小，双腿修长，有一条粗壮的尾巴。它拥有粗壮尖利的牙齿以及锋利的爪子，是捕食猎物的最佳工具。

位于食物链顶端的惧龙，最喜欢对付头上长有尖角和头盾的角龙类恐龙，不仅如此，它们似乎还会吞食同类，非常残暴。

包括惧龙在内的大型暴龙家族成员，让我们看到了掠食性恐龙演化的极致，也让我们看到了最残酷的丛林竞争。

惧龙

学 名	Daspletosaurus
体 形	体长约 10 米
食 性	肉食
生存年代	白垩纪晚期
化石产地	北美洲，加拿大

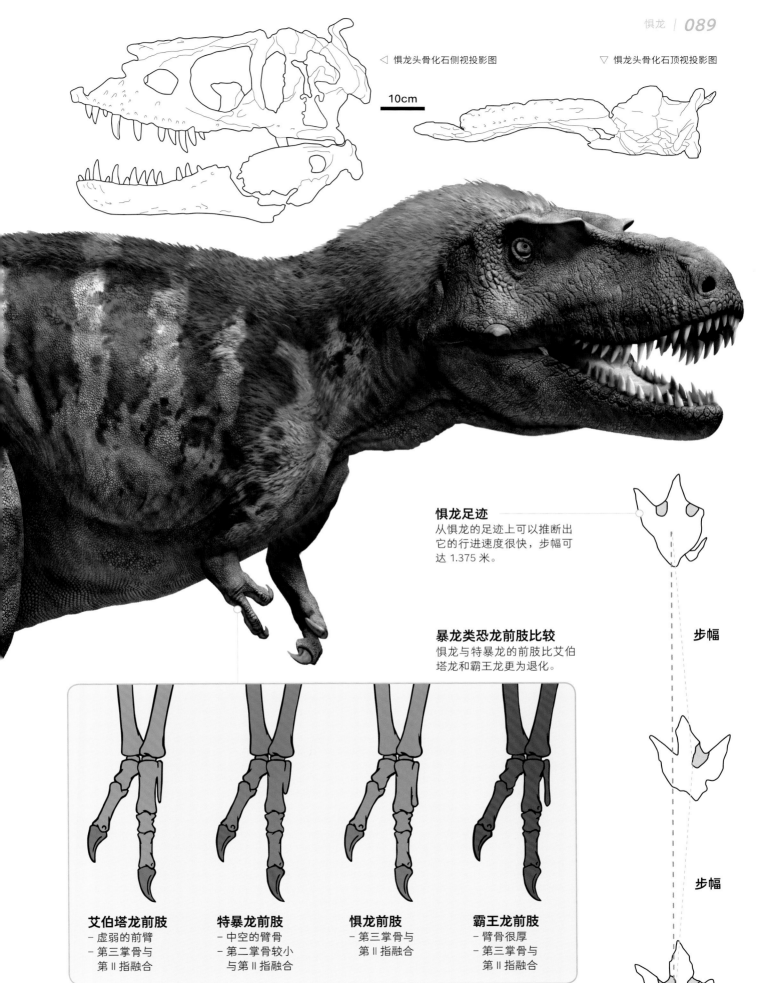

◁ 惧龙头骨化石侧视投影图

▽ 惧龙头骨化石顶视投影图

10cm

惧龙足迹
从惧龙的足迹上可以推断出它的行进速度很快，步幅可达 1.375 米。

暴龙类恐龙前肢比较
惧龙与特暴龙的前肢比艾伯塔龙和霸王龙更为退化。

艾伯塔龙前肢
– 虚弱的前臂
– 第三掌骨与第 II 指融合

特暴龙前肢
– 中空的臂骨
– 第二掌骨较小与第 II 指融合

惧龙前肢
– 第三掌骨与第 II 指融合

霸王龙前肢
– 臂骨很厚
– 第三掌骨与第 II 指融合

步幅

步幅

恐龙灭绝了吗？

从 2.3 亿年前诞生开始，到白垩纪末期 6600 万年前遭遇大灭绝事件，恐龙在地球上生存了将近 1.65 亿年，它们以无与伦比的生命力，成为当时地球上数量最多、种类最繁盛、地位最主要的居民。它们的生存时间之长，生存范围之广，种类之多样，都令我们感到震惊。毫无疑问，它们是世界上最壮丽的生命。

可是 6600 万年前，它们不幸遭遇了一场极大的灾难，恐龙是不是就此消亡了？它们在 6600 万年前究竟遭遇了什么呢？

人们不断地在白垩纪与第三纪交界的黏土层中寻找证据，希望能揭开这个秘密。果然，一些特别的物质被发现了。数量庞大的铱元素出现在白垩纪与第三纪交界的黏土层中。铱元素是地球上含量极低的一种元素，但是却广泛存在于宇宙其他小行星中。这一发现不得不让人们将铱元素的异常与 6600 万年前的大灭绝事

科学家推测，这是一场由陨石撞击地球带来的巨大灾难。一块比十个足球场都还要大的闪着火光的陨石在 6600 万年前从外太空撞向地球，重重地砸在了现在的墨西哥尤卡坦半岛附近。人们甚至在海底的地震剖面上看到一个巨大的陨石坑残骸，这显然是最直接的证据。

陨石的撞击给地球带来了前所未有的灾难，整个地球山崩地裂，海啸瞬间便覆盖了美洲。因为撞击形成的岩石碎片和尘埃直上云霄，在撞击后的数月甚至数年，都无法消散，它们遮蔽了太阳辐射，导致地球上的植物消亡，紧接着以植物为食的动物以及以动物为食的动物，也接连死去了。

恐龙和鸟

在这场大灾难中，很多恐龙都死去了。但是这并不是恐龙死亡的唯一原因。

不断喷发的火山加剧了生命的消亡，印度次大陆是当时火山喷发最激烈的地区，数百万吨的温室气体和火山灰不断地释放到空气中，一直持续了百万年以上。

在此之前，全球气候发生的剧烈变化，也给恐龙生存带来了极大的挑战。而陨石撞击地球，只是让绝大多数恐龙消亡的最后一根稻草。

很多恐龙无法从灾难中逃生，可是也并非全部的恐龙都死去了。恐龙家族中一支与鸟类亲缘关系很近的手盗龙类恐龙不仅存活了下来，而且慢慢演化成数量庞大、种类丰富的鸟类，翱翔在如今的天空。因此，恐龙并没有灭绝，今天的鸟就是恐龙。

而今天，当我们抬头看到那些围绕着我们的可爱的鸟时，我们也许会惊讶地感叹，自己正与恐龙一起享受着这个世界。

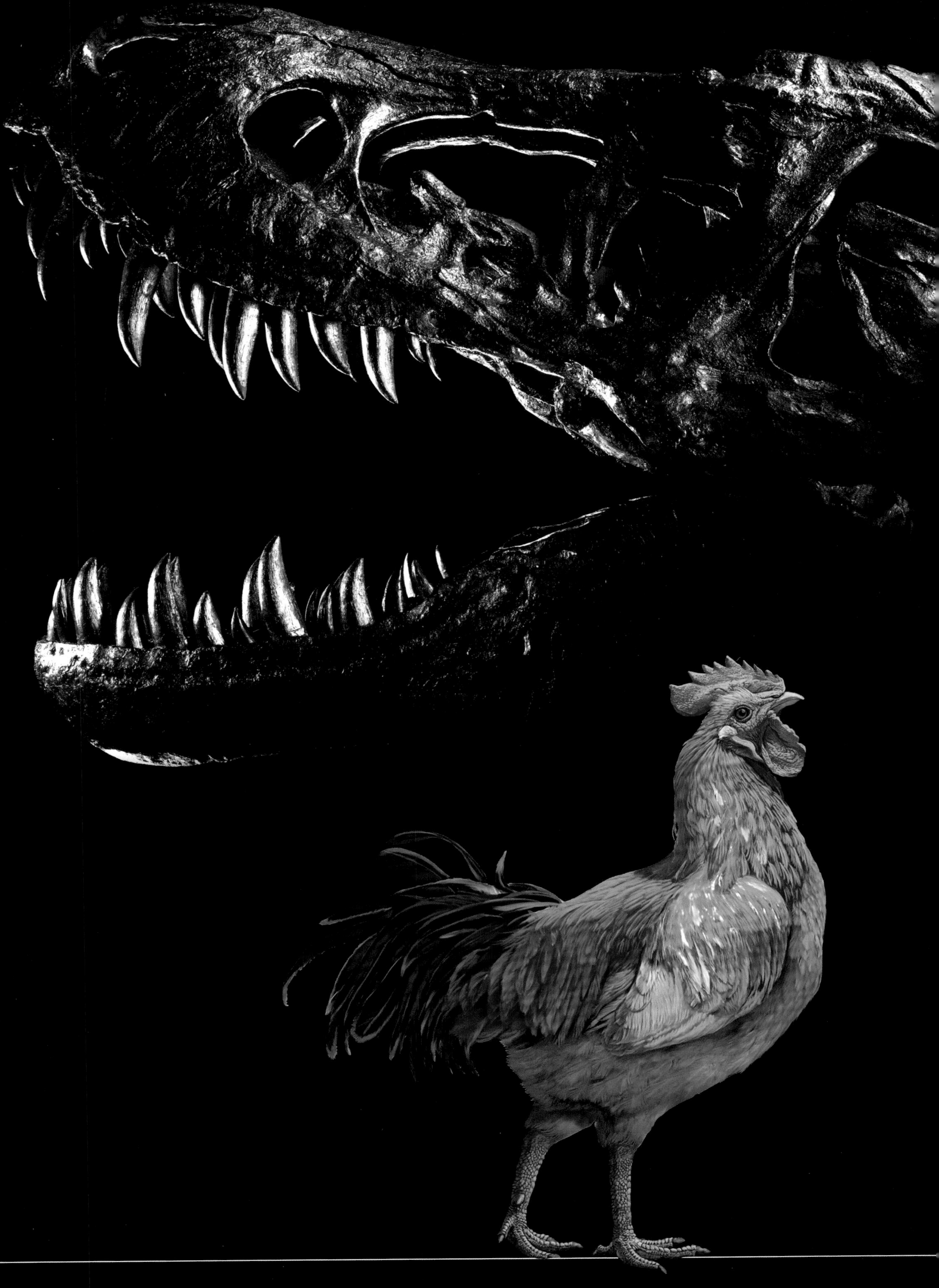

索引

赵闯和杨杨

赵闯和杨杨是一个科学艺术创作组合，其中赵闯先生是一位科学艺术家，杨杨女士是一位科学童话作家。2009 年两人成立"PNSO 啄木鸟科学艺术小组"，开始职业化的科学艺术创作与研究事业。

过去多年，赵闯和杨杨接受全球多个重点实验室的邀请，为人类前沿科学探索提供科学艺术专业支持，作品多次发表在《自然》《科学》《细胞》等顶尖科学期刊上，并在全球数百家媒体科学报道中刊发，PNSO 与世界各地的博物馆合作推出展览，帮助不同地区的青少年了解科学艺术的魅力。

本书的全部作品来自"PNSO 地球故事科学艺术创作计划（2010—2070）"之"达尔文计划：生命科学艺术创作工程"的研究成果。赵闯在创作过程中每一步都严格遵循着科学依据，在化石材料和科学家的研究数据基础上进行艺术构架，完成化石骨骼结构科学复原、化石生物形象科学复原和化石生态环境科学复原，既有科学的考据与严谨，又有艺术的创意与美感。杨杨基于最新的恐龙研究，生动地描绘了气势磅礴的恐龙世界。

PNSO 儿童恐龙百科：恐龙的诞生和灭亡

产品经理 / 聂　文　　　责任印制 / 梁拥军
艺术总监 / 陈　超　　　技术编辑 / 陈　杰
装帧设计 / 曾　妮　　　产品监制 / 曹俊然
　　　　　杨岩周　　　出 品 人 / 于　桐